高等院校信息管理与信息系统专业系列教材

# 数据仓库与数据挖掘技术

孙水华 赵钊林 刘建华 编著

清华大学出版社

北 京

## 内 容 简 介

本书主要介绍数据仓库和数据挖掘技术的基本概念、相关技术和应用案例及方法。全书共分为9章，主要内容包括：数据仓库与数据挖掘的概念和体系结构、数据仓库开发模型、ETL技术、OLAP技术、商务智能系统、数据预处理技术、数据挖掘技术、数据仓库开发实例、报表设计等内容。本书各章节的案例均使用Microsoft SQL Server 2005进行操作实践讲解。通过对具体实例的学习和实践，使读者掌握数据仓库和数据挖掘中必要的知识点，达到学以致用的目的。

本书适合作为高等院校本科学生的教材，也可供企业信息化管理人员、技术人员以及软件开发人员阅读参考。



**图书在版编目(CIP)数据**

数据仓库与数据挖掘技术/孙水华，赵钊林，刘建华编著. —北京：清华大学出版社，2012.7(2021.12重印)
(高等院校信息管理与信息系统专业系列教材)
ISBN 978-7-302-28166-5

Ⅰ.①数… Ⅱ.①孙… ②赵… ③刘… Ⅲ.①数据库系统－高等学校－教材 ②数据采集－高等学校－教材 Ⅳ.TP311.13 ②TP274

中国版本图书馆CIP数据核字(2012)第034052号

**责任编辑**：袁勤勇　顾　冰
**封面设计**：傅瑞学
**责任校对**：焦丽丽
**责任印制**：曹婉颖

**出版发行**：清华大学出版社
**网　　址**：http://www.tup.com.cn，http://www.wqbook.com
**地　　址**：北京清华大学学研大厦A座　　**邮　　编**：100084
**社 总 机**：010-62770175　　**邮　　购**：010-62786544
**投稿与读者服务**：010-62776969，c-service@tup.tsinghua.edu.cn
**质量反馈**：010-62772015，zhiliang@tup.tsinghua.edu.cn
**印 装 者**：北京九州迅驰传媒文化有限公司
**经　　销**：全国新华书店
**开　　本**：185mm×260mm　　**印　　张**：18　　**字　　数**：424千字
**版　　次**：2012年12月第1版　　**印　　次**：2021年12月第8次印刷
**定　　价**：49.80元

产品编号：041286-03

# 前　言

新技术产生、发展和不断完善的推动力，来源于现实生活的需要。由于在现实中，数据大量存在，而且在迅速地增长，这就要求将现有信息系统的数据库重新组织转变为面向决策分析的数据仓库，以帮助决策者从不同的视角，通过综合数据分析掌握现状，通过多维数据分析发现各种存在的问题，通过对数据层次的钻取找出问题产生的原因，通过历史数据预测未来。在解决目前各企业信息系统存在的"信息孤岛"问题时，基于数据仓库的技术给人们带来了希望。随着新的技术和观念的不断引入，基于数据仓库的应用也有了新的发展。每个企业的数据仓库根据企业特点不同，可以采用非常灵活的选型方法进行选型设计、实施。数据仓库和数据挖掘，从几年前比较抽象的层次逐渐清晰起来，在企业决策和业务流程优化中发挥的作用越来越大，尤其是在推动精细化管理和依靠数据做决策方面。应用和技术是两个互相推进的因素，应用是驱动，但是好的技术也可以推动应用的发展，由于数据仓库辅助决策效果明显，数据仓库已经从20世纪90年代中期兴起，经过几年的发展，迅速形成了潮流。

本书不仅介绍了数据仓库与数据挖掘概念和体系结构、数据仓库开发模型、ETL技术、OLAP技术、商务智能系统、数据预处理技术、数据挖掘技术等各种数据仓库应用技术，还有数据仓库开发实例、报表设计等大量具有启发性的案例。从应用的角度分析了数据仓库的建设过程和联机分析、数据挖掘技术的选择。各章节的案例均使用Microsoft SQL Server 2005进行操作实践。通过对具体实例的学习和实践，使读者掌握数据仓库和数据挖掘中必要的知识点，达到学以致用的目的。

本书既重视理论知识的讲解，又强调应用技能的培养，结构清晰，内容简明，方便实用，适合作为高等院校本科学生的教材，也可供企业信息化管理人员、技术人员以及软件开发人员阅读。本书由福建工程学院孙水华、赵钊林、刘建华编写。

由于写作时间和作者水平所限，书中难免有疏漏之处，敬请大家指正。如果有关于该书改进的思路的建议和意见，可直接发送邮件至sunsh@fjut.edu.cn或zhaozl@fjut.edu.cn进行交流。谢谢您的支持。

作　者

2012年6月

# 目　录

# 第1章　数据仓库与数据挖掘概述

20世纪80年代中后期，随着各行各业对计算机应用需求的多样化、深入化，用户除了需要计算机为其处理日常事务外，更需要从大量实物数据中归纳出业务的规律性及其发展趋势，直到决策制定。数据仓库就在这样的一种背景下应运而生。随着人们认识和管理水平的提高，对于客观世界的描述愈来愈全面，存储的信息量越来越大，但如何将这些海量的数据从数据仓库中提取出来，并转为有用的信息，仍然是一个亟待解决的问题。为此，人们进行了多方面的研究尝试，数据挖掘技术就是其中的一种新技术。从目前的形势看，数据仓库技术和数据挖掘技术紧跟Internet技术的发展，成为信息社会中企业竞争的又一关键。

## 1.1　数据仓库的产生与发展

随着人们对信息技术利用能力的增强，对数据的应用也从低级的查询操作，提升到为企业经营管理提供决策支持。而传统数据库只保留了当前的业务处理信息，缺乏决策分析所需要的大量历史信息。为满足管理人员的决策分析需要，就需要构建适应决策分析的数据环境——数据仓库(Data Warehouse，DW)。

### 1.1.1　数据仓库的产生

传统的数据库技术以单一的数据资源即数据库为中心，进行事务处理、批处理、决策分析等各种数据处理工作。它主要划分为两大类：操作型处理和分析型处理(或信息型处理)。操作型处理也叫事务处理，是指对数据库联机的日常操作，通常是对一个或一组纪录的查询和修改，主要为企业的特定应用服务，注重响应时间、数据的安全性和完整性；分析型处理则用于管理人员的决策分析、经常要访问大量的历史数据。传统数据库系统专注于企业的日常事务处理工作，而难于实现对数据分析处理要求，具体体现在以下三个方面：历史数据需求量很大；辅助决策信息涉及许多部门的数据，而不同系统的数据难以集成；由于访问数据的能力不足，它对大量数据的访问性能明显下降。显然，传统数据库已经无法满足数据处理多样化的要求。因此，操作型处理和分析型处理的分离成为必然。

近年来，随着数据库技术的应用和发展，人们尝试对数据库中的数据进行再加工，形成一个综合的、面向分析的环境，以更好地支持决策分析，从而形成了数据仓库技术(Data Warehousing，DW)。作为决策支持系统(Decision Support System，DSS)，数据仓库系统包括：数据仓库技术、联机分析处理技术(On-Line Analytical Processing，OLAP)和数据挖掘(Data Mining，DM)技术。数据仓库弥补了原有的数据库的缺点，将原来的以单一数据库为中心的数据环境发展为一种新环境——体系化环境，如图1.1所示。

数据仓库最根本的特点是物理地存放数据，而且这些数据并不是最新的、专有的，而是来源于其他数据库的。数据仓库的建立并不是要取代数据库，它要建立在一个较全面和完善的信息应用的基础上，用于支持高层决策分析，而事务处理数据库在企业的信息环境中承担的是日常操作性的任务。数据仓库是数据库技术的一种新的应用，到目前为止，数据仓库还是用关系数据库管理系统来管理其中的数据。

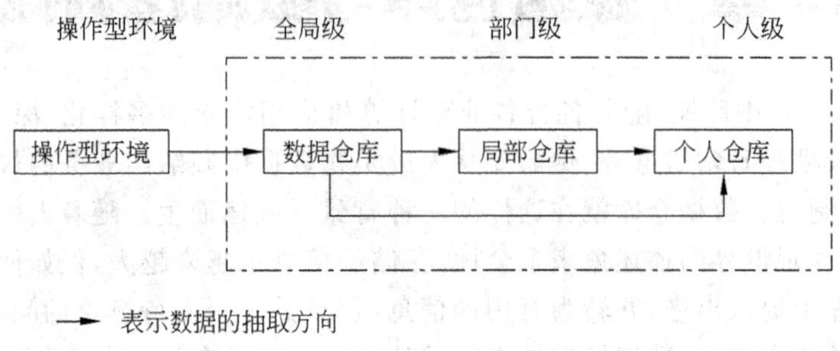


图 1.1　数据仓库体系化环境

数据仓库技术从本质上讲，是一种信息集成技术，它从多个信息源中获取原始数据，经过加工处理后，存储在数据仓库的内部数据库中。为了使数据仓库用户能有效地使用数据仓库中的信息，进行深层次的综合分析和决策，数据仓库系统要向用户提供一整套数据访问和分析工具。通过所提供的访问工具，为数据仓库的用户提供统一、协调和集成的信息环境，支持企业全局的决策过程和对企业经营管理的深入综合分析。

### 1.1.2　数据仓库的发展

数据仓库技术是近年来出现的、发展迅速的一种技术，它通过把企业大量的历史数据整理集中到一个中央仓库中，将数据加以分析并呈现给用户来支持管理者的决策。数据仓库使得人们只花很短的时间就能够从大量的历史数据中查询出所需的数据。数据仓库技术使我们从全新的视角认识了数据的价值。然而，从目前的情况看，在中国数据仓库推广还处于起步阶段，仍然存在许多不成熟因素，如计算机应用水平较低、数据保存和管理不完善、人才缺乏、没有真正适合行业特点的应用技术等。但不管怎么说，数据仓库的应用对于中国企业未来加入国际竞争有着不可替代的作用。

目前，数据仓库技术的运用正在向广度和深度两个方向扩展。广度扩展指的是数据源的广泛化。不仅可以从各种异构的数据库中获取数据，还包括面向 Internet 从互联网上获取数据。而深度方向的研究指的是基于已有信息，面向数据分析的应用。包括数据仓库技术和联机分析处理技术。

### 1.1.3　数据仓库的研究与开发现状

在应用需求背景的推动下，学术界和工业界一起开始对数据仓库及其相关技术进行研究和开发。目前，学术界所进行的研究主要包括新的索引技术、实物化视图技术、多维存储技术、查询优化与并行处理技术等。

#### 1. 新的索引技术

索引是一种加快数据库中数据的加载和定位的内部结构，通过创建索引可以大大提高系统的性能。对于以建立客户统一视图、存放历史数据为主的数据仓库来说,数据查询是其最主要功能之一。然而,从数据仓库系统的数据组织结构观察,不难看出此类系统查询的复杂性是普通的业务系统望尘莫及的。它经常会涉及多表的连接、分类、排序、累计等操作,同时查询时载入和返回的数据量一般都很大,系统资源耗费巨大。基于这些因素的考虑,相应的数据仓库索引技术就应运而生了。数据仓库中除了应用 B+树索引技术外,还用到一些新的索引技术,如位图索引、连接索引、多维索引等。实验表明新的索引技术确实能够提高查询的性能。

**2. 实物化视图技术**

实物化视图简称实视图,是存储了实际数据的视图。在响应查询时,若能直接采用实视图技术,则可以避免相应的重新计算,从而提高查询处理的性能。OLAP 查询分析是一个非常耗时的过程,它通常涉及大量的数据,且要对数据进行投影、连接、分组等复杂处理。OLAP 要求它的查询能够快速地给予响应,因此数据仓库则对经常可能提交的查询建立许多"实视图",它是含有数据查询结果的实际存在的表。通过这种预先计算出来的数据结果并保存在数据库中,OLAP 无须每次提交查询都读取原始数据,而只需比原始数据量小很多的实视图进行简单地计算便可以完成复杂的查询。目前存在的实视图响应查询算法大部分采用顺序搜索的方法,以寻找可能响应查询的实视图。

实视图为系统解决快速响应用户需求的同时,也带来了新问题。数据仓库中的数据是由异构的传统数据库进行 ETL 转化而来的,并随时间的推移不断增长,因此如何使得数据仓库中的实视图与更新后的数据仓库仍能保持同步,即实视图的维护,便成为一个关键技术。目前,很多学者在实视图选择的框架理论以及在空间的限制下,使查询响应时间和视图维护代价总和最小的实视图选择代价模型方面进行了一定的探讨。

**3. 立方体计算**

数据立方体(data cube)是多维数据库的一种形象描述方法,数据在多维数据仓库中是以数据立方体的形式存储的。为了提高查询效率,常常采用预聚集技术将数据立方体中的数据进行聚集处理,然后将处理后的数据保存到数据立方体视图(datacube view)中。将数据由原来的二维关系表组成多维立方体,在其上进行旋转、切片、切块、下钻(drilling-down)和上翻(rolling-up)等操作,从而提高了 SQL 对多维数据的支持。如何对立方体进行多维计算及优化是 OLAP 实施的关键技术,在数据库领域,专家学者先后在数据仓库中的立方体计算、立方体预聚集处理、立方体压缩存储、语义立方体、立方体更新方面取得了一些研究成果,提高了数据立方体的性能。

**4. 查询优化与并行处理技术**

为了提高查询速度,采用查询优化及并行处理技术,对 DBMS 加以改进,充分支持具有多处理器的 SMP 和 MPP 系统。并行处理主要包含数据装载时的并行、同一查询执行时的并行、执行查询与数据装载的并行以及查询和与查询之间的并行。对于 ROLAP 进行查询时,经常要进行多个表之间的连接,在传统 DBMS 中,一般只支持两个表之间的连接,多表连接将被分成两表之间的连接一步一步去做。这就有个连接次序问题，要选择最佳连接次序。由于 Fact 表非常庞大，因此进行多表连接开销很大，为解决这一问题，在 Fact 表上建立连接索引（join index）。与普通索引不同，连接索引的属性不是 Fact 表的属性，而是维表中相应的属性，这样在多表连接时利用连接索引，不进行真正的连接运算，就能找到符合查询条件的记录，从而大大提高效率。

#### 5. 分组聚集技术

在数据仓库中，OLAP 往往需在大量历史数据上进行复杂的分组聚集查询，这些查询中通常包含多表连接和分组聚集操作，因此提高这些操作的性能成为提高 OLAP 查询响应速度的关键问题之一。

### 1.1.4 数据仓库的作用

数据仓库主要有以下三方面的作用。

(1) 数据仓库提供了标准的报表和图表功能，其中的数据来源于不同的多个事务处理系统。因此，数据仓库的报表和图表是关于整个企业集成信息的报表和图表。

(2) 数据仓库支持多维分析，多维分析是通过把一个实体的多项重要的属性定义为多个维度，使得用户能方便地汇总数据集，简化了数据的分析处理逻辑，并能对不同维度值的数据进行比较，而维度则表示了对信息的不同理解角度。应用多维分析可以在一个查询中对不同阶段的数据进行纵向或横向比较，这在决策过程中非常有用。

(3) 数据仓库是数据挖掘技术的关键基础，数据挖掘技术要在已有数据中识别数据的模式，以帮助用户理解现有的信息，并在已有信息的基础上，对未来的状况做出预测。在数据仓库的基础上进行数据挖掘，就可以针对整个企业的状况和未来发展做出较完整、合理、准确的分析和预测。

数据仓库作为服务于企业级的应用，概括起来有以下四个方面的优越性：(1)减轻系统负担、简化日常维护和管理。(2)改进数据的完整性、兼容性和有效性。(3)提高了数据存取的效率。(4)提供简单、统一的查询和报表机制。

## 1.2 数据仓库的基本概念

关系数据库之父 E. F. Codd 于 1993 年提出 OLAP 的概念。当时，Codd 认为联机事务处理已不能满足终端用户对数据库查询分析的需要，用户的决策分析需要对关系数据库进行大量计算才能得到结果，因此需要有一种面向分析的技术，OLAP 技术应运而生。数据仓库技术的提出，使得 OLAP 技术能够真正有效地提供分析服务。

数据仓库作为一种信息管理技术，它能够将分布在企业的各种数据进行再加工，从而形成一个综合的、面向分析的环境，以更好地为决策者提供各种有效的数据分析，起到决策支持的作用。并且减轻系统负担，简化日常维护和管理，改进数据的完整性，还为用户提供了简单而统一的查询和报表机制。

### 1.2.1 数据仓库的定义与基本特性

数据仓库之父 William H. Inmon 在 1993 年所写的 *Building the Data Warehouse* 一书中定义了数据仓库的概念。数据仓库是一个面向主题的(subject oriented)、集成的(integrate)、相对稳定的(non-volatile)、反映历史变化(time variant)的数据集合,用于支持管理决策。根据数据仓库的定义,数据仓库具有以下特点:

- 数据仓库中的数据是面向主题组织的;
- 数据仓库的数据是集成的;
- 数据仓库的数据是稳定的;
- 数据仓库的数据是随时间不断变化的。

#### 1. 面向主题

数据仓库是按照面向主题的方式进行数据组织的,也就是在较高层次上对分析对象的数据作一个完整、一致的描述,能有效地刻画出分析对象所涉及的各项数据及数据间的联系。这种数据组织方式更能适合于较高层次的数据分析,便于发现数据中蕴涵的模式和规律。

主题通常是在一个较高层次上将数据归类的标准,每个主题对应一个宏观分析领域。比如,在学生的学籍管理成绩系统中,数据常被组织成"学生"、"课程"、"学生成绩"等关系模式,描述了各个学生、各门课程以及学生学习各门课程的详细信息。而在数据仓库中,我们则要对学生、课程、学生成绩进行综合分析,以便进行决策,因而应重新组织数据,完成业务数据向主题数据的转换。主题的抽取则应根据分析的要求进行确定。如针对学生成绩分析数据仓库就可以设置以下主题:学生、课程、教师等。它根据所需要的信息,分不同类别、不同角度等主题把数据整理之后存储起来。

#### 2. 集成的

数据仓库中每一主题对应的源数据在原有的各分散数据库中可能是重复出现的、不一致的,数据仓库中的数据不能从原有数据库系统中直接得到。事务处理系统中的操作型数据在进入数据仓库之前,必须经过统一和综合,演变为分析型数据。这是数据仓库建设中最复杂的一步,需要完成的工作包括:处理字段的同名异义、异名同义、单位不统一、长度不一致等问题,然后对源数据进行综合和计算,生成面向主题分析用的高层、综合的数据。

#### 3. 相对稳定的

数据仓库中存放的是供分析决策用的历史数据,而不是联机事务处理的当前数据,涉及的数据操作主要是数据查询,一般不进行数据的增、删、改操作,业务系统中的数据经集成进入数据仓库之后极少或根本不再更新。如果对数据仓库中的数据进行了修改,就失去了统计分析正确性的基础——数据的真实性。由于数据仓库中的数据量很大,因此数据仓库系统要采用各种复杂的索引技术,以提高数据查询的性能。而在这样一种稳定的数据环境中使用索引技术也是非常适合的。

#### 4. 随时间变化的

数据仓库中的数据不是永远不变的。数据仓库数据是随时间变化的，数据仓库系统需要不断获取联机事务处理系统不同时刻的数据，经集成后追加到数据仓库中，因此数据仓库中数据的码(键)都包含时间项，以表明数据的历史时期，并可在时间维度上对数据进行分析。此外，数据仓库中的数据也有时间期限，在新数据不断进入的同时，过时的数据也要从数据仓库中排除出去。

数据仓库为不同来源的数据提供了一致的数据视图，与数据挖掘、联机分析处理等数据分析技术相结合，可为用户提供灵活自主的信息访问和丰富的数据分析与报表功能，使企业数据得到充分利用。数据仓库的出现为解决企业信息系统中存在的“数据丰富，但是信息贫乏”的实际情况提供了一种有效的解决方案。

#### 5. 数据的集合性

数据仓库的集合性意味着数据仓库必须按照主题，以某种数据集合的形式存储起来。目前数据仓库所采用的数据集合方式主要是以多维数据库方式进行存储的多维模式、以关系数据库方式进行存储的关系模式或以两者相结合的方式进行存储的混合模式。数据的集合性意味着在数据仓库中必须围绕主题全面收集有关数据，形成该主题的数据集合。全面正确的数据集合有利于对该主题的分析。例如，在超市的客户主题中就必须将客户的基本数据、客户购买数据等与客户主题有关的数据形成数据集合。

#### 6. 支持决策作用

数据仓库组织的根本目的在于对决策的支持。高层的企业决策者、中层的管理者和基层的业务处理者等不同层次的管理人员均可以利用数据仓库进行决策分析，提高管理决策的质量。

### 1.2.2 数据仓库与数据库的区别

数据仓库是在数据库的基础上发展起来的，数据仓库把数据从各个信息源中提取出来后，依照数据仓库使用的公共数据模型，进行相应变换后与仓库中现有数据集成在一起。在数据仓库中，数据可以被直接访问，查询和分析处理速度很快。数据仓库的特点决定了它与传统的数据库系统之间必然存在有很大的差异。二者之间的区别主要体现在以下几个方面：

(1) 数据库中存储的都是当前使用的值，而数据仓库中的数据都是一些历史的、存档的、归纳的、计算的数据。

(2) 数据库的数据主要是面向业务操作程序的，可以重复处理，主要是用来进行事务处理的。而数据仓库却是面向主题，主要是用来分析应用的。

(3) 数据库的数据结构是高度结构化的，比较复杂，适合于操作计算。而数据仓库的数据却比较简单，适合于分析处理。

(4) 数据库中的数据的使用频率是很高的。数据仓库中的数据的使用频率则不是很高。

(5) 通常对数据库中的事务的访问，只需要访问少量的记录数据。而对数据仓库的事务的访问就可能需要访问大量的记录。

(6) 对数据库的响应时间一般要求比较高，通常是以秒为单位。而对数据仓库的响应时间要求则较低，通常比较长。

数据仓库与传统数据库的比较在内容、目标、结构等方面有明显区别，具体如表 1-1 所示。

**表 1-1　数据仓库与数据库对比表**

| 对比内容 | 数据库 | 数据仓库 |
|---|---|---|
| 数据内容 | 当前值 | 历史的、存档的、归纳的、计算的数据 |
| 数据目标 | 面向业务操作程序、重复处理 | 面向主题域、管理决策分析应用 |
| 数据特性 | 动态变化、按字段更新 | 静态、不能直接更新、只定时添加 |
| 数据结构 | 高度结构化、复杂、适合操作计算 | 简单、适合分析 |
| 使用频率 | 高 | 中到低 |
| 数据访问量 | 每个事务只访问少量记录 | 有的事务可能要访问大量记录 |
| 对响应时间的要求 | 以秒为单位计量 | 以秒、分钟，甚至小时为计量单位 |

在物理实现上，数据仓库与传统意义上的数据库并无本质的区别，主要是以关系表的形式实现的。更多的时候，我们将数据仓库作为一个数据库应用系统来看待。

### 1.2.3　数据仓库数据的组织架构

典型的数据仓库的数据组织架构如图 1.2 所示。

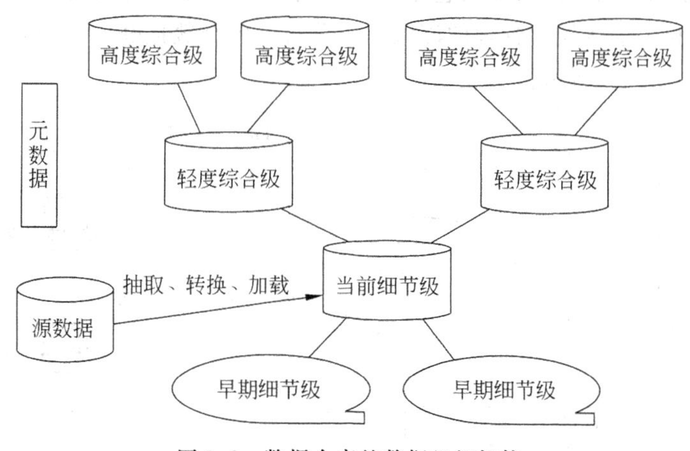


图 1.2　数据仓库的数据组织架构

数据仓库中的数据分为四个级别：早期细节级、当前细节级、轻度综合级、高度综合级。源数据经过综合后，首先进入当前细节级，并根据具体需要进一步的综合，从而进入轻度综合级乃至高度综合级，老化的数据将进入早期细节级。由此可见，数据仓库中存在着不同的综合级别，一般称之为“粒度”。粒度越大，表示细节程度越低，综合程度越高。数据仓库中还有一部分重要数据是元数据(meta data)。元数据是“关于数据的数据”，如传统数据库中的数据字典是一种元数据。在数据仓库环境中，主要有两种元数据。

**1. 技术元数据**

技术元数据是存储关于数据仓库系统技术细节的数据，是用于开发和管理数据仓库使用的数据。它主要包括数据仓库结构的描述、业务系统、数据仓库和数据集市的体系结构及模式以及汇总用的算法和操作环境到数据仓库环境的映射。

**2. 业务元数据**

业务元数据从业务角度描述了数据仓库中的数据，它提供了介于使用者和实际系统之间的语义层，使得不懂计算机技术的业务人员也能够读懂数据仓库中的数据。业务元数据主要包括使用者的业务术语所表达的数据模型、对象名和属性名，访问数据的原则和数据的来源，系统所提供的分析方法以及公式和报表的信息。

元数据一般要记录以下信息：程序员所熟知的数据结构、决策支持系统分析员所知的数据结构、数据仓库的源数据、数据加入数据仓库时的转换、数据模型、数据模型和数据仓库的关系、抽取数据的历史记录。

## 1.3 数据仓库的体系结构

数据仓库从多个信息源中获取原始数据，经过整理加工后存储在数据仓库的内部数据库。通过数据仓库访问工具，向数据仓库的用户提供统一、协调和集成的信息环境，支持企业全局决策过程和对企业经营管理的深入综合分析。整个数据仓库系统是一个包含 4 个层次的体系结构，如图 1.3 所示。

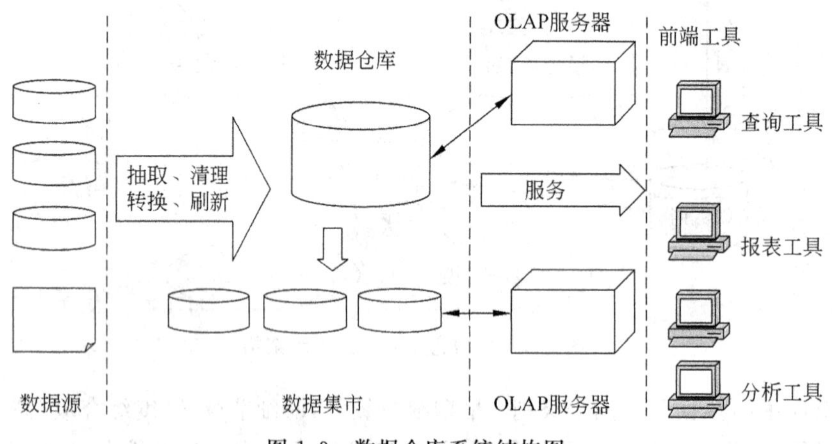


图 1.3　数据仓库系统结构图

(1) 数据源是数据仓库系统的基础，是整个系统的数据源泉，通常包括企业内部信息和外部信息。

(2) 数据的存储与管理是整个数据仓库系统的核心。数据仓库按照数据的覆盖范围可以分为企业级数据仓库和部门级数据仓库(通常称为数据集市)。

(3) OLAP 服务器对分析需要的数据进行有效集成，按多维模型予以组织，以便进行多角度、多层次的分析，并发现趋势。

(4) 前端工具主要包括各种报表工具、查询工具、数据分析工具、数据挖掘工具以及各种基于数据仓库或数据集市的应用开发工具。

### 1.3.1 虚拟的数据仓库体系结构

虚拟数据仓库利用描述了业务系统中数据位置和抽取数据算法的元数据直接从业务系统中抽取查询的数据进行概括、聚合操作后，将最终结果提供给用户，如图 1.4 所示。

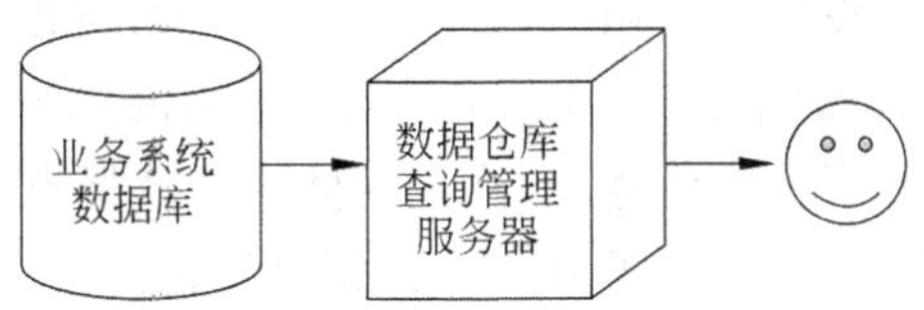


图 1.4 虚拟数据仓库结构

这种数据仓库的投资小，数据仓库并没有建立新的数据仓库系统，而是尽可能利用原有的数据库，大多数的操作由原系统完成。数据仓库只是将查询结果概括后，提供给用户。但是这种数据仓库由于主要依靠原系统的运行，因此使原系统的运行效率大幅度下降，而且系统在操作过程中可能会涉及许多原系统，这些系统中的同一数据缺乏相同字段结构、编码和关键字，而且不同系统中的数据更新是不一致的，必然会产生在不同时间对同一问题查询结果不同的后果。

### 1.3.2 单独的数据仓库体系结构

将所有的主题都集中到一个大型数据库中的体系结构。数据源中数据被按照同一标准抽取到独立的数据仓库中，用户在使用时再根据主题将数据仓库中的数据发布到数据集市中，如图 1.5 所示。

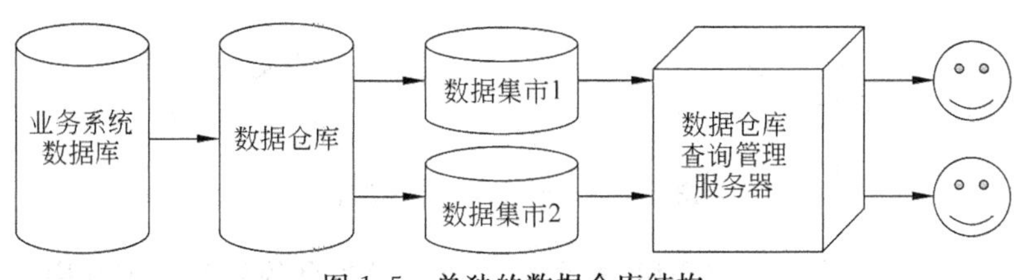


图 1.5 单独的数据仓库结构

这种体系结构需要构建一个统一的企业体系结构，而且数据在存储过程中需要高昂的存储费用和维护费用。

从数据仓库的应用情况看，许多企业大多采用单一的数据仓库。因为数据仓库中集成了企业的所有数据，使企业能够使用企业总体视图对企业的总体决策提供帮助。

### 1.3.3 单独的数据集市体系结构

数据集市结构或称为主题结构的数据仓库是按照主题进行构思所形成的数据仓库，没有一个独立的数据仓库。系统的数据不存储在同一数据仓库中，每个主题有自己的物理存储区，如图 1.6 所示。

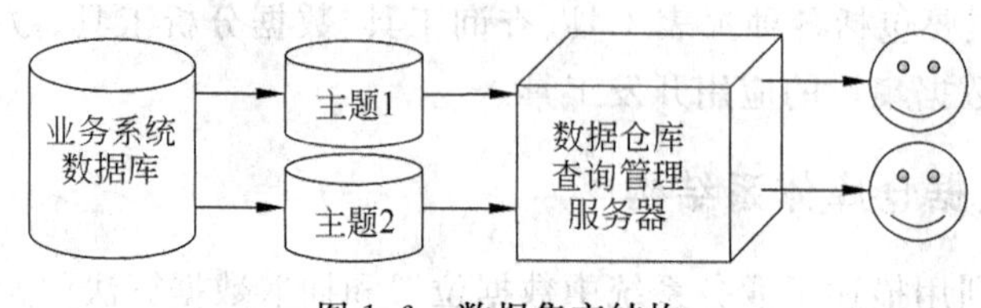


图 1.6 数据集市结构

不同的主题数据仓库在设计时采用同一企业数据模型，可以保证不同主题数据仓库采用相同的字段结构、编码和关键字，可以保证不同主题数据仓库的联合查询。这种体系结构在数据仓库的设计中具有相当大的优越性，在完成整体的数据模型设计、数据抽取程序设计后，各个数据集市可以独立进行设计，可以加快数据仓库的开发进度，也可以选择某个单独的主题数据仓库进行开发，在取得开发经验、使用效益或获得后续资金后再对其他的主题数据仓库进行开发。

数据集市结构往往只能对某一主题进行操作，如果用户希望对两个以上的主题进行操作，就要求用户对这两个主题的数据结构都了解，否则无法实现多主题的操作，而且在多主题数据仓库结构中往往会产生大量的数据冗余。

### 1.3.4 分布式数据仓库结构

在企业各个分公司具有相当大的独立性时，企业的数据仓库结构可以采用分布式结构，如图 1.7 所示。

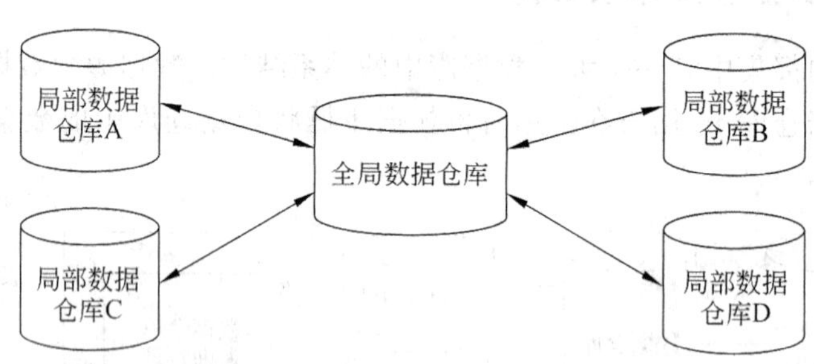


图 1.7 分布式数据仓库结构

企业总部设置一个全局数据仓库，各个分公司设置各自的局部数据仓库。局部数据仓库主要存储各自的未经转换的细节数据，全局数据仓库中主要存储经过转换的综合数据。

分布式结构数据仓库的开发成本一般在初始阶段要比单一数据仓库的低，而且数据仓库中的数据存储量从理论上说可以无限制地扩充，一旦数据仓库中的数据量超过分布式处理器的处理能力，就可以在网络中增加一个服务器。不过随着服务器的增加，最后可能会使网络中的数据传输不堪重负。此外，全局数据仓库与局部数据仓库中的数据冗余是分布式数据仓库的又一缺陷。

## 1.4 数据仓库的相关概念

### 1.4.1 数据源

数据仓库的数据源是指存储在数据仓库中的数据来源，是数据仓库系统的基础，主要包括：业务数据、历史数据、办公数据、Web 数据、外部数据以及数据源元数据。

#### 1. 业务数据

业务数据是指那些从组织目前正在运行的业务处理系统那里收集到并保存在业务处理系统存储中的数据。业务处理系统的数据存储往往是由关系型数据库、非关系型数据库或文件系统所构成的。对业务数据，必须分析哪些数据应该加载到数据仓库中。如果在数据仓库生成以后，才能决定某一业务数据应该加入数据仓库，那么该业务数据就是一个新的数据源。需在先对数据仓库的原始数据模型进行维度分析，再根据现有数据模型定义新的事实表或扩充原有的事实表，并为源数据定义新的维表。

#### 2. 历史数据

历史数据是指组织在长期的信息处理过程中所积累下来的数据，这些数据一般进行了脱机处理，以磁带或其他脱机存储设施保存，对业务系统的当前运行不起作用。但是这些历史数据对于数据仓库的用户却有重要的使用价值，尤其是知识挖掘用户在进行知识挖掘时，需要大量历史数据。这些数据一般要根据数据仓库模型和用户的决策分析需求来确定是否加载进数据仓库。

#### 3. 办公数据

办公数据主要是指组织内部的办公系统数据，这些数据分电子数据和非电子数据两种。以电子数据方式保存的数据，主要指以电子表格、数据库或文字处理文档等形式保存的数据。非电子数据主要指那些文件、通知、会议纪要等公文。从数据的结构形式看，办公数据有的是以二维表格形式表示的结构化数据，有的是以文字文档处理文件表示的非结构化数据。因此办公数据源的数据结构是十分复杂的，这就给数据仓库的数据抽取、加载增加了很大的难度。有时甚至需要人工处理以后，才能加载到数据仓库中。办公数据在数据仓库中常常用于支持跨部门的决策分析。

对于办公数据中的非电子数据的抽取和加载首先要利用扫描仪将书面文档转变为电子图像，然后利用光学字符识别软件将图像文件转换为文本文件，最后还要创建能够描述和组织文档内部信息的元数据。经过这些处理以后，非电子数据才能加载进数据仓库。

#### 4. Web 数据

Web 数据是企业通过因特网所获取的数据，这些数据可以通过企业的电子商务系统获取，也可以通过网络调查获取。Web 数据大多是 HTML 格式，需要将其转换成数据仓库的统一格式才能加载进数据仓库。

#### 5. 外部数据

外部数据是指那些不为企业所操作、所拥有、所控制的数据，这些数据有的是电子形式的，有的是非电子形式的。这些数据源的使用难度和处理方式与办公数据大致相同。

#### 6. 数据源元数据

数据源数据属于元数据管理层范围，在数据仓库中的所有数据都需要通过元数据管理层来进行管理、控制。源数据的元数据描述了关于源数据的一些说明，包含了源数据的来源、源数据的名称、源数据的定义、源数据的创建时间等对源数据进行管理所需要的信息。源数据的来源说明了源数据是从哪一个业务系统、哪一个历史数据、哪一个办公数据、哪一个 Web 页上、哪一个外部系统抽取来的。源数据的名称说明源数据现在和过去的名称。源数据的定义说明源数据在数据仓库中的作用、数据类型、长度等基本属性。数据的创建变化时间是指源数据在数据源的创建时间和在数据仓库中的创建时间以及变化时间。这些信息主要用于源数据的管理。

### 1.4.2 数据的存储层

数据仓库的关键是数据的存储和管理。数据仓库的组织管理方式决定了它有别于传统数据库的特性，同时也决定了其对外部数据表现形式。

从现有技术和产品来看，只有关系数据库系统能够担当此任。关系数据库经过近 30 年的发展，在数据存储和管理方面已经非常成熟，非其他数据管理系统可比。目前不少关系数据库系统已支持数据分割技术，能够将一个大的数据库表分散在多个物理存储设备中，进一步增强了系统管理大数据量的扩展能力。

数据存储层是数据仓库的主体，所存储的数据包括三部分，一是从外部数据源抽取，经清洗、转换处理，并按主题组织存放的业务数据；二是数据仓库的元数据；三是针对不同的数据挖掘和分析主题而生成的数据集市。

#### 1. 抽取存储区

构建数据仓库时，从外部数据源抽取的数据，在正式导入数据仓库之前，应先存放在缓冲区中，以便进行数据清洗与转换，这一缓冲区即称为“抽取存储区”(extraction store)。

在数据仓库中，从不同来源、不同结构的外部数据源中抽取的数据，相互之间不可避免地存在着数据内容的缺陷和格式上的不一致，不能直接导入数据仓库，而应当暂时存放在系统的抽取存储区中，以待进一步处理。

### 2. 数据仓库

数据仓库是存储数据的一种组织形式,它从传统数据库中获得原始数据,先按辅助决策的主题要求形成当前基本数据层,再按综合决策的要求形成综合数据层。随着时间的推移,由时间控制机制将当前基本数据层转为历史数据层。可见数据仓库中逻辑结构数据由3层到4层数据组成,它们均由元数据(meta data)组织而成。数据仓库中数据的物理存储形式有多维数据库组织形式和基于关系数据库组织形式。

### 3. 数据集市

数据仓库把所有数据源的数据集中存储,为企业的信息主题服务,按照业务主题组织数据,能够适应各类用户的查询和分析,具有很好的灵活性,然而,这样导致的后果是数据仓库的存储数据量很大,其查询操作的响应速度较慢。为了解决这个问题,引入了数据集市的概念。数据集市又叫高性能查询结构,它面向企业中某个部门或业务分析的主题,存储的数据量相对较小,对查询响应的要求较高。两者的区别如表1-2所示。

**表1-2 数据仓库与数据集市区别**

| 类　　别 | 数据仓库 | 数据集市 |
| --- | --- | --- |
| 范围 | 企业级 | 部门级 |
| 主题 | 企业主题 | 部门或特殊的分析主题 |
| 数据 | 粒度最细的粒度 | 较粗的粒度 |
| 历史数据 | 大量的历史数据 | 适度的历史数据 |
| 优化 | 处理海量数据、数据探索 | 便于访问和分析、快速查询 |

数据仓库的建立过程一般有两种方法:“自顶而下”和“自底向上”。“自顶而下”的建设方法是先建立一个企业级数据仓库,然后再在其基础上建立部门级数据集市。这种建设方法的优势在于有利于各级数据仓库的一致性的控制,缺点是企业级数据仓库的规模往往比较大,实施周期很长,而且,这种方法见效慢,费用昂贵。“自底向上”的建设方法是在充分考虑扩展的前提下,优先建立一些数据集市,最后再把它们汇集成一个企业级数据仓库,这种方法的优势在于针对性强,易于实现,花费小,见效快。缺点是对多个数据集市进行汇集会面临集成困难和数据质量问题。因此,在数据仓库建立过程中,企业应当依据自己的实际情况,灵活地选择适合的方法来建立数据仓库。

### 4. 元数据

元数据是关于数据的数据,它不仅表示数据的类型、名称、值等信息,还提供了数据的上下文描述信息,如数据的所属区域、取值范围、数据间的关系、业务规则,甚至是数据的来源。在数据仓库领域,元数据记录着源数据库与目标数据仓库的数据模型、物理数据结构及其相关匹配模式等重要信息。

元数据贯穿于数据仓库的设计、开发、运行和维护的全过程,其设计是数据仓库系统设计完善与否的标志。具体表现在以下两个方面:

(1) 对于设计人员来讲，元数据是新一轮迭代开发和数据仓库维护的主要技术手册，也是进行系统集成的基础。另外，由于元数据提供了企业业务模型和数据模型的存储地点和格式，系统的工作流、数据流、信息流完全可以保存在元数据库中，管理员能够方便地依据元数据扩展现有的信息系统。

(2) 对于最终用户来讲，元数据就如同数据仓库的导航器，能帮助用户快速、高效地定位信息，实现数据检索和数据挖掘，极大地提高了用户的工作效率。另外，元数据还实现了业务模型和数据模型之间的映射，使数据能够以用户期望的样子表现出来。

### 1.4.3 OLAP 服务器

OLAP 服务器利用数据仓库中的数据将数据组织成多维数据集，即数据立方体的形式。数据立方体是 OLAP 分析处理的核心，因为最终获得的分析结果都是对数据立方体进行各种操作得来的，所以它的结构直接决定了数据仓库系统能够进行什么样的多维分析，能从哪些维度进行查询和分析等重要功能。

OLAP 服务器对分析需要的数据进行有效集成，按多维模型予以组织，以便进行多角度、多层次的分析，并发现趋势。其具体实现可以分为 ROLAP、MOLAP 和 HOLAP。ROLAP 基本数据和聚合数据均存放在 RDBMS 之中；MOLAP 基本数据和聚合数据均存放于多维数据库中；HOLAP 基本数据存放于 RDBMS 之中，聚合数据存放于多维数据库中。

### 1.4.4 前端工具

从数据源中抽取出相应的数据，经过检验、整理、加工和重新组织后存放到数据仓库的数据库中，下一步就是要考虑如何使用户（业务决策人员、各级管理人员和业务分析人员）能够方便灵活的使用数据仓库中存储的数据，达到数据仓库工程的预定目标。在数据仓库中，这是通过为用户提供一套前端数据访问和分析工具来实现的。这些工具主要包括各种报表工具、查询工具、数据分析工具、数据挖掘工具以及各种基于数据仓库或数据集市的应用开发工具。其中数据分析工具主要针对 OLAP 服务器，报表工具、数据挖掘工具主要针对数据仓库。

前端展示工具将 OLAP 服务器处理的结果以用户希望的方式展示给用户。它不但提供一般的数据访问功能，如查询、汇总、统计等，还要提供对数据的深入分析功能，如数据的比较、趋势分析、模式识别等，即所谓的“数据挖掘”功能，并从中获得一些潜在的规律。

前端展示工具主要有三类：查询型工具、验证型工具和发掘型工具。

#### 1. 查询型工具

数据仓库查询型工具主要是指将数据直接（即无须经过复杂的分析算法处理）呈现给用户的工具。它既可以对数据仓库中记录级数据进行查询，也可以对分析结果（发展趋势或模式总结）进行查询。其目标在于使用户能够方便直观地提出查询要求，数据以友好清晰的方式呈现出来，从而帮助用户实现对数据仓库的“阅览”。查询型工具可以与分析型工具结合起来实现诸如原因分析、目标探察等分析任务。

### 2. 验证型工具

用户开始提出自己的假设，随后利用各种工具逐步地检索查询以验证或者否定自己的假设。从使用者的观点来看，是从数据仓库中发现事实。这方面的工具主要包括：可视化工具和多维分析工具。可视化工具以图形化方式展示数据，充分利用人类的视觉能力，方便地发掘数据间的潜在关系。通过可视化工具，人们可以深入到数据的结构中，了解数据的复杂性和动态性。多维分析工具通过对信息的多种可能的观察形式进行快速、一致和交互性地存取，从而使分析员、经理和行政人员对数据进行深入地分析和观察，实现联机分析处理。这两个工具有一个共同的特点：需要用户指导数据分析的全过程。

### 3. 发掘型工具

发掘型工具负责从大量数据里发现数据模式、预测趋势和行为。与验证型工具的区别在于：用户对整个信息的挖掘过程中无需或只需很少的指导。发掘型工具主要指的是数据挖掘(DM)，即按照既定的业务目标，对大量的有关数据进行探索、揭示隐藏其中的规律性并进一步将之模型化的先进、有效的方法。数据挖掘是一种展望和预测型的工具，它能发掘数据间潜在的模式，发现人们可能忽略的信息，并为企业做出基于知识的决策。与验证型工具一样，数据挖掘也需要将获取的信息利用可视化工具进行加工，以用户理解和观察的方式反映给用户。

查询型工具、分析型工具和挖掘型工具结合在一起构成了数据仓库系统的工具层，它们各自的侧重点不同，因此适用范围和针对的用户也不相同。只有具备了上述三种工具的数据仓库系统，才能真正发挥数据仓库的作用。

## 1.5 数据挖掘技术概述

随着数据库技术的迅速发展和数据管理系统的普遍推广，企业积累的数据呈几何级数增长。这些剧增的数据中可能隐藏着很多重要的信息，人们希望能够对现有的信息进行更高层次的分析，以便更好地利用这些数据。这些迫切的需求促进了数据挖掘技术的产生。另一方面，计算机及其相关技术的快速发展为数据挖掘提供了研究和应用的技术基础。

### 1.5.1 数据挖掘技术产生的背景

数据挖掘是一门交叉性学科，它涉及人工智能、数据库技术、机器学习、模式识别、信息学、信息检索、统计学等多个领域。在对数据库技术研究的历程中，相继出现了一些相似的术语，例如数据库中的知识发现(Knowledge Discovery in Database，KDD)、数据融合(data fusion)等。KDD 是 1989 年 8 月在美国底特律召开的第 11 届国际人工智能联合会议的专题讨论会上首次提出的。KDD 是从大量数据集中识别出有效的、新颖的、潜在有用的以及最终可理解模式的高级处理过程。在 KDD 处理过程中，首先需要了解领域的背景知识，分析相关数据或样本，检验数据的完整性和一致性，去除与挖掘无关的数据；然后要选择合适的知识发现算法完成 KDD 目标，挖掘出用户所需要的知识；最后要对挖掘出的知识进行解释，并提供给用户并进行正确的评价。

数据挖掘的概念是1995年在美国计算机年会ACM会议上首次被提出的。数据挖掘又称KDD，是指从大型数据库或数据仓库中提取隐含的、未知的、非平凡的及有潜在应用价值的信息或模式，它是数据库研究中的一个很有应用价值的新领域，融合了数据库、人工智能、机器学习、统计学等多个领域的理论和技术。

随着Internet的迅速发展，Web上的信息以惊人的速度在增长。Web上的信息资源具有海量、分布、动态、异质等特点。我们将传统的数据挖掘思想和方法应用到Web数据，形成了Web数据挖掘这样一个新的研究方向。Web数据挖掘是以从Web上挖掘有用知识为目标，它将传统的数据挖掘技术与Web结合起来，利用数据挖掘技术从Web文档和Web活动中发现有效的、新颖的、潜在有用的，并且最终可理解的信息和模式。按照挖掘对象的不同，将Web数据挖掘分为三类：Web内容挖掘(Web content mining)，Web结构挖掘(Web structure Mining)，Web使用挖掘(Web usage mining)，其中最有意义的部分应在使用挖掘，因为它同客户行为密切相关。

归纳数据挖掘产生的技术背景，为下面一些相关技术的发展起到了决定性的作用。

(1) 数据库、数据仓库和Internet等信息技术的发展。

(2) 计算机性能的提高和先进的体系结构的发展。

(3) 统计学和人工智能等方法在数据分析中的研究和应用。

数据挖掘是近年来十分热门的研究领域，尤其是Web数据挖掘的研究拓展了这一领域的深度和广度。新的数据挖掘方法不断问世，应用于企业的数据挖掘工具也不断产生和完善。尽管数据挖掘技术仍面临着很大的挑战，许多问题有待于进一步探索，但有一点毋庸置疑，那就是数据挖掘的研究和应用产生了巨大的社会效益和经济效益，为信息社会的发展做出了贡献。

### 1.5.2 数据挖掘的基本概念

数据挖掘是指从数据库的大量数据中提取隐含的、先前未知的并有潜在价值的信息和知识的过程。数据挖掘的定义有很多，表达方式虽然不同，但本质都是一样的。下面主要从技术角度和商业角度给出数据挖掘的定义。

#### 1. 数据挖掘的技术定义

从技术角度看，数据挖掘是从大量的、不完全的、有噪声的、模糊的、随机的实际数据中，提取隐含在其中的、人们不知道的、但又是潜在有用的信息和知识的过程。

人们将数据看做形成知识的源泉，好像从含金的大量矿石中淘金一样。原始数据可以是结构化的，如关系数据库中的数据；也可以是半结构化的，如文本、图形和图像数据；甚至是分布在网络上的异构数据。发现知识的方法可以是数学的，也可以是非数学的；可以是演绎的，也可以是归纳的。发现的知识可以用于信息管理，查询优化，决策支持和过程控制等。因此，数据挖掘是一门交叉学科，它把人们对数据的应用从低层次的简单查询，提升到从数据库中挖掘知识，提供决策支持。在这种需求的推动下，汇集了不同领域的研究者，尤其是数据库技术、人工智能技术、数理统计、可视化技术、并行计算等方面的学者和工程技术人员，投身到数据挖掘这一新兴的研究领域，形成新的技术研究和开发热点。

**2. 数据挖掘的商业定义**

从商业应用角度看，数据挖掘是一种崭新的商业信息处理技术。其主要特点是对商业数据库中大量业务数据进行抽取、转化、分析和模式化处理，从中提取辅助商业决策的关键知识，即从一个数据库中自动发现相关商业模式。

数据挖掘是利用统计学和机器学习的技术，探求那些符合市场、客户行为的模式。目前，数据挖掘已经可使挖掘技术自动化，将数据挖掘和商业数据仓库相结合，以适当的形式将挖掘结果展示给企业经营管理人员。对于数据挖掘的应用不仅依靠良好的算法建立模型，而更重要的是要解决如何将数据挖掘技术集成到当今复杂的信息技术应用环境中。其次，还要有数据挖掘分析人员的参与，因为数据挖掘技术不具备人所特有的经验和直觉，不能区分哪些挖掘出的模式在现实中是有意义的，哪些是没有意义的。因此，数据挖掘分析人员的参与是必不可少的。

### 1.5.3 数据挖掘的对象

形成知识的源泉是大型数据库与数据仓库。原始数据有时是结构化的(关系数据库中的数据)，有时是半结构化的(图像数据、文本与图形)，有时还是 WWW 上的异构型的。一般情况下，数据挖掘对象可以是存储的任何类型的信息，如关系数据库、数据仓库、事务数据库、万维网、面向对象数据库、对象关系数据库、时间序列数据库、空间数据库、文本数据库、多媒体数据库等。

**1. 关系数据库**

关系数据库因为具有坚实的数据基础、统一的组织结构、完整的规范化理论、一体化的查询语言等优点，成为当前数据挖掘最重要、最流行，也是信息最丰富的数据源，并且也是人们对数据挖掘研究的主要形式之一。

**2. 数据仓库**

数据仓库是数据库技术发展的高级阶段，它是面向主题的、集成的、内容相对稳定的、随时间变化的数据集合，可以用来支持管理决策的制定过程。数据仓库系统允许将各种应用系统、多个数据集成在一起，为统一的历史数据分析提供坚实的平台。

数据挖掘需要有良好的数据组织和“纯净”的数据，数据的质量直接影响到数据挖掘的效果，而数据仓库的特点恰恰最符合数据挖掘的要求，它从各类数据源中抓取数据，经过清洗、集成、选择、转换等处理，为数据挖掘所需要的高质量的数据提供了保证。可以说，数据挖掘为数据仓库提供了有效的分析处理手段，数据仓库为数据挖掘准备了良好的数据源。因此，随着数据仓库与数据挖掘的协调发展，数据仓库必然成为数据挖掘的最佳环境。

**3. 文本数据库**

文本数据库所记载的内容均为文字，这些文字并不是简单的关键词，而是长句子、段落甚至全文，文本数据库多数为非结构化的，也有些是半结构化的，如 HTML、E-mail 等。Web 页也是文本信息，把众多的 Web 页组成数据库就是最大的文本数据库。如果文本数据具有良好的结构，可以使用关系数据库来实现。

#### 4. 复杂类型数据库

复杂类型的数据库是指非单纯文本的数据库或能够表示动态的序列数据的数据库，主要有如下几类。

(1) 空间数据库。主要指存储空间信息的数据库，其中数据可能以光栅格式提供，也可能用矢量图形数据表示。例如，地理信息数据库、卫星图像数据库、城市地下管道、下水道及各类地下建筑分布数据库等。对空间数据库的挖掘可以为城市规划、生态规划、道路修建提供决策支持。

(2) 时序数据库。主要用于存放与时间相关的数据，它可用来反映随时间变化的即时数据或不同时间发生的不同事件。例如，连续的存放即时的股票交易信息、卫星轨道信息等。对时序数据的挖掘可以发现事件的发展趋势、事物的演变过程和隐藏特征，这些信息将对事件的计划、决策和预警是非常有用的。

(3) 多媒体数据库。用于存放图像、声音和视频信息的数据库。由于多媒体技术的发展，以及相关研究(如可视化信息检索、虚拟现实技术)的成就，多媒体数据库也逐渐普及，并应用于许多重要研究领域。目前，多媒体数据的挖掘主要放在对图像数据的检索与匹配上，随着研究的深入将会拓展到对声音、视频信息的挖掘处理。

### 1.5.4 数据挖掘功能

如果以数据挖掘任务为标准来划分，数据挖掘功能有如下的几类：概念描述、关联分析、分类和预测、聚类分析、孤立点分析、演变分析等。

#### 1. 概念描述

概念描述(concept description)指的是对某种对象的内涵特征进行概括，概括就是概念描述的本质。一般情况下，对一个数据集，其包含大量数据，做一个总体状态的概述就是一个概念。例如，将某一公司所有卖出的汽车的基本情况进行概述与总结，就会了解到所有汽车基本情况的一个整体概念。

传统的也是最简单的数据总结方法是计算出数据库的各个字段上的汇总值、平均值、方差值等统计值，或者用直方图、饼状图等图形方式表示。而数据挖掘中的概念描述主要关心从数据泛化的角度来讨论数据总结。数据泛化是一种把数据库中的有关数据从低层次抽象到高层次上的过程。由于数据库上的数据或对象所包含的信息总是最原始、基本的信息(这是为了不遗漏任何可能有用的数据信息)，人们有时希望能从较高层次的视图上处理或浏览数据，因此，需要对数据进行不同层次上的泛化以适应各种查询要求。

描述可以分为特征性的描述与区别性的描述。前者描述某类对象的共同特征，生成一个类的特征性描述，该描述只涉及该类对象中所有个体的共性。其输出可以采用多种形式，包括饼图、柱状图、曲线、多维数据立方体、含交叉表的多维表，且描述结果也可以用概化关系或规则形式表示。后者描述异类对象之间的区别,将目标类对象的一般特性与一个或多个对比类对象的一般特性比较,而这种比较必须具备可比性的两个或多个类之间进行的。数据区分的输出类似于数据特征化,但它应该包括比较度量,帮助区分目标类和对比类。

**2. 关联分析**

关联分析(association analysis)用于发现关联规则,这些规则展示属性值频繁地在给定数据集中一起出现的条件。例如,两个或多个数据项的取值之间重复出现且概率很高时,就存在某种关联,可以建立起这些数据项的关联规则。随着大量数据不停地收集和存储,许多业界人士对于从他们的数据库中挖掘关联规则越来越感兴趣。从海量的商务事务记录中发现有趣的关联关系,可以帮助许多商务决策的制定。

关联规则反映一个事务与其他事务之间的相互依存性和关联性。关联规则挖掘是数据挖掘研究的一个重要分支。该问题于 1993 年由 Agrawal 等在对市场购物篮问题进行分析时首次提出用以发现商品销售中的顾客购买模式,以后诸多的研究人员对关联规则的挖掘问题进行了大量的研究。他们的工作包括对原有的算法进行优化,如引入随机采样、并行的思想等,以提高算法挖掘规则的效率。

挖掘关联规则就是发现存在于大数据集中的关联性或相关性,即发现某些经常在一起出现的属性(谓词或项)并以规则的形式把它们之间的关系符号化。例如,某超市利用数据挖掘在销售数据库中发现一条隐含规则:小孩尿布与啤酒有这样的关联规则的在所有销售记录中,有 20%的记录同时包含小孩尿布和啤酒,包含小孩尿布的记录中有 80%的记录也包含啤酒。

实际应用中此关联规则很有价值,上例这条关联规则就揭示出这样一条商业信息:在购买小孩尿布的顾客中,有 80%的人同时购买了啤酒。商场管理人员可以根据这个信息更好地规划商场,如把小孩尿布和啤酒这样的商品摆放在一起,能够促进销售。同理,对 CRM 系统中的有关数据进行关联规则挖掘,也可能发现一些出乎意料的潜在客户信息。

**3. 分类和预测**

分类(classification)知识发现是数据挖掘中最常见的,旨在根据样本数据寻求相应的分类规则,然后根据该规则来确定某一非样本个体或对象是否属于某一特定的组或类。在这种分类知识发现中,样本个体或对象的类标记是已知的。数据挖掘的任务在于从样本数据的属性中发现个体或对象分类的一般规则,从而根据该规则对非样本数据对象进行分类。如决策树分类方法、贝叶斯分类方法、规则归纳等。

分类通常和预测(predication)联系起来,这是因为分类可以用来预测数据对象的类标记,也可以用来预测某些空缺的或不知道的数据值,当被预测的值是数值数据时,通常称之为预测。

**4. 聚类分析**

聚类分析(clustering analysis)用于发现在数据库中未知的数据类。这种数据类划分的依据是“物以类聚”,即考察个体或对象间的相似性,满足相似性条件的个体或数据对象划分在一组内，不满足相似性条件的个体或数据对象划分在不同的组。由于在数据挖掘之前，数据类划分的数量与类型均是未知的，因此在数据挖掘后需要对数据挖掘结果进行合理的分析与解释。

聚类是无监督学习的典型方法，类的个数事先是不知道的，形成的类的物理意义也需要专业人士做出分析。聚类指的是把对象数据分组成多个类或簇，令生成的类的内部的任意2个项目之间具有的相似度很高，而属于不同类的两个项目之间的相异度也要很高。主要的聚类方法有：划分的、层次的、基于密度的、基于网格的与基于模型的等。聚类技术一般情况上，是以统计方法、机器学习、神经网络等方法作为其理论基础。

**5. 孤立点分析**

孤立点分析(outlier analysis)是分类预测和聚类分析的副产品。孤立点是指与数据的一般行为或模型不一致的那些数据对象。一般情况下，很多的数据挖掘方法会把孤立点作为噪声或异常数据，将其忽略或删除。但在网络入侵检测，信用卡欺骗检测等实际应用中，这些数据是十分有参考价值的。主要的检测技术有基于统计的孤立点检测、基于距离的孤立点检测与基于偏差的孤立点检测这三类。孤立点分析主要应用在包括入侵检测、离群值发现、网络攻击、疾病的不寻常模式、生态系统扰动等。

**6. 演变分析**

数据的时序演变分析(evolution analysis)是针对事件或对象行为随时间变化的规律或趋势，并以此来建立模型。它主要包括时间序列数据分析、序列或周期模式匹配和基于类似性的数据分析。

**7. 信息摘要**

信息摘要(information summarization)是一种自动编制文摘的技术，即利用计算机将一篇文章浓缩成一篇短文的过程。文摘是以简洁的篇幅，忠实地反映原文内容的一段简短文字。通过阅读文摘，人们可以快速地掌握大量文献的基本内容，提高获取信息的效率。但是，文献数量的飞速增长，使得人工来编制所有文摘的工作已不现实。因此，利用计算机来自动编制文摘便成为一个有现实意义的研究课题。

**8. 信息抽取**

信息抽取(information extraction)就是根据一个事先定义好的、描述所需信息规格的模板，从非结构化的文本中抽取相关信息的过程。这个模板通常说明了某些事件、实体或关系的类型。

信息抽取可以帮助人们快速地获取文本中有用的信息。在大量的非结构化或半结构化的文本数据中，包含了很多的无用和冗余的信息，同时也包含了很多可以用结构化形式表示的数据信息。比如公式、某个重要的数据、各种名称、概念等。从文本中提取这些信息，然后根据它们之间的关系，组织抽取信息的结构，可以从特定的角度提供对于文本数据的概览。例如，某个银行收到客户一份要求进行转账的电子邮件。银行可以利用信息抽取程序，根据预先定义的交易信息抽取模板对该邮件进行自动处理，抽取邮件中的交易类型、交易日期、客户名、交易金额、货币种类以及利率等交易信息，然后转换为数据库记录，便于以后的处理。

#### 9. 元数据挖掘

元数据挖掘(metadata mining)是指对元数据进行的挖掘。例如，对文本元数据的挖掘。文本元数据可以分为两类：一类是描述性元数据，包括文本的名称、日期、大小、类型等信息；另一类是语义性元数据，包括文本的作者、标题、机构、内容等信息。文本的元数据挖掘对于更深层次的文本挖掘来说，是一个重要的基础性的工作，它可以为进一步的文本挖掘提供有价值的参考信息。

还有对于Web站点结构等非内容性信息的数据挖掘。与其他数据挖掘不同，针对超级链接和Web使用记录的挖掘不是一种内容性的挖掘，而是面向元数据的挖掘，然而这种挖掘无疑是十分有意义的。超级链接挖掘可以分析Web站点的结构、建立Web信息的层次化视图、识别权威的Web页面，从而提高Web搜索引擎的质量。对于Web访问记录的挖掘，可以发现用户访问Web页面的模式，从而识别电子商务的潜在客户，增强对最终用户的互联网信息服务的质量和缴付，并改进Web服务器系统的性能。

元数据挖掘正在成为一个新兴的、引人注目的研究领域。

### 1.5.5 数据挖掘与传统分析方法的区别

数据挖掘与传统的数据分析(如查询、报表、联机分析)的本质区别是数据挖掘是在没有明确假设的前提下去挖掘信息、发现知识。数据挖掘所得到的信息应具有先前未知、有效和实用三个特征。

先前未知的信息是指该信息是预先未曾预料到的，即数据挖掘是要发现那些不能靠直觉发现的信息或知识，甚至是违背直觉的信息或知识，挖掘出的信息越是出乎意料，就可能越有价值。在商业应用中最典型的例子就是一家连锁店通过数据挖掘发现了小孩尿布和啤酒之间有着惊人的联系。

### 1.5.6 数据仓库与数据挖掘的关系

数据挖掘和数据仓库作为决策支持新技术，近十年来发展迅速。数据仓库和数据挖掘二者既相互结合、共同发展，又相互影响、相互促进。二者的联系概括如下。

#### 1. 数据仓库为数据挖掘提供了更好更广泛的数据源

数据仓库中存储着来自异质的信息源的集成数据，而这些信息源本身就可能是一个规模庞大的数据库。同时数据仓库存储了大量长时间的历史数据，这可以进行数据长期趋势的分析，为决策者的长期决策行为提供了支持。

#### 2. 数据仓库为数据挖掘提供了新的支持平台

数据仓库的发展不仅为数据挖掘开辟了新的空间，更对数据挖掘技术提出了更高的要求。作为数据挖掘对象，数据仓库技术的产生和发展为数据挖掘技术开辟了新的战场，提出了新要求和挑战。数据仓库的体系结构努力保证查询和分析的实时性。数据仓库一般设计成只读方式，数据仓库的更新由专门一套机制保证，数据仓库对查询的强大支持使数据挖掘效率更高。

**3. 数据仓库为更好地使用数据挖掘工具提供了方便**

数据仓库的建立，充分考虑数据挖掘的要求。用户可以通过数据仓库服务器得到所需的数据，形成开采中间数据库，利用数据挖掘方法进行开采，获得知识。数据仓库为数据挖掘集成了企业内各部门的全面的、综合的数据，数据挖掘要面对的是关系更复杂的企业全局模式的知识发现。而且，数据仓库机制大大降低了数据挖掘的障碍，一般进行数据挖掘要花大量的精力在数据准备阶段：数据仓库中的数据已经被充分收集起来，进行了整理、合并，并且有些还进行了初步的分析处理。这样，数据挖掘的注意力能够更集中于核心处理阶段。另外，数据仓库中对数据不同粒度的集成和综合，更有效地支持广多层次、多种知识的开采。

**4. 数据挖掘为数据仓库提供了更好的决策支持**

企业领导的决策要求系统能够提供更高层次的决策辅助信息，而基于数据仓库的数据挖掘能更好地满足高层战略决策的要求。数据挖掘对数据仓库中的数据进行模式抽取和发现知识，从数据仓库中揭示出对企业有潜在价值的规律知识，形成知识发现，为知识管理提供了内容，在知识管理中起到中流砥柱的作用。这些正是数据仓库所不能提供的。

**5. 数据挖掘对数据仓库的数据组织提出了更高的要求**

数据仓库作为数据挖掘的对象，要为数据挖掘提供更多、更好的数据。其数据的设计、组织都要考虑到数据挖掘的要求。

**6. 数据挖掘还为数据仓库提供广泛的技术支持**

数据挖掘的可视化技术、统计分析技术等都为数据仓库提供了强有力的技术支持。

数据挖掘是数据仓库系统信息处理的重要组成部分。一方面，基于数据仓库的数据挖掘技术能够提高数据仓库的决策支持能力；另一方面，由于数据仓库完成了数据的收集、转换、集成、存储和管理操作，为数据挖掘提供初步处理的数据，有利于发挥数据挖掘的潜在能力。随着数据挖掘和数据仓库集成的进一步深化，必将会给决策者提供更有价值的信息和知识。

### 1.5.7 数据挖掘的发展趋势

由于目前的数据种类多、数据挖掘目标多种多样，并且数据挖掘方法也层出不穷，这便为数据挖掘技术今后的发展带来了许多具有挑战性的课题，这些课题包括：

(1) 数据挖掘应用的探索；

(2) 可伸缩的方法；

(3) 交互式发现；

(4) 与数据库系统、数据仓库系统和 Web 数据库系统的集成；

(5) 数据挖掘语言的标准化；

(6) 可视化数据挖掘；

(7) 复杂数据类型挖掘；

(8) Web 挖掘，隐私保护和信息安全等。

## 1.6 数据挖掘过程

在实施数据挖掘之前，先制定采取什么样的步骤、每一步都做什么、达到什么样的目标是必要的，有了好的计划才能保证数据挖掘有条不紊地实施并取得成功。实际上，每一个数据挖掘软件提供商和一些数据挖掘咨询公司都提供出了自己的数据挖掘过程模型，遗憾的是，它们虽然各有千秋，但都是与自己的产品相关联，不能通用。因此，人们提出要形成数据挖掘过程模型标准，以便各个软件开发厂商遵循统一的过程标准，达到产品的互联、通用。现有的数据挖掘系统大致划分为两种类型，一种是 Fayyad 总结提出的过程模型；另一种是遵循 CRISP-DM 标准的过程模型。

### 1.6.1 Fayyad 过程模型

Fayyad 于 1996 年给出的 KDD 知识发现处理过程(见图 1.8)是公认的、通用的知识发现过程定义。

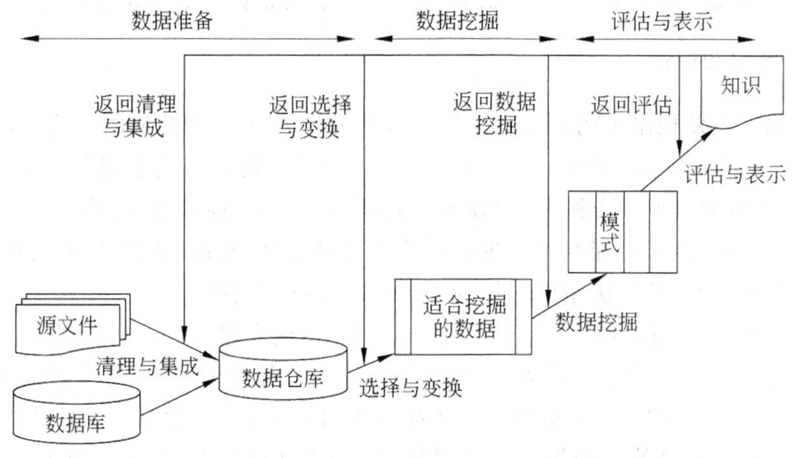


图 1.8 Fayyad 知识发现过程模型

在知识发现过程中，数据被存储在数据库中，根据数据挖掘算法的要求从数据库中选取数据挖掘所需要的数据，在数据预处理阶段对数据噪音和错误数据进行处理，然后对数据进行变换满足数据挖掘算法的要求，选择合适的数据挖掘算法进行数据挖掘，以发现知识模式，这是知识发现的核心阶段，最后对发现的模式进行解释和评估，剔除冗余和无关的模式，并要对发现的模式进行可视化，把结果转换成用户易懂的表示方式。

从图 1.8 中可以看出，Fayyad 过程模型主要由数据准备、数据挖掘和结果分析三个主要部分组成。

### 1. 数据准备

数据准备又可分为三个子步骤：数据选取（data selection）、数据预处理（data preprocessing）和数据变换（data transformation）。

数据选取的目的是确定发现任务的操作对象，即目标数据（target data），是根据用户的需要从原始数据库中抽取得一组数据。数据预处理一般包括消除噪声、推导计算缺值数据、消除重复记录、完成数据类型转换（如把连续值数据转换为离散型的数据，以便于符号归纳，或是把离散型的转换为连续值型的，以便于神经网络算法挖掘）等。当数据挖掘的对象是数据仓库时，一般来说，数据预处理已经在生成数据仓库时完成了。数据变换的主要目的是削减数据维数或降维（dimension reduction），即从初始特征中找出真正有用的特征以减少数据挖掘时要考虑的特征或变量个数。

### 2. 数据挖掘

数据挖掘阶段首先根据对问题的定义明确挖掘的任务或目的，如分类、聚类、关联规则发现或序列模式发现等。确定了挖掘任务后，就要决定是用什么样的算法。选择实现算法有两个考虑因素：一是不同的数据有不同的特点，因此需要用与之相关的算法来挖掘；二是用户或实际运行系统的要求，有的用户可能希望获取描述型的（descriptive）、容易理解的知识（采用规则表示的挖掘方法显然要好于神经网络之类的方法），而有的用户只是希望获取预测准确度尽可能高的预测型（predictive）知识，并不在意获取的知识是否易于理解。

### 3. 结果解释和评估

数据挖掘阶段发现出来的模式，经过评估，可能存在冗余或无关的模式，这时需要将其剔除：也有可能模式不满足用户要求，这时则需要整个发现过程回退到前续阶段，如重新选取数据、采用新的数据变换方法、设定新的参数值，甚至换一种算法，等等。另外，KDD 由于最终是面向用户的，因此可能要对发现的模式进行可视化，或者把结果转换为用户容易理解的其他表示形式，如把分类决策树转换为“IF…THEN…”规则。

Fayyad 知识发现过程模型是一个迭代的过程，在这个过程的每一个阶段，如果发现第 $K$ 个阶段产生的结果和预想或者希望分析的内容有出入，则需要用户重复以前的工作，即或者重复第 $K-1$ 个阶段，或者重复第 1 个阶段到第 $K-1$ 个阶段的任意组合。

早期开发的大部分数据挖掘系统都遵循 Fayyad 过程模型，即数据挖掘系统的功能是发现模式，生成模型，但是模型如何被使用，如何和现有的信息系统集成，这些系统并没有实现。典型系统如：IBM Intelligent Miner、SAS Enterprise Miner、DBMiner 等。

Fayyad 过程模型从某种意义说是面向理论，偏向技术的模型，而不是面向工程、面向应用的模型。该模型在数据选择这一步骤中并没有体现选择数据的原则和方法，也就是没有明确商业问题。而对于面向应用，面向工程的数据挖掘来说。数据的选择是由特定的商业问题所决定，需要领域专家、数据管理员、数据挖掘专家一起参与确定，这是决定模型质量的至关重要的一步。

Fayyad 过程模型中虽然有模型的评估，结果的解释。但是这些侧重点均在于对于模型性能等的评价，侧重于分析。而实际上分析的目的是为了应用，如何应用分析的结果也就是如何使用模型，使分析型环境产生的结果能够及时被操作型环境使用，构成一个从操作型环境到分析型环境再到操作型环境的封闭的信息流。这一点 Fayyad 模型也没有体现。所以基于商业发展的需求提出了 CRISP-DM 数据挖掘过程模型。

### 1.6.2 CRISP-DM 过程模型

CRISP-DM 的全称是 Cross Industry Process for Data Mining，即交叉行业数据挖掘过程标准，如图 1.9 所示。

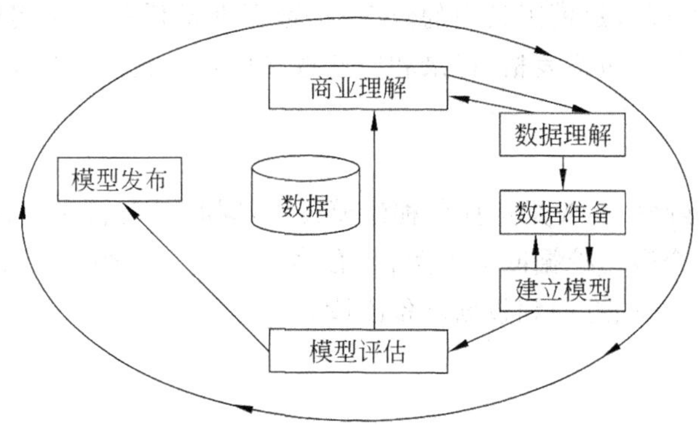


图 1.9 CRISP-DM 数据挖掘过程模型

CRISP-DM 过程模型是数据挖掘界公认的规范标准，是由 SPSS、NCR、Daimler Chrysler 等世界知名公司根据其业务经验与理论基础共同设计的数据挖掘流程。它以企业（组织）所面临的问题为出发点，以能实际解决企业（组织）的问题并找出新的商机为终极目标，所以 CRISP-DM 就是以数据为主轴，不断地寻找并有效发掘出隐藏模式（hidden pattern）以及其内涵的整体流程。换言之，如何能在大量数据中不断地寻找出其宝藏即是 CRISP-DM 的精髓所在。

从图 1.9 中可以看出一个数据挖掘项目的生命周期包括 6 个阶段：商业理解、数据理解、数据准备、建立模型、模型评估和模型发布。各个阶段的顺序不是僵硬不变的，通常需要在不同阶段之间向前和向后移动，这取决于每个阶段的结果和接下来将要实施的阶段或者一个阶段的具体任务。箭头指出了各个阶段间最为重要和频繁的关联。CRISP-DM 通过这 6 个阶段来保证完成一个成功的数据挖掘流程。

上图最外面的循环表示数据挖掘本身的循环特征。数据挖掘并非是一旦得到一个解决方案就结束了。在流程及解决方案中得到的教训可能引发新的、常常是更为集中的商业问题。后面的数据挖掘过程将从前几次的经验中获益。下面分别来看一下生命周期的这 6 个阶段。

#### 1. 商业理解

商业理解（business understanding）是初始阶段集中在从商业角度理解项目的目标和要

求，然后把理解转化为数据挖掘问题，并制定出一个旨在实现目标的初步计划。

**2. 数据理解**

数据理解(data understanding)阶段开始于原始数据的收集，接下来进行的活动是熟悉数据、识别数据质量问题、探索对数据的第一认识，或挖掘有深层含义的数据子集来形成对隐藏信息的假设。

**3. 数据准备**

数据准备(data preparsion)阶段包括所有从原始未加工的数据构造最终数据集的活动(这些数据集是指将要嵌入建模工具中的数据)。数据准备任务可能实施多次，而且不按任何规定的顺序。这些任务包括表格、记录和属性选择以及对建模工具中数据的转换和清理。

**4. 建模**

建模(modeling)阶段，主要是选择各种建模技术，同时对它们的参数进行校准以达到最优值。通常对于同一个数据挖掘问题类型，会有多种方法。一些方法在数据形式上会有具体的要求。因此，常常必须返回到数据准备阶段。

**5. 评估**

评价(evaluation)阶段将由业务分析人员和领域专家一起从业务的角度全面地评价得到的模型，以确定它是否完全达到了业务目标，最终做出是否应用数据挖掘结果的决策。

**6. 发布**

模型发布(deployment)阶段可以简单到产生一个报告，也可以复杂到在整个企业中执行一个可重复的数据挖掘过程。大部分情况下，是由客户来实施发布的，而非数据分析师本身。

不同于 Fayyad 模型，CRISP-DM 过程模型更注重技术的应用，很好地解决了 Fayyad 模型在应用方面所存在的不足。从图 1.9 中可以看出生命周期的 6 个状态存在很强的相互依赖的关系，其中任何一个环节的质量关系着所有环节的成败。6 个环节之间并无严格的顺序关系，可以根据需要从任何环节开始数据挖掘过程。该模型从数据挖掘技术应用的角度划分数据挖掘任务，将数据挖掘技术与应用紧密结合，更加注重数据挖掘的模型的质量和如何与业务问题相结合、如何应用挖掘出的模型等实际应用中用户最关心的问题，因此 CRISP-DM 过程模型从商业的角度给出了对数据挖掘方法的理解。目前数据挖掘系统的研制和开发大都遵循 CRISP-DM 标准，将模型的挖掘和模型的部署紧密结合。

### 1.6.3 其他数据挖掘过程模型

除了上面所提及的数据挖掘过程模型外，在商业应用中还存在几种常见的过程模型。

SAS 所提出的 SEMMA 过程模型将数据挖掘过程分为数据取样，数据特征探索、分析和预处理，问题明确化、数据整理和技术选择，模型的研发、知识的发现、模型和知识的综合解释和评价。其优点在于贯穿建模的每个细节，清楚地表明过程是迭代的。缺点在于没有涉及商业问题或数据挖掘问题，更加关注过程而不是结果，同时没有能够涉及到模型的发布。

另一个比较有名的过程模型则是 SPSS 在 1997 年提出的 5A 模型——评估(Assess)、访问(Access)、分析(Analyze)、行动(Act)、自动化(Automate)。其优点同样是显示了分析过程的重复迭代性，缺点在于没有说明数据挖掘过程中的商业问题，没有关注数据准备过程，更关注于数据分析而不是预测未来可能会发生什么情况。

## 1.7 常用的数据挖掘技术

数据挖掘技术可以帮助人们从数据库、特别是数据仓库的相关数据集中提取出所感兴趣的知识、规则或更高层次的信息。如果从整体上看数据挖掘技术，可以将其分为统计分析类、知识发现类和其他类型的数据挖掘技术三大类。

### 1. 统计分析类

统计分析(或称数据分析)技术中使用的数据挖掘模型有线性分析和非线性分析、回归分析、逻辑回归分析、单变量分析、多变量分析、时间序列分析、最近邻算法和聚类分析等技术。利用这些技术可以检查那些异常形式的数据，然后，利用各种统计模型和数学模型解释这些数据，解释隐藏在这些数据背后的市场规律和商业机会。例如，可以使用统计分析工具寻求最佳商业机会，增加市场份额和利润，利用全面质量管理程序，提高产品或服务的质量，使客户更加满意，通过对流水线产品制造的调整或企业业务过程的重整，增加利润。在所有的数据挖掘技术中，统计型数据挖掘工具是数据挖掘技术中最成熟的一种，已经在数据挖掘中得到广泛的应用。

### 2. 知识发现类

知识发现类数据挖掘技术是与统计类数据挖掘技术完全不同的一种挖掘技术。它可以从数据仓库的大量数据中筛选信息，寻找市场可能出现的运营模式，发掘人们所不知道的事实。主要包含人工神经网络、决策树、遗传算法、粗糙集、规则发现和关联顺序等。

知识发现类技术在商业领域的数据挖掘中占据了越来越重要的地位，这一类技术不再是解释数据而是定位于预测人们所不知道的事。目前来说以决策树和关联规则应用最为广泛。

决策树是一个类似于流程图的树结构，其中每个内部节点表示在某个属性上的测试，每个分支代表一个测试输出，而每个树叶子节点代表类或类分布。由于每个决策或事件(即自然状态)都可能引出两个或多个事件，导致不同的结果，把这种决策分支画成图形很像一棵树的枝干，故称决策树。树的最顶层节点是根节点，内部节点用矩形表示，而树叶节点用椭圆表示。

关联规则是与大多数人想象的数据挖掘过程最为相似的一种数据挖掘形式，即在大型数据库中“淘金”——人们感兴趣的规则。在关联规则系统中，规则是“如果怎么样、怎么样、怎么样，那么就怎么样”的简单形式表示的。根据规则中所处理的值类型，关联规则可以分成布尔关联规则和量化关联规则两种。根据关联规则集涉及不同的抽象层次，关联规则可分成多层关联规则和单层关联规则。关联规则的评价标准可用正确率、覆盖率和兴趣度来衡量。

这两种技术应用广泛的原因并非因为其效率高，而是因为通过这两种技术建立的模型可以将知识以及发现知识的过程以可理解的方式表达出来。而其他的技术虽然有好的预测效果，但是由于其就如同一个黑匣子，只能看见结果不能看见过程，而这并非商业化的数据挖掘系统所需要的，所以其商业化的发展步伐相对比较的缓慢，例如人工神经网络，但是以其强大的功能必将成为将来发展的趋势。

**3. 其他类型的数据挖掘技术**

除了上面的两类数据挖掘技术外，还有其他的有针对性地数据挖掘技术，如文本数据挖掘、Web数据挖掘、分类系统、可视化系统、空间数据挖掘和分布式数据挖掘等。

文本数据挖掘和Web数据挖掘是近几年新发展起来的崭新数据挖掘技术。前者主要为了满足对非结构化信息的挖掘的需要。后者则是针对日益发展的因特网技术所带来的大批量网络信息的挖掘。

分类系统应该说也是一种知识发现技术，它的实现可以采用各种知识发现类技术，在数据挖掘中具有特殊重要的作用。

可视化系统则是为使数据挖掘能以图形或图像的方式在屏幕上显示出来，且能交互处理。这样，可以很清楚地发现隐含的和有用的知识。可视化数据挖掘可以分为数据可视化、数据挖掘结果可视化、数据挖掘过程可视化和交互式数据可视化挖掘。

空间数据挖掘则是基于地理信息系统的数据挖掘技术。地理信息系统(GIS)的应用领域现已扩展到航天、电信、电力、交通运输、商业、市政基础设施管理、公共卫生及安全、油气等其他矿产资源的勘测等诸多领域。在这些领域中的数据挖掘技术可用于地图、预处理后的遥感数据、医学图像数据和VLSI芯片设计空间数据库中非显式的知识、空间关系和其他有意义的模式的提取。空间数据挖掘方法目前主要有空间数据分类、空间数据关联分析和空间趋势分析等。

分布式数据挖掘是基于分布式数据库的，利用分布式算法从分布式数据库中挖掘知识的技术。分布式数据挖掘技术主要用于对水平方式分布或垂直方式的分布的数据库系统中的数据的挖掘。水平分布式数据挖掘算法只需要首先完成各个站点的局部数据分析，构建局部数据模型，最后，组合不同数据站点上的局部数据模型，获得全局数据模型即可。垂直式分布的数据库系统，则需要采用汇集型数据挖掘方法来实现。分布式数据挖掘将更加有利于对分布式数据库数据资源的利用。

商业领域中数据挖掘技术较多较成熟的是统计分析类的数据挖掘技术，其他的挖掘技术则是理论研究的方向，而从商业应用角度看，数据挖掘的常用技术一般是知识发现类的技术，尤其是分类与预测。

## 1.8 小　　结

本章主要介绍数据仓库与数据挖掘相关概念、数据仓库体系结构、数据挖掘过程模型以及数据挖掘技术等知识。

数据仓库是一个面向主题的、集成的、相对稳定、反映历史变化的数据集合，用于辅助决策。数据仓库有4种体系结构：虚拟的数据仓库体系结构、单独的数据仓库体系结构、单独的数据集市体系结构和分布式数据仓库结构。数据仓库应用系统由数据源、数据仓库数据库、数据集市、数据抽取工具、元数据以及前端访问展示工具组成。数据仓库中的数据有不同的粒度。

数据挖掘是一门交叉性学科，它涉及人工智能、数据库技术、机器学习、模式识别、信息学、信息检索、统计学等多个领域。数据挖掘是从大量数据中获取有效的、新颖的、潜在有用的、最终可理解的模式的过程。从整体上看数据挖掘技术，可以将其分为统计分析类、知识发现类和其他类型的数据挖掘技术三大类。数据挖掘对象可以是存储的任何类型的信息，如关系数据库、文本数据库、多媒体数据库等。

## 1.9 习　　题

**1. 填空题**

(1) 数据库中存储的都是________，而数据仓库中的数据都是一些历史的、存档的、归纳的、计算的数据。

(2) 数据仓库中的数据分为四个级别：早期细节级、________、轻度综合级、高度综合级。

(3) 数据源是数据仓库系统的基础，是整个系统的数据源泉，通常包括________和________。

(4) 元数据是“关于数据的数据”。根据元数据用途的不同将数据仓库的元数据分为________和________两类。

(5) 数据处理通常分成两大类：联机事务处理和________。

(6) Fayyad过程模型主要由数据准备，________和________三个主要部分组成。

(7) 如果从整体上看数据挖掘技术，可以将其分为________、________和其他类型的数据挖掘技术三大类。

(8) 那些与数据的一般行为或模型不一致的数据对象称做________。

(9) 按照挖掘对象的不同，将Web数据挖掘分为三类：________、Web结构挖掘和________。

(10) 查询型工具、分析型工具和________结合在一起构成了数据仓库系统的工具层，它们各自的侧重点不同，因此适用范围和针对的用户也不相同。

**2. 简答题**

(1) 什么是数据仓库？数据仓库的特点主要有哪些？

(2) 简述数据挖掘的技术定义。

(3) 什么是业务元数据？

(4) 简述数据挖掘与传统分析方法的区别。

(5) 简述数据仓库 4 种体系结构的异同点及其适用性。

# 第2章　数据仓库开发模型

模型是实际系统的表示，它向用户展现了重要的系统特征。同时，模型通过消除与其目的无关紧要的特征来简化显示。如果数据仓库的模型能为决策者提供的信息超过决策者直接从各个信息系统获取的信息，那么这个模型就将成为有用的工具，这就是数据仓库模型用途的本质。

## 2.1　数据仓库开发模型概述

设计一个能够真正支持用户进行决策分析的数据仓库，并非一件轻而易举的事情。这需要经历一个从现实环境到抽象模型，从抽象模型到具体实现的过程。完成这个过程建立各种不同的数据模型是必不可少的。模型是对现实世界进行抽象的工具。在信息管理中需要将现实世界的事物及其有关特征转换为信息世界的数据才能对信息进行处理与管理，这就需要依靠数据模型作为这种转换的桥梁。

数据仓库模型设计包括概念模型设计、逻辑模型设计、物理模型设计、元数据模型设计等内容。数据仓库的建模首先要将现实的决策分析环境抽象成一个概念数据模型。然后，将此概念模型逻辑化，建立逻辑数据模型。最后，还要将逻辑数据模型向数据仓库的物理模型转化。作为数据仓库灵魂的元数据模型则自始至终伴随着数据仓库的开发、实施与使用。数据仓库的数据抽取模型则说明抽取什么数据，从哪些业务系统抽取，对抽取的数据进行哪些转换处理等。数据仓库的数据建模技术如图 2.1 所示。

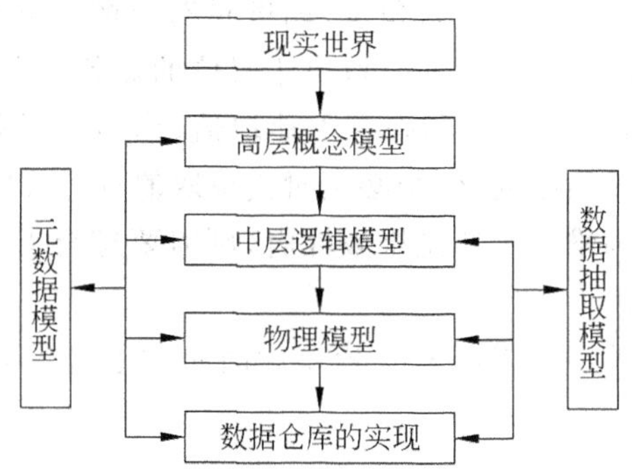


图 2.1　数据仓库的数据建模技术

现实世界是存在于现实之中的各种客观事物。概念世界是现实情况在人们头脑中的反应。逻辑世界是人们为将存在于自己头脑中的概念模型转换到计算机中的实际的物理存储过程中的一个计算机逻辑表示模式。计算机世界则是指现实世界中的事物在计算机系统中的实际存储模式。现实世界与其他模型的变化联系如图 2.2 所示。

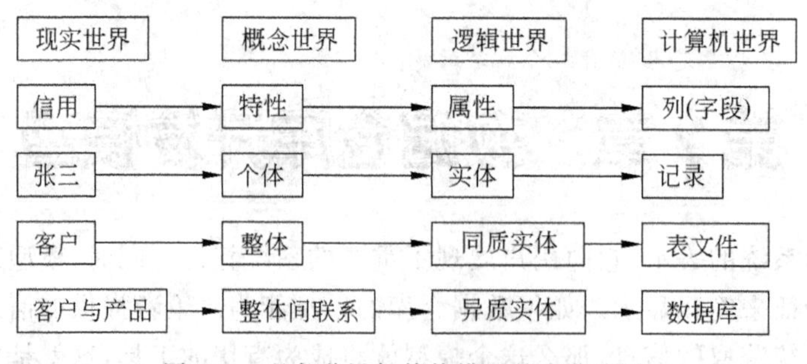

图 2.2 现实世界与其他模型的变化联系

## 2.2 数据仓库的概念模型

数据仓库概念模型设计的目的是对数据仓库所涉及现实世界的所有客观实体进行科学、全面地分析和抽象，制定构建数据仓库的“蓝图”。数据仓库的概念模型设计时需要确定数据仓库的主要主题及其相互关系。主题应该能够完整、统一地刻画出分析对象所涉及的各项数据以及相互联系，根据需求分析确定几个基本的主题域及其维度。概念模型设计主要完成以下工作。

(1) 界定系统边界，即进行任务和环境评估、需求收集和分析，了解用户迫切需要解决的问题及解决这些问题所需要的信息，需要对现有数据库中的数据有一个完整而清晰的认识。

(2) 确定主要的主题域，对每一个主题域的公共码键、主题域之间的联系、充分代表主题的属性进行较明确的描述。

(3) 一旦主题划分清楚了，接着就要细化分析的具体内容以及根据分析内容的性质确定分析维度。通常维元素对应的是分析角度，而度量对应的是分析关心的具体指标。一个指标究竟是作为维元素、度量还是维属性，取决于具体的业务需求，一般情况下，作为维元素或维属性的通常是离散型的数据，只允许有限地取值；作为度量是连续型数据，取值无限。如果一定要用连续型数据作为维元素，则必须对其按取值进行分段，以分段值作为实际的维元素。判断分析指标是作为维元素还是维属性时，则需要综合考虑这个指标占用的存储空间与相关查询的使用频度。

数据仓库概念模型设计经常采用 E-R 模型和面向对象的分析方法，并用信息包图法进一步细化概念模型。

### 2.2.1 企业模型的建立

进行数据仓库数据建模之前，对数据仓库的需求进行分析是必不可少的，数据仓库需求分析需要对来自多个领域的需求进行详细分析。需求分析的方式有两种：一是对原有固定报表进行分析；二是对业务人员进行访谈。原有固定报表能较好地反映出原业务对数据分析的需求，而且数据含义和格式相对成熟、稳定，在模型设计中需要大量借鉴。但数据仓库建设中仅仅替代目前的手工报表还是不够的，因此还应该通过业务访谈，进一步挖掘出日常工作中潜在的更广、更深的分析需求。只有这样，才能真正了解构建数据仓库模型所需的主题划分，数据仓库的主题划分实际上与分析内容的范围直接相关。

数据仓库的最终用户只能通过查询和报表工具以及数据仓库内部信息的某种映射关系来访问数据仓库内部数据。对他们而言，数据仓库是一个黑箱。最终用户的需求体现在对工作流程的分析、决策的查询需求、报表需求、操作需求和数据需求等方面。最终用户指定数据分析的类型，这些数据分析操作主要是对数据项进行揭示更多的细节的分片和细剖，寻找企业隐含行为的数据挖掘，在对数据进行分析时可从二维或多维的、电子表格的、关系的、报表的、图表的和运营样本的数据等方面进行分析。

本章以 SQL Server 2005 数据库引入的 Adventure Works 示例数据库为例介绍数据仓库数据建模过程。SQL Server 2005 数据库的示例以名为 Adventure Works Cycles 的虚拟公司为背景，该公司是一家大型跨国生产公司，其产品主要包括生产金属和复合材料的自行车，公司总部设在华盛顿州的伯瑟尔市，有 500 名雇员，该公司在世界各地均建立了区域性销售团队，产品远销北美、欧洲和亚洲市场。Adventure Works Cycles 目前的目标是专注于向高端用户提供产品，通过外部网站扩展其产品的销售渠道、通过降低生产成本来削减其销售成本。本节将通过介绍该公司的原材料采购、生产和销售等环节的业务流程，提出该公司的数据仓库需求。

#### 1. 原材料采购业务流程

该公司内部由采购部负责原材料采购，采购部门下设一名经理和多名采购员。每个采购员需要了解原材料和供应商的联系，负责多种原材料的采购，一种原材料只能由一个采购员采购，采购员和商品之间是一对多关系；一种原材料有多个供应商，一个供应商可以提供多种原材料，原材料和供应商之间是多对多的关系；采购部门经理需要管理员工，并且还需要了解原材料的库存情况，以确定需要采购的商品并将任务分配给每个采购人员。

#### 2. 库存业务流程

公司由仓库管理部门对原材料、产品等物料信息进行库存管理，仓库管理部门管理多个仓库，下设一名经理和多名仓库管理员，每个仓库有多名仓库管理员，每名管理员只能在一个仓库中进行工作。仓库管理员需要知道他所管理的仓库中存储的物料的种类、数量、存储的时间、原材料的保值期及原材料进入仓库和离开仓库的时间等信息。一个仓库可以保存多种物料。仓库管理部门经理不但需要处理仓库管理员需要的数据，而且需要知道仓库管理员的基本信息，如家庭地址、联系电话等。

#### 3. 产品销售业务流程

Adventure Works Cycles 公司的产品远销北美、欧洲和亚洲市场。公司目前有网络销售和批发商销售两种销售渠道。因此，客户也分为个人消费者和商店两类，个人消费者是从在线商店购买产品的消费者，商店是从 Adventure Works Cycles 销售代表处购买产品后进行转售的零售店或批发店。销售人员关心产品的信息，包括：产品的价格、质量、颜色和规格等，以便向顾客推销相关的产品。销售部门经理需要了解产品销售情况，以便在某种产品缺货时通知仓库管理部门运送商品；同时，他还需要了解每个销售员的工作业绩，对每个销售员进行考核，即销售部门经理需要了解商品、顾客和部门员工的情况。

在设计数据仓库数据模型时要从业务蕴涵的数据视角来理解业务，从业务分析中可以看出，不同部门对数据需求不同，同一部门人员对数据需求也存在差异。如管理人员和普通业务人员对数据要求的程度是不同的，管理人员可能需要综合度较高或较为概括的数据，而普通业务人员需要细节数据。因此，数据仓库项目需求的收集与分析需要从历史数据与用户需求两个方面同时着手，采用“数据驱动＋用户驱动”的设计理念。

## 2.2.2 规范的数据模型

关系模型是具有二维表格形式的数据模型，它建立在关系代数的基础上。是传统数据库中最常用的数据模型，其特点是把数据组织成二维表的形式，无论是实体还是实体间的联系都采用二维表，二维表的每一行叫做关系的一个元组，每一列叫做关系的一个属性。关系中的每一列的值总是取自一个集合，这个集合称为域。

关系模型可以用实体-联系（Entity-Relationship，E-R）图来表示。E-R 图通过定义了数据间的关系，去除数据冗余，使操作型处理简单，还可保证数据一致性。因此，关系模型在传统的操作型数据库系统中获得了巨大的成功。

范式是关系数据库模型设计的基本理论，一个关系模型可以从第一范式到第五范式进行无损分解，这个过程也称为规范化(normalize)。在数据仓库的模型设计中目前一般采用第三范式，它有非常严格的数学定义。如果从其表达的含义来看，一个符合第三范式的关系必须具有以下三个条件：

(1) 每个属性的值唯一，不具有多义性。

(2) 每个非主属性必须完全依赖于整个主键，而非主键的一部分。

(3) 每个非主属性不能依赖于其他关系中的属性。

第三范式的定义基本上是围绕主键与非主属性之间的关系而做出的。如果只满足第一个条件，则称为第一范式；如果满足前面两个条件，则称为第二范式，依此类推。因此，各级范式是向下兼容的。

例如 Adventure Works Cycles 公司的业务数据分为 5 大部分，如表 2-1 所示。

**表 2-1 Adventure Works Cycles 公司的数据架构列表**

| 表类名 | 含　义 |
|---|---|
| Human Resources | 人力资源相关信息 |
| Person | 客户或供应商联系人等人员信息 |
| Production | 产品信息 |
| Purchasing | 采购信息 |
| Sales | 销售信息 |

这 5 个架构相关的表信息如表 2-2 所示。

表 2-2　Adventure Works Cycles 公司的数据表信息

| 架构名 | 表　　名 | 表含义 |
| --- | --- | --- |
| Human Resources | Department | 公司部门信息表 |
| | Employee | 雇员信息表 |
| | EmployDepartmentHistory | 雇员及其所在部门的当前和历史数据 |
| | EmployeePayHistory | 雇员当前和历史的工资数据 |
| | JobCandidate | 申请人提交给人力资源部门的简历信息 |
| | Shift | 工作轮班时间的数据信息 |
| Person | Address | 客户、供应商和雇员地址信息表 |
| | Contact | 客户、供应商和雇员姓名及联系方式等相关信息表 |
| | CountryRegion | 国际上用来标识国家和地区的标准代码信息表 |
| | StateProvince | 国际上用来标识国家和地区中省、市、自治区的标准代码信息表 |
| Production | ProductProductPhoto | 关联产品和产品图像交叉数据表 |
| | ProductReview | 客户对产品的评论信息表 |
| | TransactionHistory | 当前年度的各种采购订单、销售订单或工作订单事务信息表 |
| | ProductSubcategory | 产品的子类别信息表 |
| | TransactionHistoryArchive | 历史年度的各种采购订单、销售订单或工作订单事务信息表 |
| | BillofMaterials | 用于生产自行车及其子部件的所有组件信息表 |
| | Document | Microsoft office Word 格式的产品维护文档 |
| | Culture | 产品说明语言信息表 |
| | WorkOrder | 生产工作订单基本信息表 |
| | WorkOrderRouting | 生产工作订单详细信息表 |
| | Illustration | 以.XML 文件存储的产品部件关系图 |
| | Location | 产品库存和生产地点的数据信息表 |
| | UnitMeasure | 标准测量单位的代码及说明信息表 |
| | Product | 售出的或在售的生产过程使用的产品信息表 |
| | ProductCategory | 产品的详细分类信息表 |
| | ProductCostHistory | 产品历史成本信息表 |
| | ProductDescription | 多种语言的产品说明信息表 |
| | ProductDocument | 产品关联到相关产品文档的交叉引用信息表 |
| | ProductInventory | 产品库存信息表 |
| | ProductListPriceHistory | 历史上对产品标价所做的更改信息表 |
| | ProductModel | 产品型号分类、产品类别及生产说明信息表 |
| | ProductModelIllustration | 定义产品型号和图示的关联关系的信息表 |

续表

| 架构名 | 表　名 | 表含义 |
| --- | --- | --- |
| Purchasing | ProductVendor | 将供应商关联到其提供给公司的产品信息表 |
|  | Vendor | 供应商信息表 |
|  | PurchaseOrderDetail | 采购订单信息表 |
|  | VendorAddress | 供应商及其地址信息表 |
|  | VendorContact | 供应商联系人与公司雇员联系信息表 |
|  | PurchaseOrderHeader | 常规或父级采购订单信息表 |
|  | ShipMethod | 发货公司的字典信息表 |
| Sales | StoreContact | 销售人员间联系信息表 |
|  | ContactCreditCard | Contact 表中客户信用卡信息表 |
|  | CountryRegionCurrency | 各国家或地区的 ISO 货币代码表 |
|  | SalesPerson | 当前销售代表销售信息表 |
|  | SalesPersonQuotaHistory | 销售代表的历史销售信息表 |
|  | Currency | ISO 货币说明信息表 |
|  | SalesOrderDetail | 销售订单明细信息表 |
|  | CurrencyRate | 外币汇率字典信息表 |
|  | Customer | 当前客户信息表 |
|  | SalesOrderHeader | 销售订单基本信息表 |
|  | CreditCard | 客户信用卡信息表 |
|  | CustomerAddress | 客户地址信息表 |
|  | SalesOrderHeaderSalesReason | 销售订单及销售原因代码信息表 |
|  | SalesReason | 客户采购特定产品原因信息表 |
|  | Individual | 有关在线采购产品客户统计信息表 |
|  | SalesTaxRate | 税率字典 |
|  | SalesTerritory | 销售团队负责的销售地区信息表 |
|  | SalesTerritoryHistory | 销售代表调动信息表 |
|  | ShoppingCartItem | 尚未提交或取消的在线客户订单 |
|  | SpecialOffer | 销售折扣数据信息表 |
|  | SpecialOfferProduct | 将产品关联到销售折扣的信息表 |
|  | Store | 客户和经销商信息表 |

以上对 Adventure Works Cycles 公司业务数据表进行了解释，目的是提供一个可供参考的示例，若要更深入理解业务数据，还要对操作型业务数据库中的表结构及表间关系进行

分析。这里以原材料采购数据中的表 Purchasing. Purchase Order Header 为例分析此表具体结构,如表 2-3 所示。对这些业务数据表进行分析,对后面的 ETL 处理及业务分析和业务规则挖掘等操作相当重要。

**表 2-3 Purchasing. Purchase Order Header 的数据表结构**

| 列 | 数据类型 | 说　明 |
|---|---|---|
| PurchasOrderID | int | 采购订单主键 |
| RevisionNumber | tinyint | 采购订单变化的递增编号 |
| Status | tinyint | 订单状态:1—等待批准,2—已批准,3—已拒绝,4—完成 |
| EmployeeID | int | 创建采购订单的雇员编号(外键) |
| VendorID | int | 采购订单所采购的商品对应供应商编号(外键) |
| ShipMethodID | int | 发货方法编号(外键) |
| OrderDate | datetime | 采购订单创建时间 |
| ShipDate | datetime | 预计供应商发货日期 |
| SubTotal | money | 采购订单小计 |
| TaxAmt | money | 税额 |
| Freight | money | 运费 |
| TotalDue | money | 应付款(等于 SubTotal+TaxAmt+Freight) |
| ModifiedDate | datetime | 上次更新日期和时间 |

在实际设计中用于数据仓库设计的概念模型与业务数据处理系统的三级数据模型仍然具有一定的差距。

(1) 数据类型的差距:数据仓库的概念模型只包含用户所感兴趣的分析数据、描述数据和细节数据。

(2) 数据的历史变迁性:数据仓库的概念模型扩充了关键字结构,增加了事件属性并作为关键字的一部分。

(3) 数据的概括性:数据仓库的概念模型中还增加了一些基本数据所导出的衍生数据用于管理决策分析,这些在业务处理系统中是不存在的。

数据仓库项目需求的收集与分析需要从历史数据与用户需求两个方面同时着手,采用"数据驱动+用户驱动"的设计理念。

数据驱动是根据当前业务数据的基础和质量情况,以数据源的分析为出发点构建数据仓库,用户驱动则是根据用户业务的方向性需求,从业务需求出发,确定系统范围的需求框架。如图 2.3 所示,常常用"两头挤法"找出数据仓库系统的真正需求。

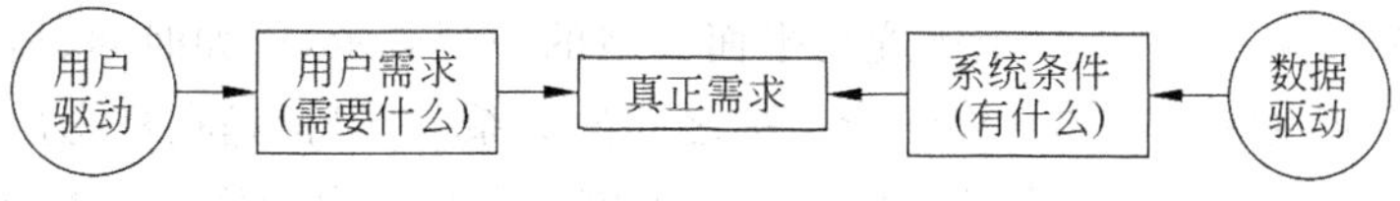


图 2.3　用户驱动与数据驱动相结合示意图

在企业模型建立过程中,与用户交流时,须确定数据仓库需要访问的有关信息。例如,Adventure Works Cycles 公司管理要在数据仓库中得到有关产品销售收入的详细统计信息,可以确定其度量指标如下:

(1) 度量指标：包括产品销售的实际收入、产品销售的预算收入及产品销售的估计收入。

(2) 维度指标：包括已经销售的产品信息、销售地点和顾客信息等。

根据分析，可建立 Adventure Works Cycles 公司的企业数据模型，如图 2.4 所示。

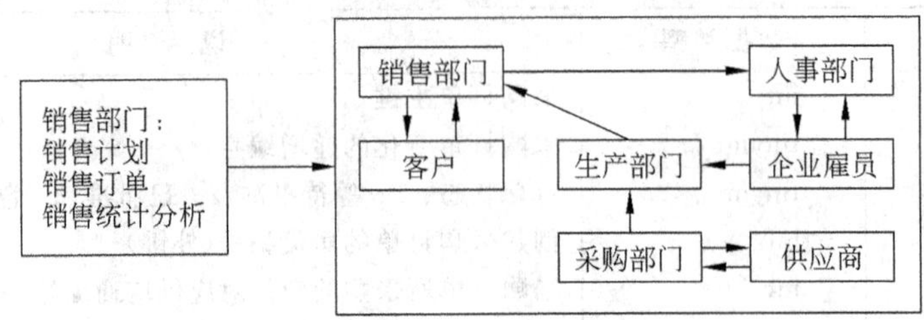


图 2.4 Adventure Works Cycles 公司企业数据模型

### 2.2.3 常见的概念模型

在概念模型设计中，常用 E-R 图作为描述工具。E-R 图中，长方体表示实体，即数据仓库的主题域，框内写上主题域名称；用椭圆表示主题域的属性，用无向边把主题域与其属性连接起来；再将边表示主题域之间的联系，主要有一对一的关系、一对多的关系、多对多的关系。

主题是指在较高层次上将业务数据进行综合、归类和分析利用的一个抽象概念，每个主题基本对应业务的一个分析领域。在主题分析中须对分析对象数据形成一个完整并且一致的描述，主题是根据分析需求确定的。主题域是对某个主题进行分析后确定的主题边界。主题域的确定通常由最终用户和数据仓库的设计人员共同完成。例如，对于 Adventure Works Cycles 公司的管理层可能需要分析的主题包括供应商、商品、客户和库存情况等主题。其中商品主题的内容包括记录各经销商商品的销售情况、公司商品库存情况、商品中各组成物料的采购情况等；客户主题包括的内容有客户购买商品情况；库存情况主题分析主要包括商品的存储情况和仓库的管理情况等。根据分析主题和主题域可得到 Adventure Works Cycles 公司的主题及主题域结构，如图 2.5 所示。

接着可以用建立信息包图的方式进一步细化概念模型。信息包图是在某主题域中的一个主题分析的信息打包技术，它反映了在数据聚合条件下的多维数据在计算机内部的存储方式，可以体现各个不同平台的各个信息的聚合的概念性含义，主要包括定义指标、定义维度和定义类别三个方面的内容。信息包图法也叫用户信息需求表法，就是在一张平面表格上描述元素的多维性，其中每一个维度用平面表格的一列表示，例如时间、地点、产品和顾客等。信息包图定义主题内容和主要性能指标之间的关系，其目标是在概念层满足用户需求。信息包图拥有三个重要对象：度量指标、维度、类别。利用信息包图设计概念模型就是要确定这三方面内容。

(1) 确定度量指标。度量指标表明在维度空间衡量业务信息的一种方法，是访问数据仓库的关键所在，是用户最关心的信息。成功的信息包可以保证用户从信息包中获取需要的各个性能指标参数。

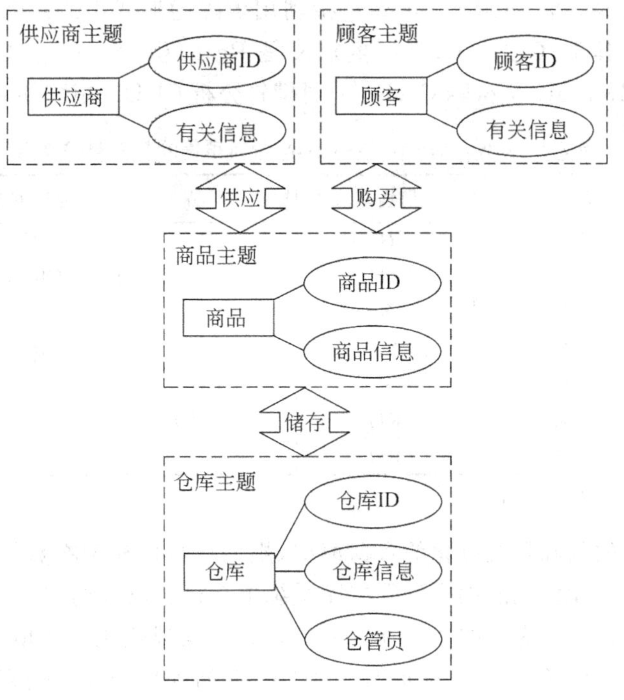


图 2.5　Adventure Works Cycles 公司主题及主题域划分

(2) 确定维度。维度提供了用户访问数据仓库信息的途径，对应超立方体的每一面，位于信息包图第一行的每一个栏目中。

(3) 确定类别。类别是在一个维度内为了提供详细分类而定义的，其成员是为了辨别和区分特定数据而设，它说明一个维度包含的详细信息，一个维度内最底层的可用分类又称为详细类别。

例如，Adventure Works Cycles 公司销售分析主题的信息包图如表 2-4 所示。

**表 2-4　Adventure Works Cycles 公司销售分析主题的信息包图**

| 信息包图主题：销售分析 | | | | | |
|---|---|---|---|---|---|
| 维度→ | 时间维 | 区域维 | 产品维 | 客户维 | 广告维 |
| 类别↓ | 年度(5) | 国家(10) | 产品类别(500) | 年龄分组(7) | 广告费用(5) |
| | 季度(20) | 省州(100) | 产品名称(9000) | 收入分组(8) | |
| | 月(60) | 城市(500) | | 信用分组(5) | |
| | 日(1800) | 销售点(8000) | | | |

注：度量指标包括实际销售额、计划销售额、计划完成率。

概念模型的定义，不仅需要构建一个 ERD 模型，还要了解 ERD 模型中每一个实体的诞生与消亡事件。因为只有在实体诞生以后，数据仓库才能从数据源中获取关于这一实体的数据。当这个实体消亡后，还需要将该实体的消亡状况在数据仓库的元数据中记录下来。为了提高系统的处理效率，在业务处理系统中常将一些历史数据删除，但是在数据仓库中这些历史数据却要保留下来。CRUD 矩阵是指利用矩阵的形式来表示各个不同用户对不同操作的动作行为。其中，C 是 Creat（产生），R 是 Read（引用），U 是 Update（更新），D 是 Delete（删除）。Adventure Works Cycles 公司销售分析 CRUD 矩阵如表 2-5 所示。

**表 2-5　Adventure Works Cycles 公司销售分析 CRUD 矩阵**

| 功　能 | 客　户 | 销售单 | 产品 | 销售雇员 | 供货商 |
|---|---|---|---|---|---|
| 销售单输入 | CRUD | CRUD | R | RU | RU |
| 销售单处理 | | CRUD | | CRUD | |
| 商品管理 | R | R | RU | | R |
| 预算系统 | R | R | R | RU | R |
| 财务计算 | RU | R | RU | R | R |
| 库存控制 | R | RU | CRUD | | R |
| 后勤 | R | RU | R | | RU |

注：C—Create，R—Read，U—Update，D—Delete。

虽然数据仓库的基础是规范化的数据模型，规范化数据模型在数据仓库的实际应用中并不理想。关系模型在传统的操作型数据库系统中获得了巨大的成功，但以 E-R 图展示的关系模型不适用于以查询为主的数据仓库系统。在完全规范化的环境中，数据模型形成的数据表的数据量都是比较小的，为完成对这些"小"表的处理需要应用程序对这些表进行动态互联操作，这需要在不同表之间进行多个 I/O 操作，对于数据量十分庞大的数据仓库，这种多表连接操作的时间代价太大，对决策效率的提高非常不利。

因此在数据仓库中需要进行数据的非规范化的处理，以减少对表联结的需求，提高数据仓库性能，提高查询效率，同时也减少编写专门决策支持应用程序的必要性，可以让用户运用一些专门的查询工具，更容易地访问数据，用户还能以直观的易于理解的工具查看数据。因此，在数据仓库的模型构建中，有时为了提高数据仓库的运行效率，需要进行数据模型的反规范化处理。因为数据仓库属于分析型应用系统，系统的使用者是分析人员、决策人员，对他们而言，记住实体-关系及其属性是不可能的，因此系统的分析操作难以从具体的属性入手进行，而要基于集成或某种主题来组织数据。分析型应用需要的是快速、灵活、直观的数据检索也是关系模型无法支持的，这就要求寻找新的数据模型。

数据仓库数据模型设计的核心问题是多维数据的表示与存储的问题，因此多维数据模型成为当前数据仓库数据模型设计时的首选。多维数据建模以直观的方式组织数据，支持高性能的数据访问。多维数据模型较为普遍地采用星型模型、雪花模型的模式。

### 1. 星型模型

星型模型是一种多维的数据关系，它由一个主题事实表（fact table）和一组维表（dimension table）组成。每个维表都有一个维作为主键，所有这些维则组合成事实表的主键，换言之，事实表主键的每个元素都是维表的外键。事实表的非主属性称为事实（fact），它们一般都是数值或其他可以进行计算的数据；而维大都是文字、时间等类型的数据。星型模型速度快是在于针对各个维作了大量的预处理，如按照维进行预先的统计、分类、排序等。因此，在星型模式设计的数据仓库中，作报表的速度虽然很快，但由于存在大量的预处理，其建模过程相对来说就比较慢。当业务问题发生变化,原来的维不能满足要求时,需要增加新的维。由于事实表的主键由所有维表的主键组成,这种维的变动将是非常复杂、非常耗时的。星型模式另一个显著的缺点是数据的冗余量很大。星型模式比较适合于预先定义好的问题,如需要产生大量报表的场合;而不适合于动态查询多、系统可扩展能力要求高或者数据量很大的场合。因此,星型模式在一些要求大量报表的部门数据集市中有较多的应用。Adventure Works Cycles 公司销售分析星型图如图 2.6 所示。

**2. 雪花模型**

雪花模型是对星型模型的扩展。设计星型模型时确定了概念模型中的指标实体和维度实体,当构成星型模型后,为了对相关维度进行更加深入的分析,经常要设计雪花模型,在星型模型的维度实体增加需要进行深入分析的详细类别实体。雪花模型对星型模型的维度表进一步标准化,对星型模型中的维表进行了规范化处理。雪花模型通过对维表的分类细化描述,对于主题的分类详细查询具有良好的响应能力。但由于雪花模型的构造在本质上是一种数据模型的规范化处理,会给数据仓库不同表的联接操作带来困难。Adventure Works Cycles 公司销售分析雪花模型如图 2.7 所示。

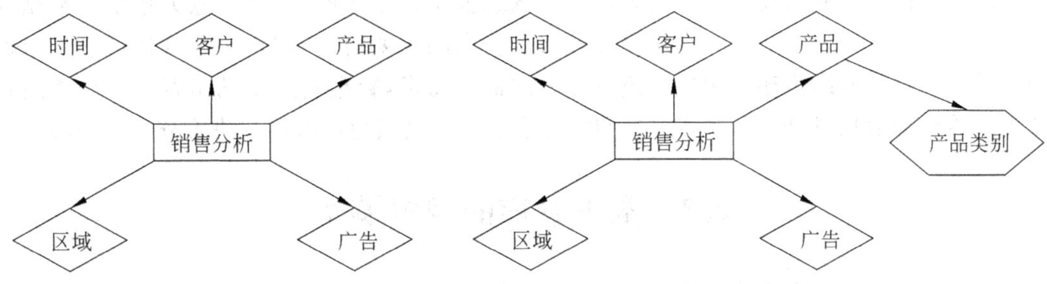


图 2.6 Adventure Works Cycles 公司销售分析星型图

图 2.7 Adventure Works Cycles 公司销售分析雪花模型图

完成概念模型设计以后,必须编制数据仓库开发的概念模型文档,并对概念模型进行评价。

(1) 概念模型设计文档。概念模型的设计文档主要包含数据仓库的开发需求分析报告、概念模型分析报告、概念模型和概念模型的评审报告。数据仓库开发需求分析报告是概念模型设计的依据,如果需求分析报告得不到用户的认同,概念模型的分析设计就很难令人信服。数据仓库需求分析报告应该以用户的决策问题、决策分析中所需要的信息为主线展开。概念模型分析报告和概念模型是概念模型设计的主要成果。概念模型的评审报告是对概念模型评审的内容和结论。

(2) 概念模型的评审。在数据仓库的开发过程中,需要常常进行阶段型的评审,这种评审对于数据仓库的正确开发是极其重要的。通过经常性的评审,可将数据仓库开发时期的错误及时加以纠正,避免这些错误在完成数据仓库以后才被发现,造成巨大的损失。在概念模型的评审中,需要确定概念模型是否完整、准确的描述了用户的决策分析环境。通过概念模型评审,使得数据仓库开发人员可以找到一个比较理想的数据仓库解决方案,并且能够进一步获得用户的积极支持。在评审过程中，需要由项目负责人就评审的目标向评审人员介绍，确定评审的议程，由专门人员记录评审过程。在评审过程中，还需要对评审问题进行引导，使评审工作能够按照预定的方向发展。如果概念模型评审是数据仓库开发项目确定以来首次进行的评审工作，还需要就数据仓库开发工作中的"用户参与"这一关键问题进行确认。主要确认：用户是否已经和项目开发成员之间建立了稳定的联系？用户怎样参与到数据仓库的不同开发阶段中？开发人员怎样了解用户不断变化的决策支持的信息需求？数据仓库的开发过程中建立稳定的开发人员与用户的关系是极其重要的，这种关系是否得到建立必须在概念模型评审中得到确认。

(3) 概念模型评审人员。在概念模型的评审中，需要数据仓库项目负责人、数据仓库分析人员、数据仓库设计人员和数据仓库用户参与。参加评审人员应该控制在 10 人以下，不宜过多。如果参加人员过多，有的评审人员就不愿意将自己的真实意见表达清楚。在参加评审人员中，用户尤其是主题用户的参加是十分重要的。只有让用户清楚的全面的表达自己对概念模型的看法后，才能使数据仓库的开发模型得到更好的改进。

(4) 概念模型的评审内容。在进行概念模型的评审之前，概念模型设计人员必须准备好数据仓库开发任务书、用户决策分析信息需求调查表、数据仓库主题说明书、E-R 图、星型模型和雪花模型等概念模型设计成果。在对概念模型评审之时，要将注意力集中在数据仓库开发任务书是否真实地反映了用户开发数据仓库的主要目的，用户决策分析信息需求调查表是否准确全面的描述了用户的决策分析的信息需求，数据仓库主题是否能够全面地包含用户的决策信息、E-R 图、星型模型和雪花模型是否真实地反映用户决策分析的环境。

## 2.3 数据仓库的逻辑模型

逻辑建模是数据仓库建模中的重要一环，是概念模型到物理模型转换的桥梁。它能直接反映出业务部门的需求，同时对系统的物理实施有着重要的指导作用，它通过实体和关系勾勒出整个企业的数据蓝图。数据仓库的数据模型与传统数据库相比，主要区别如下：

(1) 数据仓库的数据模型不包含纯操作型的数据。

(2) 数据仓库的数据模型扩充了码结构，增加了时间属性作为码的一部分。

(3) 数据仓库的数据模型增加了一些导出数据。

数据仓库的逻辑模型与数据仓库物理实现时所使用的数据库有关，由于目前数据仓库一般都建立在关系数据库的基础上，因此数据仓库设计过程中所采用的逻辑模型主要是关系模型。关系模型概念简单、清晰，用户易懂、易用，有严格的数学基础和在此基础上的数据关系理论。在进行数据仓库的逻辑模型设计时，一般需要完成主题分析、建立维度模型、确定粒度层次划分、确定数据分割策略等工作。

数据仓库是面向主题的，建立数据仓库要按照主题来建模，主题域的划分是数据仓库的基础和成败的关键。逻辑模型中主题分析是对概念模型设计阶段中确定的多个基本主题进行进一步分析，并建立某主题分析的维度模型。因此，在逻辑模型建模过程中进行的工作主要有：

(1) 事实表模型设计。分析丰富主题域，确定当前要装载的主题，进行事实表模型设计。

(2) 维度表模型设计。维度建模的目的是在为用户提供一组全局数据视图的基础上进行某一主题的业务分析。因为在数据仓库的维度建模技术中,主要从用户需求范围出发,考虑指标和维度及其各种主题下的分析参数。

(3) 关系模式定义。数据仓库的每个主题都是由多个表来实现的,这些表之间依靠主题的公共码键联系在一起,形成一个完整的主题。在概念模型设计时,确定了数据仓库的基本主题,并对每个主题的公共码键、基本内容等做了描述。在这里,将要对选定的当前实施的主题进行模式划分,形成多个表,并确定各个表的关系模式。

## 2.3.1 事实表模型设计

在概念模型设计中,已经确定了几个基本的主题域,但是,数据仓库的设计方法是一个逐步求精的过程,在进行设计时,一般是一次一个主题或一次若干个主题地逐步完成的。所以,还必须对概念模型设计步骤中确定的几个基本主题域进行分析,一并选择首先要实施的主题域。选择第一个主题域所要考虑的是它要足够大,以便使得该主题域能建设成为一个可应用的系统;它还要足够小,以便于开发和较快地实施。如果所选择的主题域很大并且很复杂,可以针对它的一个有意义的子集来进行开发。在每一次的反馈过程中,都要进行主题域的分析。以 Adventure Works Cycles 公司为例,现在可以在商品、销售和客户等主题上增加能进一步说明主题的属性组,如表 2-6 所示。

**表 2-6 Adventure Works Cycles 公司部分主题的详细描述**

| 主题名 | 公共键 | 属性组 |
|---|---|---|
| 商品 | 商品 ID | 基本信息:商品 ID、商品名称、类型、颜色等<br>采购信息:商品 ID、供应商 ID、供应价格、供应日期、供应量等<br>库存信息:商品 ID、仓库 ID、库存量、日期等 |
| 销售 | 销售单 ID | 基本信息:销售单 ID、销售地址等<br>销售信息:客户 ID、商品 ID、销售单 ID、销售价格、销售时间、销售数量等 |
| 客户 | 客户 ID | 基本信息:客户 ID、客户姓名、地址、联系电话等<br>经济信息:客户 ID、收入信息等 |

度量是客户发生事件或动作的事实记录。例如客户购买商品,度量指标有购买次数、购买商品的金额、购买商品的数量等。度量变量的取值可以是离散的数值,也可以是连续的数值,还可以在某个元素集合内取值。例如,客户对公司服务质量评价可以是“优、良、中、差”集合中的一个;客户购买商品的金额是连续的数值;客户购买商品次数是离散的数值。

事实表是在星型模型或雪花模型中用来记录业务事实并作相应指标统计的表,事实表有如下特征:

(1) 记录数量多。因此事实表应当尽量减小一条记录的长度,避免因事实表过大而难于管理。

(2) 事实表中除了度量变量外,其余字段都是维表或者中间表(雪花模型)的关系。

(3) 如果事实相关的维度很多,则事实表中的字段会比较多。

另外，按照事实表中度量的可加性情况，可以把事实表及其包含的事实分为4种类型。

(1) 事务事实。以组织事件的单一事务为基础，通常只包含事实的次数。

(2) 快照事实。以组织在某一特定时间和特殊状态为基础，即某一段时间内才出现的结果。

(3) 线性项目事实。这类事实通常用来储存关于企业组织经营项目的详细信息。包括表现与企业相关的个别线性项目所有关键性能指标，如销售数量、销售金额、成本等。

(4) 事件事实。通常表示事件发生与否及一些非事实本身具备的细节。它所表现的是一个事件发生后的状态变化，如产品在促销期间的销售状态(卖出还是没有卖出)。

另外，在事实表模型设计中还需要注意到派生事实。派生事实主要有两种：一种是可以用同一事实表中的其他事实计算得到，例如，销售中的商品销售均价可以用商品的销售总金额和销售数量计算得到；另一种是非加性事实，例如各种商品的利润率等。

**表 2-7 Adventure Works Cycles 公司销售事实表模型**

| 销售事实表 |
| --- |
| 客户 ID |
| 商品 ID |
| 销售单 ID |
| 时间 ID |
| 区域 ID |
| 销售数量 |
| 销售金额 |
| 商品利润率 |
| ⋮ |

例如，可以设计 Adventure Works Cycles 公司的销售事实表模型，如表 2-7 所示。

## 2.3.2 维度表模型设计

数据仓库是用于决策支持的。管理人员进行决策分析时，经常需要用一个对决策活动有重要影响的因素进行决策分析。这些决策分析的角度或决策分析的出发点就构成了数据仓库中的维，数据仓库中的数据就是靠这些维来组织，维就是数据仓库识别数据的索引。数据仓库中的维，一般具有层次性。其水平层次由维度层次中具有相同级别的字段值构成，垂直层次则由维度层次结构中具有不同级别的字段值构成。在数据仓库设计中根据需求获取数据仓库的维，构成数据仓库的模型。数据仓库中的多种维交点会构成数据仓库用户需要观察的事务。观察事务角度不同时，围绕该事务会产生多个观察角度，即产生了多维。数据仓库的立方体就是一个包含用户需要观察数据的集合体，立方体与星型模型可以相互转换。

维度建模的目的是在为用户提供一组全局数据视图的基础上进行某一主题的业务分析。因为在数据仓库的维度建模技术中，主要从用户需求范围出发，考虑指标和维度及其各种主题下的分析参数。例如根据 Adventure Works Cycles 公司销售情况分析，其指标和维度及其各种主题下的分析参数可综合如下：

- 某些商品是否仅仅在某一地区销售？
- 每种类型商品各个时间段销售量及销售金额是多少？
- 各个客户购买商品次数？
- 客户及时付款了吗？
- 各类型商品预算收入是多少？
- 各销售员销售业绩如何？

……

根据以上问题的关联维度，形成 Adventure Works Cycles 公司销售情况分析的维度模型，如表 2-8 所示。

**表 2-8　Adventure Works Cycles 公司销售情况分析的维度模型**

| 时间维 | 区域维 | 产品维 | 客户维 | 销售员维 |
|---|---|---|---|---|
| 时间 ID<br>年<br>季<br>月<br>日<br>⋮ | 区域 ID<br>国家<br>省州<br>城市<br>销售点<br>⋮ | 产品 ID<br>产品类别<br>产品名称<br>⋮ | 客户 ID<br>区域 ID<br>收入<br>信用<br>⋮ | 雇员 ID<br>姓名<br>区域 ID<br>子区域 ID<br>⋮ |

在这个模型中，Adventure Works Cycles 公司有些决策管理者想要按照年、季、月、日的时间层次了解公司的销售情况；有些决策管理者想要按照产品名称、产品类别了解公司的销售情况；有些决策管理者想要按照销售员所在的区域层次了解公司的销售情况；有些决策管理者想要按照国家、省（州）、城市、销售点的区域层次了解公司的销售情况；有些决策管理者想要按照客户信用、客户收入等层次了解公司的销售情况。

这样，就可以建立销售情况分析的逻辑模型，如图 2.8 所示。

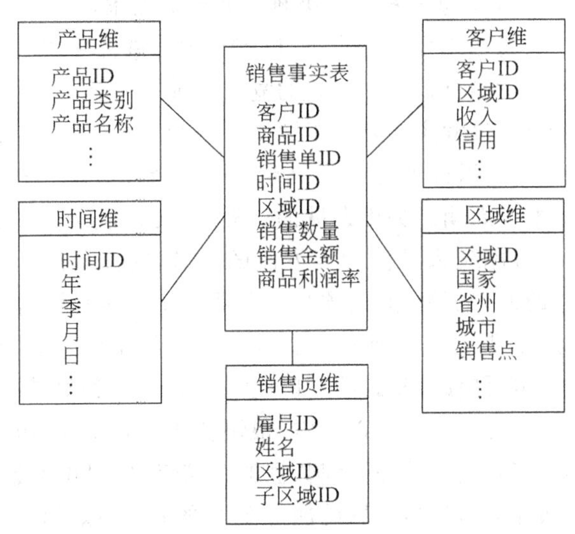


图 2.8　Adventure Works Cycles 公司销售情况分析的逻辑模型

最后，对逻辑模型进行评审，并编写逻辑模型的文档，其内容包括：主题域分析报告，数据粒度划分模型，数据分割策略，指标实体、维实体与详细类别实体的关系模式和数据抽取模型。对逻辑模型评审主要集中在主题域是否可以正确地反映用户的决策分析需求，其内容包括：从用户对概括数据使用的要求，评审数据粒度的划分和数据分割策略是否可以满足用户决策分析的需要，为提高数据仓库的运行效率是否需要对关系模式进行反规范化处理，数据的抽取模型是否正确地建立了数据源与数据仓库的对应关系，数据的约束条件和业务规则是否在这些模型中得到了正确的反映等。

## 2.4 数据仓库的物理模型

### 2.4.1 物理模型的设计要点

数据仓库的物理模型就是逻辑模型在数据仓库中的物理实现模式。物理模型就像大厦的基础架构，数据仓库的数据从几百吉字节到几十太字节不等，即使支撑这些数据的RDBMS无论有多么强大，仍不可避免地要考虑到数据库的物理设计。物理模型是逻辑模型中各种实体表的具体化，例如表的数据结构类型、索引策略、数据存放位置以及数据存储分配等。在进行物理模型设计时，要考虑I/O存取时间、空间利用率和维护代价。

根据数据仓库的数据量大及数据相对稳定的特点，可以设计索引结构来提高数据存取效率。数据仓库中的表通常比OLTP环境中的表建有更多的索引。通常表的最大索引数与表规模成正比。数据仓库是只读环境，建立索引对提高性能和灵活性都很有利。但是表索引如果太多，则会使数据加载时间加长。因此，一般按主关键字和大多数外部关键字建立索引。

为确定数据仓库的物理模型，设计人员必须做这样几方面工作：

(1) 确定项目资源，定义数据标准。根据预算和业务需求，并参考以往的数据仓库项目经验，对该项目的成本、周期和资源进行估算，规范化数据仓库中的数据。关于项目周期的估算，主要基于ETL函数功能点以及加权后的复杂度进行估算，因为ETL过程占据了整个数据仓库项目的70%，ETL过程主要是基于源＜＝＞目的的原则进行处理的，而不同的功能点具有不同的复杂度，通过以往项目经验和专家评估，然后再根据软件生命周期的划分，可以有效地得知项目的整体周期。关于人员的估算，主要取决于人员的工作经验、素养，对新技术的掌握能力，还要考虑到人员流动等方面的人员备份。每一个IT企业都应该具备一个有丰富的技能人才的人力资源库，当项目资源遇到瓶颈的时候，就可以考虑需求协作。

(2) 确定软硬件配置。数据仓库项目与其他业务系统不同，尤其需要对数据容量进行估算，这是因为数据仓库由历史的、稳定的、基于主题的、集成的等特性所决定的，它是对以往历史数据的集成，如果项目初期不加以考虑，很快就会造成灾难性的后果。数据仓库的容量估算应该是可预见的，首先确定核心明细数据的存储年限，即相关表的平均字段长度值×每年的记录数×(每年预计的增长)，然后再加上20%的冗余，以及磁盘预留的20%的冗余，我们不难得到数据仓库的预计容量。数据仓库的处理能力和容量息息相关，也和具体的关系数据库的性能息息相关，如何在Oracle、SQL Server、DB、Sybase甚至MySQL之间寻找平衡，既要考虑实际的预算，也要视实际的需求而定。关于硬件的配置，既需要发挥软件的功能，满足实际的处理要求，也要为将来的系统扩展保留一定的空间。

(3) 要全面了解所选用的数据库管理系统，特别是存储结构和存取方法。了解数据库架构，如关系数据库的关系模型、星型模型、多维数据库的Cube等，及其具体的数据库管理系统软件和版本等。数据仓库一般采用分层设计，即ODS层、数据仓库层、数据仓库聚合层数据集市等，如图2.9所示。数据仓库的分层是灵活的，没有固定的模式，一切视实际情况而定。ODS层存放从原系统采集来的原始交易数据，只保存一定期限内的数据，同时ODS支持部分近实时性报表的展示。数据仓库层保存经过清洗，转换和重新组织的历史业务数据,数据将保留较长时间(5～10 年),满足系统最细粒度的查询需要。数据仓库聚合层面向 KPI 指标计算和分析,支持汇总层面交易级的指标查询,提高汇总级的 KPI 数据展示速度和数据保存时间。保存较长的历史数据。数据集市是基于部门或者某一类特定分析主题需要,从企业级数据仓库单独获取的一个数据的逻辑或者物理的子集。

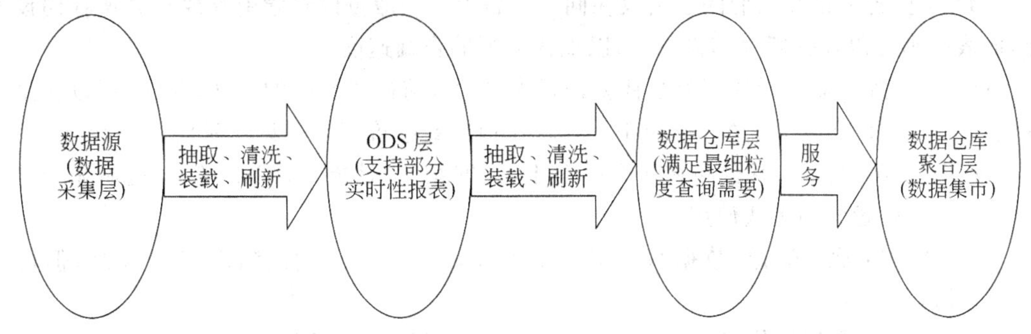


图 2.9　数据仓库分层设计

(4) 根据具体使用的数据库管理系统,将实体和实体特征物理化,具体包括字段设计、物理记录设计、反规范化设计(提高查询性能)等。数据抽取策略:制定系统的主题数据库 ETL 抽取方案来满足主题数据库的业务处理、数据仓库系统分析及决策支持分析的需要,同时必须保证不能影响业务系统的性能。数据转换策略:数据转换是指对从业务系统中抽取的源数据根据主题数据库系统模型的要求,进行数据的转换、清洗、拆分等处理,保证来自不同系统、不同格式的数据的一致性和完整性,并按要求装入主题数据库。数据加载策略:从业务系统中抽取、转换后的数据加载到主题数据库系统中。

(5) 了解数据环境、数据的使用频率、使用方式、数据规模及响应时间要求等,这些都是对时间和空间效率进行平衡和优化的重要依据。

(6) 了解外部存储设备的特征,只有这样才能在数据的存储需求与外部存储设备条件两者之间获得平衡。

此外,设计人员还必须了解数据环境、数据的使用频率、使用方式、数据规模及响应时间要求等,了解外部存储设备的特征,了解物理文件的设计方式、索引的使用与选择方式及 RAID 等,这些是对时间和空间效率进行平衡和优化的重要依据,只有这样才能在数据的存储需求与外部存储设备条件两者之间获得平衡。

## 2.4.2　数据仓库物理模型的存储结构

在物理设计时,常常要按数据的重要性、使用频率及对响应时间的要求进行分类,并将不同类型的数据分别存储在不同的存储设备中。重要性高、经常存取并对反应时间要求高的数据存放在高速存储设备上;存取频率低或对存取响应时间要求低的数据则可以存放在低速存储设备上。另外,在设计时还要考虑数据在特定存储介质上的布局。在设计数据的布局时要注意遵循以下原则。

(1) 不要把经常需要连接的几张表放在同一存储设备上,这样可以利用存储设备的并行操作功能加快数据查询的速度。

(2) 如果几台服务器之间的连接会造成严重的网络业务量的问题，则要考虑服务器复制表格，因为不同服务器之间的数据连接会给网络带来沉重的数据传输负担。

(3) 考虑把整个企业共享的细节数据放在主机或其他集中式服务器上，提高这些共享数据的使用速度。

(4) 不要把表格和它们的索引放在同一设备上。一般可以将索引存放在高速存储设备上，而表格则存放在一般存储设备上，以加快数据的查询速度。

(5) 在对服务器进行处理时往往要进行大量的等待磁盘数据的工作，此时，可以在系统中使用 RAID(Redundant Array of Inexpensive Disk，廉价冗余磁盘阵列)。

- RAID0：数据带状分布在多个磁盘上，无冗余，高性能，低成本，但磁盘损坏会导致整个磁盘整列无法使用。
- RAID1：磁盘镜像，数据写入成对的冗余驱动器，可读性能高，可靠性高，但价格昂贵。
- RAID2：数据按位或块交错分布，校验码由额外驱动器存储，高性能，纠错一位，验错两位，但价格昂贵。
- RAID3：数据按位或块交错存储，一个驱动器存储校验数据，对大块数据性能较高，不支持运行恢复。
- RAID4：数据按扇区交错存储，校验数据由专门驱动器存储，处理多个系统的 I/O 操作，两个驱动器。
- RAID5：数据按扇区交错存储于多个驱动器，不需专门的校验驱动器，需要两个或三个驱动器，写入能力弱。

如可建立 Adventure Works Cycles 公司销售事件存储结构关系模型，如表 2-9 所示。

**表 2-9　Adventure Works Cycles 公司销售事件存储结构关系模型**

| 字段名 | 说明描述 | 主键/外键 | 数据类型 | 数据类型说明 |
|---|---|---|---|---|
| TimeID | 时间码 | 外键 | Integer | 整数 |
| ProductID | 产品码 | 外键 | Integer | 整数 |
| CustomerID | 顾客码 | 外键 | Integer | 整数 |
| SaleQuantity | 销售数量 | — | Integer | 整数 |
| SaleAmount | 销售额 | — | Money | 正金额数 |

可建立 Adventure Works Cycles 公司商品关系存储结构关系模型，如表 2-10 所示。

**表 2-10　Adventure Works Cycles 公司商品关系存储结构关系模型**

| 字段名 | 说明描述 | 主键/外键 | 数据类型 | 数据类型说明 |
|---|---|---|---|---|
| ProductID | 产品码 | 主键 | Integer | 整数 |
| ProductNumber | 商品编号 | — | char(10) | 字符 |
| ProductName | 商品名称 | — | char(20) | 字符 |
| Subcategory | 子类 | — | char(5) | 字符 |
| Category | 大类 | — | char(5) | 字符 |
| SalePrice | 售价 | — | Money | 正金额数 |

### 2.4.3 数据仓库物理模型的索引构建

数据仓库的数据量很大，因而需要对数据的存取路径进行仔细地设计和选择。由于数据仓库的数据一般很少更新，所以可以设计索引结构来提高数据存取效率。数据仓库中的表通常要比联机事务处理系统(OLTP)中的表建立更多的索引，表中应用的最大索引数应与表格的规模成正比。数据仓库是个只读的环境，建立索引可以取得灵活性，对性能极为有利。但是表若有很多索引，那么数据加载时间就会延长，因此索引的建立需要进行综合的考虑。在建立索引时，可以按照索引使用的频率由高到低逐步添加，直到某一索引加入后，使数据加载或重组表的时间过长时，就结束索引的添加。

在数据仓库中，设计人员可以考虑对各个数据存储建立专用的索引和复杂的索引，以获取较高的存取效率，虽然建立它们需要付出一定的代价，但建立后一般不需要过多的维护。

最初，一般都是按主关键字和大多数外部关键字建立索引，通常不要添加很多的其他索引。在表建立大量的索引后，对表进行分析等具体使用时，可能需要许多索引，这会导致表的维护时间也随之增加。如果从主关键字和外部关键字着手建立索引，并按照需要添加其他索引，就会避免首先建立大量的索引带来的后果。如果表格过大，而且需要另外增加索引，那么可以将表进行分割处理。如果一个表中所有用到的列都在索引文件中，就不必访问事实表，只要访问索引就可以达到访问数据的目的，以此来减少 I/O 操作。如果表太大，并且经常要对它进行长时间的扫描，那么就要考虑添加一张概括表以减少数据的扫描任务。

例如 Adventure Works Cycles 公司销售订单按销售订单号做 B-Tree 索引，如图 2.10 所示。

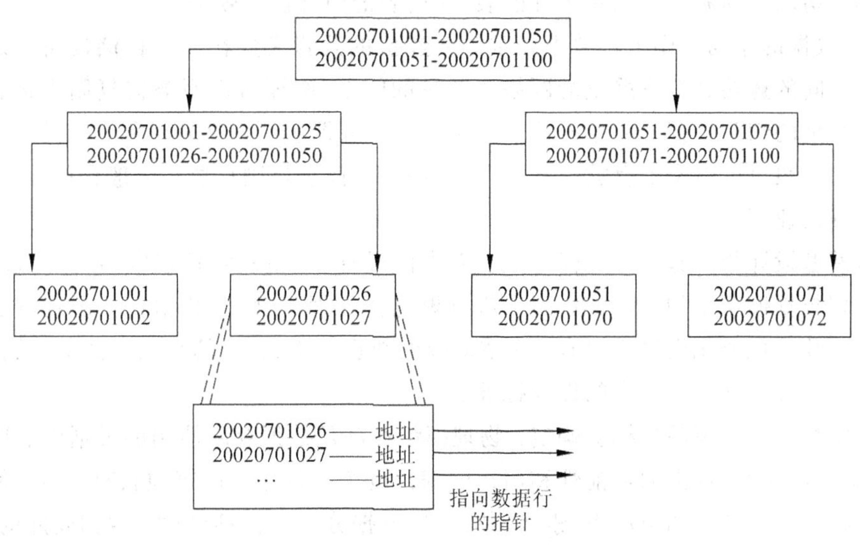


图 2.10　B-Tree 索引示例

### 2.4.4 数据仓库物理模型的优化问题

数据仓库物理模型进行优化时可以考虑以下解决方案：

(1) 合并表与簇文件(clustering file)：几个表的记录分散存放在几个物理块中时，多个表的存取和连接操作的代价会很大。

(2) 建立数据序列：按照某一固定的顺序访问并处理一组数据记录。将数据按照处理顺序存放到连续的物理块中，形成数据序列。

(3) 引入冗余，反规范化处理：一些表的某些属性可能在许多地方都要用到，将这些属性复制到多个主题中，可以减少处理时存取表的个数。

(4) 表的物理分割(分区)：每个主题中的各个属性存取频率是不同的。将一张表按各属性被存取的频率分成两个或多个表，将具有相似访问频率的数据组织在一起。

(5) 生成派出数据：在原始数据的基础上进行总结或计算，生成派出数据，可以在应用中直接使用这些派出数据，减少 I/O 次数，免去计算或汇总步骤，在更高级别上建立了公用数据源，避免了不同用户重复计算可能产生的偏差。

例如，当几个表的记录分散存放在几个物理块中时，多个表的存取和连接操作的代价会很大。这时可以将需要同时访问的表在物理上顺序存放，或者直接通过公共关键字将相互关联的记录放在一起。如产品表和产品存储关系表是 2 个经常需要同时访问的表，在对存储关系表进行查询后，需要通过产品 ID 到产品表中获取产品的其他基本属性，以比较直观的方式显示给最终用户。这时，可以将 2 个表的记录通过公共关键字将相互关联的记录放在一起。设计时可以先存放产品 ID 为 1 的商品在商品表中的记录，然后将仓储关系表中同产品 1 相关的 2 条记录放在其后。这样，在进行数据访问时，就可以提高 I/O 的效率。表的归并只有在访问序列经常出现或者表之间具有很强的访问相关性时才有较好的效果，对于很少出现的访问序列和没有强相关性的表，使用表的归并没有效果。

此外，数据的布局原则上不要把经常需要连接的几张表放在同一存储设备上。如果几台服务器之间的连接会造成严重的网络业务量的问题，则要考虑服务器复制表格。考虑把整个企业共享的细节数据放在主机或其他集中式服务器上。别把表格和它们的索引放在同一设备上。一般可以将索引存放在高速存储设备上，而表格则存放在一般存储设备上，以加快数据的查询速度。

物理模型设计与实施过程要保持数据仓库的设计、实施和管理稳定，不产生混乱，可能需要对物理数据模型中的实体、表、列等进行规范化处理，使整个数据仓库的物理数据模型能够保持一致。规范化内容主要有：完整清晰的数据定义、合适的数据格式等，数据仓库中的每个组件或部件都确定相应的设计标准。

物理模型设计评审的目标要确定：物理模型在满足数据仓库使用的灵活性、性能、数据完整性、系统可用性、数据的当前性和用户的满意度等。具体的评审项目有：表空间、分区、表格、数据压缩、控制表和引用表、索引、数据量、数据分布、线路通信量、数据仓库的更新、概况数据、预期变动和数据的文档化。接口应该具有这样一些功能：从面向应用和操作环境生成完整的数据；数据基于时间的转换；数据的聚集；对现有数据系统的有效扫描，以便今后数据仓库的数据追加。

## 2.5 数据仓库的元数据模型

元数据(metadata)是“关于数据的数据”,如在传统数据库中的数据字典就是一种元数据。元数据与指向数据仓库内容的索引相似,处于数据仓库的上层,并且记录数据仓库中对象的位置,元数据存储对程序员所知的数据结构、DSS分析员所知的数据结构、数据仓库的源数据、数据模型、数据模型和数据仓库的关系、抽取数据的历史记录等内容进行记录。

数据仓库中元数据是关于数据、操纵数据的进程和应用程序的结构和意义的描述信息,其主要目标是提供数据资源的全面指南。其范围可以是某个特别的数据库管理系统中从现实世界的概念上的一般概括,到详细的物理说明。元数据在数据仓库的设计、运行中有着重要的作用,它表述了数据仓库中的各对象,遍及数据仓库的所有方面,是数据仓库中所有管理、操作、数据的数据,是整个数据仓库的核心。

典型的元数据包括:

- 数据仓库的表结构;
- 数据仓库的表属性;
- 数据仓库的源数据(记录系统);
- 从记录系统到数据仓库的映射;
- 数据模型的说明;
- 抽取日志;
- 访问数据的公用例行程序;
- 数据的定义/描述;
- 数据单元之间的关系。

同时,元数据是一个相对的概念,例如,如果数据A对数据B进行描述,那么数据A相对数据B来说就是元数据,同时如果数据O对数据A进行描述,那么数据O相对数据A来说就是元数据。因此,元数据结构本身是分层的,上层的元数据对相邻下层的数据进行抽象描述,如图2.11所示。

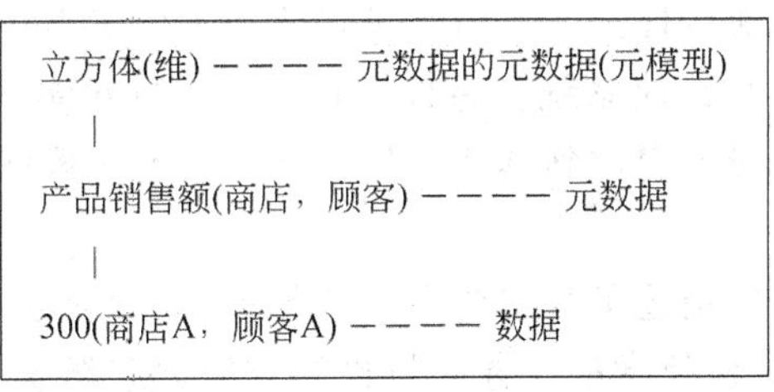


图2.11 元数据的分层体系结构

### 2.5.1 元数据的类型

根据元数据的状态,可将元数据分为静态元数据和动态元数据两类。

(1) 静态元数据:业务规则、域、类别、索引、来源、生成时间、关系、数据类型、格式、描述、名称等。

(2) 动态元数据：处理、引用处、存储大小、存储位置、状态、统计信息、数据质量、更新时间、入库时间等。

根据使用情况，主要有技术元数据和业务元数据两类元数据：

(1) 技术元数据(technical metadata)：为了从操作型环境向数据仓库转化而建立的元数据，包含了所有源数据项名、属性及其在数据仓库中的转化；这种元数据称为技术元数据。

(2) 业务元数据(business metadata)：用来和终端用户的多维商业模型/前端工具之间建立映射，此种元数据称之为业务元数据，常用来开发更先进的决策支持工具。

技术元数据是描述关于数据仓库技术细节的数据，这些元数据应用于开发、管理和维护数据仓库，它主要包含以下信息。

(1) 数据仓库结构的描述，包括仓库模式、视图、维、层次结构和导出数据的定义，以及数据集市的位置和内容。

(2) 业务系统、数据仓库和数据集市的体系结构和模式。

(3) 汇总用的算法，包括度量和维定义算法，数据粒度、主题领域、聚合、汇总和预定义的查询与报告。

(4) 由操作环境到数据仓库环境的映射，包括源数据和它们的内容、数据分割、数据提取、清理、转换规则和数据刷新规则及安全(用户授权和存取控制)。

另外，技术元数据还包括：用户报表和查询访问模式、频率以及执行时间，审计控制和负载平衡信息，数据的技术结构，供给决策支持系统的记录系统，源系统字段标识，从操作型记录系统到决策支持系统的映射和转换，编码/引用表转换，物理和逻辑数据模型；决策支持系统表名、键和索引，域值，操作型系统的表结构和属性，数据仓库的表结构和属性，数据模型和数据仓库系统之间的关系，抽取历史，数据仓库表访问模式，数据仓库系统归档，工作相关性信息，程序名和描述，版本维护，安全性和清洗规则等信息。

当开发人员和技术用户对数据仓库和操作型系统进行维护和扩展时，技术元数据为他们提供所需要的信息。例如，如果 Adventure Works Cycles 公司需要重新划分其地理销售区域，IT 经理就可以利用技术元数据列出所有含有地理销售数据的程序、表和系统，这些信息使经理能够方便而迅速地估计出开发团队进行修改所需要的开发资源和时间，还可以帮助确定可能受到影响的所有其他系统。另外，IT 开发人员在实现新的地理销售区域时，可以使用其他技术元数据来帮助定位到具体的代码行。技术元数据对于维护和改进系统是至关重要的。

业务元数据从业务角度描述了数据仓库中的数据，它提供了介于使用者和实际系统之间的语义层，使得不懂计算机技术的业务人员也能够“读懂”数据仓库中的数据。业务元数据主要包括以下信息：

- 使用者的业务术语所表达的数据模型、对象名和属性名；
- 访问数据的原则和数据的来源；
- 系统所提供的分析方法及公式和报表的信息。

在信息打包过程中，需要用包图表示维度和类别还有它们之间的传递和映射关系，实际上这个操作就是在原业务系统的基础上创建了元数据。其中的维度、类别还有层次关系是属于典型的技术型元数据，而业务系统中与之对应的术语则属于业务元数据。比如前面的例子中提炼出的日期、区域、产品、客户年龄和客户状况等维度，实际销售、计划销售、预测销售、计划偏差和预测偏差等指标皆属于元数据。这些数据在以后的分析中将起到极为重要的作用。

因此，业务元数据是为业务用户提供支持的，它为决策支持分析人员提供了访问数据仓库和数据集市中的信息的线路图。业务用户通常是行政人员或业务分析员，他们相对缺乏技术背景知识，业务元数据将使业务用户更容易理解数据仓库中的信息。业务元数据示例如表 2-11 所示。

**表 2-11　业务元数据示例**

| 业务元数据 |
| --- |
| 业务分析员了解的数据结构(产品体系对于业务意义不同) |
| 数据仓库中信息的常见访问例程 |
| 主题领域(例如产品、销售、客户等) |
| 表名的业务定义(如表名 CUST 的业务定义是：在最近两年中下过订单的活跃客户) |
| 属性名和业务术语定义 |
| 数据质量统计信息 |
| 数据仓库系统字段映射、转换和概要 |
| 下钻、上钻、钻过和钻透的规则 |
| 域值 |
| 数据责任人 |
| 数据位置 |
| 数据仓库系统刷新日期 |

## 2.5.2　元数据的作用

从元数据的类型和作用来看，元数据实际上是要解决何人在何时、何地为了什么原因及怎样使用数据仓库的问题。再具体化一点，元数据在数据仓库管理员的眼中是数据仓库中的包含了所有内容和过程的完整知识库和文档，而在最终用户(即数据分析人员)眼中，元数据则是数据仓库的信息地图。因此，元数据存在于数据仓库建设的整个过程中的原始数据源、数据建模、数据转换及目标数据源各个环节中的各类信息，如表格，栏位、属性的定义，数据是谁建立的，数据的结构如何，数据来源为何，透过哪一个数据转移程序而来，文件数据内容为何等。

元数据在数据仓库中可进行数据质量校验与保证，还可以在数据整合的过程中，在原始数据源和目的数据仓库全过程中，全面审查、监控和报告数据问题，跟踪未完成、不准确、过期和不正确格式的数据。数据分析员为了能有效地使用数据仓库环境，往往需要元数据的帮助。尤其是在数据分析员进行信息分析处理时，他们首先需要去查看元数据。元数据还涉及到数据从操作型环境到数据仓库环境中的映射。当数据从操作型环境进入数据仓库环境时，数据要经历一系列重大的转变，包含了数据的转化、过滤、汇总和结构改变等过程。数据仓库的元数据要能够及时跟踪这些转变，当数据分析员需要就数据的变化从数据仓库环境追溯到操作型环境中时，就要利用元数据来追踪这种转变。另外，由于数据仓库中的数据会存在很长一段时间，其间数据仓库往往可能会改变数据的结构。随着时间的流逝来跟踪数据结构的变化，是元数据另一个常见的使用功能。

在数据仓库中，元数据主要作用于以下几个方面：

- 数据源抽取；
- 数据源转换；
- 数据源净化；
- 数据源概括与聚集；
- 数据刷新；
- 数据仓库中的数据库设计；
- 查询与报表设计。

元数据描述了数据的结构、内容、链和索引等项内容。在传统的数据库中，元数据是对数据库中各个对象的描述。在关系数据库中，这种描述就是对数据库、表、列、观点和其他对象的定义；但在数据仓库中，元数据定义了数据仓库中的许多对象——表、列、查询、商业规则及数据仓库内部的数据转移。元数据是数据仓库的重要构件，是数据仓库的指示图。元数据在数据源抽取、数据仓库开发、商务分析、数据仓库服务和数据求精与重构工程等过程都有重要的作用。

如图 2.12 所示，显示了元数据在整个数据仓库开发和应用过程中的巨大影响。因此，设计一个描述能力强并且内容完善的元数据模型，对数据仓库进行有效地开发和管理具有决定性意义。

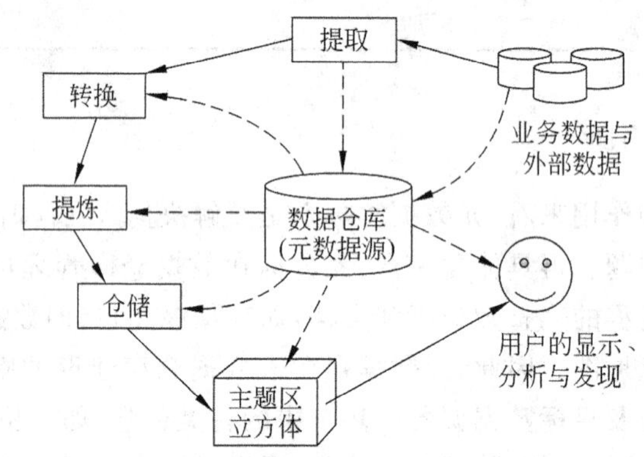


图 2.12　元数据在整个数据仓库开发和应用过程中的作用

### 2.5.3　元数据的收集与维护

在组织内部存在很多不同的元数据源。元数据可能来源于源系统、抽取的数据、转换或清理的数据、装载的数据、存储的数据及信息传递的过程。

(1) 从源系统收集元数据：COBOL 写字板及控制块规范、系统文档的数据元素定义、操作型系统数据模型、程序规范、物理文件布局及字段定义、外部数据来源的文件布局和字段定义、其他来源(如电子表格)等。

(2) 从抽取的数据中收集元数据：源平台的数据和连接、所选择的数据源的布局和定义、每个平台上初始抽取文件的合并准则、用于抽取的字段定义、标准化字段类型与长度的规则、数据抽取计划、增量修改的抽取方法、数据抽取任务流等。

(3) 从转换或清理的数据中收集元数据：抽取文件到数据准备文件的映射规范、单独文件的转换规则、字段默认、有效性检查的商业规则、分类及重排序安排、从数据抽取到数据准备的审查跟踪等。

(4) 从数据装载中收集元数据：从数据准备文件到装载映像的映射规则、为每个文件分配键时的分配规则、完全刷新的计划、数据准备到装载映像的审查跟踪、增量装载的计划、数据装载任务流等。

(5) 从存储的数据中收集元数据：集中式数据仓库和独立数据集市数据模型、多个表组成的主题区域、物理文件、统一化数据集市数据模型、表和列定义、有效性检查的商业规则等。

(6) 从信息传递过程中收集元数据：预定义查询和报表的列表、查询和报表工具列表、为 OLAP 检索数据的计划、特殊 OLAP 数据库数据模型等。

外部数据从外部数据源进入企业，可能以电子形式或非电子形式进入数据仓库系统或者操作型系统。企业通常无法控制外部数据源，但需要获取外部数据源的元数据。外部数据源的元数据包括：文档 ID、实体进入数据仓库或操作型系统的日期、外部数据源、外部数据的分类、索引词、清洗日期、物理位置引用、外部数据的长度等。表 2-12 按照位置列出了最常见的元数据来源。

**表 2-12　Adventure Works Cycles 公司最常见的元数据来源**

| 常见的元数据位置 | 元数据类型 |
|---|---|
| ETL 工具/过程 | 数据转换规则、程序任务间的相关性、数据仓库负载平衡统计、数据仓库加载统计、数据谱系 |
| 数据建模工具 | 逻辑数据模型和物理数据模型、技术实体定义、技术属性定义、域值 |
| 报表工具 | 用户访问模式、报表执行时间、业务实体定义、业务属性定义、业务标准定义 |
| 数据质量工具 | 数据质量统计、审核控制 |
| 生产商应用程序 | 数据字典、业务策略 |
| 文档 | 业务实体定义、业务属性定义、业务标准定义、数据责任 |
| 雇员 | 业务策略、业务实体定义、业务属性定义、数据责任、数据谱系 |

对收集到的元数据要进行集成，根据元数据源集成方法，可将组织内部元数据源分为三类：

(1) 通过验证的来源。通过验证的来源是工具可以直接读取、正确解释并能加载到正确的元数据属性中的那些数据源。这些数据源很容易集成，而且不需要对基本的元模型进行扩展。通过验证的元数据源的例子有 CASE 工具中的技术元技术和抽取/转换引擎中的转换规则，元数据仓储工具可以接受若干生产商的元数据源。

(2) 普通来源。普通元数据源是那些工具可读取的，以普通格式(例如制表符、空格、逗号分隔的)存在的元数据来源。对于普通元数据源,往往需要通过编程把源中的元素映射到元模型恰当的属性上,这时,工具界面能够方便地修改对源的映射是很重要的。另外,这些元数据源经常需要对元模型进行扩展,扩展元模型的流程可以是在现有的表中加一个属性,也可以是创建新表、或者给其他的表添加外键等。普通来源通常包括数据库和 Excel 报表中的技术和业务元数据,这些数据很容易被抽取成行业标准格式。

(3) 不被支持的来源。不被支持的来源指的是除了上两种来源经外的其他元数据源,需要对这种元数据源进行周密的设计与分析。这些源可以通过一个复杂的附加程序转换为普通来源。不被支持的来源是不规则的业务元数据源以及生产商应用中保存的元数据源。

元数据维护时所面临的最大挑战是它存在于多个不同的来源,而每个来源都有自己的元数据仓储。元数据仓储(meta data repository)表示含有元数据的物理数据库表。本节通过介绍 Repository 的功能与架构,让读者了解元数据的维护方法。

Repository 特性包括:对于原始数据源数据的评测直接增强转换过程的处理有效性,规范数据含义,统一编码规则,数据有效性校验,数据结构优化,历史数据的归并整理,影响分析(impact analysis),分析数据质量的影响和潜在风险,帮助用户实现业务的分类,数据抽取、清洗、转换规则的记录,与建模工具的全面集成,提供友好使用界面。

Repository 架构如图 2.13 所示。

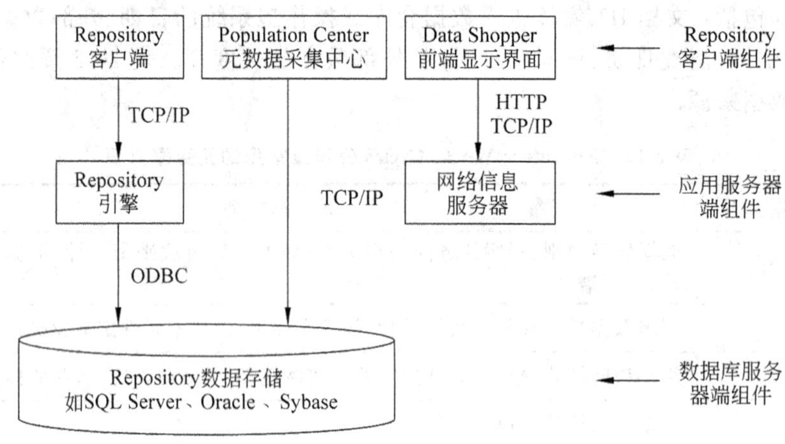


图 2.13 Repository 架构

其中,Repository 是基于元数据结构的一种浏览,Population Center 是一个元数据采集模块,Data Shopper 是一个用 ASP 开发的前端显示界面。

Repository 的功能包括:

(1) 元数据库所支持的数据服务器种类:如 SQL Server 7.0、Sybase、Oracle 8i。

(2) 元数据扫描:扫描的对象:数据库、CASE TOOL、ERP、C\C++。扫描方式有两种:一种是 PCD:扫描完存放于数据文件 *.pcd 中,再用 LOADER 加载数据;另一种是 Repository:扫描的元数据直接存放于元数据库中。

Repository 配置使用流程:

① 建立 ODBC 数据源:如 Oracle 8i 选择 Microsoft ODBC for Oracle。

② 运行 Configuration Facility：Repository Create。

③ 配置用户，进行安全性管理 Tool：Security。

④ 注册引擎 Engine Register。

⑤ 给 DataShopper 建立虚拟路径(可选)。

⑥ 启动 Client 之前，先启动 Engine。

### 2.5.4 元数据的使用

数据仓库对元数据的使用主要体现在两个方面：第一，因为元数据对数据仓库中数据的内容和出处进行了详细说明，用户可以根据主题利用元数据来查看数据仓库的内容；第二，因为元数据提供了可重复利用的查询语言信息，如果这些查询中的一个或几个能满足用户的需求，或与用户需求相近，用户就可以直接使用元数据中的查询，而不用重新编写程序。

元数据用户可以分为三类：业务用户、技术用户和高级用户，这三类用户都需要通过元数据来确定和有效使用企业系统中的信息。

(1) 业务用户。大部分业务用户都不太懂技术，他们通常具备业务背景，并从数据仓库系统预定义的查询和报表中获取信息。这些用户通常需要元数据来确定和定位数据仓库系统中的信息，例如业务名、数据表和属性的描述、现有报表的描述。此外，许多业务用户还关心查询和报表的预计执行时间。常见的用户包括：营销(市场推广)分析员、销售分析员、财务决策者等。

(2) 技术用户。技术用户可以是程序员、数据采集开发人员、数据访问开发人员、数据建模员、高级分析员或元数据仓储团队成员。技术用户通过元数据构造、维护并管理数据仓库系统。他们需要理解程序如何将数据抽取、转换和装载到数据仓库和数据集市中，需要判断哪些程序、文件和报表会受到数据仓库系统变化的影响。一般情况下，技术元数据可使技术用户更有效、更精确地为数据仓库系统的后续开发制定计划。

(3) 高级用户。高级用户是进入业务领域的 IT 技术人员，这些用户以正常方式访问数据仓库系统，理解业务数据，并对数据仓库系统的报表十分熟悉，他们懂得关系型数据库的概念与结构化查询语言(SQL)，并在日常工作中使用复杂的查询工具。这些用户关心数据仓库系统内容发生的变化以及数据如何被抽取、转换和加载到数据仓库系统。

### 2.5.5 元数据管理模型

CWM(Common Warehouse Metamodel，公共仓库元模型)是一个被 OMG 采纳为在数据仓库和业务分析环境中进行元数据交换的标准。CWM 提供了一种经过长期研究的通用语言来描述元数据，是一个基于一般的但语义丰富的公共数据仓库和业务分析领域的元数据管理模型，它还提供了基于 XML 的元数据交换工具。

CWM 元数据管理模型基于元对象框架(Meta Object Framework，MOF)。MOF 是一个用来指定、构造、管理、交换和集成软件系统中的元数据的模型驱动的、分布式对象框架。此框架的作用是支持各种类型的元数据，并可以在需要时添加新类别的元数据。为了达到这个目的，MOF 采用四层元数据体系结构，如表 2-13 所示。

**表 2-13 元数据体系结构**

| 元层次 | MOF 术语 | 示 例 |
|---|---|---|
| M3 | 元-元模型 | MOF 模型 |
| M2 | 元模型<br>元-元数据 | UML 元模型<br>CWM 元模型 |
| M1 | 模型 | UML 模型 |
| M0 | 对象<br>数据 | 被建模的系统<br>数据仓库/业务智能数据 |

这种体系结构将元数据(M1)作为数据(M0),并为不同类型的元数据进行形式化建模。这些形式化模型(M2)使用一个元-元模型(M3)所提供的元建模结构来表示,这就是 MOF 模型。

CWM 处在 MOF 结构的第 2 层,CWM 根据数据仓库和业务智能领域的需要来定制 OMG 元模型体系结构,它对数据仓库业务领域的元数据进行建模。

CWM 本身被组织为五个功能层,各层中包括有多个包(package)。

(1) 对象模型层:包含核心包、行为包、关系包、实例包。

(2) 基础层:业务信息包、数据类型包、表达式包、关键字与索引包、软件部署包、类型映射包等。

(3) 资源层:对象包、关系型包、记录包、多维型包、XML 包。

(4) 分析层:转换包、OLAP 包、数据挖掘包、信息可视化包、业务命名规则包等。

(5) 管理层:数据仓库处理包、数据仓库操作包等。

其中,核心包(Core)含有所有其他 CWM 包使用的基本类和关联,它不依赖于任何其他的包,核心包包括基本的 UML 基础结构,这些基础结构可以用来定义关系数据库和记录文件等非面向对象的数据存储,核心包中还包括被其他包广泛使用的支持类和数据类型。

基于 CWM 的数据仓库工具之间可以通过 XML 进行元数据的交换。例如,图 2.14 表示 Adventure Works Cycles 公司的部分元数据体系结构。

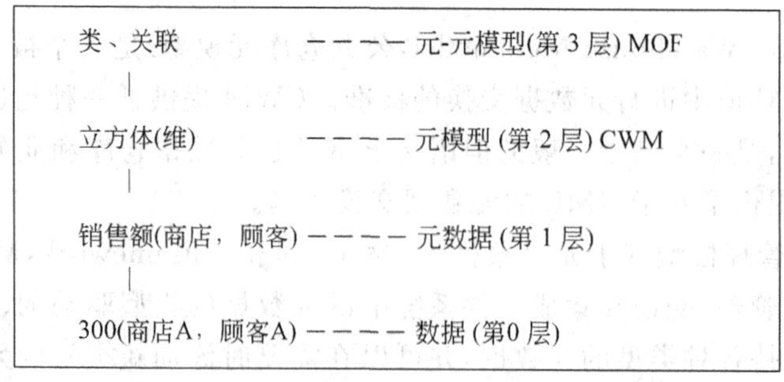


图 2.14 Adventure Works Cycles 公司的部分元数据体系结构

## 2.6 数据仓库的粒度和聚集模型

### 2.6.1 数据仓库粒度模型

粒度是数据仓库的重要概念。所谓粒度是指数据仓库中数据单元的详细程度和级别。粒度可以分为两种形式，第一种粒度是对数据仓库中的数据的综合程度高低的一个度量，它既影响数据仓库中的数据量的多少，也影响数据仓库所能回答询问的种类。还有一种粒度形式，即样本数据库，它根据给定的采样率从细节数据库中抽取出一个子集，这样样本数据库中的粒度就不是根据综合程度的不同来划分的，而是有采样率的高低来划分，采样粒度不同的样本数据库可以具有相同的数据综合程度。在数据仓库环境中主要是分析型处理，粒度的划分将直接影响数据仓库中的数据量以及所适合的查询类型。一般需要将数据划分为早期细节级、当前细节级、轻度综合级、高度综合级。源数据经过综合后，首先进入当前细节级，并根据具体需要进行进一步的综合，从而进入轻度综合级乃至高度综合级，老化的数据将进入早期细节级由此可见，数据仓库中存在着不同的综合级别，这就是数据仓库的数据"粒度"。粒度越大，表示细节程度越低，综合程度越高。不同粒度级别的数据用于不同类型的分析处理。粒度的划分是数据仓库设计工作的一项重要内容，粒度划分是否适当是影响数据仓库性能的一个重要方面。

在数据仓库中，多维粒度是必不可少的。由于数据仓库的主要作用是 DSS 分析，因而绝大多数查询都基于一定程度的综合数据之上的，只有极少数查询涉及到细节。在数据仓库中确定粒度的级别时，需要考虑这样一些因素：要接受的分析类型、可接受的数据最低粒度和能存储的数据量。粒度级别的确定是需要一点常识和直觉的。因为在很低的细节级上建立数据仓库没有意义，在很高的粒度级上建立数据仓库，会使很多数据溢出存储器。确定粒度级别的步骤如下：

① 适当划分粒度的第一步是估算数据仓库中将来使用的数据行数和所需的直接存取存储设备数(DASD)。

② 在计算出数据仓库所需要占用的存储空间以后，需要根据所需要的存储空间大小确定是否划分粒度，如果需要划分，又应该怎样划分。可对每个表估算其一年所需要的存储空间，然后估算其最长的保留年数所需要的存储空间。每个表的存储空间，应该是每一个表的数据存储空间和索引存储空间之和。精确计算表的每年实际存储空间是很困难的，只能给出表的最大估算空间和最小估算空间。

③ 在数据仓库中确定粒度时，需要考虑这样一些因素：要接受的分析类型、可接受的数据最低粒度、能够存储的数据量。

④ 计划在数据仓库中进行的分析类型将直接影响数据仓库的粒度划分。将粒度的层次定义太高，就无法在该数据仓库中进行更细致的分析操作。

⑤ 数据仓库通常在同一模式中使用多重粒度。如果存储资源有一定的限制，就只能采用较高粒度的数据粒度划分策略。

⑥ 定义数据仓库粒度的另外一个要素是数据仓库可以使用多种存储介质的空间量。

⑦ 选择合适的粒度是数据仓库设计过程中所要解决的一个复杂的问题，因为粒度的确定实质上是对业务决策分析、硬件、软件和数据仓库使用方法的一个折中。

⑧ 还有一种可以大幅降低数据仓库容量的方法，就是只采用概括数据。

数据粒度划分策略一定要保证数据的粒度确实能够满足用户的决策分析需要，这是数据粒度划分策略中最重要的一个准则。表 2-14 说明了常用的粒度策略的选择。

**表 2-14　粒度策略的选择**

| 一年数据 | | 五年数据 | |
|---|---|---|---|
| 数据量(行数) | 粒度划分策略 | 数据量(行数) | 粒度划分策略 |
| 10 000 000 | 双重粒度并仔细设计 | 20 000 000 | 双重粒度并仔细设计 |
| 1 000 000 | 双重粒度 | 10 000 000 | 双重粒度 |
| 100 000 | 仔细设计 | 1 000 000 | 仔细设计 |
| 10 000 | 不考虑 | 100 000 | 不考虑 |

例如，Adventure Works Cycles 公司对销售客户通话记录按不同粒度级别开成的数据信息如表 2-15 所示。

**表 2-15　Adventure Works Cycles 公司对销售客户通话记录的不同粒度级别**

| 客户通话记录 A (低粒度) | 客户通话综合信息 B(高粒度) |
|---|---|
| 客户电话 | 客户电话 |
| 客户名 | 客户名 |
| 客户城市 | 客户城市 |
| 日期 | 年 |
| 时间 | 月 |
| 通话类型 | 月租费 |
| 开始时间 | 市通话次数 |
| 结束时间 | 市通话费用 |
| 话费标准 | 国内通话次数 |

## 2.6.2　数据仓库聚集模型与数据分割

聚集数据主要是为了使用户获得更好的查询性能，聚集模型设计时应该注意将聚集数据存储在其事实表中，并与其底层数据相区别。设计聚集模型时，首先需要考虑用户的使用要求，其次要考虑数据仓库的粒度模型和数据的统计分布情况。

数据仓库的聚集模型的设计与数据仓库的粒度模型紧密相关。建立聚集模型时还需要考虑作为聚集属性的数量因素，聚集事实表已经独立存在并且可以与基本事实表一同保存，通过将当前加载数据添加到系统中的累积“桶”中，将数据的聚集与数据仓库的加载过程组合为同一处理过程，在将数据仓库数据加载以后，再进行聚集处理。每次在加载数据仓库数据时，都需要对各种聚集进行计算和增加，及时保持聚集与基本数据的同步性。同时，要根据使用情况删除不经常使用的聚集，需要减少层次过于接近的聚集生成，注意将聚集独立存储在自己的事实表中。

分割是数据仓库逻辑设计中要解决的另一个重要问题，它的目的同样在于提高效率，能为数据仓库的物理实施提供设计依据。数据分割是指把逻辑上整体的数据分割成较小的、可独立管理的物理单元进行存储的方法。数据分割又跟数据处理的对象紧密联系，不同主题内数据分割标准不同。数据分割目的在于数据容易重构、方便建立更加高效的索引，实施顺序扫描，容易对于数据重组与恢复，容易对数据进行监控。

选择适当的数据分割的标准，一般要考虑以下几方面因素：数据量(而非记录行数)、数据分析处理的实际情况、简单易行以及粒度划分策略等。数据量的大小是决定是否进行数据分割和如何分割的主要因素，如果数据量较小，可以不进行数据分割或只用单一标准进行数据分割，如果数据量大就要考虑采用多重标准的组合较为细致地分割数据。数据分析处理的要求是选择数据分割标准的一个主要依据，因为数据分割是跟数据分析处理的对象紧密联系的。还要考虑到所选择的数据分割标准应是自然的、易于实施的。同时也要考虑数据分割的标准与粒度划分层次是适应的。确定数据分割策略包括：关系模式定义；记录系统定义。

有许多数据分割的标准可供参考：如日期、地域、业务领域等，也可以是其组合。一般而言，分割标准总应包括日期项，它十分自然而且分割均匀。使用数据分割能够便于数据的重构、重组和恢复，以提高创建索引和顺序扫描的效率，还可有效支持数据概括。

## 2.7 小　结

本章主要介绍数据仓库开发模型，数据仓库模型设计包括概念模型设计、逻辑模型设计、物理模型设计、元数据模型设计等内容。数据仓库的建模首先要将现实的决策分析环境抽象成一个概念数据模型。然后，将此概念模型逻辑化，建立逻辑数据模型。最后，还要将逻辑数据模型向数据仓库的物理模型转化。作为数据仓库灵魂的元数据模型则自始至终伴随着数据仓库的开发、实施与使用。数据仓库的数据抽取模型则说明抽取什么数据，从哪些业务系统抽取，对抽取的数据进行哪些转换处理等。

同时，本章利用 SQL Server 2005 提供的实例介绍了数据仓库概念模型、逻辑模型、物理模型、粒度模型、聚集模型、元数据模型的构建过程。

## 2.8 习　题

**1. 填空题**

(1) 模型是对________进行抽象的工具。在信息管理中需要将现实世界的事物及其有关特征转换为________才能对信息进行处理与管理，这就需要依靠数据模型作为这种转换的桥梁。

(2) 数据仓库模型设计包括________、________、________、________等内容。

(3) ________是存在于现实之中的各种客观事物。________是现实情况在人们头脑中的反应。________是人们为将存在于自己头脑中的概念模型转换到计算机中的实际的物理存储过程中的一个计算机逻辑表示模式。________则是指现实世界中的事物在计算机系统中的实际存储模式。

(4) 数据仓库设计的概念模型与业务数据处理系统的三级数据模型仍然具有一定的差距。表现在________、________、________。

(5) 数据仓库项目需求的收集与分析需要从历史数据与用户需求两个方面同时着手，采用________的设计理念。

(6) 所谓主题，是指________________________。

(7) 多维数据模型较为普遍地采用________、________两种模式。

(8) 设计聚集模型时，首先需要考虑________，其次要考虑________。

(9) 分割是数据仓库逻辑设计中要解决的另一个重要问题，它的目的在于________，能为数据仓库的物理实施提供设计依据。

(10) 元数据根据使用情况，主要有________元数据和________元数据两类元数据。

**2. 简答题**

(1) 简述概念模型设计主要完成哪些工作。

(2) 简述一个符合第三范式的关系必须具有的三个条件。

(3) 简述确定粒度级别的步骤。

(4) 简述 CWM 五个功能层。

(5) 数据仓库物理模型进行优化时可以考虑的解决方案有哪些？

# 第3章 ETL技术

在构建商业智能系统的时候，如何正确有效地将分散在各个不同数据源中的信息整合到系统中成为了整个系统成败的关键，直接影响到系统的运行效率和最终结果。ETL正是解决这一问题的有力工具。ETL是指把数据从数据源装入数据仓库的过程，即数据的抽取(extract)、转换(transform)和装载(load)过程。ETL过程的实质就是符合特定规则的数据流动过程，从不同异构数据源流向统一的目标数据。其间，数据的抽取、清洗、转换和装载形成串行或并行的过程，每个过程都必须符合特定的规则。根据国内外众多实践得到的共识，ETL规则设计和实施所需工作量约占整个项目的60％～80％。由于ETL过程的重要性和复杂性，如何设计正确、高效的ETL过程已经成为了商业智能系统构建过程中无法回避的重要问题。

目前在ETL具体过程中，国内外进行的研究主要集中在以下几个方面。

### 1. 数据抽取阶段

根据数据的不同性质，主要研究了数据捕获的时机，对于立即型数据抽取可通过交易日志进行数据捕获，从数据库触发器中捕获，或者从源应用程序中捕获；对于延缓的数据抽取则主要基于日期和时间标记的捕获和通过文件的比较来捕获，另外还有文献提出全量/增量抽取。

### 2. 数据转换阶段

主要研究记录的选择、数据类型转换、日期时间格式转换、有效值检查、重新格式化、数据丢失问题、衍生数据、聚集和概括、字段的分离与合并、模式的集成与转化、数据异常的检测、相似重复记录的识别与检测等。

### 3. 数据加载阶段

主要研究全量/增量加载、数据的合并等。

此外，对ETL开展的研究工作还有如下几个方面：从全局着眼将整个ETL工作流化的研究。即将ETL过程视为一个工作流，将每个ETL工作流视为一种状态并通过正确的状态转换构造状态空间。并且针对ETL过程流的执行提出代价最小化执行算法；提出用于描述ETL过程的模型——ETL过程树，将异构数据转换、数据清理与查询树相结合，并给出了差运算物化视图的增量维护的方法；使用共同立方体来代表在目标数据仓库中的立方体，使ETL过程的设计从强依靠目标数据仓库的物理模式中得以解脱，使设计人员将视线从数据加载转移到数据转换上来，并且基于在源属性上的约束功能和目标属性上的转换操作，定义了一个ETL图来捕获在源属性和目标属性之间的各种关系基数的语义，从而为ETL过程的设计提供了一个良好的基础。

## 3.1 ETL 相关概念

从 ETL 的定义中可以看出 ETL 过程主要包括三个部分：数据抽取、数据清洗与转换以及数据的加载。另外，为了更好地完成 ETL 过程的设计还需要对将要操作的数据有一定的了解，在这里将探查数据的过程称为数据理解。因此，在设计 ETL 的时候需要从以下几个方面进行考虑，那就是数据理解、数据抽取、数据清洗、数据转换和数据加载。

### 3.1.1 数据理解

在设计 ETL 过程之前，有一项非常重要但经常被人们所忽略的工作，那就是数据理解。数据理解是通过大量的调研和统计工作，了解数据的存储方式、数据量的大小、数据的格式、数据的业务含义等信息，同时还需要统计各种数值型数据的最大值、最小值和平均值，统计非数值型数据中各种不同的取值以及各种不同取值的个数。有了以上信息，ETL 以后各个步骤的设计才能做到有的放矢，做到正确、高效。

### 3.1.2 数据抽取

从源文件和源数据库中获取相关数据用于填充数据仓库，称为数据抽取。并非所有包含在不同操作型业务系统中的数据都需要抽取，通常只需要其中的一个子集。抽取数据的一个子集是基于对源系统和目标系统的扩展分析，一般会由终端用户和数据仓库专家共同决定。

在集成端进行数据的初始化时，一般需要将数据源端的全部数据装载进来，这时需要进行全量抽取。全量抽取类似于数据迁移或数据复制，它将数据源中的表或视图的数据全部从数据库中抽取出来，再进行后续的转换和加载操作。全量抽取可以使用数据复制、导入或者备份的方式完成，实现机制比较简单。

全量抽取完成后，后续的抽取操作只需抽取自上次抽取以来表中新增或修改的数据，这就是增量抽取。

数据的抽取必须能够充分满足数据中心系统分析及决策支持的需要，同时必须保证不能影响业务系统的性能，所以进行数据抽取时必须充分考虑这些因素，制定相应的策略，包括抽取方式、抽取时机、抽取周期等内容。

抽取可以使用同源系统相联系的工具所写的程序来完成，称为输出数据的工具。数据通常以一种中间数据格式抽取，通常，SQL 命令 SELECT…INTO 可以被用来创建表。一旦选择数据源，写出抽取程序，数据就可以被移进集结地(staging area)，清洗过程就从这里开始。

目前，数据抽取所涉及的单个技术环节都已相对成熟，但整体的集成度还很不够。市场上所提供的大多是数据抽取工具，这些工具通过用户选定源数据和目标数据的对应关系，会自动生成数据抽取的代码。但数据抽取工具支持的数据种类是有限的同时数据抽取过程涉及数据的转换，它是一个与实际应用密切相关的部分，其复杂性使得不可嵌入用户编程的抽取工具往往不能满足要求。因此，实际的数据仓库实施过程中往往不一定使用抽取工具。

整个抽取过程能否因工具的使用而纳入有效的管理、调度和维护则更为重要。从市场发展来看，以数据抽取、异构互连产品为主项的数据仓库厂商一般都很有可能被其他拥有数据库产品的公司吞并。在数据仓库的世界里，它们只能成为辅助的角色。

### 3.1.3 数据清洗

数据仓库的外部数据源所提供的数据内容并不完美，存在着"脏数据"，即数据有空缺、噪声等缺陷，而且在数据仓库的各数据源之间，其内容也存在着不一致的现象。为了控制这些"脏数据"对数据仓库分析结果的影响程度，必须采取各种有效的措施，对其进行处理，这一处理过程称为数据清洗(data cleaning)。对于任何数据仓库而言，数据清洗过程都是必不可少的。

不同类型的"脏数据"，清洗处理的方法是不同的。对于数据空缺，可以采用忽略元组、用一个全局常量填充空缺值、用属性的平均值填充空缺值、使用与给定元组同类的所有样本的平均值填充空缺值、使用最可能的值填充空缺值、使用像 Bayesian 公式或判定树这样的基于推断的方法；对于噪声数据，可以用分箱或聚类等方法处理；而对于不一致的数据，则必须依据数据仓库所应用领域的特点，使用特定的方法加以解决。

### 3.1.4 数据转换

数据转换指接收来自不同运作系统的输入并将其转换成目标数据仓库中需要的格式的过程，包括数据的合并、汇总、过滤、转换等。

数据仓库的外部数据源，其文件格式、所依赖的数据库平台等是多种多样的，以数据库平台为例，可以是 Sybase、Informix、Oracle、IBM 的 DB/2 或是 Microsoft SQL Server 等数据库系统中的一个或多个，甚至可以是文本文件。在建立数据仓库时，必须对这些数据格式进行转换处理，统一格式。目前一些大的数据库厂商，在其数据仓库构建工具中，都提供了针对多种数据库系统的数据转换(data transformation)引擎，以简化数据仓库的构建工作。

在设计数据转换时，由于数据源之间往往存在着不一致的问题，因此数据转换必须做到数据名称及格式的统一，同时对于源数据库中可能不存在的数据需要创建新的数据逻辑视图并进行相应的转换。概括起来需要如下的处理：

(1) 直接映射。数据源字段和目标字段长度或精度相同，则无须做任何处理。

(2) 字符串处理。从数据源的字符串字段中获取特定信息作为目标数据库的某个字段，则对字符串的操作有类型转换、字符串截取等。由于字符类型字段的随意性也可能造成脏数据的出现，所以在处理这种规则的时候，需要异常处理。

(3) 字段运算。对于数值型字段来说，有时数据源的一个或多个字段进行数学运算而得到目标字段，则需要某些字段运算。

(4) 空值判断。对于数据源字段中的 NULL 值，可能在目标数据库进行分析处理时会出问题，因此必须对空值进行判断，并转换成特定的值。

(5) 日期转换。由于目标数据库中的日期类型格式是统一的，所以对数据源字段的日期格式需要相应的转换。

(6) 聚集运算。目标数据库事实表中的一些度量字段，通常需要通过数据源中一个或多个字段运用聚集函数进行聚集运算得来，常用的聚集函数有：sum、count、avg、min、max。

(7) 既定取值。这条规则对于目标字段取一个固定的或是依赖系统的值，而不依赖于数据源字段。

### 3.1.5 数据加载

数据加载负责将经过前几步清洗和转换后的数据按照目标数据库元数据定义的表结构装入数据仓库。加载数据到目标数据仓库的两个基本方式是刷新方式和更新方式。

刷新方式(refresh mode)是一种填充数据仓库的方法，采用在定期的间隔对目标数据进行批量重写的技术。也就是说，目标数据起初被写进数据仓库，然后每隔一定的时间，数据仓库被重写，替换以前的内容。现在这种加载方式越来越不流行了。

更新方式(update mode)是一种只将源数据中的数据改变写进数据仓库的方法。为了支持数据仓库的周期，便于历史分析，新记录通常被写进数据仓库中，但不覆盖或删除以前的记录，而是通过时间戳来分辩它们。

刷新方式通常用于数据仓库首次被创建时填充数据仓库。更新方式通常用于目标数据仓库的维护。刷新方式通常与全量抽取相结合，而更新方式常与增量抽取相结合。

## 3.2 ETL 过程建模

ETL 过程是传统的数据处理过程，其输入是数据仓库数据源的各种业务处理系统的数据库，输出部分是数据仓库。ETL 过程通常可以看做是一个以数据处理为中心的工作流，工作流中包括了数据抽取、数据转换、清洗以及数据加载等操作。ETL 工具是负责处理这一类流程的数据集成工具。ETL 过程设计的正确与否关系到数据仓库的可用性。

ETL 过程的设计质量往往取决于能否对业务需求和数据仓库环境进行形式化建模。ETL 工作流模型包括 ETL 概念模型和 ETL 逻辑模型两部分。

在 ETL 流程设计中，首先应该根据业务需求和相关数据源的结构建立概念模型，确定源数据库与目标数据库之间的映射关系，然后根据概念模型建立逻辑模型。

### 3.2.1 ETL 系统面临的挑战

ETL 系统是一个既简单又复杂的系统，ETL 系统将数据从各种业务处理系统导入数据仓库，为决策支持应用提供一个单一的、权威的数据源。ETL 系统面临的挑战是：

(1) 对于 ETL 开发人员来说。采用什么开发方法才能提高数据处理模块的重用性，并加快开发周期一直是需要面临的挑战，因此需要建立一个 ETL 框架模型来指导实际开发中的架构和建模。

(2) ETL 系统中数据处理模块通常不是一个简单的数据处理单元，通常是存在着大量的处理过程，并且其中存在着非常复杂的关系(依赖与被依赖的逻辑关系)，这也意味着需要解决数据处理的调度问题。

(3) ETL 系统面临着不同的网络、操作系统平台、数据库、数据格式的问题。如何解决对数据源处在多处异地的抽取问题，也时常困扰 ETL 的开发者。

### 3.2.2 ETL 过程描述

数据仓库的架构大体可以分为三部分：后台是数据存储和计算引擎；前端是展示分析流程或分析结果的界面；另一部分就是 ETL。ETL 就像是数据仓库和业务系统之间的一座桥梁，它确保新的业务数据能源源不断进入数据仓库，同时用户的分析和应用也能反应出最新的业务动态。虽然 ETL 在数据仓库架构的三部分中技术含量并不算高，但其涉及到大量的业务逻辑和异构环境，因此在一般的数据仓库项目中 ETL 部分往往是牵扯精力最多，也是最耗费时间的一环。如果从整体角度来看，ETL 主要作用在于其屏蔽了复杂的业务逻辑从而为各种基于数据仓库的分析和应用提供了统一的数据接口，这正是构建数据仓库的重要目的。

ETL 负责将分布的、异构数据源中的数据，如关系数据、文本数据、HTML、XML 数据等抽取到临时中间层后进行清洗、转换、集成，最后按照预先定义好的数据仓库模型，将数据加载到数据仓库中去，成为 OLAP、数据挖掘、可视化报表的基础。数据 ETL 过程如图 3.1 所示。

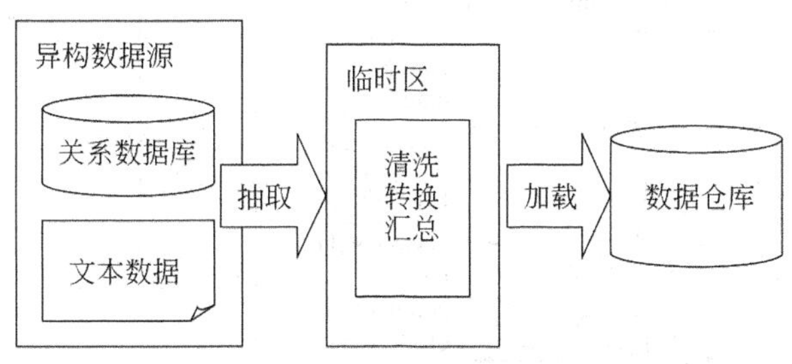


图 3.1 ETL 过程

ETL 过程可以被划分为两种类型：全量 ETL 过程和增量 ETL 过程。全量 ETL 过程一般用于数据仓库的初始化，而增量 ETL 过程则用于数据仓库的增量维护。相对于全量 ETL 过程而言，增量 ETL 过程设计更复杂。

### 3.2.3 ETL 概念模型

概念建模是整个 ETL 流程设计的最初阶段。在这个阶段，ETL 流程设计者的主要任务是搜集用户的需求，然后分析相关数据源的结构及其内容，确定抽取操作所使用的数据源。ETL 概念模型主要是建立数据源与数据仓库的模式或者属性之间的映射关系，以及在映射过程所需要的转换和清洗操作。

ETL 概念模型并不针对具体的工具制定，与数据库系统无关，与应用程序无关，与工具无关。在这一概念级中，不必考虑物理实现的细节，只把注意力集中在构造源与目标实体及属性之间的映射和转换关系上。

有关 ETL 概念模型设计中使用的基本元素的定义如下：

(1) 转换(transform) 是从数据源到目标数据仓库属性映射过程中对数据进行必要的转换、清洗操作。它包括了数据清洗/过滤操作与模式转换操作。

(2) 约束(ETL constrain) 对数据集合中的数据必须满足的某些条件进行建模的结果。

(3) 数据供应关系(provider relationship) 定义从数据源到目标数据仓库的属性之间的映射关系,以及中间可选的相关转换。

**例 3-1** ETL 工作流程概念建模举例。

一家电子商务跨国企业,需要从中国和美国两个分公司的数据库抽取注册用户的信息到集中的数据仓库中进行分析,假设数据源和数据仓库中的模式如下:

```
S1.customer(customerlD,name,citylD,email,date)
S1.city(cityID,cityName,countryName)
S2.customer(name,countryName,cilyName,email,date)
DW.customer(customerlD,name,countryName,cityName,email,date)
```

对于这个 ETL 场景,可以建立如图 3.2 所示的概念模型。其中,S1 和 S2 表示数据源中的表,LS 表示临时中间数据库,DW 表示目标数据仓库。

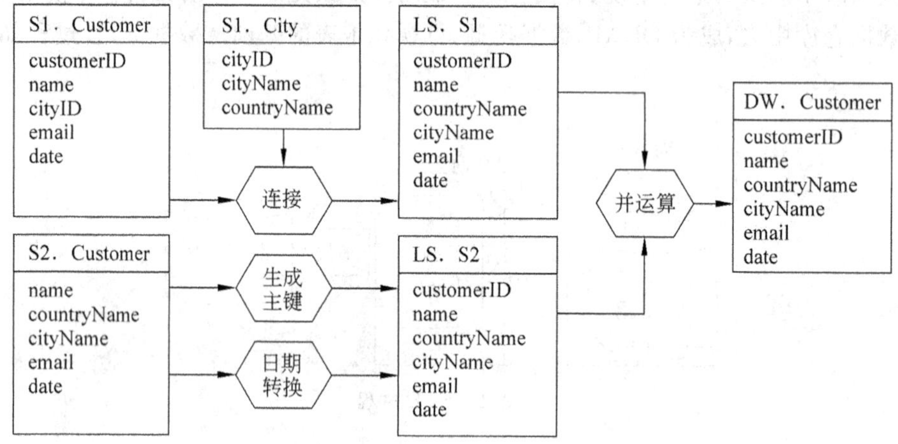


图 3.2 ETL 概念模型

在上面这个例子中,为了保证目标数据仓库中数据的完整性,需要从 S1 和 S2 两个数据源抽取数据,对它们执行并(union)操作。为了与数据仓库中事实表的模式一致,必须对 S1 中的 customer 表和 city 表执行外连接,而且还要将 S2 中 date 属性的数据类型为日期格式(mm/dd/yyyy)转换成中国的日期格式(yy/mm/dd),还需要根据 S2 的其他属性组合(name、email)为 S2 表计算生成一个主键。其中,并运算、外连接运算以及日期转换属于概念模型中的转换(transform),PK 则属于约束(ETL constrain)。

### 3.2.4 ETL 逻辑模型

ETL 概念模型并不是一个完整的工作流模型,它定义了数据源与目标数据仓库属性之间的映射关系以及中间必要的转换,但并不关注转换的语义以及执行顺序。

ETL 流程的逻辑模型是一个以数据为中心的工作流模型,在逻辑建模阶段,ETL 流程的设计者需要明确定义数据流所经过的各个活动的操作语义,并确定整个流程中各个活动的执行顺序。

活动(activity)是 ETL 工作流的基本执行单元,是 ETL 逻辑模型中一个重要元素。它定义了输入数据模式、输出数据模式、活动的操作语义以及活动的执行优先级。活动的操作语义定义了活动对输入数据所执行的操作，以及输入数据模式到输出数据模式之间的映射关系，可以使用 SOL 语言或者其他的形式化语言对语义进行描述，也可以使用 ETL 工具箱中的操作组件和相应的运行时参数进行表示。在一个 ETL 流程中，必须明确规定每一个活动的执行优先级，ETL 流程中的任意两个活动，如果存在依赖关系，即一个活动的输入模式依赖于另一个活动的输出模式(不一定是相邻活动)，那么，这两个活动构成严格偏序关系，可以确定其执行的先后顺序。一般情况下，在一个 ETL 流程中，抽取操作(extract)总是最先执行，加载操作(load)最后执行。

ETL 逻辑模型中的活动对应于 ETL 概念模型中的转换或约束，但它提供了更详细的运行时信息。每一个活动都必须定义明确的操作语义，还必须规定每一个活动的执行优先级。

**例 3-2** 建立对应例 3-1 概念模型的逻辑模型图。

图 3.3 是 ETL 逻辑模型图，图中表示了主要活动的语义以及执行优先级，对于比较明显的语义没有标出。

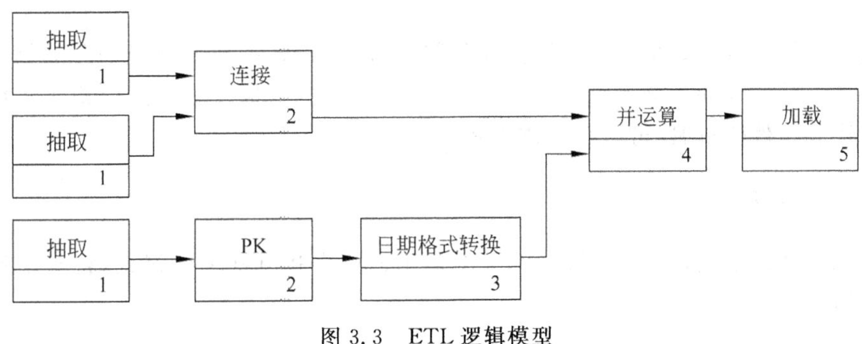


图 3.3　ETL 逻辑模型

## 3.3　ETL 增量抽取机制

增量抽取是 ETL 实施过程中需要重点考虑的问题。在 ETL 过程中，增量更新的效率和可行性是决定 ETL 实施成败的关键问题之一。ETL 中的增量更新机制比较复杂，采用何种机制往往取决于源数据系统的类型以及对增量更新性能的要求。

要实现增量抽取，关键是如何准确快速的捕获变化的数据。优秀的增量抽取机制要求 ETL 能够将业务系统中的变化数据按一定的频率准确地捕获到，同时不能对业务系统造成太大的压力，影响现有业务。相对全量抽取而言，增量抽取的设计更复杂。目前增量数据抽取中常用的捕获变化数据的方法主要有以下几种。

### 1. 触发器方式

触发器方式是普遍采取的一种增量抽取机制。该方式是根据抽取要求，在要被抽取的源表上建立插入、修改和删除 3 个触发器，每当源表中的数据发生变化，就被相应的触发器将变化的数据写入一个增量日志表，ETL 的增量抽取则是从增量日志表中而不是直接在源表中抽取数据，同时增量日志表中抽取过的数据要及时被标记或删除。

### 2. 时间戳方式

时间戳方式是指增量抽取时，抽取进程通过比较系统时间与抽取源表的时间戳字段的值来决定抽取哪些数据。这种方式需要在源表上增加一个时间戳字段，系统中更新修改表数据的时候，同时修改时间戳字段的值。

有的数据库(例如 SQL Server)的时间戳支持自动更新，即表的其他字段的数据发生改变时，时间戳字段的值会被自动更新为记录改变的时刻。在这种情况下，进行 ETL 实施时就只需要在源表加上时间戳字段就可以了。对于不支持时间戳自动更新的数据库，这就要求业务系统在更新业务数据时，通过编程的方式手工更新时间戳字段。

使用时间戳方式可以正常捕获源表的插入和更新操作，但对于删除操作则无能为力，需要结合其他机制才能完成。

### 3. 全表删除插入方式

全表删除插入方式是指每次抽取前先删除目标表数据，抽取时全新加载数据。该方式实际上将增量抽取等同于全量抽取。对于数据量不大，全量抽取的时间代价小于执行增量抽取的算法和条件代价时，可以采用该方式。

### 4. 全表比对方式

全表比对即在增量抽取时，ETL 进程逐条比较源表和目标表的记录，将新增和修改的记录读取出来。

### 5. 日志表方式

对于建立了业务系统的生产数据库，可以在数据库中创建业务日志表，当特定需要监控的业务数据发生变化时，由相应的业务系统程序模块来更新维护日志表内容。增量抽取时，通过读日志表数据决定加载哪些数据及如何加载。日志表的维护需要由业务系统程序用代码来完成。

### 6. 系统日志分析方式

该方式通过分析数据库自身的日志来判断变化的数据。关系型数据库系统都会将所有的 DML 操作存储在日志文件中，以实现数据库的备份和还原功能。ETL 增量抽取进程通过对数据库的日志进行分析，提取对相关源表在特定时间后发生的 DML 操作信息，就可以得知自上次抽取时刻以来该表的数据变化情况，从而指导增量抽取动作。有些数据库系统提供了访问日志的专用的程序包(例如 Oracle 的 LogMiner)，使数据库日志的分析工作得到大大简化。

ETL 实施过程中究竟选择哪种增量抽取机制，要根据实际的数据源系统环境进行决策，需要综合考虑源系统数据库的类型、抽取的数据量、对源业务系统和数据库的控制能力以及实现难度等各种因素，甚至结合各种不同的增量机制以针对环境不同的数据源系统进行ETL实施。

## 3.4 ETL过程数据质量控制

建立数据仓库的目的是为数据分析者提供准确性、一致性、完整性、有效性的数据来辅助决策，因此数据仓库中必须存储的是具有较高质量的数据。然而数据仓库中的数据来自于多种数据源，这些数据源可能处于不同的硬件平台上，使用不同的操作系统和数据库管理系统，因而数据在编码、命名、数据类型、语义等方面都存在着较大的冲突。

随着时间的流失，冲突问题会变得越来越严重。造成这些数据质量问题的原因很多，比如由系统集成和历史数据造成的原因主要有以下这些：

(1) 业务系统不同时期数据模型不一致；

(2) 业务系统不同时期业务过程的变化；

(3) 旧系统模块在运营、人事、财务、办公系统等相关信息不一致；

(4) 遗留系统和新业务管理系统数据集成不完备。

除此之外，源系统输入缺少验证手段，导致非法格式的数据进入系统；验证但不能改正数据，验证程序不能发现格式正确但内容不正确的错误；源系统不受控制的更改，而这种更改不能及时的传送到受影响的系统；数据有多个交叉的访问界面，难以统一管理数据；缺少参照完整性检查；低劣的源系统设计；数据转换错误，如由ETL过程或数据迁移产生的新错误，等等。

根据“进去的是垃圾，出来的也是垃圾”这条原理，作为数据仓库入口的ETL，实施过程中的数据质量问题将会对数据仓库中的数据质量产生重大的影响。所以对ETL实施过程中可能存在的质量问题进行分析、校验并给出相应的解决方法，将具有重大的意义。

### 3.4.1 数据质量问题分类

由于数据仓库和数据源的数据结构不同，所以通过ETL将数据加载到数据仓库并不是数据的简单复制。在实施数据ETL过程中，可能导致许许多多的数据质量问题。数据质量问题既有可能来自于数据源，又有可能来自于ETL的实施过程中。

数据源的质量很大程度上依赖于模型和完整性约束设计。对那些无结构的数据源，例如文本文件，实现约束更为困难。由这些非结构的数据源产生的错误和不一致性远远高于结构化数据，相应的清洗工作是一个尚未解决的问题。数据库系统，特别是关系型数据库系统，增加了许多诸如键值非空、参照完整性等约束，如果模型设计合理，约束条件设计详细而精确，就能避免表中出现脏数据。但正是由于人类自身的局限，不良的schema设计，不合理的约束条件才给系统带来不少问题。此外，有些instance级的问题(例如拼写错误、schema级定义的属性值唯一约束不能避免重复记录等)并不是由schema设计造成的。当然，无论schemalevel还是instancelevel的数据问题，都是ETL应该解决的问题。

为了方便这些问题的管理和解决，必须对它们进行分类抽象。可以根据处理的是单数据源还是多数据源以及问题出在模式层还是实例层，将数据质量问题分为四类：单数据源模式层问题、单数据源实例层问题、多数据源模式层问题和多数据源实例层问题。表 3-1 列出了 ETL 过程中出现的数据质量问题分类以及每一类中典型的数据质量问题。

**表 3-1　数据质量问题分类**

<table>
<tr><th>数据源数量</th><th>层　次</th><th>原　因</th><th>典型的表现形式</th></tr>
<tr><td rowspan="5">单数据源</td><td rowspan="2">模式层次</td><td rowspan="2">缺少完整性约束，糟糕的模式设计</td><td>唯一性约束</td></tr>
<tr><td>引用约束</td></tr>
<tr><td rowspan="3">实例层次</td><td rowspan="3">数据记录的错误</td><td>拼写错误</td></tr>
<tr><td>相似重复记录</td></tr>
<tr><td>互相矛盾的字段</td></tr>
<tr><td rowspan="4">多数据源</td><td rowspan="2">模式层次</td><td rowspan="2">异质的数据模型和模式设计</td><td>命名冲突</td></tr>
<tr><td>结构冲突</td></tr>
<tr><td rowspan="2">实例层次</td><td rowspan="2">冗余、互相矛盾或者不一致的数据</td><td>不一致的汇总</td></tr>
<tr><td>不一致的时间选择</td></tr>
</table>

单数据源模式层问题主要包括模式设计的不合理、完整性约束的缺少(如唯一性约束、参照完整性约束)。

单数据源实例层问题主要是数据记录错误，如拼写错误、数据丢失值、无效的数据值、相似重复记录、值与字段名不匹配等。

多数据源模式层问题除了单数据源模式层问题外，还包括数据模型异构、命名和结构冲突等问题。

多数据源实例层问题除了单数据源实例层问题外，还包括数据冗余、互相矛盾和不一致等问题。

### 3.4.2　数据质量控制技术

过去，数据质量被认为是数据本身的概念，独立于数据产生和使用的环节。这种对数据库中数据固有质量的关注，不能解决复杂的组织数据问题。现在数据质量界比较认同的观点是：在以数据为中心的系统中存在数据生产者、数据管理员和数据消费者三种角色。其中，数据生产者负责数据的生产过程；数据管理员负责数据的存储维护和安全；而数据消费者则负责数据的应用过程。这些过程可能涉及数据的进一步聚集和集成。因此，高质量的数据就是指那些适合于消费者使用的数据。有用性和可用性成了数据质量的两个重要特征。

#### 1. 数据质量衡量标准

数据质量制约着决策用户能否制定正确的决策，考查数据质量有如下几个标准：

- 数据的准确性；
- 数据符合类型要求和取值要求；

• 数据具有完整性和不冗余；
• 数据是集成的和一致的；
• 数据是及时的，遵循业务规则，满足业务要求。

**2. ETL 过程数据质量控制**

ETL 过程中有很多机会可以提高数据的质量。可以在数据源端实施数据质量控制，也可以在 ETL 过程中实施数据质量控制。

1）数据源端实施数据质量控制

数据源有各种格式，平台不同、分布的范围也很广。有些数据源比较完整，而有些则有缺失，甚至是错误的值。在数据源端，可以通过修正性维护来避免数据质量问题。下面给出在数据源端常见数据质量问题的解决方法。

（1）多数据源的异构问题。可以将待集成的多个数据源的异构性分为四个层次，即系统异构、语法异构、结构异构和语义异构。系统级异构是指不同的主机、操作系统和网络；语法级异构是指数据类型、格式的差异；结构级异构是指数据结构、接口和模式上的不同；语义级异构是指在一定领域内专用的词汇意义的共享和交流。通用访问接口是解决系统级异构最成熟的方法，如 Sun 公司的 JDBC，Microsoft 公司的 ODBC 和 OLEDB 等。元数据用来解决语法级异构，ETL 利用数据转换组件来定制转换规则，以调和不同元数据的差异。结构级异构通过模式集成来解决，首先针对不同的数据源，用统一的形式化方法将它们包装成输出模式，然后利用映射机构将输出模式改写成映射模式，接着由模式转换得到各个成员模式，最后针对各个成员模式来解决各种模式冲突，得到统一的集成模式。语义级异构最为复杂，将语义作为底层信息和数据转换的基础与依据，可以提高数据转换的可能性和准确性，这正是数据仓库所需要的，但 ETL 所要处理的数据是海量的，因此要实现集成后语义的一致性是非常困难的，对此业界中至今还没有较好的通用解决办法。

（2）数据丢失值的问题。引起数据值丢失的原因可能是设备异常，与其他已有数据不一致而被删除，因为误解而没有输入数据等。在 ETL 实施中对丢失的数据值要经过推断而补上。

（3）相似重复记录的问题。解决相似重复记录问题就是要解决数据集中对象识别问题。在多数据源上直接进行对象识别比较困难，所以在识别前一般先对原始数据进行预处理，即将多数据源进行模式集成得到单一模式，在该单一模式上完成数据校验和数据标准化工作后再开始对象的识别。识别时先对数据集中的各个记录作词法分析以得到单词的集合，再根据各记录的单词集统计出全局信息，据此计算出每条记录的特征值（该值一般为数值型且依赖于记录的内容和数据集的全局信息），接下来进行记录的相似性分析，按照某种原则对有相似记录特征值的记录进行逐对（pair-wise）比较，将两个语义上等价的记录识别出来，将相似重复记录进行聚类，每个聚类代表现实世界的一个单独实体，最后对其中多条记录采用合并或删除的方法来实现对象规约。

2）ETL 过程中实施数据质量控制

ETL 过程中的数据质量问题是无法根治的，但必须有相应的保障手段。可以采用如下的手段来保障 ETL 过程中的数据质量。

(1) 数据抽取程序严格审核。抽取的结果要和数据源系统的数据定期核对,数据抽取逻辑和限制条件要注明。

(2) 及时监控数据源系统的变更。一旦数据源系统发生变化,提供告警机制,对数据抽取代码和配置信息进行及时更新,以保障后续工作正常进行。

(3) 确定采信数据源。当同类的数据可以从多个不同数据源采集到时,需要确定采信规则,哪些数据是可信的,哪些数据不可信,在一致性检查中非常重要。

(4) 建立故障检测机制。由于故障发生是不可避免的,因此需要建立一套故障检测机制,定期对系统进行扫描,以及时发现故障的发生,进而主动采取控制措施,保证系统 ETL 的正常运行。

(5) 建立数据审核机制。在经过 ETL 处理之后,需要建立一个可追溯的控制点,这样可以层层对数据进行审核。

## 3.5 ETL 并行处理技术

数据仓库中的数据是海量的和与时间相关的。这就需要 ETL 过程能够在指定时间段内将大量的数据从各个分布数据源中抽取出来,经过转换加载到数据仓库中。ETL 过程速度越快,数据仓库中的数据就会越接近实时数据,那么数据仓库上层决策支持系统(DSS)的决策结果也就越准确。在提高硬件平台性能之外,构建大数据吞吐量(throughput)并行 ETL 过程是加速 ETL 处理速度的有效途径。

并行 ETL 过程指利用现有技术将顺序执行的 ETL 流程转换为多个并行处理的过程。在保证数据并行处理的前提下,并行 ETL 过程必须保证数据的完整性,流程的可靠传输以及断点恢复的能力。

目前,基本的多线程并行处理技术分为三种:任务并行处理、数据并行处理和管道并行处理(pipeline parallelism)。任务并行处理是最基本的并行处理方式,主要依靠并行运行多个独立的任务实现。数据并行处理是指并行处理单个任务中的独立数据元组(tuple)。管道并行处理则是将单个任务划分为多个顺序执行的步骤,之后按照流水线方式处理数据元组,以达到 ETL 过程中多个步骤并行执行的效果。

### 1. 确定 ETL 工作流活动优先级

在 ETL 逻辑模型中,必须确定每一个活动的执行优先级,以确定整个 ETL 工作流的执行顺序。在确定了执行的优先级之后,可对相互之间没有依赖关系的活动并行执行,以提高整个 ETL 工作流的执行效率。

ETL 逻辑模型可能会存在多个数据供应关系,每一个数据供应关系都是以抽取操作开始,以加载操作结束的。在确定活动优先级的时候,把每一个抽取操作(即起始操作)的优先级定义为 1(假定 ETL 工作流的优先级从数值 1 开始,依次递增,数值越小优先级越高),然后分析其他的非起始活动。对于每一个尚未确定其优先级的活动,如果它的所有前驱活动都已经确定了优先级,那么可以通过计算它的所有前驱活动优先级的最大值,再加 1 取得。通过遍历活动集中的所有活动,就可以确定 ETL 工作流中所有活动的优先级。确定 ETL

工作流活动优先级的算法描述见算法 3.1。

**算法 3.1** 确定 ETL 工作流活动优先级。

输入：图 G(V,E)表示 ETL 工作流，V 表示工作流中的活动集，E 表示活动之间的拓扑关系。

输出：活动节点信 V，包含了 ETL 工作流中各个活动的执行优先级信息。

```
L1  unvisited=V;
L2  for each act in V{
L3          if(act ∈ startActivity){
L4            act.order=1;
L5            visited=visited∪{act};
L6            unvisited=unvisited-{act};}}
L7  while(unvisited is not empty) {
L8      for each act in unvisited {
L9            if(∀(a,act)∈ E and a ∈viited){
L10             act.order=max{a.order}+1;
L11             visited=visited∪{act};
L12             unvisited=unvisited-{act};}}}
```

在上面的算法描述中，L1 将活动节点集的所有活动都放在 unvisited 数组中，表示所有活动都是未访问的；L2～L6 遍历整个节点集并判断活动 act 是否是起始操作，如果是则将其优先级设置为 1，将其加入 visited 数组，并从 unvisited 数组中将其移除；L7～L12 不断遍历 unvisited 数组直到其为空，L9 表示如果一个活动 act 的所有前驱活动的优先级都已经确定，则 act 的优先级也可以确定，L10 计算 act 所有前驱活动优先级的最大值，再加 1 作为 act 的优先级，同时将 act 加入 visited 数组，并从 unvisited 数组中将其移除。

### 2. 并行执行 ETL 工作流中的活动

确定了 ETL 逻辑模型中每一个活动的优先级之后，ETL 工作流引擎会按照优先级从高到低依次执行工作流中的每一个活动。

在使用串行方法执行的工作流引擎中，每次从活动集中获取优先级最高的一个活动并执行，执行完一个活动之后再选择另一个当前优先级最高的活动执行，不断重复这样的过程直到 ETL 工作流中的所有活动执行完毕。

如果多个活动的优先级相同，在上述的串行方法中需要依次顺序执行这些活动，但是这些活动是可以并行执行的。把这些活动放进一个执行阶段，每一个执行阶段都是一个容器，存放多个优先级相同的活动。同一执行阶段的活动不存在依赖关系，根据前面的讨论，存在依赖关系的活动构成严格偏序关系，其优先级不可能相等，并行执行优先级相同的多个活动能够获得更高的时间效率。

在同一执行阶段中的各个活动，在执行顺序上不存在依赖关系，但 ETL 工作流是以数据为中心的，各个活动处理的对象是数据库中的数据表或者操作系统中的文件，有可能存在同一执行阶段的两个或者多个活动对同一对象(数据表或者文件)进行操作的情况。如果操作对象是数据库中的数据表，大多数数据库管理系统都有比较完善的并发执行控制机制，所以 ETL 工作流引擎把并发读写一个数据表所需要处理的工作(如对数据表加锁等)交给相应的数据库管理系统进行处理;如果在同一执行阶段存在多个活动对同一个文件进行操作,则必须把这些活动分配到不同的执行阶段中执行,每次只允许相互争夺资源(即文件)的一个活动对文件进行读写,这样可以保证 ETL 工作流中每一个活动所处理的数据满足一致性的要求。

通过并行执行多个活动,可以明显提高 ETL 工作流的执行效率,在更短的时间之内完成目标数据仓库数据的加载与更新,使数据仓库的用户可以及时使用最新的数据进行分析,从而做出更加正确的决策。

## 3.6 小　结

本章主要介绍 ETL 相关概念、ETL 过程建模、ETL 增量抽取机制、ETL 过程数据质量控制及 ETL 并行处理技术等知识。

ETL 过程通常可以看做是一个以数据处理为中心的工作流,工作流中包括了数据抽取、数据转换、清洗以及数据加载等操作。在 ETL 流程设计中,首先应该根据业务需求和相关数据源的结构建立概念模型,确定源数据库与目标数据库之间的映射关系,然后根据概念模型建立逻辑模型。

在 ETL 过程中,增量更新的效率和可行性是决定 ETL 实施成败的关键问题之一。ETL 实施过程中究竟选择哪种增量抽取机制,需要综合考虑源系统数据库的类型、抽取的数据量、对源业务系统和数据库的控制能力以及实现难度等各种因素。

在实施数据 ETL 过程中,可能导致许许多多的数据质量问题,必须加以控制,以保证进入数据仓库中数据的质量。可以在数据源端实施数据质量控制,也可以在 ETL 过程中实施数据质量控制。

ETL 并行处理技术可以明显提高 ETL 工作流的执行效率,在更短的时间之内完成目标数据仓库数据的加载与更新,使数据仓库的用户可以及时使用最新的数据进行分析,从而做出更加正确的决策。

## 3.7 习　题

**1. 填空题**

(1) ETL 过程主要包括三个部分:________、________以及数据的加载。

(2) ETL 工作流模型包括________和________两部分。

(3) 触发器方式是普遍采取的一种增量抽取机制。该方式是根据抽取要求,在要被抽取的源表上建立________、________和________ 3 个触发器。

(4) 一般情况下,在一个 ETL 流程中,________操作总是最先执行,________操作最后执行。

(5) 数据质量问题既有可能来自于________,又有可能来自于________。

(6) 基本的多线程并行处理技术分为 3 种：________、________和管道并行处理。

(7) ETL 过程中数据质量问题分为四类：单数据源模式层问题、________、多数据源模式层问题和________。

(8) ETL 过程可以被划分为两种类型：全量 ETL 过程和________。

(9) 加载数据到目标数据仓库的两个基本方式是________和________。

(10) 控制“脏数据”对数据仓库分析结果的影响程度，采取各种有效的措施对其进行处理，这一处理过程称为________。

**2. 简答题**

(1) 如何保障 ETL 过程中的数据质量？

(2) 增量数据抽取中常用的捕获变化数据的方法有哪几种？

(3) 如何处理空缺数据？

(4) 如何处理噪声数据？

(5) 简述数据加载操作。

(6) 在 ETL 过程中会出现哪几类数据质量问题？分析其产生原因。

# 第4章　OLAP技术

OLAP是数据仓库上的分析展示工具，它建立在数据多维视图的基础上，可以提供给用户强大的统计、分析、报表处理功能及进行趋势预测能力，OLAP主要有两个特点：一是在线性即联机，体现为对用户请求的快速响应和交互式操作；另一特点是多维分析，数据的多维视图使用户能从多角度、多侧面、多层次的查看包含在数据中的信息，数据仓库的面向主题的特点为OLAP的建模提供了良好的基础，但数据仓库并不能自己自行分析，还需要借助OLAP工具进行更好的展现。

## 4.1　OLAP概述

### 4.1.1　OLAP的定义

OLAP是关系数据库之父E.F. Codd于1993年最早提出的，它是以数据库或数据仓库为基础的，在基于数据仓库的信息分析处理过程中，OLAP是数据仓库的用户接口部分，它面对的是决策人员和高层管理人员，通过数据立方体提供多维度的数据视图，并利用旋转、切片等操作扩展查询语言的功能，它力图将数据仓库中的数据转化为有用的信息，从而实现对数据的归纳、分析和处理，帮助企业完成决策。

Codd认为联机事务分析处理(On-Line Transaction Processing，OLTP)已不能满足终端用户对数据库查询分析的需求，SQL对大型数据库进行的简单查询也不能满足用户分析的需求。用户的决策分析需要对关系数据库进行大量计算才能得到结果，而查询结果不能满足决策者提出的需求。因此，Codd提出了多维数据库和多维分析的概念，在通常意义上是指针对特定问题的联机数据访问和分析。在OLAP查询分析中，系统首先要对原始数据按照用户的观点进行转换处理，使这些数据能够真正反映用户眼中问题的某一真实方面，然后以各种可能的方式对这些数据进行快速、稳定、一致和交互的存取，并允许用户对这些数据按照需要进行深入的观察。

OLAP是针对特定问题的联机访问和分析，通过对信息或维数据的多种可能的观察形式进行快速地、稳定地、一致地和交互性的存取，允许管理决策人员对数据进行深入观察。对于其准确的定义目前还没有一个统一的说法，但人们普遍接受1995年OLAP专门研究机构OLAP Report提出的一个关于OLAP的简明定义FASMI (Fast Analysis of Shared Multidimensional Information)。

(1) 快速性(Fast)。系统必须能快速响应用户的分析查询要求，对于用户大部分分析要求在5秒钟内做出反应，否则超过30秒用户可能会失去分析的主线索，影响分析质量。如果数据量很大，为了达到合适的响应速度需要采取一些措施，如专门的数据存储形式，大量的事先运算，或者采用特别的硬件设备等。

(2) 分析性(Analysis)。OLAP 系统能处理任何与用户和应用有关的逻辑分析和统计分析,在需要的情况下还允许用户无须编程就可为分析和生成报表定义一些新的特殊运算,将其作为分析的一部分,并以用户理想的方式给出报告。用户可以在 OLAP 平台上进行数据分析,也可以与其他外部分析工具交互信息,同时应提供灵活开放的报表处理功能,保存分析结果。

(3) 共享性(Shared)。即 OLAP 应能实现在多用户环境下的安全保密要求和并发控制。多个用户同时使用,能够根据用户所属的安全级别,让他们只能看到自身权限下的信息。

(4) 多维性(Multidimensional)。指对数据分析的多维视图和分析,是 OLAP 的关键属性,包括对层次维和多重层次维的支持。

(5) 信息性(Information)。指 OLAP 系统管理数据和获得信息的能力,能管理大量的数据并即时地获得用户所需信息。这里有许多因素需要考虑,如数据的可复制性、可利用的磁盘空间、OLAP 产品的性能及与数据仓库的结合度等。

### 4.1.2 数据仓库与数据分析的关系

随着计算机技术,数据库技术以及数据仓库技术的迅速发展,人们往往认为只要建立了先进的数据仓库,就能获得有价值的信息。实际上,数据仓库的技术仅仅解决了信息的存储问题,提高了数据的存储效率。数据仓库只有结合了数据分析技术后,才能获得最大的效益。

数据仓库与数据分析的有如下的关系。

#### 1. 数据仓库提供数据源

数据仓库面向的是数据的整理。这种整理过程有一定目的性,是为进行决策分析做准备的。因此,在数据仓库中也提到了数据仓库的主题。另一方面,为了给更多的决策活动提供数据源依据,也要求数据仓库能够比较客观、全面地反映系统的全貌,由此产生了数据仓库的建模工作,并通过各种视图,向数据分析系统展现数据源的情况。

#### 2. 数据分析提供分析方法

数据仓库完成了有关的数据整理之后,数据分析将为最终的决策提供具体的分析方法,每种方法都是对数据仓库中隐藏进行分析的过程。方法的好坏,将直接影响最终的分析能力,因此,数据分析方法也很重要。

#### 3. 数据分析并非完全依赖于数据仓库

数据分析技术的发展,并不完全依赖于数据仓库,也可以直接对各种源数据进行分析。

OLAP 技术是一种多维数据分析技术,侧重于数据仓库的数据分析,为管理者提供信息支持。对于决策分析而言,历史数据是相当重要的,许多分析方法必须以大量的历史数据为依托,如果没有对历史数据的详细分析,则难以把握企业的发展趋势。

OLAP 分析与数据仓库的关系十分紧密。数据仓库的建立,解决了依据主题进行数据存储的问题，提高了数据的存取速度，而OLAP分析构成了数据仓库的表现层，将数据仓库中的数据通过不同的维和指标，灵活地展现出来，提高了数据的展现能力，进而提高了数据的分析能力。

可以发现，OLAP对数据仓库具有很强的依赖性，没有数据仓库，OLAP将很难实现。同样，在数据仓库选择主题时，也要参考OLAP分析的维度、指标，这样数据仓库才能够更好地为信息进行服务，并为决策者进行业务分析提供依据。否则数据将因为无法展现，而成为黑盒子中的"死"数据，无法为决策分析服务。

### 4.1.3 多维分析的基本概念

OLAP实际上是以多维视图的形式展示给用户的，因此，多维结构是OLAP的核心。下面对多维数据分析中的基本概念，例如多维数据集、维、度量、维的层次、维成员等相关概念进行介绍。理解这些基本概念对理解OLAP乃至数据仓库是十分重要的。

#### 1. 多维数据集

多维数据集(cube)是OLAP中的主要对象，通常也称做多维立方体，是一项可对数据仓库中的数据进行快速访问的技术。cube是一个数据集合，通常由数据仓库的子集构造，把一组维度和度量值合理组织，最后汇总成多维结构。每个cube都有一个架构，架构是数据仓库中已连接的各表的集合，多维数据集能从数据仓库提取源数据。

多维数据集可以用一个多维数组来表示，例如，经典的时间、地理位置和产品的多维数据集可以表示为：(时间，地理位置，产品，销售数据)。可以看出，在多维数据集中，用(维1，维2，…，维 $n$，观察变量)的方式进行表达。

对于三维数据集用图4.1所示的可视化方式表达得更清楚，但是在多维结构中并不是要观察维度结构，而是要观察由维度结构所描述的观察变量，也就是说要在这个三维结构上再添加销售数据，这就得到了一个由三维所对应的销售数据。对于超过三维的多维数据集结构可以用一个多维表来显示。例如，由时间、地理位置、产品和促销方式所构成的四维数

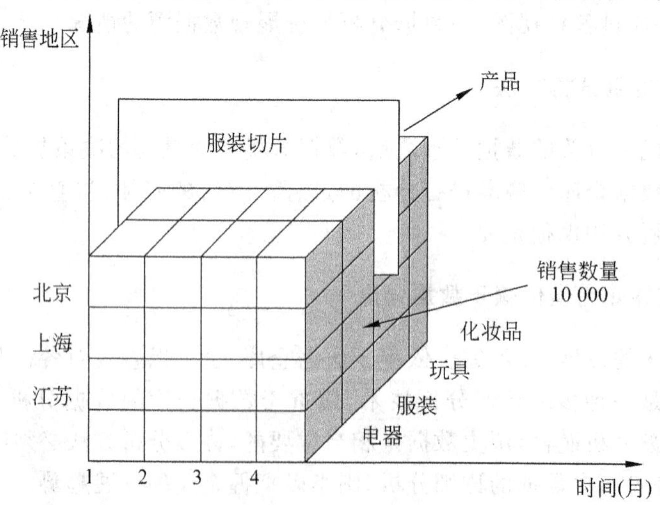


图4.1 以时间、销售地区、产品三个维度所构成的多维数据库

据集就可以用表 4-1 所示的方式来表达。这种超三维的数据集表示方式在许多数据仓库工具中都得到了采用。

**表 4-1　三维以上的多维数据集**

| 时间 ID |
| --- |
| 2002-01-31<br>2002-02-28<br>2002-03-31 |
| **地理位置 ID** |
| 320112<br>320218<br>320232 |
| **产品 ID** |
| A11<br>A12<br>B11<br>B12 |
| **促销方式 ID** |
| ABC<br>BAC<br>CAB |

| 时间 ID | 地理位置 ID | 产品 ID | 促销方式 ID | 销售数据 | 其他数据 |
| --- | --- | --- | --- | --- | --- |
| 2002-01-31 | 320112 | A11 | ABC | 6484 | … |
| 2002-01-31 | 320218 | A12 | BAC | 5739 | … |
| 2002-01-31 | 320232 | B11 | CAB | 5733 | … |
| 2002-01-31 | 320112 | B12 | ABC | 7945 | … |
| 2002-01-31 | 320218 | A11 | BAC | 7545 | … |
| 2002-02-28 | 320232 | A12 | CAB | 7846 | … |
| 2002-02-28 | 320112 | B11 | ABC | 1237 | … |
| 2002-02-28 | 320218 | B12 | BAC | 7878 | … |
| 2002-02-28 | 320232 | A11 | CAB | 8364 | … |
| 2002-03-31 | 320112 | A12 | ABC | 5488 | … |
| 2002-03-31 | 320218 | B11 | BAC | 3778 | … |
| 2002-03-31 | 320232 | B12 | CAB | 7893 | … |
| 2002-03-31 | 320112 | A11 | ABC | 8884 | |
| 2002-03-31 | 320218 | B12 | BAC | 7892 | |

OLAP 对海量数据进行分析时，通常以多维视图作为各种前端分析工具的概念模型，为用户从多个角度考察和分析数据提供直观的支持。为此，人们提出了数据立方(data cube)概念。数据立方以多维的方式组织数据仓库中的数据，向决策支持人员提供数据的多维概念视图，直观地支持了 OLAP 所需的复杂多维分析。

数据立方最早由 Jim Gray 等在 ICDE'96 大会上提出，其定义的数据立方算子(cube by

算子)是传统关系型数据库中 group by 算子的多维扩展,用于计算 cube by 子句中各属性的所有可能组合所对应的 group by。

数据立方算子一经定义,就引起了学术界和工业界的广泛关注。学术界在数据立方的计算、存储、索引、查询以及维护等方面进行了大量的研究工作。

**2. 维度**

维度(dimension)指的是分析对象的描述属性,用于表示人们观察数据的特定角度,是表达和分析信息的一种基本方法。多维数据集是按照这些分析角度来进行组织数据。例如,移动决策者分析的角度通常包括:时间、地域、业务品牌、业务种类、年龄段、消费层次、客户类型等。决策者经常分析手机用户数随着时间推移而产生的变化情况,那么时间就成为了手机用户数上的一个维度分析,即时间维。而当决策者要从地区的差异来考察手机用户数不同时,地区也就成了手机用户数上的维。这些都属于决策分析的角度或分析出发点。

用户决策分析角度或决策分析出发点就是数据仓库中的维度,数据仓库中的数据就是按照这些维度来组织,维也就成了数据仓库中识别数据的索引。同时,数据仓库中的维还可以作为数据仓库操作过程的路径,这些路径通常位于维的不同层次结构中。客户可以按照地理位置进行分组:街道、县、市、省,这样就可以按照街道、县、市、省的先后次序进行数据的“上卷”和“下钻”。这里,所谓的数据“上卷”是指用户在数据仓库的应用中,从较低层次开始逐步将数据按照不同的层次进行概括处理;而“下钻”则是指从数据仓库中的高层数据开始逐步向低层数据探索,了解组成概括数据的具体细节。

数据仓库中的维,一般具有水平层次和垂直层次。水平层次由维度层次中相同级别的字段值构成,例如图 4.2 中的华东、华中和西南层次;垂直层次则由维度层次结构中具有不同级别的字段值构成,例如图 4.2 中的华东、上海层次。

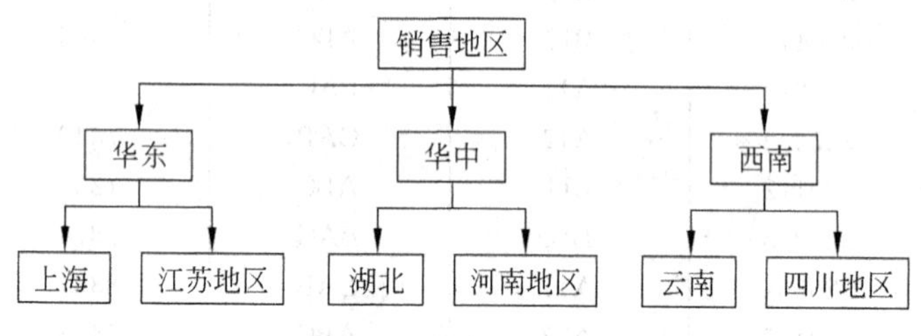


图 4.2 维度层次关系

在数据仓库的设计中,要根据用户需求调查所获取的维来构成数据仓库的模型。

**3. 度量**

度量(measure)值是多维数据集的核心值,是进行 OLAP 操作的用户所要观察分析的数据,这些数据一般是销售量、成本和费用等。在一个多维数据集中可以存在多个度量,这些值是基于多维数据集中事实表的一列或多列,这些值应该是数字型的,一般具有可加性。多维数据集由其所包含的度量和维度共同定义。

### 4. 维的等级

当从某个特定角度来分析数据时，往往需要在不同的细节程度上进行考察，这种描述具体细节的程度称为维的等级(level)。一个维有可能具有多个等级，比较典型的如时间维，一般有年、季度、月、星期、日等不同的细节程度，这些都构成了时间维上的等级(level of dimension)。对于一个维，至少有一个 ALL 等级，用于表示最高的等级。

### 5. 维成员值

维上的一个取值称为该维的一个维成员值(dimension member value)。由于维具有层次性，因此当维具有多个等级时，维成员值由各个等级的所有取值组合而成。例如，时间维由年、月、日 3 个等级构成，"20090101"就是时间维的一个维成员值。对一个多维数据集(数据立方体)中的数据项来说，维成员值标识了数据项在这个维上位置的描述。

### 6. 等级成员

某个维等级的具体值称为该等级的一个成员。等级成员(member oflevel)表示了该等级中所含数据的一个分类。例如，"湖南省"为"地区"维"省"等级的一个成员，也是一个特定的地区分类。

### 7. 粒度

粒度(granulariyt)是数据仓库中数据综合程度高低的一个度量。粒度越小，数据细节程度越高，综合程度越低；粒度越大，数据细节程度越低，综合程度越高。在数据仓库系统中，对于不同层次的分析要求需要不同粒度的数据。

### 8. 数据单元格

数据单元格是多维数据集的取值。当在多维数据集中的每个维都选中一个维成员以后，这些维成员的组合就已确定了观察变量的值，可以表示为(维 1 维成员，维 2 维成员，…，维 $n$ 维成员，变量的值)。

### 9. 聚集

聚集或聚合是指收集了基本事务数据的结构。在一个立方体中包括很多层次，这些层次可以向用户提供某一层次的概括数据。因为管理者在进行决策分析的过程中，并不是要观察每一个详细的数据，而是根据自己的管理范围进行总体情况的了解。例如，地区销售经理想了解本地区的销售总量、未来的销售趋势、客户的类型，那么就需要按照本地区的城市、街道、产品种类和客户类型进行概括，也就是进行聚集。通过聚集，形成基于维的有决策分析意义的一些数据交集。

## 4.1.4 OLAP 的多维数据分析

多维分析是对多维数据集中的数据采取切片、切块等多种分析动作，以求剖析数据。用户可以从多个角度、多个侧面、多个层次来观察多维数据，从而发掘数据中蕴含的对自己有用的信息。

### 1. 多维切片

在多维分析过程中，如果对多维数据集的某个维选定一维成员，这种选择操作就成为切片(slice)。也即：如有(维 1，维 2，…，维 $i$，…，维 $n$，观察变量)多维数据集，对维 $i$ 选定了某个维成员，则(维 1，维 2，…，维 $i$，…，维 $n$，观察变量)就是多维数据集(维 1，维 2，…，维 $i$，…，维 $n$，观察变量)在维 $i$ 上的一个切片。这种切片的数量完全取决于维 $i$ 上的维成员的个数，如果维成员的个数越多，可以做的切片也就越多。

在切片的概念中，有两个重要事实必须要了解：一个是进行切片操作的目的是使用户能够更好地了解多维数据集，通过切片的操作可以降低多维数据集的维度，使用户能将注意力集中在较少的重要维度上进行观察，也就是说能够将注意力集中在经营管理中所感兴趣的影响因素上对经营管理中的问题进行分析；另一个是多维数据集切片数量多少是由所选定的那个维的成员数量的多寡决定的。

### 2. 多维的切块

与切片类似，如在一个多维数据集中对两个及两个以上的维选定维成员的操作可以称为切块(dice)，即在(维 1，维 2，…，维 $i$，…，维 $k$，…，维 $n$，观察变量)多维数据集上，对维 $i$，…，维 $k$，选定了维成员，则(维 1，维 2，…，维 $i$ 成员，…，维 $k$ 成员，…，维 $n$，观察变量)就是多维数据集(维 1，维 2，…，维 $i$，…，维 $k$，…，维 $n$，观察变量)在维 $i$，…，维 $k$ 上的一个切块。显然，当 $i=k$ 时，切块操作就退化成切片操作。

### 3. 上卷

上卷(roll-up)是对数据进行更为宏观的观察。通过一个维的概念分层向上攀升或者通过维规约，对数据立方体进行聚集。上卷操作实现维的简化操作，可将指定维的幅度缩小或删除指定维。如按时间维表上卷，可以获得用户每段时间(1 个季度或 1 年)浏览情况的总和。

### 4. 下钻

下钻(drill-down)是对数据进行更为详细的观察。下钻操作是上卷的逆操作，通过沿着维的概念分层向下或引入新的维度值实现，下钻操作可以获得更详细的数据。如对时间维度进行下钻操作，将其细化到季度，甚至可以详细到日期。

上卷和下钻的深度与维所划分的层次相对应，上卷分析的细化程度越低，粒度越大。下钻分析的细化程度越高，粒度越小。

### 5. 旋转

旋转(pivot)又称为转轴(rotate)，其将立方体的各个维的角度进行转动。转动数据的视角，提供数据的替代表示，使用户能够更加直观地显示所要查询的数据。在对数据仓库的多维数据集进行显示操作过程中，用户常常希望能将多维数据集改变其显示的维的方向，也就是说进行多维数据集的旋转操作。旋转操作可将多维数据集中的不同维进行交换显示，以使用户更加直观地观察数据集中不同维之间的关系。如原来横坐标为时间维，纵坐标为地区维。通过旋转可以使横坐标为地区维，纵坐标为时间维。这样可以从另一个角度观察由时间维和地区维所构成的销售数据集，如图 4.3 所示。

| | 2002年 | | | | 2003年 | | | |
|---|---|---|---|---|---|---|---|---|
| | 1季度 | 2季度 | 3季度 | 4季度 | 1季度 | 2季度 | 3季度 | 4季度 |
| 北京市 | 123 | 56 | 45 | 66 | 134 | 56 | 23 | 55 |
| 上海市 | 134 | 103 | 98 | 87 | 102 | 139 | 97 | 82 |
| 天津市 | 67 | 73 | 59 | 96 | 73 | 69 | 62 | 94 |

| | | 北京市 | 上海市 | 天津市 |
|---|---|---|---|---|
| 2002年 | 1季度 | 123 | 134 | 67 |
| | 2季度 | 56 | 103 | 73 |
| | 3季度 | 45 | 98 | 59 |
| | 4季度 | 66 | 87 | 96 |
| 2003年 | 1季度 | 134 | 102 | 73 |
| | 2季度 | 56 | 139 | 69 |
| | 3季度 | 23 | 97 | 62 |
| | 4季度 | 55 | 82 | 94 |

图 4.3　多维数据集的旋转

有些 OLAP 还提供其他钻取操作。钻过(drill across)执行涉及多个事实表的查询，而钻透(drill through)操作使用关系 SQL 机制，钻到数据立方体的底层，到后端关系表。

此外，OLAP 的其他操作还有统计表中最高值和最低值的项数，计算平均值、增长率、利润、投资回报率等。

### 4.1.5　OLAP 与 OLTP 的比较

传统的 OLTP 只是针对业务人员的日常操作进行的业务处理，并不能提供人们所需要的数据分析信息。OLAP 则是一种专门为特殊的数据存取和分析而设计的技术。信息是现代企业生存的根本，而决策数据是多维数据，根据这个特点需要一种能迅速地、一致地、交互地从各个方面观察信息，以达到深入理解数据的工具，OLAP 正满足了这种需求。数据仓库中数据的组织方式也为进行灵活多样的查询提供了可能，但其本身并不能完成这种复杂的数据查询分析，需借助 OLAP 工具。

OLAP 作为一种商业信息的分析工具是在 OLTP 不能满足目前这种具有智能型分析的功能下产生的。而 OLTP 是为了替代手工劳作而产生的，与业务流程非常相近，是业务流程的计算机描述，它能处理同时输入的大量实时事务，快速响应细节数据的插入、删除和更新等操作。OLTP 给日常事务处理带来了很大的方便，促进了业务的发展，然而随着业务数据的不断增多，人们希望从业务记录中查询到自己感兴趣的信息越来越困难，一种新的可快速响应的分析展现工具 OLAP 呼之欲出。

总之，OLAP 与 OLTP 是两种不同类型的应用，二者之间的差异是多方面的。OLAP 数据的最终来源虽然与 OLTP 相同，依然是存储业务数据的 DBMS，但其主要的应用基础是数据仓库；此外，二者的用户不同，使用的目的不同，因而二者数据内容的特点也不相同，OLTP 与 OLAP 的主要区别见表 4-2。

**表 4-2　OLTP 与 OLAP**

| OLTP | OLAP |
|---|---|
| 数据库数据 | 数据库或数据仓库数据 |
| 细节性数据 | 综合性数据 |
| 当前数据 | 历史数据 |
| 经常更新 | 不更新，但周期性刷新 |
| 一次性处理的数据量小 | 一次性处理的数据量大 |
| 对响应时间要求高 | 响应时间相合理 |
| 用户数量大 | 用户数据相对较少 |
| 面向操作人员，支持日常操作 | 面向决策人员，支持管理需要 |
| 面向应用、事务驱动 | 面向分析、分析驱动 |
| E-R 模型 | 多维数据模型 |
| 用 SQL 命令追加、删除、修改、简单查询等 | 切片、切块、旋转等分析处理 |
| 加速对业务数据的处理、支持企业的业务运作 | 对现有数据分析处理，获得信息、支持决策 |

## 4.2　多维数据库及其存储

### 4.2.1　多维数据库

多维数据库可以在 OLAP 系统中直观地表达出现实世界中的多对多关系。例如，要在系统中存放两个产品（电器、服装）和不同地区（江苏、上海、北京）的销售情况，用关系数据库来存储这些数据（如表 4-3 所示）和用多维数据库来存储这些数据（如表 4-4 所示）所得到结果是不同的。由于关系数据库采用关系表达式来表达某种产品在某一地区的销售情况，而多维数据库则采用二维表格的方式来表达这些数据的关系，这就使二维表格比关系表达式所表达的关系更加清晰明了，而且所消耗的存储容量更少。

**表 4-3　关系数据库存储数据的方式**

| 产品名称 | 销售地区 | 销售数量 |
|---|---|---|
| 电器 | 江苏 | 940 |
| 电器 | 上海 | 450 |
| 电器 | 北京 | 340 |
| 服装 | 江苏 | 830 |
| 服装 | 上海 | 350 |
| 服装 | 北京 | 270 |

表 4-4　多维数据库存储数据的方式

| | 江苏 | 上海 | 北京 |
|---|---|---|---|
| 电器 | 940 | 450 | 340 |
| 服装 | 830 | 350 | 270 |

在关系数据库中对这些数据进行单项查询时，比较容易处理。例如，要查询上海地区所销售电器的数量只需要进行一个简单的检索就可以了。但是如果查询电器的销售总量，那就比较麻烦了，需要对关系数据库的所有记录进行查询，并且对销售数量进行汇总，此时系统的效率必然会降低，而多维数据库则只需要对库按行或列进行统计即可。其性能要远优于关系数据库。

在 OLAP 中，为了给用户提供一致的系统查询时间，常常将查询经常要用到的综合数据预先统计汇总，存储在数据库中，以加快查询的响应时间。为了达到这个目的，在关系数据库中就需要增加一行汇总数据，如表 4-5 所示。由于关系数据库将需要进行汇总的数据均在事先完成了汇总工作，在进行查询时就不必再进行求和汇总了，只要从表中读取单个记录，就可以完成求和查询。这样的数据处理很显然可以获取快速的响应时间。但是在数据仓库中，如果历史数据庞大，这种事先的求和汇总也需要较长的计算时间。更加糟糕的是，在产品列和销售地区列中出现的“汇总”数据项完全破坏了列的定义。用户在查询过程中必须了解这种例外情况的出现。

表 4-5　具有汇总数据项的关系数据库

| 产品名称 | 销售地区 | 销售数量 |
|---|---|---|
| 电器 | 江苏 | 940 |
| 电器 | 上海 | 450 |
| 电器 | 北京 | 340 |
| 电器 | 汇总 | 1730 |
| 服装 | 江苏 | 830 |
| 服装 | 上海 | 350 |
| 服装 | 北京 | 270 |
| 服装 | 汇总 | 1450 |
| 汇总 | 江苏 | 1770 |
| 汇总 | 上海 | 800 |
| 汇总 | 北京 | 610 |
| 汇总 | 汇总 | 3180 |

多维数据库 MDDB 在 OLAP 系统中的优势表现在查询速度和结构清晰明了上。在 MDDB 中，数据可以按照行或列进行累加。在 MDDB 中没有重复出现的信息，因此其统计速度要远远高于关系型数据库。如果将汇总等数据也存储在数据库中，只要在原数据库中增加一行、一列就可以了，如表 4-6 所示，实现较为简单。

表 4-6 具有汇总值的多维数据库存储方式

| 产品名称 | 江苏 | 上海 | 北京 | 汇总 |
| --- | --- | --- | --- | --- |
| 电器 | 940 | 450 | 340 | 1730 |
| 服装 | 830 | 350 | 270 | 1450 |
| 汇总 | 1770 | 800 | 610 | 3180 |

### 4.2.2 多维数据库的数据存储

在多维数据库中，二维数据很容易理解，但是当维数扩展到三维或更高的维度时，多维数据库 MDDB 就成了一种“超立方”的结构，对其理解就产生了困难。但是，在 MDDB 中，其数据的存储是由许多类似于数组的对象来完成的。在这些对象中包含了经过高度压缩的索引和指针，利用这些索引和指针将许多存储数据的单元块联接在一起。每个单元块都按照多维数组的方式存储，相互之间通过直接偏移计算进行存取。在索引中只用了一个较小的数来标识单元块，因此多维数据库的索引比较小，只占用数据空间的一小部分，可以全部存放在内存中。但是在多维的实际分析中，可能需要将任一维与其他维进行组合，因此需要能够“旋转”数据立方体已经切片的视图，即用多维方式显示数据。

在 MDDB 中，并非维之间的任何组合都会产生实际的值，在实际组合中往往由于各种原因会导致某些组合没有具体的值，或值是空的或者值为零。例如，在表 4-6 中，如果该公司在北京地区没有进行电器的销售活动，那么在电器行和北京列所交叉的单元格的值就是 0，而不是 340。这就产生了多维数据库的稀疏矩阵问题，稀疏矩阵使数据库中产生大量的无数据空间，导致存储空间的浪费。为此，多维数据库常常需要采用压缩技术来解决空间浪费问题。

### 4.2.3 多维数据库与数据仓库

多维数据库为终端用户提供了一种可以对数据进行灵活访问的信息结构，利用多维数据库可以对数据进行切片、切块，动态地观察汇总数据与细节数据的关系。而数据仓库中的细节数据则为多维数据库提供了非常健全和便捷的数据源，由于 OLAP 的应用，需要多维数据库定期刷新。因此，数据要定期地从数据仓库中导入到多维数据库中。业务处理系统中的数据在导入到数据仓库中时，就被集成了。因此，多维数据库就不必再从业务处理系统中抽取与集成数据。而且基于多维 OLAP 的用户，如果对细节数据的分析感兴趣，还可以通过数据仓库所保留的细节数据进行分析。

在实际的应用中，数据仓库与多维数据库是有差别的。首先，从所存储的数据量看，数据仓库存储了大量的数据，而多维数据库只存储了某些类型用户所需要的集成数据，在数据量上要远低于数据仓库；其次，数据仓库只允许少量的分析人员进行少量的灵活访问，而多维数据库却允许众多的用户进行大量的非预知的数据访问和分析；最后，从数据存储的时间范围看，数据仓库所存储的数据可能长达 5～10 年，而多维数据库中的数据则只保存大约 1 年的时间。

多维数据库实际上是与 OLAP 的应用共存的，两者构成了基于多维的 OLAP。但是

OLAP仅是一种技术，而数据仓库是一个体系结构的基础，两者是一种互补和共生的关系。在OLAP的实际应用中，有不少人希望直接从业务处理系统中抽取数据(在OLAP应用系统设计中去掉数据仓库部分，将OLAP服务器直接与业务处理系统联接)。这样，在OLAP的应用中系统设计就十分简便，这种体系的设计直截了当，容易实现。但是这种OLAP的体系结构在实际应用中有以下一些很严重的问题：

(1) 增加数据抽取部分的工作量。在OLAP的应用中对数据所进行的抽取的工作量是很大的，而且由于不同部门业务的差别，每个部门都需要开发一套适合本部门多维数据库的抽取、清理和转换的程序。这务必会造成这些数据抽取程序的大量重复，使开发量增加许多。而用数据仓库结构则只需要一套数据抽取、清理和转换程序就可以了。

(2) 缺乏统一的数据源和结论。如果多维数据库从传统业务处理系统中抽取数据时，没有一个统一的数据集成环境，每个部门的多维数据库按照本部门的数据集成方法进行数据抽取，其后果是不能形成一个统一的集成的数据源，而这在数据仓库中是很容易做到的。所带来的后果是在企业的重大问题决策时，由于数据源的不统一，各部门依据本部门多维数据库所进行的OLAP处理结果将有很大的差异，使决策问题很难有一个正确的判断。

(3) 加大系统的维护工作量。OLAP系统开发成功以后，需要经常对其进行维护，才能延长OLAP的生存期。而业务处理系统的任何变化，必然要影响到OLAP中的数据抽取程序部分，这种改变将涉及所有部门的OLAP系统。但是在数据仓库中只需要进行很少的变动，就可以应付业务处理系统的变化所带来的麻烦，大大减少了OLAP在实际应用中的工作量。

(4) 缺乏对元数据的有效管理。在基于数据仓库的OLAP体系中，可以对元数据进行有效的管理。而在直接从业务系统中抽取数据的OLAP系统中，由于将数据导入到多维数据库的复杂性，使元数据的管理和控制遭到破坏。

(5) 加大OLAP系统的开发投入。由于在各个部门的OLAP应用中都需要对业务处理系统进行数据吸取，导致大量的、重复的数据传输。在数据仓库构架的OLAP系统中，这种数据的传输工作则只需定期地进行就可以了，大大降低了对硬件系统的投入要求。

## 4.3 OLAP的类型

OLAP能够有效的帮助数据分析人员、管理人员、决策人员深刻理解数据背后的信息，掌握隐于其中的规律。OLAP处理数据仓库中庞杂的数据，并将之转化为有用的信息，最终达到对数据的归纳、分析和处理，以实现帮助企业完成决策的目的。OLAP支持最终用户进行动态多维分析，其中包括跨维、在不同层次之间跨成员计算和建模；预测分析切片和切块，并在屏幕上显示；无论从宏观到微观，都支持对数据进行深入分析；支持在观察区域中上卷、下钻、旋转等各种操作，还能进行不同维间的比较等。数据仓库与OLAP是互相促进共同发展的，现代OLAP系统一般以数据仓库作为基础，从数据仓库中抽取部分详细数据，然后经过必要的聚集存储到OLAP存储器中供前端分析工具读取。

OLAP系统按照其存储器的数据存储格式可以分为关系OLAP(Relational OLAP)、多维OLAP(Multidimensional OLAP)和混合型OLAP(Hybrid OLAP)三种类型。ROLAP

基本数据和聚合数据存放在关系数据库管理系统之中;MOLAP 基本数据和聚合数据均存放于多维数据库中;HOLAP 综合 ROLAP 和 MOLAP 的特点,基本数据存放于关系数据库管理系统之中,而聚合数据则存放于多维数据库中。

### 4.3.1 多维 OLAP

#### 1. MOLAP 的结构

多维联机分析处理(Multi-dimensional OLAP,MOLAP)是指将数据存储在多维数组的单元中,MOLAP 的物理存储方式和其逻辑组织是十分相似的,MOLAP 利用一个专有的多维数据库来存储 OLAP 分析所需的数据,数据以多维方式存储,并以多维视图方式显示。在 MOLAP 的结构中,分散在企业内部各数据库中的数据经过 ETL 等步骤后提交给多维数据库。这些数据在被导入多维数据库时,根据它们所属于的维度进行一系列的预处理操作,并把结果按照一定的层次结构存入多维数据库中。应用过程中,用户在客户端的应用软件的界面上提交分析需求给 OLAP 服务器,然后由 OLAP 服务器检索 MDDB 数据库得到结果,最后返回给用户。MOLAP 的结构图如图 4.4 所示。

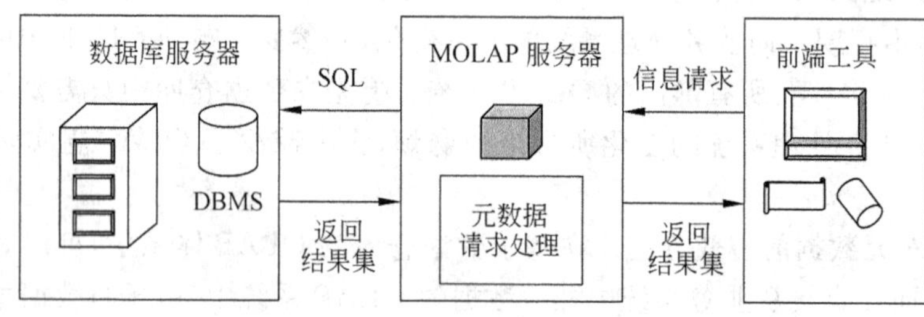


图 4.4 MOLAP 结构图

#### 2. MOLAP 的优缺点

MOLAP 结构的主要优点是它能迅速的响应决策分析人员的分析请求,并能将结果迅速的返回给用户端。这得益于它独特的多维数据库结构以及存储器中预处理程度很高的数据(一般处理度在 85%以上)。在 MOLAP 结构中,OLAP 服务器主要是通过已预处理的数据完成分析操作。而这些预处理是预先定义好的,这就限制了 MOLAP 结构的灵活性,主要表现在以下几个方面:

(1) 用户很难对维数进行动态变化,每增加一个维都会使多维数据库的规模急剧增加,所需要的预处理时间也会大大增加。

(2) 对数据变化的适应能力较差,当数据或计算频繁变化时,其重复计算量相当大,有时还需要重新构造多维数据库。

(3) 处理大量细节数据的能力差,预处理的能力决定数据仓库的大小(因为预处理的结果也要存入数据仓库),由于 MOLAP 的预处理能力很强,这就限制了它处理大量细节数据的能力。

(4) 安全性差,由于数据需下载到特定的多维数据库中,因此安全性相对较差。

### 3. MOLAP 的创建

MOLAP 的创建需要经历这样几个阶段：选择功能、确定分析数值、构造分析维、定义逻辑模型。

(1) 选择功能。在筹建 MOLAP 时首先要选择分析的功能是什么。是进行销售收入分析，还是进行客户状况分析。

(2) 确定分析数值。在选择了分析功能以后，需要确定为实现这些分析功能应该分析哪些数值。是销售收入数据，还是库存数据，还是客户数据。

(3) 构造分析维。确定分析数值以后，就需要构造分析维，即确定从哪些角度来分析这些分析数值，分析维一般是产品、时间、地点等。在维确定了以后，还需要根据分析确定维的粒度，即时间是按年还是按季度进行分析，地区是按省还是按县进行分析。

(4) 定义逻辑模型。在确定了 MOLAP 的分析对象、分析角度及分析详略程度后，就可以定义 MOLAP 的逻辑模型和多维数据存储的方式了。

### 4. MOLAP 的功能

MOLAP 在实际应用中需要为客户提供查询的快速响应能力、与多维数据库进行交互的能力、挖掘信息间的内在联系、各种模型、数据导航能力。

(1) 快速响应能力。MOLAP 的快速响应能力可以为用户提供良好的联机分析环境，使用户能够连续地进行联机分析，不至于过长时间的等待而打断问题分析的思路。

(2) 与多维数据库进行交互的能力。可以使用户与数据仓库间进行交互从而完成分析决策中的预测、计划、预算等应用。

(3) 挖掘信息间的内在联系。MOLAP 可以利用强大的计算引擎和比较分析(例如分级、比较、分类、最大值、最小值、平均值、交叉维运算、电子表格的行计算等功能)分析数据仓库中各种信息之间的微妙关系，找出企业的运营模式。

(4) 各种模型。MOLAP 为满足用户决策分析的需要，应该提供各种管理决策模型，例如财务与管理模型、统计分析模型、未来趋势分析、时间序列分析、内部回报率等。

(5) 数据导航能力。MOLAP 为引导用户进行决策分析，需要提供沿着维处理的基点、表格、细剖与概括的数据导航能力。

目前 MOLAP 产品尚在发展中，还没有多维查询语言的标准，同时多维数据库也没有类似关系数据库中规范化的科学理论基础。

## 4.3.2 关系 OLAP

### 1. ROLAP 的结构

ROLAP 采用传统的关系数据库，基于星型模式或雪花模式来存储多维数据，然后通过多表连接，分组聚集计算等操作来实现 OLAP 操作。在关系数据库中，没有数组的概念，多维数据必须被映像成平面型的关系表中的行。这个过程必须通过一个能够平衡性能、具有存取效率和可维护性的方案来完成。具有代表性的是非标准化的星型模式的设计，它将基本信息存储在一个单独的事实表中，而有关维的支持信息则被存储在其他维表中。事实表和维表间用码键关联。它们构成了 ROLAP 的基础，用它可以计算不同粒度的数据。

当数据仓库的数据模型确定之后，分散在企业各个 OLTP 数据库中的数据被载入数据仓库，并按照模型的要求进行预处理，用户通过客户端工具提交多维分析请求给 OLAP 服务器，后者动态将这些请求转换成 SQL 语句执行，分析的结果经多维处理转化为多维视图返回给用户。图 4.5 给出 ROLAP 的结构图。

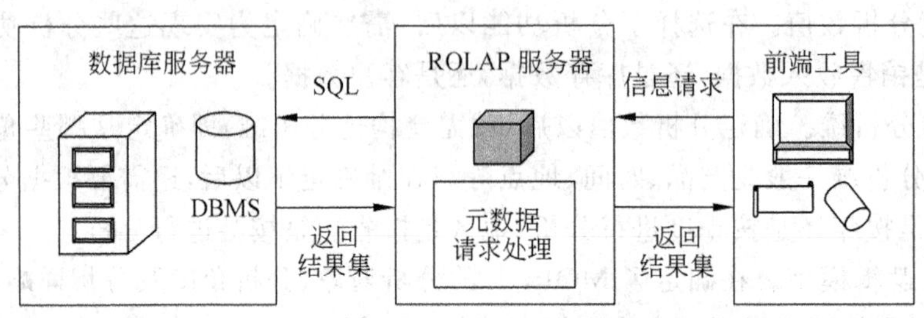


图 4.5　ROLAP 结构图

ROLAP 一般是通过一些工具或中间软件实现，物理层采用关系数据库来存储，因此又称为虚拟 OLAP(Virtual OLAP)。它将分析用的多维数据存储在关系数据库中，根据应用的需要有选择的定义一批视图也存储在关系数据库中，比如定义应用频率比较高、计算工作量比较大的查询作为实视图，而在使用 OLAP 服务器的查询过程中，优先使用已经预先计算好的实视图来完成查询，可以大大提高查询效率。

ROLAP 是以关系数据库为核心的，以关系型结构进行多维数据的表示和存储。在 ROLAP 结构中，它将多维数据库的多维结构划分为两类表：一类是事实表，用来存储数据和维的关键字；另一类是维表，对每个维至少使用一个维表来存放维的层次、成员类别等维的描述信息，且两者通过主键和外键联系起来。

由于采用了动态的虚拟立方体结构，用户可以动态定义统计或计算方式，因此基于 ROLAP 技术可以迅速满足用户的请求，且灵活性强；由于采用了成熟的 RDBMS 关系数据库管理系统技术，因此系统易维护、安全性好。但数据预处理程度低于 MOLAP。

**2. ROLAP 实现的三个规则**

ROLAP 的实现必须遵照三个规则：支持 OLAP 原则、数据存储在某一个关系型数据库中、支持某种形式的聚集导航。

(1) 支持 OLAP 原则

ROLAP 尽管是将数据存储在关系数据库中，但是它的基本功能依然是在线分析处理。因此，应该和任何 OLAP 一样能够支持数据的多维特性，能够对数据进行切片、切块、旋转，并进行可视化显示。

(2) 数据存储在某一个关系型数据库中

ROLAP 的数据自然是应该存放在关系型数据库中的，问题是这些存储在关系数据库中的数据如果在存储到数据库之前，为适应 OLAP 的应用需要，进行了某种方式的处理，那么其他程序在应用这个关系数据库中的数据时，应该有某种方法对处理的数据进行反处理，以保证其他程序的应用。

(3) 支持某种形式的聚集导航

所谓的聚集导航是一种能够为用户的不同查询选择一个最小可用表的软件，因为在数据仓库中除了基本事实表以外，还包含了一些概况表。创建这些概况表的目的是为用户的查询提供便捷的方式。假设在某一个数据仓库中包含了大约8亿条销售信息，这些信息涉及到客户、产品、产品的销售时间(具体的年、月、日)。但是用户在对这些信息查询时，只需要关于客户和产品销售年份的数据。为满足用户的这种需要，可以在数据仓库中构建一个概况表。概况表所包含的信息可能只涉及到了两百万条记录，显然这样处理，大大地提高了数据仓库的工作效率。

虽然在概况表的支持下，提高了数据仓库的效率。但是，用户又怎么了解到有这种概况表的存在；又怎么知道在哪些情况下，应该使用这种概况表；在哪些情况下不需要使用这些概况表。聚集导航器就可以在这方面为用户的不同查询提供寻找最小可用概况表的方法。当然，聚集导航器对概况表的了解要么是由数据仓库管理员通知每一个概况表的大小、要么是由聚集导航器利用自身所具备的例程定期检查每一个表的大小。

### 3. ROLAP 的创建

ROLAP的创建首先与MOLAP一样需要实现选择功能、确定分析数值、构造分析维、定义逻辑模型，然后还需要根据ROLAP实现的准则完成数据添加、数据管理、元数据存储、应用工具构造等操作。

(1) 数据添加。在完成ROLAP模型的构造并且完成数据仓库的创建后，需要添加合适的聚集数据和概括数据到数据库中。

(2) 数据管理。为有效地管理关系型数据库，需要根据实际应用的需要将较大的数据库分解成可管理的部分，添加生成的索引或位图索引以提高ROLAP的处理效率。

(3) 元数据存储。ROLAP的应用必须依赖元数据的生成与存储，元数据主要有维的定义、维到关系表格的映射、维间的层次关系、概括和聚集数据的定义与描述、概括与聚集数据的计算公式。

(4) 应用工具构造。ROLAP的应用工具是用户使用OLAP的利器。需要利用数据的应用视图或维视图构造客户工具，使客户工具能够查询OLAP并实时检查元数据。用户能够创建多种SELECT语句或有关的子查询，并迅速提交给关系数据库。数据库能够利用查询结果进行多维操作，并能够实现计算、公式、数据到应用描述的转换，将结果返回给客户工具，进一步处理后显示给用户。

### 4. ROLAP 的功能

ROLAP要能够支持决策分析，就需要提供基于关系数据的商业视图、维层次支持、模型的自定义、细剖细节层次、数据的备份恢复和安全功能、元数据导航、OLAP服务器性能的协调等功能。

(1) 基于关系数据的商业视图。通过为用户提供基于关系数据的商业视图，才能使用户实现决策分析。商业视图的设计一般基于维模型，要求ROLAP能够将星型模型、雪花模型和混合模型转化为商业视图。

(2) 维层次支持。ROLAP需要能够提供维层次操作的支持，能够实现维层次与关系数据存储的转化与管理。

(3) 模型的自定义。ROLAP允许用户对分析模型进行自定义，根据决策分析的需要选择不同的计算、统计和各种分析模型。

(4) 细剖细节层次。允许用户在ROLAP上进行数据聚集、概括分级、分解和细剖细节数据，并提供数据库的子集进行个别分析。

(5) 数据的备份恢复和安全功能。用户可以用已经存在的标准进行数据的备份、恢复和安全性管理，并且可以由数据库管理员增强已有的备份和恢复功能，同时具有使用权限的多级安全性控制。

(6) 元数据导航。在全局数据仓库范围内管理、协调和维护所有新生的元数据，对所有元数据进行合适的导航处理。

(7) OLAP服务器性能的协调。OLAP服务器可以进行非初始化装载或阶段性修改，用来进行性能的协调，协调数据仓库的规模、大小、操作速度，并可以由用户选择前后端工具。

**5. ROLAP的多维表示方法**

(1) 星型模式在关系数据库中的表示

多维数据库在关系数据库中表示时，需要分成两大类型：一类是用于存储事实度量值与各个维主键的事实表；另一类是维表，在维表中至少要保存描述该维的层次关系、成员的类别等元数据。在最简单的情况下，只用一行列出维表的所有合法值。利用维表可以在事实表中衍生出维的列。

事实表通过每一个维的主键值与维表联系在一起，这样就构成了如图4.6所示的"星型模式"。在图中心的销售情况表是一个事实表，在表中存储了产品ID、销售商ID、地址ID、时间ID四个维表的主键。通过这四个主键将四个维表与事实表联系在一起，构成了"星型模式"。也就是说，应用二维关系表实现了多维数据模式。构成这种星型模式后，就可以在

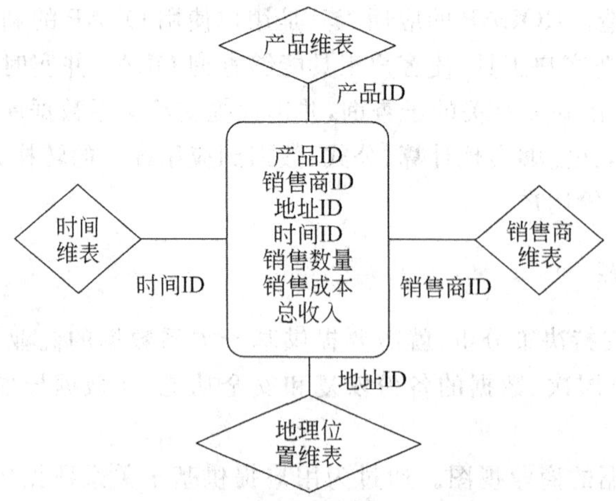


图4.6 星型模式的关系数据库表示

关系数据库中模拟 OLAP 中的多维查询，并通过维表的主键，对事实表和维表进行连接操作。在一次查询操作中，可以获得查询对象的事实值以及对数据的多维描述(对应维上的维成员)。在这种 ROLAP 模式中，用户和分析人员可以应用存储在维表中的用户习惯描述(元数据)来说明一个查询需求，而这种需求可以被 ROLAP 依靠维表转换成维的代码或值，完成用户的最终需求请求。

(2) 雪花模式在关系数据库中的表示

由于在管理决策中，管理人员了解所决策的对象时，常常要多角度、多层次地观察决策对象，也就是说在 OLAP 中需要多层次观察维度。由于使用 OLAP 的现实，常常有包含维层次和维类别的复杂要求。对这种复杂的维关系，如果仅用一个维表来描述，必然会产生大量的冗余数据。为解决由于数据的冗余而造成的存储空间浪费，可以用多张维表来描述复杂的维关系。例如，在产品维上划分产地类、销售地类、用途类、产品类等若干类，这样在星型模式的角上就出现了分支，也就是说星型模式变成了"雪花模式"。在图 4.7 中所示的"雪花模式"就是在图 4.6 的星型模式上的产品维度上演变而来的。

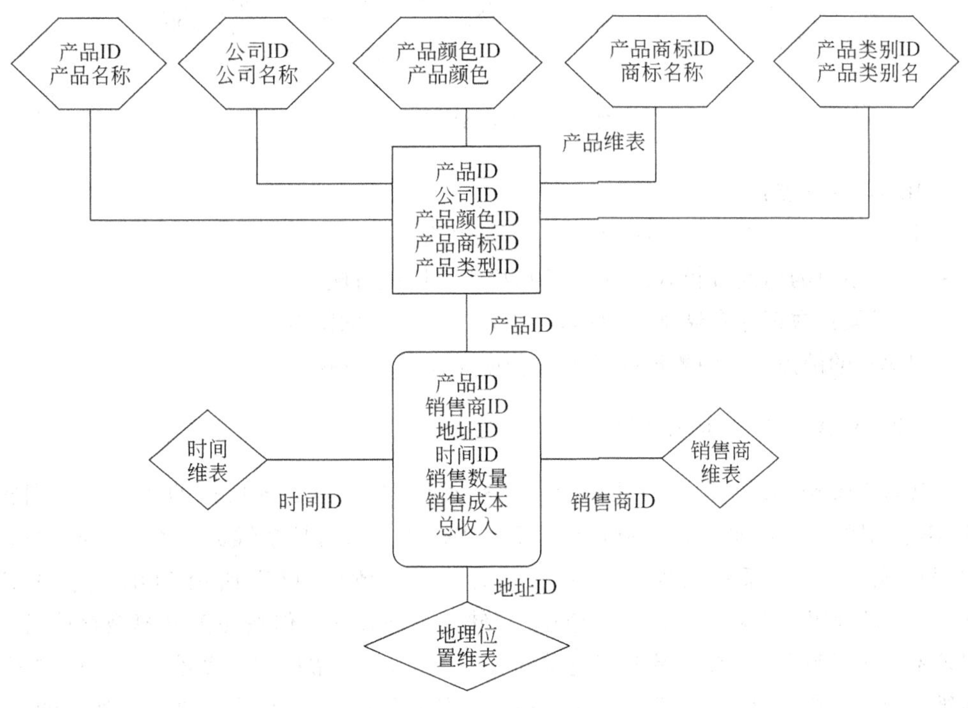


图 4.7 雪花模式的关系数据库表示

因此在 ROLAP 的实现中，常常需要根据维表的复杂程度选用合适的模式。对一些维层次复杂、成员类型多的可以采用多张表来描述，而对一些简单的维可以用一张表来描述。由于 ROLAP 中的事实表和维表都在使用二维关系表来存放，这样在多维数据集的构造中，必须通过维表和事实表的联接来实现。如果在 ROLAP 中每个维都需要通过一次联接操作，那么就会给 ROLAP 带来一个严重的性能问题。特别是在维数增加、事实表加大时，ROLAP 的处理时间将使用户无法容忍。因此在 ROLAP 产品中，常常采用各种索引技术来提高系统的性能。

### 4.3.3 混合型 OLAP

混合型联机分析处理(Hybrid OLAP,HOLAP)取 MOLAP 和 ROLAP 两者的优点,即利用 MOLAP 的快速响应特点在 MOLAP 中保存聚集的数据以加快访问分析处理,而利用 ROLAP 数据存储容量不受限制的优点在其中保存详细的数据。另外,当分析处理到 MOLAP 中没有的统计数据时,系统自动透明地将多维查询分析处理的语句转变为 SQL 查询语句并且发到关系数据库,由关系数据库进行查询并将结果返回用户,其体系结构如图 4.8 所示。

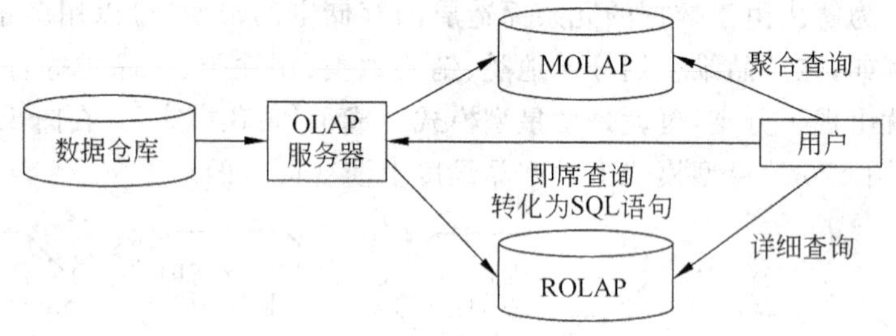


图 4.8　HOLAP 体系结构

HOLAP 的优点:

- 性能上尽管没有 MOLAP 快,但还是较优化的;
- 对于用户的访问分析处理同样能非常快速地进行响应;
- 利用关系数据库存储细节数据,所以没有容量上的限制。

HOLAP 的缺点:一些数据的预聚集程度需要用户控制。

### 4.3.4 MOLAP 与 ROLAP 的比较

ROLAP 和 MOLAP 两者在功能上是比较类似的,但是它的底层的实现上差别很大,ROLAP 使用的数据库是关系型数据库,而 MOLAP 使用的是多维数据库。关系数据与关系数据模式一致,关系数据库按关键字来记录存放数据,可用通用 SQL 语言来访问。ROLAP 可以利用原来就已经成熟的索引、存储和查询技术。但按照关系模型存储时,查询过程若不经过特殊处理,会涉及多表连接和分组聚集,都非常耗时。多维数据存储在逻辑上按多维数组方式保存数据,既没有通用的或一致的多维模型,也没有标准的或通用的数据访问方法,大多数产品都用各自的访问方法和前后端,这给用户使用带来了一定的不便。但是由于这种数组存储的方式,查询速度较快。多维存储必须具有高效的稀疏数据处理能力,能略过零值、缺失的值和重复数据,否则存储存在大量的冗余。

由于 MOLAP 和 ROLAP 有着各自的优点和缺点,综合二者的优点,一个新的 OLAP 结构混合型 OLAP(HOLAP)结构被提出。HOLAP 结构将 MOLAP 和 ROLAP 两种结构技术优点有机结合,扬长避短,最终达到满足用户各种复杂的分析请求的目的。表 4-7 列出 MOLAP 和 ROLAP 的优缺点。

表 4-7 MOLAP 和 ROLAP 的优缺点

| ROLAP | MOLAP |
|---|---|
| 沿用现有的关系数据库的技术 | 专为 OLAP 所设计 |
| 响应速度比 MOLAP 慢;目前性能有所提高 | 性能好、响应速度快 |
| 数据装载速度快 | 数据装载速度慢 |
| 存储空间耗费小,维数没有限制 | 需要进行预计算,可能导致数据爆炸,维数有限;无法支持维的动态变化 |
| 借用 RDBMS 存储数据,没有文件大小限制 | 受操作系统平台中文件大小的限制,难以达到 TB 级 |
| 可以通过 SQL 实现详细数据与概要数据的存储 | 缺乏数据模型和数据访问的标准 |
| 不支持有关预计算的读写操作;SQL 无法完成部分计算;无法完成多行的计算;无法完成维之间的计算 | 支持高性能的决策支持计算;复杂的跨维计算;多用户的读写操作规程;行级的计算 |
| 维护困难 | 管理简便 |

目前大多数对 OLAP 的应用仍然是建立在传统的关系数据库系统上,人们也在不断地对它进行改进,使其能利用原来的数据库系统完成人们期望的复杂的查询任务。

## 4.4 OLAP 的体系结构

OLAP 是建立在客户机/服务器(Client/Server,C/S)结构之上的。由于它要对来自基层的操作数据进行多维表示或预处理,因此它不同于传统 OLTP 软件的两层客户机/服务器结构,而是三层客户服务器结构,如图 4.9 所示。

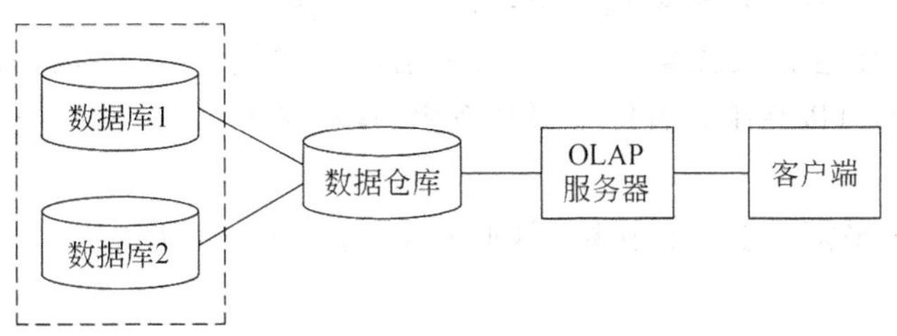


图 4.9 OLAP 的三层 C/S 结构

OLAP 技术是通过对数据仓库进行综合、统计、分析,以专业报表、查询结果的形式提供给管理人员的决策过程,并最终形成决策数据。OLAP 采用多用户的三层 C/S 结构,它由数据库、OLAP 服务器、OLAP 客户机及客户端应用程序构成。这种结构的优点在于将应用逻辑、GUI 及 DBMS 严格地区分开,复杂的应用逻辑集中存放在 OLAP 服务器上,系统的主要处理,包括数据存取、后台数据处理、报表的预处理等都由 OLAP 服务器上的应用程序完成,而不是由客户端完成。OLAP 服务器设计的重点在于如何组织数据仓库中的综合数据,如何满足前端用户的查询要求。

要实现这个系统,必须要解决如何组织 OLAP 所用的数据,即 OLAP 服务器如何设计,如何从数据仓库或数据集市中获取数据。另外，还要解决如何与客户端的客户需求进行沟通，即如何根据客户的需求对多维数据集进行分析，并将分析的结果以可视化的方式传递给客户端。

OLAP 系统在进行数据组织处理时，可以采用专门的多维数据库系统，或者利用现在应用比较普遍的关系数据库技术来模拟多维数据集，这样在 OLAP 的实现中就产生了基于多维数据库的 OLAP 系统和基于关系数据库的 OLAP 系统。系统在具体实现时，如果将多维数据集存储于客户端，就可能产生"胖"客户端系统。这种系统由于客户在进行在线分析处理时，需要将数据加载到客户端，容易产生网络"瓶颈"。因此，在客户端较多的情况下就需要采用"瘦"客户端结构来实现 OLAP 系统。

"瘦"客户端系统中的多维数据集不存储在客户端，而是存储在 OLAP 服务器中。这样在网络中所需传输的只是经过分析处理以后的结果，而不是多维数据集。在多维数据集存储量很大，用户较多的情况下还可以在数据仓库与 OLAP 服务器之间再增加一个服务器和存储设备，专门用于多维数据集的存储与处理。

## 4.5 OLAP 中的索引技术

数据仓库是以查询为中心的系统，为提供快速有效的数据访问，通常使用索引技术对 OLAP 优化查询。

### 4.5.1 B-Tree 索引

大多数数据库管理系统将 B-Tree 索引技术作为默认的索引建立方法，因为它的数据检索速度快，易于管理。由于 B-Tree 索引中存放的是基于索引列的取值，即 B-Tree 索引中存储的是实际的字段值，在数据检索过程中，索引记录是首先读入的，然后再读入对应的数据，DBMS 从多个索引中选择最优索引，当检索索引记录中包含对应的数据记录，就不需要再读入数据记录，从而可以在很大程度上提高效率，这也是 B-Tree 索引受到传统数据库系统青睐的原因。

B-Tree 是一种平衡的多路查找树，图 4.10 给出这样一个示例。

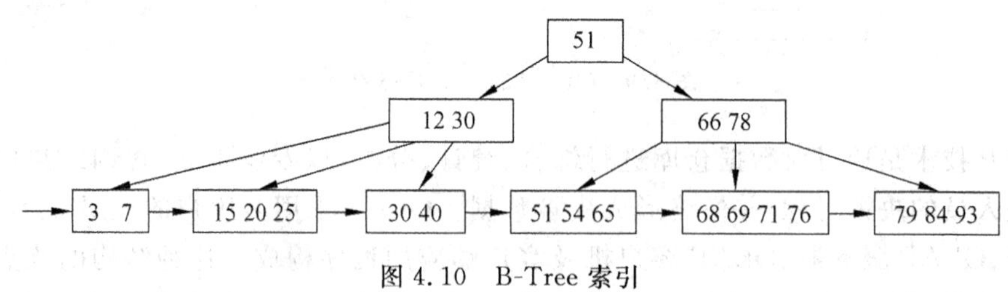


图 4.10 B-Tree 索引

一个 B-Tree 索引包含两种节点：

(1) 分支节点，指向对应的低层节点。

(2) 叶节点，存放 B-Tree 方法的实际内容，即包含指向叶节点所对应的行的实际位置。

B-Tree结构的优点是简洁性、易维护性及可支持对具有高可选择性列值的高速检索。这种方法适合于对索引列值等值查找和范围查找的查询。表的大小对于从其相应表中提取用B-Tree索引的数据的速度差别很小，甚至没有影响。一棵 $m$ 阶的B-Tree索引具有如下特点：

(1) 一个内部节点最多有 $m$ 个指针。

(2) 除了根节点以外，每个内部节点至少有 $\lceil m/2 \rceil$ 个指针（$\lceil\ \rceil$ 表示取其上限整数）。

(3) 如果根节点不是叶节点，则根节点至少有两个指针。

(4) $N$ 个指针的内部节点必有 $N-1$ 个关键字：

$$(n, A_0, K_1, A_1, K_2, A_2, \cdots, K_n, A_n)$$

其中 $K_i(i=1,\cdots,n)$ 为关键字，且 $K_i<K_{i+1}(i=1,\cdots,n-1)$，$A_i(i=0,\cdots,n)$ 为指向子树根节点的指针，指针 $A_{i-1}$ 所指子树中所有节点的关键字均小于 $K_i(i=1,\cdots,n)$，$A_n$ 所指子树中所有节点的关键字均大于 $k_n$，$n$ 为关键字的个数（或 $n+1$ 为子树个数）。

(5) $N$ 个指针的叶节点必有 $N$ 个关键字。

(6) 叶节点包含了全部有关关键字的索引项，并且叶节点本身按照关键字大小自小到大链接起来。

B-Tree索引在数据库中的优势是显而易见的，但它并不适用于数据仓库，原因如下：

(1) B-Tree索引中存储的是字段值本身，比较适于高基数字段，而数据仓库中较多的为低基数字段。

(2) 增加了在数据仓库中构造和维护索引的代价，B-Tree索引包含实际数据和其他信息，如指针等，使得索引需占用一定空间和时间，如果构造所有相关索引，数据仓库就会占2～4倍的原始数据空间，当成批插入删除时，索引就非常敏感，有可能失去平衡并降低性能，通常，10%～15%的数据修改就会导致重建索引。

(3) 对于分组及聚集条件等一些复杂查询，B-Tree索引并不能胜任。

### 4.5.2 位图索引

B-Tree索引在处理文件系统中发挥了其最大优势，但对于拥有海量数据的数据仓库却显得并不灵活，于是人们探寻一种新的索引技术——位图索引来解决此问题。在表4-8中对B-Tree索引和位图索引进行了比较。

**表4-8 B-Tree索引与位图索引的比较**

| B-Tree索引 | 位图索引 |
| --- | --- |
| 按行存储数据 | 按列存储数据 |
| 针对具体查询来建立查询驱动的索引机制 | 针对实际特征建索引 |
| 存储被索引字段数据 | 不存储实际索引字段内容 |
| 一列允许一个索引 | 一列允许多个索引 |
| 适于高基数字段 | 数据压缩技术和位操作技术适于低基数字段 |

位图索引不以行记录而是按列为单位存储数据，对数据进行垂直分割，对于每一个记录的字段满足查询条件的真假值用1或0的方式表示，或用该字段中的不同取值来表示（多位

二进制)，一般决策支持查询只涉及大量数据记录中的少数列，因而不需访问原始数据就能快速获得查询结果。位图索引适用于具有低基数特征的多维数据表，查询时主要进行二进制运算。字段 $A$ 的基数是指字段 $A$ 的不同值的个数，假定将字段 $A$ 的基数记为 $C(A)$，则字段 $A$ 上的位图索引共有 $C(A)$个位图，$A$ 上的位图索引记为 $B_A$，设 $i$ 是 $A$ 的一个值，$B_A$ 中与 $i$ 相对应的位图记为 $B_{A^i}$。

根据位图的特性，位图有其适用的场合，对于很少进行或根本不进行插入、更新操作的表比较适合建立位图索引；更新一个位图索引所涉及的开销要高于传统的索引机制中更新索引的开销。在数据仓库环境中，静态数据适宜采用位图索引，且低基数的列比较适合采用位图索引；而 OLTP 系统中的数据是动态的，具有高度的活动性，不适合用位图索引；在 SQL 查询的 where 和 and 部分所涉及到的列，很适合采用位图索引。

建立位图索引需要首先扫描整个表，创建一个位流，每一位与表中某一单行的一个列值相对应，按所需索引列的分类列值，并根据在该列中找到的不同列值的数目决定建立该索引时需要多少个位图，然后建立那些位流以聚集所确定的索引。下面以图 4.11 中的数据为例，在此基础上建立维 Income 的位图索引(见表 4-9)和维 Region 的位图索引(见表 4-10)。

| Economy | Region | Income group |
|---|---|---|
| Afghanistan | South Asia | Low income |
| Albania | Europe & Central Asia | Lower middle income |
| Algeria | Middlw East & North Africa | Lower middle income |
| American Samoa | East Asia & Pacific | Upper middle income |
| Andorra | East Asia & Pacific | High income |
| Angola | Sub-Saharan Africa | Lower middle income |
| Antigua and Barbuda | Sub-Saharan Africa | High income |
| Argentina | Latin America & Caribbcan | Upper middle income |
| Armenia | Europe & Central Asia | Lower middle income |
| Aruba | Europe & Central Asia | High income |

Region 维
Europe&Central Asia
South Asia…

income 维
Low income
High income…

图 4.11 ROLAP 中的事实表与维表

**表 4-9 维 Income 的位图索引**

| Economy | Low income | Lower Middle Income | Upper Middle Income | High Income | Bit-map code |
|---|---|---|---|---|---|
| Afghanistan | 1 | 0 | 0 | 0 | 1000 |
| Albania | 0 | 1 | 0 | 0 | 0100 |
| Algeria | 0 | 1 | 0 | 0 | 0100 |
| American Samoa | 0 | 0 | 1 | 0 | 0010 |
| Andorra | 0 | 0 | 0 | 1 | 0001 |
| Angola | 0 | 1 | 0 | 0 | 0100 |

续表

| Economy | Low income | Lower Middle Income | Upper Middle Income | High Income | Bit-map code |
|---|---|---|---|---|---|
| Antigua and Barbuda | 0 | 0 | 0 | 1 | 0001 |
| Argentina | 0 | 0 | 1 | 0 | 0010 |
| Armcnia | 0 | 1 | 0 | 0 | 0100 |
| Aruba | 0 | 0 | 0 | 1 | 0001 |

**表 4-10　维 Region 的位图索引**

| Economy | South Asia | Europe & Central Asia | Middle East& North Africa | East Aran & Afica | Sub-Sab Aran Africa | Latin America& Carbbean | Bit-map code |
|---|---|---|---|---|---|---|---|
| Afghanistan | 1 | 0 | 0 | 0 | 0 | 0 | 100000 |
| Albania | 0 | 1 | 0 | 0 | 0 | 0 | 010000 |
| Algeria | 0 | 1 | 1 | 0 | 0 | 0 | 011000 |
| American Samoa | 0 | 0 | 0 | 1 | 0 | 0 | 000100 |
| Andorra | 0 | 0 | 0 | 1 | 0 | 0 | 000100 |
| Angola | 0 | 0 | 0 | 0 | 1 | 0 | 000010 |
| Antigua and Barbuda | 0 | 0 | 0 | 0 | 1 | 0 | 000010 |
| Argentina | 0 | 0 | 0 | 0 | 0 | 1 | 000001 |
| Armcnia | 0 | 1 | 0 | 0 | 0 | 0 | 010000 |
| Aruba | 0 | 1 | 0 | 0 | 0 | 0 | 010000 |

显然，在处理跨维的查找问题上位图索引是非常方便且节省空间的，若要进行跨维查找 Europe&Central Asia 且是 Lower middle income 的国家只需做与位对应的逻辑运算即可，如图 4.12 所示。

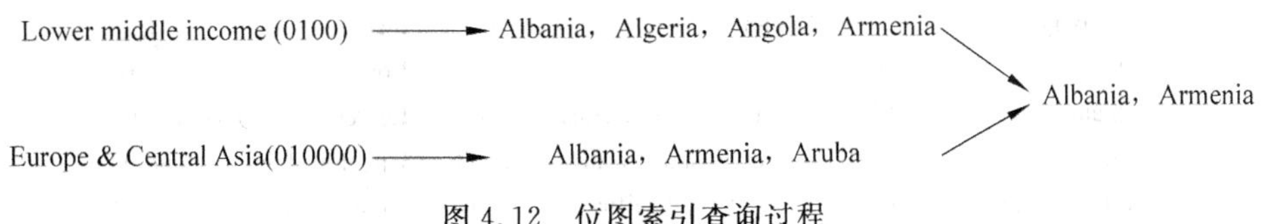


图 4.12　位图索引查询过程

位图索引的优点：

- 对于基数很小的字段，采用位图索引能节约空间，且由于位运算如与、或运算要比列表的相应运算容易得多，在检索上也可以提高相应的效率。
- 数据的存取可以分组进行，位图的次序与数据存储的次序一致，所有的维都能对称地处理，而且稀疏数据可以与稠密数据一样处理。

位图索引的主要缺点：

- 对位图实施 OR 运算进行范围查询可能代价很高。由于受到维数的限制，AND 运算的次数通常不多：对许多查询而言，处于一个维一定范围内的每个值都会引发一个 OR 运算，所以 OR 运算的次数可能会很多。

- 存储高基数数据的位图所需的空间总量很可观。
- 批量更新也可能代价高昂，因为所有的位图索引可能因为插入一个新行而需要修改。

总之，位图索引只有在每个字段基数都很小的时候可靠，否则，所需的存储空间和位运算总量可能会很大。

### 4.5.3 位图索引的扩展——标识符索引

在处理高基数字段时位图索引遇到了不能逾越的障碍，而使用标准的数据库技术来存储数据仓库是非常昂贵的，较好的替代法是用基于标识的技术来存储，它与关系数据库中的索引技术不同，在关系数据库中，当加入一个记录到系统中时会追加此数据的一个物理代表块到磁盘上，容易出现数据冗余，而采用记录标识后，存储记录的空间将大大缩小，数据量越大，标准的数据库和标识数据库的存储需求差异也越大，即记录量越多，基于标识的数据库的优势越明显。主要表现为：

（1）大量压缩数据。

（2）数据越多，标识数据比标准的基于记录的数据更有利。

（3）数据被大量压缩后可将整个数据库放在内存中。

（4）可索引所有行和所有列。

（5）大量压缩数据的另一个主要益处是使索引所有属性成为可能。

按照所采用的标识符的不同，标识符又可分为多种，为了更易理解和方便使用，一般建议采用以下两种形式：一种是字符型；另一种是整型，对于这两种的选择并没有很大的差别，字符型的只占用一个字节的存储空间，而整数型的则占用两个字节的空间，但字符型的只限于字段值在字符型的数据中，所以其取值有限，而整数型的则没有这个限制，如果采用无符号整型数，则可以取到 $2^{16}=65\,536$ 个不同的值，大大扩展了其取不同值的能力。如上例，如果采用无符号整型标识符来表示，则可表示成如图 4.13 所示。

| Economy | | Region | | income group | |
|---|---|---|---|---|---|
| Afgbaniatan | 01 | South Asia | 01 | Low income | 01 |
| Albania | 02 | Europe & Central Asia | 02 | Lower middle income | 02 |
| Algeria | 03 | middle East & North Africa | 03 | Upper middle income | 03 |
| American Samoa | 04 | East Asia & Pacific | 04 | High income | 04 |
| Andorra | 05 | Sub-Saharan Africa | 05 | | |
| Angola | 06 | Latin America & Caribbean | 06 | | |
| Antigua and Barbuda | 07 | | | | |
| Argentina | 08 | | | | |
| Armenia | 09 | | | | |
| Aruba | 10 | | | | |

图 4.13 标识法索引

采用标识符后原表变为如表 4-11 所示。

**表 4-11　采用标识符后的表**

| Economy | Region | Income group |
|---|---|---|
| 01 | 01 | 01 |
| 02 | 02 | 02 |
| 03 | 03 | 02 |
| 04 | 04 | 03 |
| 05 | 04 | 04 |
| 06 | 05 | 02 |
| 07 | 05 | 04 |
| 08 | 06 | 03 |
| 09 | 02 | 02 |
| 10 | 02 | 04 |

如要进行跨维查找 Europe&Central Asia 且是 Lower middle income 的国家，则变得更加容易，只要先在标识符中找到相应的标识号，然后在不同维间进行连接计算即可得到所要查找的标识符，最后根据索引映射得到最终结果，其过程如图 4.14 所示。

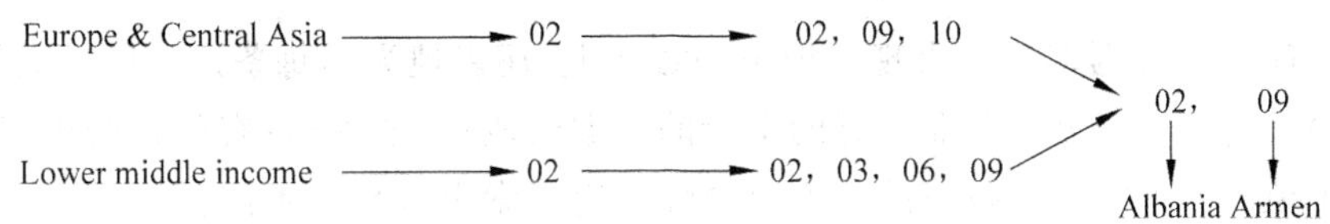


图 4.14　标识符索引查询的过程

显然，位图索引与标识符索引是属于同一家族的，都是用另一种符号来表示数值，位图索引是标识符索引的特殊情况，其取值只限于 0/1，位图索引更适合在基数比较小的字段建立，当字段基数较大时，建立位图索引就会消耗大量的存储空间：

- 当 $C(A)=8$ 时，$B_A=\lceil C(A)/8 \rceil=1$ 字节
- 当 $8<C(A)=16$ 时，$B_A=\lceil C(A)/8 \rceil=2$ 字节
- 当 $C(A)>16$ 时，$B_A=\lceil C(A)/8 \rceil>3$ 字节

例如当 $C(A)=240$ 时，$B_A=C(A)/8=30$ 字节，虽然在查询的时间上有所提高，然而却是以牺牲巨大的存储空间为代价的；而标识符索引可以弥补位图索引的不足，如果采用无符号整数类型作为标识符，则只需两个字节的空间就可表示 $2^{16}=65\,536$ 个不同的值，大大节省了空间。

## 4.5.4　索引性能比较

(1) 假设一个事实表 T，拥有的记录数为 2000 万行，其中字段 $A$ 的基数为 $C(A)=160$，每条记录占 30 个字节：

① 采用位图索引，则需存储空间为：

$\lceil C(A)/8 \rceil N=\lceil 160/8 \rceil\times 2000\times 10\,000=20\times 2000\times 10\,000=400\,000\,000$ 字节

② 采用数字型标识符索引，因为 $C(A)=160<<2^{16}$，所以在标识符中只需两个字节即可表示属性列 $A$ 的全部值，则其所需的存储空间为：

$$2 \times N = 40\ 000\ 000 \text{ 字节}$$

比位图索引少了一个数量级，显然，此时选择标识符索引比较有优势。

(2) 假设一个事实表 T，拥有的记录数为 2000 万行，属性列 $A$，其 $C(A)=7$，存储 $A$ 每条记录占 30 个字节：

① 采用位图索引，则需存储空间为：

$$\lceil C(A)/8 \rceil N = \lceil 7/8 \rceil \times 2000 \times 10\ 000 = 1 \times 20\ 000\ 000 = 20\ 000\ 000 \text{ 字节}$$

② 采用标识符索引，仍选择数字类型的标识符，则其所需的存储空间仍为：

$$2 \times N = 40\ 000\ 000 \text{ 字节}$$

可以看出，此时位图索引比标识符索引节省了一半的空间，如果涉及有关连接运算，则位图索引由于做的是位运算更具有优势。

综上，位图索引与标识符索引各有其特点，都有其适用与不适用的情况，不能简单地评判哪一种好或哪一种不好，我们应该根据具体的实际情况选择合适的索引以发挥其最大的价值。

### 4.5.5 索引的选择

数据仓库中的数据多不仅表现在记录的数量上，还表现为其每条记录所对应的字段上，不同的字段会有不同的数据特征：有的字段的数据值较多，如姓名；有的则较少，如性别，只可能有两个值：男或女。字段值的巨大差异性决定了索引选择的不同。

由于维是人们观察数据的角度，不同的人会从不同的角度去考察他们所关心的数据。在这里，维可以理解为实体的属性列即记录的字段，根据属性列的不同可以建立不同类型的索引列。对于基数高的可以考虑用标识符索引，对于基数值较低的则采用与、或等位运算速度比较快的位图索引。

## 4.6 OLAP 的评价标准

### 4.6.1 OLAP 的衡量标准

对于 OLAP 一般都以数据库之父 E. E. Codd 提出的 18 条准则为评价标准。这些标准主要包括：

(1) 多维性。多维性是 OLAP 必须具备的，作为 OLAP 的用户——管理人员所面对的企业和他所管理的对象是多维的、多角度的。这就决定了 OLAP 要能够为管理人员提供多维视图来考察企业、考察管理对象。为满足多维性，关于企业的数据空间也应该是多维的。多维性能够使用户对多维数据进行切片、切块和旋转，轻松地完成传统方法需要很长时间才能实现的分析。

(2) 直观性。直观性就是要求 OLAP 能够为用户提供直观、易做的数据操作，即只要轻松地利用鼠标的弹击、双击和拖放，键盘的键击，GUI 的引导，就可以使用户轻而易举地完成数据的定位、向上的汇总、向下的钻取等复杂的数据分析操作。

(3) 可访问性。可访问性是指存储在 OLAP 中的数据能够以合适的方式存储，便于用户的访问和查询。物理数据可以来源于任何系统类型,但是对用户是透明的,只有工具才需要了解这些数据源。OLAP 工具应该将自己的逻辑模式映射到物理数据存储,并可以访问数据,还能进行所需要的转换,以给出单一的、连续一致的用户视图。

(4) 解释性批处理提取。解释性批处理提取在 OLAP 中常常由 OLAP 引擎或服务器上存储立方体的混合多种工具来实现。

(5) OLAP 分析模型。OLAP 分析模型是指在高层获取 OLAP 所支持的分析数据,其中包括了静态描述性报告、解释性分析、假设性分析和预测性分析等。

(6) 客户机/服务器结构性。OLAP 应该建立在 C/S 的体系结构上,使用户通过客户机与服务器的松弛耦合实现 OLAP。这种松弛的耦合可以使不同的客户机能够连接到不同的服务器上,而且能使多维数据库服务器被不同的应用系统和工具访问。服务器能够实现企业数据库的逻辑模型与物理模型之间的映射和一致性,保证统一的公共概念模型、逻辑模型和物理模型的建立。而客户端则实现应用逻辑和用户界面的操作,使各种客户只需用最小的工作、最少的程序就能进行各种数据决策分析。

(7) 透明性或开放性。透明性和开放性主要是指 OLAP 对用户的透明和开放,其次是指 OLAP 的数据源对用户的透明和开放。

OLAP 对用户的透明和开放,要求 OLAP 应该处于一个真正的开放系统中,分析工具可以嵌入到分析人员所指定的任何位置,既不影响工具的效能,也不增加系统的复杂性。数据源的透明和开放,可以使用户只关心他所要查询分析的问题,而不必了解这些分析数据来自哪里。

(8) 多用户性。OLAP 的多用户性可以为多个用户同时在一个分析模型上进行操作,或在同一数据模型上建立不同的模型。多用户的要求必然要求 OLAP 在实际应用中,必须保证数据的完整性和安全性,并能够进行数据的并发处理。

(9) 处理非正规数据性。OLAP 的处理非正规数据性要求系统能够实现对从老的业务处理系统中获取的 OLAP 数据进行解耦,而没有返回数据源的传播和计算。实际上这一标准,要求系统能够达到“强聚合,弱耦合”的系统一般设计标准。

(10) 存储 OLAP 结果。存储 OLAP 结果的标准要求实质上是要求能够将决策分析和数据源分开,OLAP 用户不能在公共概念视图的基础上对企业数据进行分析。在进行实际分析过程中需要将分析的中间结果和最终结果另外使用一个存储区进行存放。

(11) 提取丢失值。OLAP 中的丢失值并不是零值,OLAP 中的空值可能是未知值,也可能是丢失值。提取丢失值是系统处理空值的一种方式。

(12) 处理丢失值。OLAP 在处理丢失值时,OLAP 引擎应该忽略这些丢失值。

(13) 弹性报告。OLAP 的弹性报告要求能够从各方面提供从数据模型中分析出的数据和信息,用户可以按任何想要的方式来操作、分析、综合和查看数据,充分反映数据的多维特征,具有较高的灵活性。而且,可以由分析人员根据需要对各维的报告进行旋转、汇总及合并操作,以用户所需要的任何方式来显示,并且报告的输出不应随着维数的增加而削弱。

(14) 一致性能报告。该标准要求 OLAP 能够为用户提供时间可预计的报告,用户在其操作过程中系统的响应时间是确定的,这就需要对立方体进行预定义和预计算,使在数据的维数与综合层次增加时,提供给用户的报告能力不会有明显的下降,响应时间不会明显延长。

(15) 对物理层的自动调整。在OLAP环境的关系模型中,独立的物理数据需要能够对物理层自动进行调整,关系模型需要具备在数据未卸载、删除或重定义结构时,能够对底层物理结构进行改变的能力。

(16) 通用维。在OLAP中需要具备通用维,即在结构和操作能力方面完全一致的维。具有适用所有维的逻辑结构,提供给某一维的任何功能都能提供给其他维。这点目前还有许多争议,因为除了时间维,多数维都有自己的特性,相互之间总是存在差异。

(17) 无限维与聚合层。OLAP的维数不应该小于15个,而且用户可以在任意给定的路径上建立任意多个聚集层次,给定联合路径的概括级别数据也是无限的。但是在实际中,实现这一标准很难,因为无限维与聚合层会导致数据在有限空间内的膨胀,这将会用尽系统的所有存储空间。

(18) 无限制跨维操作。在多维数据的分析中,所有维的生成和处理是平等的,OLAP工具应该能够处理维间的相关计算,而不需要用户定义计算。如果在计算时要按照语言定义规则,则此种语言应该允许计算和数据操作跨越任何数目的数据维,而不必限制数据单元间的任何关系,也无须考虑每一单元包含的通用数据属性的数目。也就是说,OLAP的无限制跨维操作要能够在维之间进行符号操作,而不是仅仅对可测量的数据操作。

尽管Codd在1993年就提出了OLAP的12条评价标准,以后又增加到18条,但是这些标准是基于对客户的研究所提出的,到目前为止,还有较大的争议。随着对OLAP技术研究和对OLAP理解的深入,有人提出了对OLAP更为简捷的定义,以加深对OLAP的理解,例如Nigel Pendse提出的FASMI(Fast Analysis of Shared Multidimensional Information)。他将OLAP所满足的特点用五个词来描述:

- Fast指对用户请求的快速响应。
- Analysis指可以应用多种统计分析工具、算法对数据进行分析。
- Shared指多个用户在同时存取数据时,应该保证系统的安全性。
- Multidimensional则体现了OLAP应用中的多维实质。
- Information指应用所需的数据及其导出信息。

要实现FASMI,可以采用的技术包括:客户机/服务器结构、时间序列分析模型、并行处理技术、面向对象技术、数据存储优化和多线索技术。

### 4.6.2 OLAP服务器和工具的评价标准

目前,市场上所提供的OLAP工具很多,为了能够在OLAP的设计应用中选择适当的产品,必须从OLAP所具有的功能、访问性能、引擎功能、管理能力等方面对OLAP工具进行评价。

#### 1. OLAP功能

OLAP作为一种数据分析技术,主要是通过对现有的数据进行计算、转换产生新的信息,并显示给用户。这就要求OLAP能够完成这样一些功能:支持多维数据集中的维与层次,能够沿某个维或一组维进行数据的聚集、汇总、预计计算和派生;能够对某个维或一组维提供计算逻辑、公式和分析例程进行某种形式的操作；能够实现从一个维到另外一个维的转换；能够进行交叉维的计算，例如在不同维之间进行成本分配或在电子表格中按照不同维进行损益表的计算；能够提供强大的分析模型，包括对选中维及维的元素的逻辑、公式、分析例程、聚集数据、汇总数据和派生数据等，例如在给定财务数据上计算内部回报率的财务模型；能够提供大量的函数，例如财务、统计、代数、市场等各种函数；能够提供强大的计算和逻辑比较能力，例如对数据的分级、比较、归类、百分比、极值、均值等；具有智能化的与时间相关的处理，例如按照给定时间段的日历安排；能够提供强大的导航分析能力，可以沿单个或多个维的轴、交叉表进行浏览或钻取。

**2. 访问性能**

作为由广大管理人员所组成的 OLAP 用户，在使用 OLAP 时，希望能够得到多种访问数据工具的选择，能够将广大用户所熟悉的访问工具融合进 OLAP。

电子表格，作为常用的电子表格 Excel 已经被相当多的用户所认同，因此，在 OLAP 中至少应该提供数据加载进电子表格的功能，以满足用户将从 OLAP 获取的数据移作他用。在 OLAP 中有一些经常性用户，他们往往需要进行一些特定的应用，如果能够向这些用户提供功能丰富的、能够满足他们特定要求的私有客户工具，无疑将增强 OLAP 的功能。能否与第三方工具结合，主要是指能否通过 API 将用户已经比较熟悉的或功能更加强大的第三方工具加入 OLAP，以完成用户的需求。能否提供一些“非事实标准”接口，例如 Visual Basic、PowerBuilder、Visual C 等应用环境或 OLE、DDE、CORBA 等接口，也是衡量 OLAP 工具访问性能的一个评价标准。

**3. 引擎功能**

OLAP 的服务引擎都应该满足分析模型及应用在功能、规模和技术特征上的要求。这些要求主要集中在能否满足进行交互式预测和预算的应用程序的读写功能，能否满足在工作组情况下所进行的多用户读写操作。这些读写操作，尤其是写操作往往要导致重新计算派生的和经过计算所得到的信息，这些信息可能会影响到多个维及维的层次，使写锁的作用范围远超过初次的写范围，而导致系统性能的下降。能否满足多数据库间的交互机制，因为在一个 OLAP 应用程序中虽然有一个数据库，但是在实际中往往会出现多数据库之间的交互机制，因为在一个数据库所产生的数据可能要进入其他数据库。能否满足 OLAP 应用程序对数据范围的要求，在 OLAP 的用户界面中，可能需在数字、时间、日历、描述、BLOB 等，这样才能显示出更多的图像类型，增加动态显示和执行报表的功能，有利于复杂分析的表达。

**4. 管理能力**

OLAP 并不像一般的业务操作系统，用户对其提出了强大的处理功能和便捷的使用要求，这必然要求 OLAP 能够提供有力的管理工具。这些管理工具应该具有这样一些功能：可以定义维的分析模型、能生成并维护元数据存储、具有访问和使用控制的权限，可以解决控制用户对模型和数据的访问问题、从数据仓库或数据集市加载分析模型的管理问题、协调用户对多维数据的访问级别、保证用户可以进行不受其他用户干扰的分析等，并且能够为增强数据库的性能或者为修改维模型或者为修改数据而重新组织数据库。可以将数据传送给客户，以便进一步分析或进行本地分析。

## 4.7 OLAP的前端展现

### 4.7.1 OLAP 工具

在众多的决策支持技术中，OLAP 技术以其直观的数据操作、灵活的分析功能、可视化的结果表达等特点，在数据仓库技术的支持下得以脱颖而出。由于数据是多种多样的，针对不同的数据需要不同的分析和展现形式。当前已经有了比较成熟的 OLAP 体系结构，但对于企业来说，OLAP 尚不能以一种通用的工具形式来对各个领域的数据决策进行支持。因此，企业针对所需要分析的数据，往往采用一种或几种解决方案来开发专门的 OLAP 分析工具。

各大数据库厂商都提供了各自的 OLAP 解决方案，如 Cgonos 的 PowerPlay、Microsoft 的 Analysis Services、IBM 的 DB2 OLAP Server 等。常见的 OLAP 产品及其特点如表 4-12 所示。

表 4-12　常见的 OLAP 产品及其特点

| OLAP 产品 | 特　点 |
|---|---|
| Hyperion Essbase OLAP Server | • 以服务器为中心的分布式体系统构<br>• 用户可自定义复杂的查询<br>• 快速的响应时间、支持多用户同时读写<br>• 提供开放接口，有多个应用程序、前端工具<br>• 能与 ERP 或其他数据源集成 |
| IBM DB2 OLAP Server | • 集成了 Hyperion Essbase 的 OLAP 引擎和 DB2 的关系数据库<br>• 完全兼容 Essbase API<br>• 基于 Hyperion Analyzer 的 DB2 OLAP Server Analyzer，提供了支持 Windows 与 Web 的 OLAP 客户端 |
| SQL Server 2005 Analysis Services | • 通过 OLE DB for OLAP，允许不同的客户端访问<br>• PivotTable Service 提供了客户端的数据缓存和计算能力<br>• UDM 使用户通过统一的结构直接访问多个异类数据源，并对查询、数据和元数据使用统一的传输方法<br>• 提供了“自上而下”的创建 OLAP 系统的方法，大大降低了工作量，也有利于创建标准的多维数据集和数据仓库 |
| Oracle Express Edition | • Oracle DW 支持 GB～TB 数量级的数据<br>• 支持 Web 和电子表格访问<br>• 数据可以存储在 Express Edition 中，也可直接在 RDB 上使用 |
| PowerPlay | • 封闭独立的客户端和 Web Explorer<br>• 部署简洁、交互性强的 PowerPlay Web Explorer 界面 |

在诸多 OLAP 解决方案中，Analysis Services 提供了大量丰富的编程接口，用户完全可以根据自己企业的特点构建一整套功能的 OLAP 支撑工具。Analysis Services 的体系结构主要有三个层次：操作型数据源、Analysis Services 及其工具、提供报表和其他商务智能服务的客户端应用。

(1) 操作型数据源是任何能通过 ODBC 或者 OLE DB 与之相连的数据库甚至平面文件。

(2) Analysis 服务器是体系结构中的核心，Analysis Services 不仅提供了许多工具来操作 Analysis 服务器，而且应用程序可以通过 DSO(决策支持对象)来控制 Analysis 服务器，用户可以使用微软提供的工具分析服务器来构建数据立方体，也可以使用类似 Visual Basic 这样的编程语言，利用 DSO 对象模型，编写自定义的程序来控制 Analysis 服务器。

(3) 客户端体系结构的核心是数据透视表服务(Pivot Tabel Service,PTS)，PTS 支持在线或离线数据分析和在线访问 OLAP 数据，它是 Analysis 服务器的客户端。用户可以使用 PTS 编写自己的应用程序来访问 OLAP 数据，也可以使用 Microsoft 或支持 PTS 的第三方应用程序来访问多维 OLAP 数据。

在构建好数据仓库之后，需要进行数据的装入工作，但是这些数据通常来自多个异构数据源，就需要在数据装入之前经过提取、校验、清理、转换和传输这几个阶段。Analysis Service 和数据仓库的数据源是由向数据仓库提供数据的异构操作型数据和一些服务组成的。这些服务将数据从源数据转换成可以存储在数据仓库、数据集市或普通的关系型数据库的格式，最后存入 OLAP 数据立方。在 Analysis Service 中，操作型数据通常是一个关系型数据库，当然，任何可以通过 ODBC 或 OLE DB 与之连接的数据源都可以作为 Analysis Services 的源。DTS 可以将数据从这些源传递到 Analysis Service 中。

### 4.7.2 OLAP 结果的展现方法

报表与图形是 OLAP 系统向用户展现分析结果的两种主要方法。

多维数据报表可以非常详细地和向用户提供分析的结果，用户可在报表中找到所需的各种数据，从而为实施决策提供帮助。

表 4-13 是一个多维报表的实例，从表中可以清楚地看出，在 2003 年 1 月份，若干营业部中各类客户对交易量的贡献情况。

**表 4-13 各类客户对交易量的贡献统计表**

<table>
<tr><th>营业部编号</th><th>委托方式</th><th>客户类别</th><th>交易量/万元</th></tr>
<tr><td rowspan="6">01</td><td rowspan="3">现场交易</td><td>大户</td><td>67 000</td></tr>
<tr><td>中户</td><td>83 020</td></tr>
<tr><td>散户</td><td>92 800</td></tr>
<tr><td rowspan="3">非现场交易</td><td>大户</td><td>45 120</td></tr>
<tr><td>中户</td><td>69 000</td></tr>
<tr><td>散户</td><td>99 100</td></tr>
</table>

续表

| 营业部编号 | 委托方式 | 客户类别 | 交易量/万元 |
|---|---|---|---|
| 02 | 现场交易 | 大户 | 73 200 |
| | | 中户 | 50 030 |
| | | 散户 | 62 200 |
| | 非现场交易 | 大户 | 20 870 |
| | | 中户 | 33 110 |
| | | 散户 | 98 200 |
| 03 | 现场交易 | 大户 | 40 150 |
| ⋮ | ⋮ | ⋮ | ⋮ |

多维报表虽然详细，但缺乏直观性，而用户却往往并不关心数据的细节，而只需要知道各种因素对问题结果的影响程度。因此，图形方式(如饼图、柱状图等)比多维报表更受欢迎。饼图通过不同的色块在图中所占比例的大小，向用户展示各种因素对决策问题的影响程度，如图 4.15 所示，而柱状图则通过柱形的高低进行展示。

如果多维数据的维数增加，展示结果的图形可从平面方式改进为立体方式。常见的立体图形有三维柱状图、等高线图、立体曲线图等。图 4.16 是三维柱状图的例子。

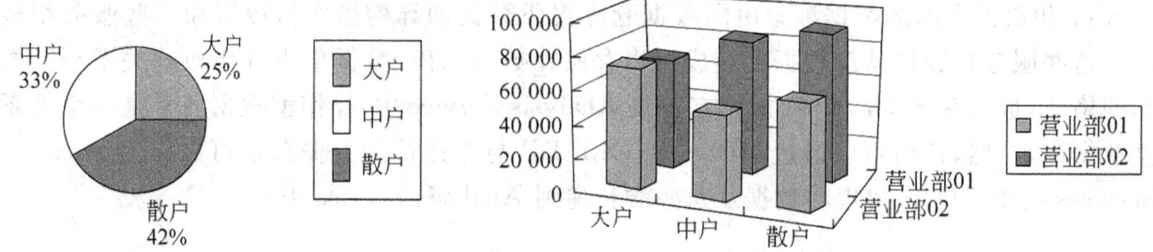


图 4.15　分析结果的饼图　　　图 4.16　分析结果的三维柱状图

如果需分析的问题具有很高的复杂程度，具有多个数据维度，则可将多维数据展现与数据仓库系统结合起来。GIS(地理信息系统)是这类应用的实例。GIS 在电子地图上进行多层的数据标注，为了处理这些十分复杂的数据内容，系统将数据仓库中的数据进行归类整理，存储在不同的层次上，用户进行决策分析时，只需针对所分析问题的类型，在有关的层次上提取相应的数据，再对这部分数据进行适当的展示，如图 4.17 所示。

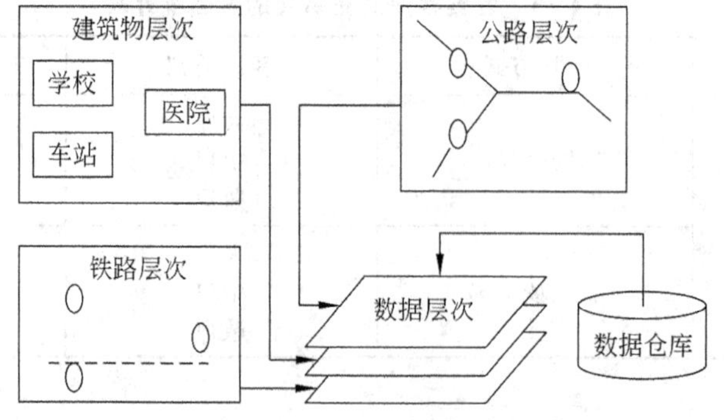


图 4.17　GIS 中复杂数据的分层展示

## 4.8 小　结

本章介绍了 OLAP 的简明定义、多维分析的基本概念、OLAP 的多维数据分析的基本操作、多维数据库及其存储、OLAP 的体系结构、OLAP 的评价标准以及 OLAP 的前端展现工具等方面的基本知识。

OLAP 是数据仓库上的分析展示工具，OLAP 主要有两个特点：一是在线性即联机，体现为对用户请求的快速响应和交互式操作；另一特点是多维分析，数据的多维视图使用户能从多角度、多侧面、多层次的查看包含在数据中的信息。

OLAP 系统按照其存储器的数据存储格式可以分为关系 OLAP(Relational OLAP)、多维 OLAP(Multidimensional OLAP)和混合型 OLAP(Hybrid OLAP)三种类型。ROLAP 基本数据和聚合数据存放在关系数据库管理系统之中；MOLAP 基本数据和聚合数据均存放于多维数据库中；HOLAP 综合 ROLAP 和 MOLAP 的特点，基本数据存放于关系数据库管理系统之中，而聚合数据则存放于多维数据库中。

为提供快速有效的数据访问，通常使用索引技术对 OLAP 优化查询。大多数数据库管理系统将 B-Tree 索引技术作为默认的索引建立方法，因为它的数据检索速度快，易于管理。但对于拥有海量数据的数据仓库，B-Tree 索引技术却显得并不灵活，于是人们探寻新的索引技术(如位图索引、标识符索引)来解决此问题。

## 4.9 习　题

**1. 填空题**

(1) OLAP 系统按照其存储器的数据存储格式可以分为________、多维 OLAP(Multidimensional OLAP)和________三种类型。

(2) 对于拥有海量数据的数据仓库，B-Tree 索引技术却显得并不灵活，于是人们探寻新的索引技术，如________和________来解决此问题。

(3) 用户决策分析角度或决策分析出发点就是数据仓库中的________。

(4) ________是多维数据集的核心值，是进行 OLAP 操作的用户所要观察分析的数据。

(5) 上卷和下钻的深度与维所划分的层次相对应，上卷分析的细化程度________，粒度________。下钻分析的细化程度________，粒度________。

(6) 所谓的数据“上卷”是指用户在数据仓库的应用中，从________开始逐步将数据按照不同的层次进行概括处理。

(7) 根据属性列的不同我们可以建立不同类型的索引列。对于基数高的可以考虑用标识符索引，对于基数值较低的则采用与、或等位运算速度比较快的________。

(8) ________与________是 OLAP 系统向用户展现分析结果的两种主要方法。

(9) OLAP 系统在具体实现时，如果将多维数据集存储于________，就可能产生“胖”客户端系统。

(10) OLAP 采用多用户的三层 C/S 结构，它由________、OLAP 服务器、OLAP 客户机及客户端应用程序构成。

**2. 简答题**

(1) 简述 OLAP 的简明定义 FASMI。

(2) 简述数据仓库与数据分析的关系。

(3) 简述 MOLAP 与 ROLAP 的区别。

(4) 位图索引的主要优缺点有哪些？

(5) 简述 B-Tree 索引不适用于数据仓库的理由。

# 第5章　商务智能系统

经过多年信息化的发展，企业资源规划（Enterprise Resource Planning，ERP）、顾客关系管理（CRM）和供应链管理（SCM）等提高企业以及供应链管理效率的平台都积累了大量的业务数据，但是这些数据的价值还没有被充分利用起来。怎样把积累下来的数据转变为企业经营者最需要的信息和知识，从而辅助决策，是商务智能关心的主要问题。

商务智能的技术基础是数据仓库（DW）、在线分析处理（OLAP）、数据挖掘（DM）等，其中数据仓库用以存储和管理数据，数据仓库的数据从运营层而来。在线分析处理用于把这些数据变成信息，支持各级决策人员复杂查询和在线分析处理，并以直观易懂的图表把结果展现出来。而数据挖掘可以从海量的数据中提取出隐含数据中的有用知识，以便做出更有效的决策，提高企业智能。

## 5.1　商务智能概述

随着企业信息化的推进，企业开始回顾信息技术投资的回报率，思考信息技术投资的战略价值，思考如何充分利用数据资产。这种注重实效的做法是企业在经历多年的信息化热潮后走向理智的表现。

商务智能从20世纪90年代开始，已经在众多企业中引起广泛关注，成为业界关注的热点。商务智能之父、前Business Objects总裁Bernard Liautaud认为，商务智能把企业的运营数据转化为信息或知识，并且在恰当的时间通过恰当的方式把恰当的信息传递给恰当的人。在21世纪，智能型的商务战略将是竞争中获胜的关键，改变了过去经营决策依赖"拍脑袋"的管理模式，能够把握此机会的企业将成为未来市场的领先者。

### 5.1.1　商务智能的概念

商务智能的概念最早是Gartner Group于1996年提出来的，当时将商务智能定义为"以帮助企业决策为目的，对数据进行收集、存储、分析、访问等处理的一大类技术及其应用"。虽然研究与应用在不断深入，但对于商务智能尚没有一个统一的定义。下面列出几种不同角度的商务智能定义。

从技术角度看，商务智能的过程是企业的决策人员以企业中的数据仓库为基础，经由OLAP工具、数据挖掘工具加上决策规划人员的专业知识，从数据中获得有用的信息和知识，帮助企业获取利润。

从应用角度看，商务智能帮助用户对商业数据进行联机分析处理和数据挖掘，例如预测发展趋势，辅助决策，对客户进行分类，挖掘潜在客户等。

从数据角度看，商务智能使得很多事务性的数据经过抽取、转换之后存入数据仓库，经过聚集、切片或者分类等操作之后形成有用的信息、规则，来帮助企业的决策者进行正确的决策。

### 5.1.2 商务智能的发展历程

商务智能的出现是一个渐进的、复杂的演变过程,并且仍处在发展之中。它经历了事务处理系统(TPS)、应用执行信息系统(EIS)和决策支持系统(DSS)等阶段,最终演变成今天的企业商务智能。

事务处理系统一般是企业信息化进程中最先建立起来的一些系统,用于处理具体业务。事务处理系统向应用执行信息系统、管理信息系统、决策支持系统和商务智能系统提供所需要的基础数据。

应用执行信息系统有选择地向管理人员和执行人员提供关于业务状况的信息。通常提供的信息包括一定时期内的总销售额、每种产品的销售额、销售数量。应用执行信息系统虽然能提供关于商业活动情况的一些定制信息,但要对商业活动面临的问题作进一步分析就要借助于另一些分析工具或由专业人员来实现。

决策支持系统更为灵活,它允许决策者查询存储于关系数据库中的任何问题,甚至储存于异地数据库中的有关数据,并以多样化的格式提交给决策者。

随着 Internet 出现,在决策支持系统基础上发展商务智能成为必然。因为随着基于 Web 的各种信息系统在企业中的应用,企业需要收集越来越多的关于客户、产品及销售情况在内的各种信息,这些信息能帮助企业更好地预测和把握未来。并且随着业务的迅速拓展,企业的数据来源也近乎爆炸式地增长,企业好像是坐在数据金矿上,迫切需要一种工具挖掘出这些数据金矿以创造更高价值。

在决策支持系统基础上进一步发展起来的商务智能系统能够向用户提供更为复杂的商业信息,可以更为方便地定制各种报表和图表的格式,能够向行政管理人员、技术人员和普通员工提供个性化的多维信息,使分析处理信息的能力和信息的利用率大为提高。

商务智能以数据库技术为支撑,包括数据抽取、转换和加载(ETL),数据清洗,数据挖掘和商业模型等。实际应用过程中,上述各种系统可以通过公共数据库连接成为一体,从而使各个层次的用户都可以从中受益。

### 5.1.3 商务智能的商业效益

企业实施 BI 的目的并不是为了以较高的成本来扩展 IT 部署规模或向最终用户提供有趣的信息,而是向客户(投资人)提供价值和返回价值。BI 解决方案应该具有向企业战术、运营和战略层次上的所有雇员推出高度个性化的能力,企业才能获得实实在在的商业效益。这些效益表现在以下几个方面。

#### 1. 更强的盈利能力

通过在恰当的时间获得正确恰当的信息,营销和销售团队就能把握更多的商机来创造利润。制造、供应链和后勤等部门的管理人员就能找到很多办法来降低成本和提高效率。整个企业的每个流程都能得到更有效的定义和增强,进而改进净利润表现,结果就是运营毛利和利润均有所提高。

### 2. 更高的生产效率和能力授权

BI 可为人们提供制定良好决策所需要的信息。它可消除当人们不得不要求其他人提交特殊报表和等待获得报表之间存在的瓶颈。它还可以使人们能根据各自的具体目的和目标来跟踪他们自己的绩效。所以说,BI 能在整个企业中触发建设性的、明智、及时的行动。

### 3. 更好的责任义务和洞察能力

BI 可为管理人员提供他们评价和应对个人、团队、产品、计划和流程等绩效所需要的指标。它可使管理人员通过快速“向下钻取”而发现这些问题的根本原因,从而找到应对和解决问题的办法。良好的洞察力改进了整个机构中管理决策的质量和及时性,进一步增强总的企业绩效。

### 4. 与法规和政府相关问题的风险更小

尽早发现问题是避免违反法规要求的关键。立刻发现异常事件的能力也是良好企业管理的基本要求。通过提供有效而适当的警报机制,BI 就能确保早期发现问题并及时通知。BI 还可以通过简化事实发现和决策制定的周期来加快上市速度。它可通过实现卓越的市场分析并提供客户微妙行为的洞察力而创造竞争优势。而且,通过快速响应新出现的问题,它还能帮助企业提高客户满意度。

# 5.2 商务智能系统架构

实施商务智能需要大量的高质量业务数据,这些数据一般分布在许多业务系统中,难免存在噪声数据。如何提取、净化和整合这些数据是数据分析的基础。此外,还需要有把数据转换为信息、知识的分析方法和工具。

## 5.2.1 商务智能系统的核心技术

商务智能系统的技术体系主要由数据仓库、OLAP 以及数据挖掘三部分组成。

数据仓库是商业智能的基础,许多基本报表可以由此生成,但它更大的用处是作为进一步分析的数据源。所谓数据仓库就是面向主题的、集成的、稳定的、不同时间的数据集合,用以支持经营管理中的决策制定过程。多维分析和数据挖掘是最常听到的例子,数据仓库能供给它们所需要的、整齐一致的数据。

OLAP 技术则帮助分析人员、管理人员从多种角度把从原始数据中转化出来、能够真正为用户所理解的、并真实反映数据维持性的信息,进行快速、一致、交互地访问,从而获得对数据的更深入了解的一类软件技术。

数据挖掘是一种决策支持过程,它主要基于 AI、机器学习、统计学等技术,高度自动化地分析企业原有的数据,做出归纳性的推理,从中挖掘出潜在的模式,预测客户的行为,帮助企业的决策者调整市场策略,减少风险,做出正确的决策。

### 5.2.2 商务智能的体系结构

实施商务智能,首先需要准备正确可用的数据,其次要将这些数据转换成有价值的信息,再用于指导商业实践。这个过程包括了数据抽取、分析和挖掘三个主要环节,分别由数据仓库、联机分析处理和数据挖掘技术来完成。数据仓库是商务智能的基础,存储按照商务智能要求重新组织的来自业务系统的数据;联机分析处理和数据挖掘在数据仓库的基础上进行分析,提供给最终用户灵活自主的信息访问途径、丰富的数据分析与报表功能。为了清晰的了解商务智能,图 5.1 给出了商务智能的体系结构。

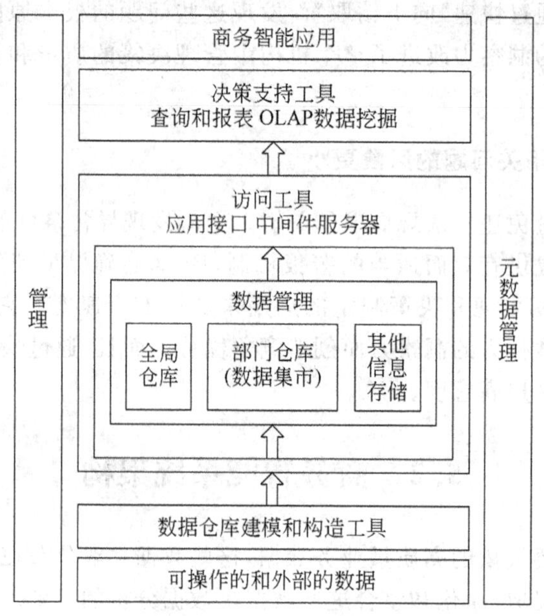


图 5.1　商务智能体系结构

商务智能体系结构中各组成部分说明如下:

(1) 可操作的和外部的数据。商务智能系统的数据源。其中,内部信息来自企业的日常业务处理系统,如 ERP、前台交易系统等,外部信息来自 Internet 和行业期刊等。

(2) 数据仓库建模和构造工具。用来从数据源系统中捕捉数据,经过加工和转换后装入数据仓库,例如数据 ETL 工具将业务数据库中的数据经过处理后装载入数据仓库服务器中。

(3) 数据管理。管理终端用户感兴趣的信息。一般采用三层存储结构,即数据仓库—数据集市—特定主题的信息存储。其中,数据仓库(全局仓库)集成企业的所有信息;数据集市(又称部门数据仓库)存储某个部门的信息;特定主题的信息存储用于存储根据用户和应用需求裁剪后的信息。经数据仓库建模和构造工具处理后的数据装载到全局仓库,然后按部门从全局仓库中抽取相关数据载入部门仓库,再根据终端用户要解决的特定问题从部门仓库中抽取关于该主题的数据载入其他信息存储。

(4) 访问工具。包括应用接口和中间件服务器,使得客户工具能够访问和处理数据库和文件系统中的信息。

(5) 决策支持工具。包括基本的查询和报表工具以及 OLAP 和数据挖掘工具。这些工具都支持图形用户界面，有些还可以在 Web 界面上使用。

(6) 商务智能应用。是许多针对不同行业或应用领域，经过裁剪的完整的商务智能解决方案软件包。

(7) 元数据管理。用来管理与商务智能系统有关的元数据，包括技术元数据和商业元数据。

(8) 管理。包括商务智能管理的各个方面，如安全性和验证、备份和恢复及其监控和调整等。

## 5.3 商务智能系统的功能

商务智能系统是建立在数据仓库、联机分析、数据挖掘等技术的基础之上，通过收集、整理和分析企业内外部的各种数据，加深企业对客户及市场的了解，并运用一定的工具对企业运营状况、客户需求、市场动态等做出合理的评价及预测，为企业管理层提供科学的决策依据。商务智能系统建设的目标就是要为企业提供一个统一的分析平台，充分利用原有系统中积累的宝贵数据，对其进行深层次的挖掘，并从不同的角度分析企业的各种业务指标和构建业务知识模型。商务智能系统的功能可以归纳成以下几点。

### 1. 数据管理方面

正确的商务决策是以准确和及时的信息为基础的，而不是靠直觉。商务智能系统提供的工具能帮助企业用户从多个异构数据源，包括内部的业务系统和外部的数据源提取数据，选择、转换、集成数据，同时提供高效存储与维护大量数据的能力。

### 2. 信息呈现方面

使用智能报表工具、OLAP 技术，商务智能系统可以对收集到的数据进行处理，并以报表、在线分析等可视化的形式呈现出来，让用户从多个维度观察数据，了解企业、市场的现状，以帮助企业用户更好决策。数据分析、报告及查询工具帮助企业决策者成功穿越数据海洋，并从中得到有价值的综合信息。

### 3. 运营分析方面

运营分析包括运营指标分析、运营业绩分析和财务分析等。运营指标分析是指对企业不同的业务流程和业务环节的指标进行分析，运营业绩分析是指对各部门的营业额、销售量等进行统计，在此基础上进行同期比较分析、应收分析、盈亏分析和各种商品的风险分析等。财务分析是指对利润、费用支出、资金占用以及其他经济指标进行分析，及时掌握企业在资金使用方面的实际情况，调整和降低企业成本。运营分析的具体内容见表 5-1。

表 5-1 运营分析

| 分析功能 | 应用举例 |
| --- | --- |
| 销售分析 | 产品定价、销售品类、渠道与定向销售、代理商或加盟店销售以及销售变化情况分析等 |
| 顾客分析 | 顾客特征、顾客信用度与忠诚度分析、大顾客发现以及顾客发展情况分析，包括顾客总量、新增顾客和顾客流失分析等 |
| 供应链分析 | 业务资源情况、供应商货源与缺货、商品流动、库存与需求预测以及供应商绩效分析等 |
| 绩效分析 | 人力资源分配的绩效、代理商与加盟店的绩效分析等 |
| 财务分析 | 运营成本与收入、财务状况与效益分析等 |
| 业务预测与评估 | 通过分析得到的各种数据模型，进行业务仿真、预测和评估等 |

**4. 战略决策支持方面**

战略决策支持是指根据公司各战略业务单元(Strategic Business Unit，SBU)的经营业绩和定位，选择一种合理的投资组合战略。由于商务智能系统集成了外部数据，例如外部环境和行业信息，各战略业务单元可据此制定自身的竞争战略。此外，企业还可以利用业务运营的数据，提供营销、生产、财务和人力资源等决策支持。

## 5.4 商务智能系统的应用

在竞争日益激烈的经济环境下，企业的生存发展，关键在于它是否能够对各种不同的用户需求做出快速的反应及正确的决策并提供优质的产品和服务。商务智能实际上是帮助企业提高决策能力和运营能力的概念、方法、过程以及软件的集合，其主要目标是将企业所掌握的信息快速转换成竞争优势，提高企业决策能力、决策效率以及决策准确性。

### 5.4.1 商务智能系统特点

商务智能是企业应对激烈竞争的必要选择，它契合行业特殊需求，贴近企业业务流程，并满足企业发展需要。与以往的商务信息系统相比，商务智能系统具有以下三个特点：

(1) 商务智能系统不仅采用了最新的信息技术，而且提供了预先打好包的应用领域的解决方案。

(2) 商务智能系统着眼于终端用户对业务数据的访问和业务数据的传递，它可同时服务于信息的提供者和信息的消费者。

(3) 商务智能系统支持所有形式的信息访问，而不仅仅是那些存储在数据仓库中的信息。

### 5.4.2 我国商务智能系统应用现状分析

各大 IT 厂商，如 IBM、Microsoft、Oracle、Cognos 等纷纷推出自己的商务智能平台和工具。商务智能正在迅速成为最热门的话题,因为越来越多的人坚信,商务智能将成为企业赢利的关键因素之一。

商务智能已经成为企业信息系统之后更高层次、更具战略意义企业信息应用。目前,商务智能技术已在金融、保险、电信、零售业等数据密集型行业得到了广泛的应用。然而,商务智能在我国的应用还处于起步阶段,其主要原因可以归纳为如下几点。

#### 1. 企业的数据积累不够充分

商务智能技术的成功运用,需要有大量组织良好的原始业务数据为基础,这样数据分析的结果才能准确的反映企业的运作状态和市场的趋势。由于国内大部分的企业,特别是中小企业的业务系统不够健全,业务数据的组织也相对零乱分散,从而造成了实施商务智能系统的先天不足。

#### 2. 商务智能市场需要培育

国内对商务智能概念和技术的理解不够充分,特别是企业的主管人员普遍没有认识到大量的业务数据中蕴含的价值和商机。另外由于决策压力和决策成本相对偏低,国内企业对商务智能技术的需求不够强烈,所以国内的商务智能市场还有待于进一步的培养。

#### 3. 企业的技术人才匮乏

商务智能系统的实施是一个实践性强的过程,使其最终发挥效能,除了有强大的商务智能平台和工具外,还需要有经验丰富的 BI 技术人员和对业务有着很好理解的数据分析人员。但国内缺少这样的专业人才,这一点也制约了中国商务智能市场的发展。

#### 4. 现有商务智能产品不适合中国国情

目前国内还没有很成功的商务智能产品,中国商务智能市场基本上是由外国厂商占据。虽然这些厂商的技术先进,产品功能强大而全面,但是由于经济和文化背景的差异以及产品价格的普遍偏高,这些产品还不能被广大的中国企业,特别是中小企业所接受。

虽然存在上述的一些不利因素,但是随着市场竞争的加剧和企业信息化建设的逐步完善以及商务智能知识在中国的普及,商务智能技术在中国的应用前景广阔而充满生机,现在已经有越来越多的企业和组织开始使用商务智能技术来监控企业的财务和运营状况。许多的中国软件企业也投入大量的人力和财力,积极开发更适合国内企业情况的、高性价比的商务智能软件产品。

## 5.5 小　　结

本章主要介绍了商务智能的概念、商务智能系统的核心技术、商务智能的体系结构以及商务智能系统的功能等方面的相关知识。

商务智能是企业利用数据仓库、数据挖掘、OLAP、决策支持系统等信息技术对企业经营过程中产生的大量结构化和非结构化商务数据和信息进行收集、整理和分析,提供整个企业组织内的"统一口径"的信息平台，以辅助企业用户做出正确决策、采取有效商务行动、优化完善商务流程、全面提升商务绩效的工具、方法和技术的统称。

商务智能系统的技术体系主要由数据仓库(DW)、在线分析处理(OLAP)以及数据挖掘(DM)三部分组成。数据仓库是商业智能的基础，许多基本报表可以由此生成，但它更大的用处是作为进一步分析的数据源。在线分析处理(OLAP)技术则帮助分析人员、管理人员获得对数据的更深入了解。数据挖掘技术从企业积累的海量数据中挖掘出潜在的模式，预测客户的行为，帮助企业的决策者调整市场策略，减少风险，做出正确的决策。

商务智能的发展是一个渐进的、复杂的演变过程，并且仍处在发展之中。它经历了事务处理系统(TPS)、应用执行信息系统(EIS)和决策支持系统(DSS)等阶段，最终演变成今天的企业商务智能。商务智能在我国的应用还处于起步阶段。

## 5.6 习　　题

**1. 填空题**

(1) 商务智能的发展经历了________、________和决策支持系统(DSS)等阶段，最终演变成今天的企业商务智能。

(2) 商务智能系统的技术体系主要由________、________以及数据挖掘(DM)三部分组成。

(3) ERP是________的缩写；CRM是________的缩写；SCM是________的缩写。

(4) 商务智能的概念最早是________于1996年提出来的。

(5) 事务处理系统一般是企业信息化进程中最先建立起来的一些系统，用于________。

**2. 简答题**

(1) 简述商务智能的概念。

(2) 简述商务智能系统的特点。

(3) 简述我国商务智能的应用现状。

(4) 简述商务智能系统的体系结构。

(5) 商务智能的商业效益体现在哪些方面?

# 第6章 数据预处理技术

数据预处理(data preprocessing)是指在对数据进行数据挖掘主要的处理以前,先对原始数据进行必要的清洗、集成、转换、离散和归约等一系列的处理工作,以达到挖掘算法进行知识获取研究所要求的最低规范和标准。

现实世界的数据库往往易受噪声、丢失数据和不一致数据的侵扰,因为数据库太大(常常多达数千兆字节,甚至更多),并且多半来自多个异构数据源。低质量的数据将导致低质量的挖掘结果。这就需要进行数据预处理,从而提高数据质量,进而提高挖掘结果的质量。

现在人们已经积累了大量的数据预处理技术。如何恰当选择和应用这些技术得到更有效的数据,是一个值得探讨的问题。

## 6.1 数据预处理概述

数据预处理作为数据挖掘的一个重要过程,它为数据挖掘过程提供质量保障的数据。数据挖掘所依赖的数据来源多种多样,可以是常用的关系数据库、事务数据库、文本数据库、多媒体数据库等。其中,不可避免地存在噪声数据(noisy data)、冗余数据(redundant data)、缺失数据(missing data)、不确定数据(uncertain data)和不一致数据(inconsistent data)等诸多情况。这些数据成为发现知识的一大障碍,它们造成了数据库中存在着大量不精确、不确定、不一致和不完整的数据信息。因此,试图从数据库中发现有现实用途的和容易被理解的知识之前必须对其进行一系列的预处理。如果不进行数据的预处理工作或者这项工作做得不够好,那么在挖掘阶段将会花费大量的、超过必要的时间去寻找知识,而且这样所得到的知识还不可能很有效和容易理解。大量事实表明,在知识发现的系统中,数据预处理所占用的工作时间量多达整个挖掘工作时间量的60%~80%。

### 6.1.1 数据预处理的必要性

数据仓库和数据挖掘的应用产生了大量的数据,这些数据不一定是规范化的,它以不同的形式存储在不同的地方。根据“垃圾进,垃圾出”原理,这些低质量的数据进入系统将会导致昂贵的操作费用和系统漫长的响应时间,并且对从数据集中抽取的模式的正确性和导出规则的准确性产生巨大的影响,更严重的是会使得决策支持系统产生错误的分析结果,误导决策。因此,在数据仓库的构建过程中以及在对数据的导入过程中和从数据库中挖掘知识之前都必须对数据进行一系列的预处理工作。数据的质量直接制约分析的结果,如何预处理数据从而提高数据质量,对数据分析的结果是否正确有效有着重大的影响,而数据分析的结果正确与否直接影响着决策者的决策。因此,在对数据进行分析的时候,我们先必须对不完整的数据与噪声数据进行预处理。

数据挖掘的对象是从现实世界采集到的大量的各种各样的数据。由于现实生产和实际生活以及科学研究的多样性、不确定性、复杂性等，导致我们采集到的原始数据比较散乱，它们是不符合挖掘算法进行知识获取研究所要求的规范和标准的。主要具有以下特征：

(1) 不完整性。指的是数据记录中可能会出现有些数据属性的值丢失或不确定的情况，还有可能缺失必需的数据。这是由于系统设计时存在的缺陷或者使用过程中一些人为因素所造成的，如有些数据缺失只是因为输入时认为是不重要的；相关数据没有记录可能是由于理解错误，或者因为设备故障；与其他记录不一致的数据可能已经删除；历史记录或修改的数据可能被忽略等。

(2) 含噪声。指的是数据具有不正确的属性值，包含错误或存在偏离期望的离群值。产生的原因很多。比如收集数据的设备可能出故障；人或计算机的错误可能在数据输入时出现；数据传输中也可能出现错误。不正确的数据也可能是由命名约定或所用的数据代码不一致，或输入字段(如时间)的格式不一致而导致的。实际使用的系统中，还可能存在大量的模糊信息，有些数据甚至还具有一定的随机性。

(3) 杂乱性(不一致性)。原始数据是从各个实际应用系统中获取的，由于各应用系统的数据缺乏统一标准的定义，数据结构也有较大的差异，因此各系统间的数据存在较大的不一致性，往往不能直接拿来使用。同时来自不同的应用系统中的数据由于合并而普遍存在数据的重复和信息的冗余现象。

因此，我们说存在不完整的、含噪声的和不一致的数据是现实世界大型的数据库或数据仓库的共同特点。一些比较成熟的算法对其处理的数据集合一般都有一定的要求，如数据完整性好、数据的冗余性少、属性之间的相关性小。然而，实际系统中的数据一般都不能直接满足数据挖掘算法的要求。因此我们有进行数据预处理的必要。同时，我们从 KDD 过程和数据挖掘的步骤也可以看出，数据预处理是其中一个重要的而且是必需的过程。

通过预处理工作，可以使残缺的数据完整，将错误的数据纠正，将多余的数据去除，将所需的数据挑选出来并且进行数据集成，将不适应的数据格式转换为所要求的格式。还可以消除多余的数据属性，从而达到数据类型相同化、数据格式一致化、数据信息精练化和数据存储集中化。总而言之，经过预处理之后，我们不仅可以得到挖掘系统所要求的数据集，使数据挖掘成为可能；而且，还可以尽量减少挖掘系统所付出的代价和提高挖掘出的知识的有效性与易懂性。

### 6.1.2 数据预处理的基本方法

数据挖掘中的预处理主要是接受并理解用户的发现要求，确定发现任务，抽取与发现任务相关的知识源，根据背景知识中的约束性规则对数据进行检查，通过清理和归纳等操作，生成供挖掘核心算法使用的目标数据，即知识库。知识库是原始数据库经数据汇集处理后得到的二维表，纵向为属性、横向为元组。它汇集了原始数据库中与发现任务相关的所有数据的总体特征，是知识发现状态空间的基底，也可以认为是最初始的知识模板。

数据可以采取多种手段进行预处理。数据清理可以将数据中的噪声去掉，纠正不一致的数据。数据集成将数据由多个数据源(各种异构的外部数据库)合并成一致的数据存储，如数据仓库。预处理也可以使用数据变换，如规范化。对数据进行规范化可以提高涉及距离度量的挖掘算法的准确率和有效性。数据归约可以通过聚集、删除冗余特征或聚类等方法来减小数据规模。这些技术相互之间都可以共同使用而不互斥,可以结合多种方法对数据进行预处理,甚至可以相辅相成达到更好的效果。例如,数据清理可能涉及纠正错误数据的变换,如将日期字段变换成共同的格式。数据规约可以减小数据库中数据量的大小。这些数据处理技术在挖掘之前使用,可以显著地减少脏数据的数量,提高挖掘模式的总体质量并且减少实际挖掘所需要的时间。因为脏数据往往造成挖掘过程陷入混乱,导致不可靠的输出。尽管大部分挖掘算法都有一些特定的步骤来处理噪声数据或者不完整的数据,但它们并非总是鲁棒的。所以,一个有效的预处理步骤是使用一些清理例程处理数据。通常,我们在为系统的数据仓库准备相应的数据时,数据清理和数据集成将作为数据预处理的步骤来进行。

常见的数据预处理方法有数据清洗、数据集成、数据变换和数据归约。图 6.1 给出了数据预处理的典型形式。

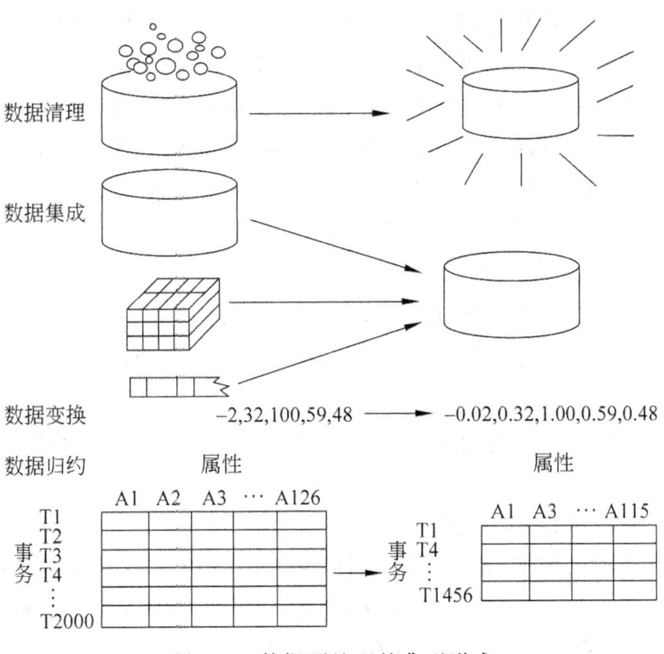


图 6.1 数据预处理的典型形式

数据清理(data cleaning)处理例程通常包括:填补遗漏的数据值、平滑有噪声数据、识别或除去异常值,以及解决不一致问题。

数据集成(data integration)就是将来至多个数据源的数据合并到一起,形成一致的数据存储,如将不同数据库中的数据集成入一个数据仓库中存储。之后,有时还需要进行数据清理以便消除可能存在的数据冗余。

数据变换(data transformation)主要是将数据转换成适合于挖掘的形式,如将属性数据按比例缩放,使之落入一个比较小的特定区间。这一点对那些基于距离的挖掘算法尤为重要。包括平滑处理、聚集处理、数据泛化处理、规格化、属性构造。

数据归约(data reduction)在不影响挖掘结果的前提下,通过数值聚集、删除冗余特性的办法压缩数据,提高挖掘模式的质量,降低时间复杂度。

需要强调的是，以上所提及的方法并不是相互独立的，而是相关联的。例如，冗余数据的删除既是一种数据清理形式，也是一种数据归约。而我们做完数据集成之后往往还需要再次进行数据清理工作。

### 6.1.3 数据预处理的研究现状

目前，数据仓库和数据挖掘在理论和应用上都获得了极大的发展，数据预处理作为其重要的、必不可少的组成部分，技术也随之快速发展。现阶段数据预处理技术中研究最多的是数据清洗和数据归约技术。

数据清洗研究内容主要涉及以下几方面：

(1) 对数据集进行检测。现阶段主要有以下方法：可以采用统计学的方法来对数据进行统计分析，计算属性值的各种数值，如考虑属性值之间差别大小、方差等。还有可以对与其他数据格式不一致的数据进行格式转换，使之格式符合数据挖掘的需要。

(2) 对数据集中重复的对象进行消除，也就是对重复记录的清理。对重复数据的处理在数据仓库环境下特别重要，因为在具有多个数据源的时候可能会产生大量的重复记录。

(3) 对缺失数据的补齐，研究者大多采用可靠的算法将与缺失的值最相似的值替换缺失值的方法，包括贝叶斯网络、神经网络、k 最临近分类、粗糙集理论等，这些方法大都需要判断缺失记录与完整记录之间的记录相似度，这是其核心问题。

数据归约技术及其主要内容为：

(1) 降维处理。主要采用删除冗余属性的方法，若用手工方法去除冗余属性就需要用到专家知识。通常使用属性子集选择方法，包括逐步向前选择法、逐步向后删除法、判定树归纳法等。

(2) 从数据集中选择较小的数据表示形式来减少数据量，需要用到数值归约技术，主要采用直方图、聚类等技术。

(3) 对信息系统中与决策属性没有关联或者关联度不大的属性进行约简。通过属性约简算法之后可以得到关键属性，减少冗余属性，从而减少得到决策结果所需要的时间。

(4) 离散化技术减少给定连续属性值的个数。这种方法可以通过简化运算量，但大多是递归的，需要花费大量的时间在每一步的数据排序上。

## 6.2 数据清理

去除源数据集中的噪声数据和无关数据，处理遗漏数据和清洗脏数据，去除空白数据域和知识背景上的白噪声，考虑时间顺序和数据变化等。完成重复数据处理和默认数据处理，完成数据类型的转换。

数据清洗可以分为有监督和无监督两类。有监督过程是在领域专家的指导下，分析收集的数据，去除明显错误的噪声数据和重复记录，填补缺值数据；无监督过程是用样本数据训练算法，使其获得一定的经验，并在以后的处理过程中自动采用这些经验完成数据清洗工作。

数据清洗的另一个重要内容是数据类型的转换，通常是指连续属性的离散化。一般来说，与类别无关的离散化方法有等距区间法、等频区间法和最大熵法。与类别有关的方法有划分法(Splitting)和归并法(Merging)等。通过离散化，可以有效地减少数据表的大小，提高分类的准确性。

数据清理例程的目的是要填充缺失的值；光滑噪声并识别离群点，纠正数据中的不一致。

### 6.2.1 填充缺失值

很多的数据都有缺失值。比如，银行房屋贷款信用风险评估中的客户数据，其中的一些属性可能没有记录值，如客户的家庭月总收入。填充丢失的值，可以用下面的方法。

(1) 忽略元组。当缺少类标号时通常这样做(假定挖掘任务涉及分类)。除非元组有多个属性缺少值，否则该方法不是很有效。当每个属性缺少值的百分比变化很大时，它的性能特别差。

(2) 人工填写缺失值。此方法很费时，特别是当数据集很大、缺少很多值时，该方法可能不具有实际的可操作性。

(3) 使用一个全局常量填充缺失值。将缺失的属性值用同一个常数(如 Unknown 或$-\infty$)替换。但这种方法因为大量地采用同一个属性值可能会误导挖掘程序得出有偏差甚至错误的结论，因此要小心使用。

(4) 用属性的均值填充缺失值。例如，已知重庆市某银行的贷款客户的平均家庭月总收入为 9000 元，则使用该值替换客户收入中的缺失值。

(5) 用同类样本的属性均值填充缺失值。例如，将银行客户按信用度分类，就可以用具有信用度相同的贷款客户的家庭月总收入替换家庭月总收入中的缺失值。

(6) 使用最可能的值填充缺失值。可以用回归、使用贝叶斯形式化的基于推理的工具或决策树归纳确定。例如，利用数据集中其他客户顾客的属性，可以构造一棵决策树来预测家庭月总收入的缺失值。

(7) 用最邻近方法填充缺失值。

方法(3)～(6)使数据偏置，填入的值可能不正确。然而，方法(6)是流行的策略，与其他方法相比，它使用已有数据的大部分信息来预测缺失值。在估计家庭月总收入的缺失值时，通过考虑其他属性的值，有更大的机会保持家庭月总收入和其他属性之间的联系。

重要的是，在某些情况下，缺失值并不意味数据有错误。例如，在申请信用卡时，可能要求申请人提供驾驶执照号。没有驾驶执照的申请者自然使该字段为空。表格应当允许填表人使用诸如“无效”等值。软件例程也可以用来发现其他空值，如“不知道”、“?”或“无”。理想地，每个属性都应当有一个或多个关于空值条件的规则。这些规则可以说明是否允许空值，并且或者说明这样的空值应当如何处理或转换。字段也可能故意留下空白，如果它们在商务处理的最后一步未提供值的话。因此，尽管在得到数据后，尽我们所能来清理数据，但数据库和数据输入的好的设计将有助于在第一现场最小化缺失值或错误的数量。

### 6.2.2 光滑噪声数据

噪声(noise)是被测量的变量的随机误差或方差。给定一个数值属性，如 price，我们怎样才能“光滑”数据，去掉噪声？我们看看下面的数据光滑技术。

(1) 分箱(binning)。分箱方法通过考察数据的“近邻”(即周围的值)来光滑有序数据的值。有序值分布到一些“桶”或箱中。由于分箱方法考察近邻的值，因此进行局部光滑。一般来说，宽度越大光滑效果越大。箱也可以是等宽的，每个箱值的区间范围是个常量。

(2) 回归。可以用一个函数(如回归函数)拟合数据来光滑数据。线性回归涉及找出拟合两个属性(或变量)的“最佳”线，使得一个属性可以用来预测另一个。多元线性回归是线性回归的扩展，其中涉及的属性多于两个，并且数据拟合到一个多维曲面。

(3) 聚类。可以通过聚类检测离群点，将类似的值组织成群或“簇”。直观地，落在簇集合之外的值视为离群点。

(4) 人工检测。人工检测是由专业人员识别孤立点。通过人与计算机的结合，相比单纯手动检查整个数据库可以提高效率。

许多数据光滑的方法也是涉及离散化的数据归约方法。例如，上面介绍的分箱技术减少了每个属性的不同值数量。对于基于逻辑的数据挖掘方法(如决策树归纳)，反复地对排序后的数据进行比较，这充当了一种形式的数据归约。概念分层是一种数据离散化形式，也可以用于数据光滑。

### 6.2.3 数据清理过程

把数据清理作为一个过程，该过程包括下列两个步骤。

#### 1. 偏差检测(discrepancy detection)

发现噪声、离群点和需要考察的不寻常的值时，可以使用已有的关于数据性质的知识。这种知识或“关于数据的数据”称做元数据。考察每个属性的定义域和数据类型、每个属性可接受的值、值的长度范围；考察是否所有的值都落在期望的值域内、属性之间是否存在已知的依赖；把握数据趋势和识别异常，比如远离给定属性均值超过两个标准差的值可能标记为潜在的离群点。另一种错误是源编码使用的不一致问题和数据表示的不一致问题(如日期“2009/09/25”和“25/09/2009”)。而字段过载(field overloading)是另一类错误源。

考察数据还要遵循唯一性规则、连续性规则和空值规则。可以使用其他外部材料人工地加以更正某些数据不一致。如数据输入时的错误可以使用纸上的记录加以更正。但大部分错误需要数据变换。

#### 2. 纠正偏差

一旦发现偏差，通常需要定义并使用(一系列)变换来纠正它们。商业工具可以支持数据变换步骤。但这些工具只支持有限的变换，因此，我们常常可能选择为数据清理过程的这一步编写定制的程序。

偏差检测和纠正偏差这两步过程迭代执行。

随着我们对数据的了解增加，重要的是要不断更新元数据以反映这种知识。这有助于加快对相同数据存储的未来版本的数据清理速度。

## 6.3 数据集成

数据分析任务多半涉及数据集成问题。数据集成合并多个数据源中的数据，存放在一个一致的数据存储(如数据仓库或数据集市)中。这些数据源可能包括多个数据库、数据立方体或一般文件。数据集成主要是将多文件或多数据库运行环境中的异构数据进行合并处理，解决语义的模型性问题。该部分主要涉及数据的选择、数据的冲突问题以及不一致数据的处理问题。数据集成中应尽量选择占物理空间较小的数据类型，如在值域范围内用 tinyint 类型代替 int 类型，每条记录可以节省 3 个字节，这对于大规模数据集来说将会大大减少系统的开销。

在数据集成时，首先需要考虑的是模式集成和对象匹配问题。来自多个信息源的现实世界的等价实体的匹配涉及实体识别问题。例如，判断一个数据库中的 customer_id 与另一个数据库中的 cust_number 是否是相同的属性。每个属性的元数据可以用来帮助避免模式集成的错误，元数据还可以用来帮助变换数据。

冗余是在数据集成时另一个需要考虑的重要问题。一个属性可能是冗余的，如果它能由另一个或另一组属性“导出”。属性或维命名的不一致也可能导致结果数据集中的冗余。

有些冗余可以被相关分析检测到。给定两个属性，这种分析可以根据可用的数据度量(两个属性之间的相关系数)估计一个属性能在多大程度上蕴含另一个属性。对于数值属性 $a$ 和 $b$，之间的相关系数 $r_{ab}$ 为

$$r_{ab}=\frac{\sum_{i=1}^{n}(a_i-\bar{a})(b_i-\bar{b})}{(n-1)\sigma_a\sigma_b} \tag{6-1}$$

其中，$n$ 是数据集的样本个数，$a_i$ 和 $b_i$ 分别是元组 $i$ 中 $a$ 和 $b$ 的值，$\bar{a}$ 和 $\bar{b}$ 分别是 $a$ 和 $b$ 的均值，$\sigma_a$ 和 $\sigma_b$ 分别是 $a$ 和 $b$ 的标准差，即

$$\sigma_a=\sqrt{\frac{\sum_{i=1}^{n}(a_i-\bar{a})^2}{n-1}} \tag{6-2}$$

$$\sigma_b=\sqrt{\frac{\sum_{i=1}^{n}(b_i-\bar{b})^2}{n-1}} \tag{6-3}$$

$-1<r_{ab}\leqslant+1$。如果 $r_{ab}$ 大于 0，则 $a$ 和 $b$ 是正相关的，该值越大，相关性越强(即每个属性蕴含另一个的可能性越大)。因此，一个较高的 $r_{ab}$ 值表明 $a$(或 $b$)可以作为冗余而被去掉。如果结果值等于 0，则 $a$ 和 $b$ 是独立的，不存在相关。如果结果值小于 0，则 $a$ 和 $b$ 是负相关的，一个值随另一个的减少而增加。这意味每一个属性都阻止另一个属性的出现。

**注意**：相关并不意味因果关系。也就是说，如果 $a$ 和 $b$ 是相关的，这并不意味 $a$ 导致 $b$ 或 $b$ 导致 $a$。

除了检测属性间的冗余外，还应当在元组级检测重复。去规范化表的使用也可能导致数据冗余。不一致通常出现在各种不同的副本之间，由于不正确的数据输入，或者由于更新

了数据的部分出现,但未更新所有的出现。

数据集成的第三个重要问题是数据值冲突的检测与处理。例如,对于现实世界的同一实体,来自不同数据源的属性值可能不同。这可能是因为表示、比例或编码不同。例如,重量属性可能在一个系统中以公制单位存放,而在另一个系统中以英制单位存放。对于连锁旅馆,不同城市的房价不仅可能涉及不同的货币,而且可能涉及不同的服务(如免费早餐)和税。

在一个系统中记录的属性的抽象层可能比另一个系统中"相同的"属性低。

数据集成时将一个数据库的属性与另一个匹配时,要考虑数据的结构用来保证原系统中的属性函数依赖和参照约束与目标系统中的匹配。

数据语义的异构和结构对数据集成提出了巨大挑战。由多个数据源小心地集成数据能够帮助降低和避免结果数据集中的冗余和不一致,从而提高其后挖掘过程的准确率和速度。

## 6.4 数据变换

数据变换把数据转换成适应于挖掘的形式。通过对某些属性按比例进行缩放,使属性取值落在较小的区间,例如数值型属性可以规范化到[0,1]区间,这种变换对聚类、神经网络等算法都是必要的。连续属性离散化也是决策树等分类分析常用的预处理。

属性规范化会减少挖掘过程所用的时间,而且规范化可以有效地避免较大取值的属性对数据挖掘的过度影响。

数据变换主要涉及如下方法:

(1) 光滑。去掉数据中的噪声。这种技术包括分箱、回归和聚类等。回归和聚类技术在后面介绍,这里简要介绍一下分箱技术。分箱是通过分析邻近的值平滑存储数据的值,可处理连续型和分类型变量,以得到更少的变量取值种类以便于分析。数据被分布到箱中,分箱的方法是进行局部的平滑,也可以作为一种离散化技术使用。在图 6.2 中,学生的数学成绩(已排序)被划分存入到等深的深度为 3 的箱中,然后采用下面的方法之一平滑。

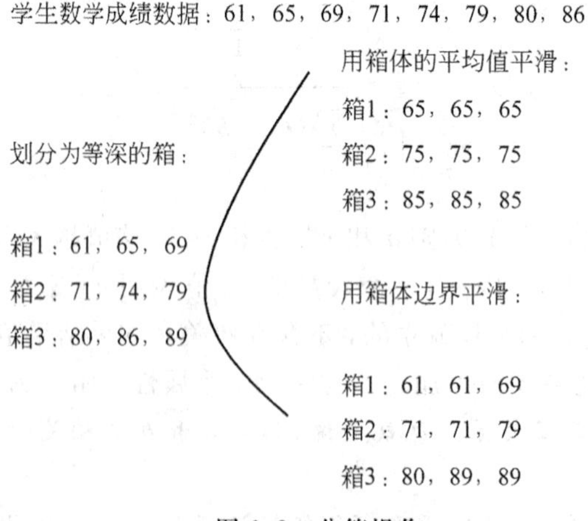


图 6.2 分箱操作

① 按箱平均值平滑分箱：箱中每一个值都按箱中的平均值替换，例如箱 1 中的值 61、65、69 的平均值是 65，该箱中的每一个值被箱中的平均值 65 替换。

② 按箱中值平滑：箱中的每一个值，按箱中的中值替换。

③ 按箱边界平滑：箱中的最大和最小值被视为箱边界。箱中的每一个值被最近的边界替换。

(2) 聚集。对数据进行汇总或聚集。例如，可以聚集日销售数据，计算月和年销售量。通常，这一步用来为多粒度数据分析构造数据立方体。聚集产生较小的数据集，使得分析的数据更稳定，但也应注意可能会丢失有趣的细节。

(3) 数据泛化。使用概念分层，用高层概念替换低层或“原始”数据。例如，分类的属性，如街道，可以泛化为较高层的概念，如城市或国家。类似地，数值属性如年龄，可以映射到较高层概念如青年、中年和老年。

(4) 规范化。如果描述样本或记录的变量单位不统一，数值差别比较大，就需要把数据归一化、指数化或标准化，把不同的属性进行比例缩放，使它们的值落在大致相同的范围内，如－1.0～1.0 或 0.0～1.0。

规范化对于涉及神经网络或距离度量的分类算法(如最近邻分类)和聚类特别有用。如果使用神经网络后向传播算法进行分类挖掘，对于训练元组中度量每个属性的输入值规范化将有助于加快学习阶段的速度。对于基于距离的方法，规范化可以帮助防止具有较大初始值域的属性(如 income)与具有较小初始值域的属性(如二元属性)相比权重过大。有许多数据规范化的方法，常用的有三种：最小-最大规范化、z-score 规范化和按小数定标规范化。

① 最小-最大规范化。假定 $m_A$ 和 $M_A$ 分别为属性 $A$ 的最小值和最大值。最小-最大规范化通过计算

$$v' = \frac{v - m_A}{M_A - m_A}(\text{new\_}M_A - \text{new\_}m_A) + \text{new\_}m_A \tag{6-4}$$

将 $A$ 的值 $v$ 映射到区间[$\text{new\_}m_A$，$\text{new\_}M_A$]中的 $v'$。

最小-最大规范化对原始数据进行线性变换，保持原始数据值之间的联系。如果今后的输入落在 $A$ 的原始数据值域之外，该方法将面临“越界”错误。

② z-score 规范化(零均值规范化)。把属性 $A$ 的值 $v$ 基于 $A$ 的均值和标准差规范化为 $v'$，通过下列公式计算：

$$v' = (v - \overline{A})/\sigma_A \tag{6-5}$$

式中，$\overline{A}$ 和 $\sigma_A$ 分别为属性 $A$ 的均值和标准差。当属性 $A$ 的实际最大和最小值未知，或离群点左右了最大-最小规范化时，该方法是有用的。

假定属性平均家庭月总收入的均值和标准差分别为 9000 元和 2400 元，值 12 600 元使用 z-score 规范化转换为：

$$\frac{12\,600 - 9000}{2400} = 1.5$$

③ 小数定标规范化。通过移动属性 $A$ 的小数点位置进行规范化。小数点的移动位数依赖于 $A$ 的最大绝对值。$A$ 的值 $v$ 规范化为 $v'$，由下式计算：

$$v' = \frac{v}{10^j} \tag{6-6}$$

式中，$j$ 是使得 $\text{Max}(|v'|)<1$ 的最小整数。

例如，假定 $A$ 的取值是 $-975 \sim 923$。$A$ 的最大绝对值为 975。使用小数定标规范化，用 1000(即 $j=3$)除每个值，这样，$-975$ 规范化为 $-0.975$，而 923 被规范化为 0.923。

规范化将原来的数据改变，特别是上面的后两种方法。有必要保留规范化参数(如均值和标准差，如果使用 z-score 规范化)，以便将来的数据可以用一致的方式规范化。

(5) 属性构造(或特征构造)。属性构造是由给定的属性构造和添加新的属性，帮助提高准确率和对高维数据结构的理解。可以构造新的属性并添加到属性集中，以帮助挖掘过程。

## 6.5 数据归约

有些数据属性对发现任务是没有影响的，这些属性的加入会大大影响挖掘效率，甚至还可能导致挖掘结果的偏差。数据简化是在对发现任务和数据本身内容理解的基础上，寻找依赖于发现目标的表达数据的有用特征，以缩减数据模型，从而在尽可能保持数据原貌的前提下最大限度地精简数据量。

对海量数据进行复杂的数据分析和挖掘将需要很长时间，使得这种分析不具有可操作性，数据归约技术可以用来得到数据集的归约表示，它小得多，但仍接近保持原数据的完整性。这样，对归约后的数据集挖掘将更有效，并产生相同(或几乎相同)的分析结果。

用于数据归约的计算时间不应当超过或"抵消"对归约数据挖掘节省的时间。下面介绍几种常见的数据归约技术。

### 6.5.1 数据立方体聚集

数据立方体存储多维聚集信息。每个单元存放一个聚集值，对应于多维空间的一个数据点，每个属性可能存在概念分层，允许在多个抽象层进行数据分析。数据立方体提供对预计算的汇总数据进行快速访问，因此，适合联机数据分析处理和数据挖掘。例如收集的数据是某公司过去几年间每个季度的销售数据，而感兴趣的数据是年销售数据，可以通过对数据聚集汇总得到年总销售额。数据立方体聚集为在线分析处理的上钻、下钻等操作提供了可以快速访问的汇总数据。

数据立方体聚集的基础是概念分层，用于处理数据立方体中的数据。在概念分层的最低抽象层创建的立方体称为基本方体(base cuboid)。基本方体应当对应于感兴趣的个体实体。即最低层应当是对应于分析可用的或有用的数据。最高层抽象的立方体称为顶点方体(apex cuboid)。对不同抽象层创建的数据立方体称为方体(cuboid)，因此数据立方体可以看做方体的格(lattice of cuboids)。每个较高层抽象将进一步减少结果数据的规模。当回答数据挖掘查询时，应当使用与给定任务相关的最小可用方体。

### 6.5.2 属性子集选择

用于分析的数据集可能包含数以百计的属性，其中大部分属性与挖掘任务不相关或冗余。

属性子集选择的基本启发式方法包括以下几种：

(1) 逐步向前选择。该过程由空属性集作为归约集开始，确定原属性集中最好的属性，并将它添加到归约集中。在其后的每一次迭代步骤中，将剩下的原属性集中最好的属性添加入该集合。

(2) 逐步向后删除。该过程由整个属性集开始。在每一步，删除属性集中最差的属性。

(3) 向前选择和向后删除的结合。可以将逐步向前选择和向后删除方法结合在一起，每一步选择一个最好的属性，并在剩余属性中删除一个最差的属性。

(4) 决策树归纳。决策树算法最初是用于分类的。决策树归纳构造一个类似于流程图的结构，其中每个内部(非树叶)节点表示一个属性的测试，每个分支对应于测试的一个输出；每个外部(树叶)节点表示一个类预测。在每个节点，算法选择"最好"的属性，将数据划分成类。

当决策树归纳用于属性子集选择时，由给定的数据构造决策树。不出现在树中的所有属性假定是不相关的。出现在树中的属性形成归约后的属性子集。方法的结束标准可以不同。该过程可以使用一个度量阈值来决定何时停止属性选择过程。

### 6.5.3 维度归约

维度归约使用数据编码或变换，以便得到原数据的归约或"压缩"表示。两种流行、有效的有损的维归约方法是：小波变换和主成分分析。

#### 1. 小波变换

离散小波变换(DWT)是一种线性信号处理技术，当用于数据向量 $\boldsymbol{X}$ 时，将它变换成数值上不同的小波系数向量 $\boldsymbol{X}'$。两个向量具有相同的长度。当这种技术用于数据归约时，每个元组看做一个 $n$ 维数据向量 $\boldsymbol{X}=(x_1,x_2,\cdots,x_n)$，用来描述 $n$ 个数据库属性在元组上的 $n$ 个测量值。

小波变换后的数据可以截短，仅存放一小部分最强的小波系数，就能保留近似的压缩数据。比如保留大于用户设定的某个阈值的所有小波系数，其他系数置为0。这样，结果数据表示非常稀疏，使得如果在小波空间进行计算，利用数据稀疏特点的操作计算得非常快。该技术也能用于消除噪声，而不会光滑掉数据的主要特征，使得它们也能有效地用于数据清理。给定一组系数，使用所用的DWT的逆，可以构造原数据的近似。

DWT与离散傅里叶变换(DFT)有密切关系，DFT是一种涉及正弦和余弦的信号处理技术。然而一般地说，DWT是一种更好的有损压缩。也就是说，对于给定的数据向量，如果DWT和DFT保留相同数目的系数，DWT将提供原数据的更准确的近似。因此，对于等价的近似，DWT比DFT需要的空间小。不像DFT，小波空间局部性相当好，有助于保留局部细节。

应用离散小波变换的一般过程使用一种分层金字塔算法(pyramid algorithm)，它在每次迭代将数据减半，导致很快的计算速度。

可以将矩阵乘法用于输入数据，以得到小波系数。所用的矩阵依赖于给定的DWT。

矩阵必须是标准正交的，即列是单位向量并相互正交，使得矩阵的逆是它的转置，这种性质允许由光滑和光滑-差数据集重构数据。通过将矩阵因子分解成几个稀疏矩阵，对于长度为 $n$ 的输入向量，“快速 DWT”算法的复杂度为 $O(n)$。

小波变换可以用于多维数据，如数据立方体。可以按以下方法做：首先将变换用于第一个维，然后第二个，如此下去。计算复杂性关于立方体中单元的个数是线性的。对于稀疏或倾斜数据和具有有序属性的数据，小波变换给出很好的结果。小波变换有许多实际应用，包括指纹图像压缩、计算机视觉、时间序列数据分析和数据清理。

**2. 主成分分析**

主成分分析（Principal Components Analysis，PCA）搜索 $k$ 个最能代表数据的 $n$ 维正交向量，其中 $k \leqslant n$。这样，原来的数据投影到一个小得多的空间，导致维度归约。PCA 通过创建一个替换的、更小的变量集“组合”属性的基本要素。原数据可以投影到该较小的集合中。PCA 常常揭示先前未曾察觉的联系，并因此允许解释不寻常的结果。基本过程如下：

(1) 对输入数据规范化，使得每个属性都落入相同的区间。此步有助于确保具有较大定义域的属性不会支配具有较小定义域的属性。

(2) PCA 计算 $k$ 个标准正交向量，作为规范化输入数据的基。这些是单位向量，每一个方向都垂直于另一个。这些向量称为主成分。输入数据是主成分的线性组合。

(3) 对主成分按“重要性”或强度降序排列。主成分基本上充当数据的新坐标轴，提供关于方差的重要信息。也就是说，对坐标轴进行排序，使得第一个坐标轴显示数据的最大方差，第二个显示次大方差，如此下去。

(4) 主成分根据“重要性”降序排列，则可通过去掉较弱的成分（即方差较小）来归约数据的规模。使用最强的主成分，应当能够重构原数据的很好的近似。

PCA 计算开销低，可以用于有序和无序的属性，并且可以处理稀疏和倾斜数据。多于 2 维的多维数据可以通过将问题归约为 2 维问题来处理。主成分可以用作多元回归和聚类分析的输入。与小波变换相比，PCA 能够更好地处理稀疏数据，而小波变换更适合高维数据。

### 6.5.4 数值归约

数值归约技术指的是选择替代的、“较小的”数据表示形式来减少数据量。几种常用数值归约技术如下：

**1. 回归和对数线性模型**

回归和对数线性模型可以用来近似给定的数据。在（简单）线性回归中，对数据建模，使之拟合到一条直线。例如，可以用以下公式，将随机变量 $y$（称做响应变量）建模为另一随机变量 $x$（称为预测变量）的线性函数。

$$y = wx + b \tag{6-7}$$

其中，假定 $y$ 的方差是常量。在数据挖掘中，$x$ 和 $y$ 是数值数据库属性。系数 $w$ 和 $b$（称做回归系数）分别为直线的斜率和 Y 轴截距。系数可以用最小二乘方法求解，它最小化分离数据的实际直线与直线估计之间的误差。多元线性回归是（简单）线性回归的扩充，允

许响应变量 $y$ 建模为两个或多个预测变量的线性函数。

对数线性模型近似离散的多维概率分布。给定 $n$ 维元组的集合，可以把每个元组看做 $n$ 维空间的点。可以使用对数线性模型基于维组合的一个较小子集，估计离散化的属性集的多维空间中每个点的概率。这使得高维数据空间可以由较低维空间构造。因此，对数线性模型也可以用于维归约（由于低维空间的点通常比原来的数据点占据较少的空间）和数据光滑（因为与较高维空间的估计相比，较低维空间的聚集估计较少受抽样方差的影响）。

回归和对数线性模型都可以用于稀疏数据，尽管它们的应用可能是受限制的。虽然两种方法都可以处理倾斜数据，但是回归可望更好。当用于高维数据时，回归可能是计算密集的，而对数线性模型表现出很好的可伸缩性，可以扩展到 10 维左右。

### 2. 直方图

直方图使用分箱来近似数据分布。属性 A 的直方图将 A 的数据分布划分为不相交的子集或桶。如果每个桶只代表单个属性值/频率对，则称为单桶。通常，桶表示给定属性的一个连续区间。

确定桶和属性值的划分规则，包括如下：

(1) 等宽。在等宽直方图中，每个桶的宽度区间是一致的。

(2) 等频（或等深）。在等频直方图中，创建桶，使得每个桶的频率粗略地为常数（即每个桶大致包含相同个数的邻近数据样本）。

(3) V 最优。给定桶的个数，对于所有可能的直方图，则 V 最优直方图是具有最小方差的直方图。直方图的方差是每个桶代表的原来值的加权和，其中权等于桶中值的个数。

(4) MaxDiff。在 MaxDiff 直方图中，考虑每对相邻值之间的差。桶的边界是具有 $\beta-1$ 个最大差的对，其中 $\beta$ 是用户指定的桶数。

V 最优和 MaxDiff 直方图看来是最准确和最实用的。对于近似稀疏和稠密数据、高倾斜和均匀的数据，直方图是高度有效的。多维直方图可以表现属性间的依赖，这种直方图能够有效地近似多达 5 个属性的数据。但有效性尚需进一步研究。对于存放具有高频率的离群点，单桶是有用的。

### 3. 聚类

聚类技术将数据元组视为对象。它将对象划分为群或簇，使一个簇中的对象相互“相似”，而与其他簇中的对象“相异”。通常，相似性基于距离函数，用对象在空间中的“接近”程度定义。簇的“质量”可以用直径表示，直径是簇中任意两个对象的最大距离。质心距离是簇质量的另一种度量，定义为由簇质心（表示“平均对象”，或簇空间中的平均点）到每个簇对象的平均距离。

在数据归约中，用数据的簇表示替换实际数据。该技术的有效性依赖于数据的性质。如果数据能够组织成不同的簇，该技术有效得多。在数据库系统中，多维索引树主要用于对数据的快速访问。它也能用于分层数据的归约，提供数据的多维聚类。这可以用于提供查询的近似回答。对于给定的数据对象集，索引树递归地划分多维空间，其树根节点代表整个空间。通常，这种树是平衡的，由内部节点和树叶节点组成。每个父节点包含关键字和指向子女节点的指针，子女节点一起表示父节点代表的空间。每个树叶节点包含指向它所代表的数据元组的指针(或实际元组)。

这样，索引树可以在不同的分辨率或抽象层存放聚集和细节数据。它提供了数据集的分层聚类，其中每个簇有一个标记，存放该簇包含的数据。如果我们把父节点的每个子女看做一个桶，则索引树可以看做一个分层的直方图。类似地，每个桶进一步分成更小的桶，允许在更细的层次聚集数据。作为一种数据归约形式使用多维索引树依赖于每个维上属性值的次序。二维或多维索引树包括R树、四叉树和它们的变形。它们都非常适合处理稀疏数据和倾斜数据。

**4. 抽样**

抽样可以作为一种数据归约技术使用，因为它允许用数据的小得多的随机样本(子集)表示大型数据集。

最常用的抽样方法有4种：(假定大型数据集$D$包含$N$个元组)

(1) $s$个样本无放回简单随机抽样(SRSWOR)。

(2) $s$个样本有放回简单随机抽样(SRSWR)。

(3) 聚类抽样：如果$D$中的元组分组放入$M$个互不相交的“簇”，则可以得到$s$个簇的简单随机抽样(SRS)，其中$s<M$。例如，数据库中元组通常一次检索一页，这样每页就可以视为一个簇。也可以利用其他携带更丰富语义信息的聚类标准。

(4) 分层抽样：如果$D$划分成互不相交的部分，称做层，则通过对每一层的SRS就可以得到$D$的分层样本。特别是当数据倾斜时，这可以帮助确保样本的代表性。

采用抽样进行数据归约的优点是，得到样本的花费正比于样本集的大小$s$，而不是数据集的大小$N$。因此，抽样的复杂度子线性(sublinear)于数据的大小。其他数据归约技术至少需要完全扫描$D$。对于固定的样本大小，抽样的复杂度仅随数据的维数$n$线性地增加；而其他技术，如使用直方图，复杂度随$n$指数增长。

用于数据归约时，抽样最常用来估计聚集查询的回答。在指定的误差范围内，可以确定(使用中心极限定理)估计一个给定的函数所需的样本大小。样本的大小$s$相对于$N$可能非常小。对于归约数据集的逐步求精，只需要简单地增加样本大小即可。

### 6.5.5 数据离散化与概念分层

通过将属性值域划分为区间，数据离散化技术可以用来减少给定连续属性值的个数。区间的标记可以替代实际的数据值。用少数区间标记替换连续属性的数值，从而减少和简化了原来的数据。这导致挖掘结果的简洁、易于使用的、知识层面的表示。

对于给定的数值属性，概念分层定义了该属性的一个离散化。通过收集较高层的概念(如青年、中年或老年)并用它们替换较低层的概念(如年龄的数值)，概念分层可以用来归约数据。通过这种数据泛化，尽管细节丢失了，但是泛化后的数据更有意义、更容易解释。

这有助于通常需要的多种挖掘任务的数据挖掘结果的一致表示。此外，与对大型未泛化的数据集挖掘相比，对归约的数据进行挖掘所需的I/O操作更少，并且更有效。正因为如此，离散化技术和概念分层作为预处理步骤，在数据挖掘之前而不是在挖掘过程进行。

**1. 数值数据的离散化和概念分层产生**

数值属性的概念分层可以根据数据离散化自动构造。通常,每种方法都假定待离散化的值已经按递增序排序。

1) 分箱

分箱是一种基于箱的指定个数自顶向下的分裂技术。通过使用等宽或等频分箱,然后用箱均值或中位数替换箱中的每个值,可以将属性值离散化,就像分别用箱的均值或箱的中位数光滑一样。这些技术可以递归地作用于结果划分,产生概念分层。分箱并不使用类信息,因此是一种非监督的离散化技术。它对用户指定的箱个数很敏感,也容易受离群点的影响。

2) 直方图分析

像分箱一样,直方图分析也是一种非监督离散化技术,因为它也不使用类信息。使用等频直方图,理想地分割值使得每个划分包括相同个数的数据元组。直方图分析算法可以递归地用于每个划分,自动地产生多级概念分层,直到达到预先设定的概念层数过程终止。也可以对每一层使用最小区间长度来控制递归过程。最小区间长度设定每层每个划分的最小宽度,或每层每个划分中值的最少数目。直方图也可以根据数据分布的聚类分析进行划分。

3) 基于熵的离散化

熵(entropy)是最常用的离散化度量之一。基于熵的离散化是一种监督的、自顶向下的分裂技术。它在计算和确定分裂点(划分属性区间的数据值)时利用类分布信息。对离散数值属性 $A$,选择 $A$ 的具有最小熵的值作为分裂点,并递归地划分结果区间,得到分层离散化。这种离散化形成 $A$ 的概念分层。

4) 基于 $x^2$ 分析的区间合并

采用自底向上的策略,递归地找出最佳邻近区间,然后合并它们,形成较大的区间。这种方法是监督的,它使用类信息。其基本思想是,对于精确的离散化,相对类频率在一个区间内应当相当一致。因此,如果两个邻近的区间具有非常类似的类分布,则这两个区间可以合并;否则,它们应当保持分开。

初始,将数值属性 $A$ 的每个不同值看做一个区间。对每对相邻区间进行 $x^2$ 检验。具有最小 $x^2$ 值的相邻区间合并在一起,因为低 $x^2$ 值表明它们具有相似的类分布。该合并过程递归地进行,直到满足预先定义的终止标准。

5) 聚类分析

聚类分析是一种流行的数据离散化方法。将属性 $A$ 的值划分成簇或组,聚类考虑 $A$ 的分布以及数据点的邻近性,可以产生高质量的离散化结果。遵循自顶向下的划分策略或自底向上的合并策略,聚类可以用来产生 $A$ 的概念分层,其中每个簇形成概念分层的一个节点。在前者,每一个初始簇或划分可以进一步分解成若干子簇,形成较低的概念层。在后者,通过反复地对邻近簇进行分组,形成较高的概念层。

6) 根据直观划分离散化

3-4-5 规则可以用来将数值数据分割成相对一致、看上去自然的区间。一般该规则根据最高有效位的取值范围,递归逐层地将给定的数据区域划分为 3、4 或 5 个相对等宽的区间。

**2. 分类数据的概念分层产生**

1）由用户或专家在模式级显式地说明属性的偏序

通常，分类属性或维的概念分层涉及一组属性。用户或专家在模式级通过说明属性的偏序或全序，可以很容易地定义概念分层。

2）通过显式数据分组说明分层结构的一部分

这基本上是人工地定义概念分层结构的一部分。在大型数据库中，通过显式的值枚举定义整个概念分层是不现实的。然而，对于一小部分中间层数据，我们可以很容易地显式说明分组。

3）说明属性集但不说明它们的偏序

用户可以说明一个属性集形成概念分层，但并不显式说明它们的偏序。然后，系统可以尝试自动地产生属性的序，构造有意义的概念分层。可以根据给定属性集中每个属性不同值的个数自动地产生概念分层。具有最多不同值的属性放在分层结构的最低层。一个属性的不同值个数越少，它在所产生的概念分层结构中所处的层次越高。在许多情况下，这种启发式规则都很顶用。在考察了所产生的分层之后，如果必要，局部层次交换或调整可以由用户或专家来做。

4）只说明部分属性集

在定义分层时，有时用户可能不小心，或者对于分层结构中应当包含什么只有很模糊的想法。结果，用户可能在分层结构说明中只包含了相关属性的一小部分。为了处理这种部分说明的分层结构，重要的是在数据库模式中嵌入数据语义，使得语义密切相关的属性能够捆在一起。用这种办法，一个属性的说明可能触发整个语义密切相关的属性组"拖进"，形成一个完整的分层结构。然而必要时，用户应当可以选择忽略这一特性。

## 6.6 小　　结

本章主要介绍了数据预处理的相关概念和主要技术。

现实世界的数据往往存在噪声、丢失数据和不一致数据等问题。为了提高挖掘结果的质量就需要进行数据预处理工作。数据预处理(data preprocessing)是指在对数据进行数据挖掘主要的处理以前，先对原始数据进行必要的清洗、集成、转换、离散和归约等等一系列的处理工作，以达到挖掘算法进行知识获取研究所要求的最低规范和标准。

人们已经积累了大量的数据预处理技术。如何恰当选择和应用这些技术得到更有效的数据，是一个值得探讨的问题。

## 6.7 习　　题

**1. 填空题**

(1) 常见的数据预处理方法有________、数据集成、________和数据归约。

(2) 数据清理处理例程通常包括________、平滑有噪声数据、识别或除去异常值，以及________。

(3) 常用的分箱方法有________或________分箱。

(4) 光滑是去掉数据中的噪声。光滑技术主要包括________、________和聚类等。

(5) 直观地，落在簇集合之外的值视为________。

**2. 简答题**

(1) 简述噪声的概念。

(2) 简述数据预处理的必要性。

(3) 常用的填充丢失的值有哪些方法？

(4) 常用的数据光滑技术有哪些？

(5) 简述分箱技术的概念。

# 第7章 数据挖掘技术

随着计算机硬件和软件的飞速发展,尤其是数据库技术与应用的日益普及,人类正面临着“数据海洋”的困惑。如何有效地利用和处理大量的数据即通过分析数据对象之间关系提取隐含在数据中的知识,成为广大信息技术工作者所关注的焦点。正是在这种前景下,数据挖掘技术应运而生。

数据挖掘涉及数据库技术、人工智能、知识工程、统计学、机器学习、优化计算和专家系统等领域。从本质上来说,数据挖掘是智能信息处理的一种过程或技术,它在对大量数据实例全面而深刻认识的基础上,通过计算、归纳和推理等环节,从中抽取普遍的、一般的和本质的现象或特征。常用的方法有决策树、遗传算法、贝叶斯网络、粗糙集、神经网络等。其中决策树的优点是可理解性,很直观,主要用于分类和归纳挖掘,但在数据量较大和数据复杂的情况下,该算法则显得力不从心;遗传算法擅长于数据聚集,在组合优化问题上具有独特的优势;粗糙集在数据挖掘中具有重要的作用,常用于处理含糊性和不确定性的问题,以及特征归纳和相关分析,运用粗糙集进行数据预处理可以提高知识发现的效率;神经网络能够对复杂问题进行预测,它在商业界得到广泛的应用,对于信贷客户识别、股票预测和证券市场分析等方面具有良好的效果;贝叶斯网络具有分类、聚类、预测和因果分析等功能,易于理解,预测效果较好,面对大规模数据时显示出它独特的优势。

## 7.1 概念描述

数据库中存放的数据往往是大量的细节数据。用户对这些细节数据一般不感兴趣,他们感兴趣的只是其中某类对象的特征性描述或者几个类之间的区别性描述。这类知识是对原始数据的有意义的抽象,属于概念描述(concept description)。除了上述两种类型的概念描述外,还有度量中心趋势、度量数据离散度等其他类型的描性统计,这些高度概括的知识对理解数据的分布很有帮助。

### 7.1.1 概念描述的生成过程

概念描述是对原始细节数据的抽象,一般要经过概念分层、数据泛化、泛化结果表示等步骤,其中概念分层是数据泛化的基础,数据泛化是数据描述的基础。对同一批数据而言,如果选择泛化的维不同,或泛化的层次不同,或选择的汇总函数不同,可以得到不同的概念描述。

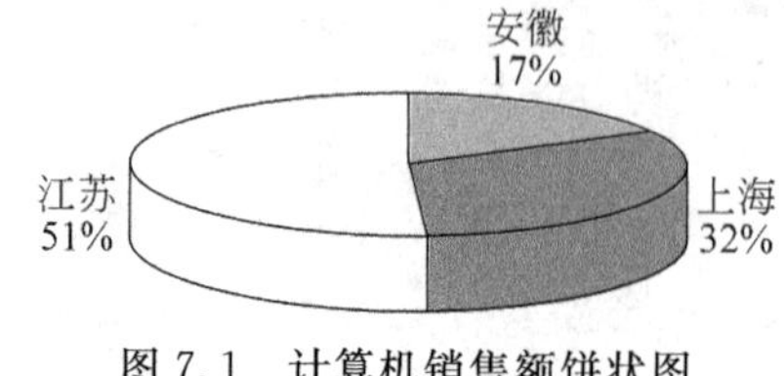

图 7.1 计算机销售额饼状图

概念描述比原始细节数据直观。以某电脑公司的销售数据为例,表 7-1 描述的是该公司 2004 年 1 月在江苏、上海、安徽三省市的销售情况明细数据,从这些明细数据不能直接看出该公司在不同地区的计算机销售业绩对比。图 7.1 是个饼形图,它是由这些数据生成的关于该公司销售情况的一种概念描述。通过该概念描述可以很直观地看出该公司在不同地区的计算机销售业绩对比。

**表 7-1 商品销售情况表(明细)**

| 产品 | 数量 | 单价 | 销售地点 | 所属于省市 | 销售日期 |
|---|---|---|---|---|---|
| 打印机 | 8 | 1200 | 合肥 | 安徽 | 2004-01-11 |
| 计算机 | 10 | 6500 | 合肥 | 安徽 | 2004-01-12 |
| 计算机 | 12 | 7500 | 南京 | 江苏 | 2004-01-12 |
| 打印机 | 10 | 2500 | 滁州 | 安徽 | 2004-01-12 |
| 打印机 | 7 | 1500 | 上海 | 上海 | 2004-01-12 |
| 计算机 | 10 | 6500 | 扬州 | 江苏 | 2004-01-12 |
| 计算机 | 8 | 6500 | 滁州 | 安徽 | 2004-01-12 |
| ⋮ | ⋮ | ⋮ | ⋮ | ⋮ | ⋮ |

### 7.1.2 概念分层与数据泛化

从语义层面看,不同的概念之间存在着层次关系,这种层次关系既可以是同类概念之间的关系,如上下位关系、同义关系、反义关系、部件与整体关系、材料和成品关系、属性和宿主关系,也可以是非同类概念之间的关系,如属性值和属性的指向关系、事件和角色关系。在层次关系中,高层概念描述的内容比低层概念描述的内容更一般。

数据库中原始的细节数据通常属于较低层的概念,如果直接对这些细节数据进行挖掘,可能得到许多难以理解的规则。利用较高层次概念替换低层概念可以减少数据集的数据量。虽然有些细节数据在泛化过程中消失了,但是最终所获得的泛化数据可能更便于理解、更有意义。而且,在较高层次上的挖掘,将产生更为广泛的、具有指导意义的规则和知识。因此,在开展数据挖掘活动时,有时需要将与挖掘任务相关的数据集从较低的概念层抽象到较高的概念层。这个处理过程称为数据泛化,它是一种有效的数据压缩方法,可以在不同的概念层次上进行。

概念分层是数据泛化的基础,它定义将低层概念映射到高层概念的映射序列。以销售地点为例,可以将销售地点分成由高到低三个概念层次,即国家、省、市。定义映射 $f$,$f$(南京)=江苏,$f$(扬州)=江苏,$f$(合肥)=安徽,…。$f$ 就是一个概念分层映射,利用 $f$ 就可以将低层概念“市”映射到高层概念“省”。

概念分层主要由人工完成。非数值型数据的概念分层比较容易,因为这种数据的取值是离散的,通常取值范围是固定的。数值型数据的概念分层比较困难,因为数据值更新频繁且数据的可能取值范围又具有多样性。数值型数据的概念分层可以由人工完成,也可以自动完成,但具有一定的随意性。

### 7.1.3 概念分层方法

数值型数据概念分层的方法主要有分箱、聚类分析、基于熵的离散化。

#### 1. 分箱法

分箱法是先将量化属性的范围划分为区间,区间被视为箱(最简单的分箱策略是等宽分箱,要求每个箱的区间长度相同)。然后使用箱中的平均值或中值替换箱中的每个值,从而将属性值离散化,再将分箱技术递归地作用于结果划分,产生概念分层。

**2. 聚类分析方法**

聚类分析方法是将数据对象分别组成不同簇,使得簇间的相似性尽量小,而簇内的相似性尽量大。每个簇形成概念分层的各个节点,而所有的节点属于同一个概念层次。再将每个簇进行进一步划分,分成更小的子簇,这些子簇形成较低的概念层(也可以通过合并子簇形成较高的概念层)。

**3. 基于熵的离散化方法**

基于熵的离散化方法涉及信息、熵、数学期望等概念,本节先对这些概念作一点简单的解释,以便读者能够理解。

(1) 信息、熵。"熵"原是统计热力学中的概念。系统论借用"熵"表示系统中存在的某种无序状态程度的量,而"负熵"则被认为是系统组织程度(或有序性)的量,而"信息量实质上就是负熵",计算信息量的公式如下:

$$H(X)=-\sum_{i=1}^{N}P_i\log P_i \tag{7-1}$$

式中,$H(X)$为集合 $X$ 的负熵,即每个消息的平均信息量,$P_i$ 为先验概率。

(2) 离散型随机变量的数学期望。如果离散型随机变量 $X$ 的概率分布如下:

$$\begin{aligned}X&:x_1\quad x_2\quad \cdots\quad x_n\\ P&:P_1\quad P_2\quad \cdots\quad P_n\end{aligned}$$

则称 $\sum_{i=1}^{n}x_ip_i$ 为 $X$ 的数学期望,简称期望或均值,记为 $\mathrm{E}(X)$,即离散型随机变量的数学期望是随机变量所有取值与其相对应的概率乘积之和。

(3) 信息增益分析。设 $S$ 是训练样本的集合,其中每个样本的类标号都是已知的。假定有 $m$ 个类,集合 $S$ 中类别 $C_i$ 的记录数是 $N_i$ 个,$i=1,2,\cdots,m$。

设属性 $A$ 具有值$\{a_1,a_2,\cdots,a_v\}$,属性 $A$ 可以用来对 $S$ 进行分组,将 $S$ 分为子集 $S_1$,$S_2,\cdots,S_v$,其中 $S_j$ 包含 $S$ 中值为 $a_j$ 的那些样本。设 $S_j$ 包含类 $C_i$ 的 $S_{ij}$ 个样本。根据 $A$ 的这种划分的期望信息称为属性 $A$ 的熵,为

$$I(N_1,N_2,\cdots,N_m)=-\sum_{i=1}^{m}\frac{N_i}{s}\log_2\frac{N_i}{s} \tag{7-2}$$

一个给定的样本分类所需的期望信息是

$$\mathrm{E}(A)=\sum_{j=1}^{v}\frac{s_{1j}+\cdots+s_{mj}}{s}I(s_{1j},s_{2j},\cdots,s_{mj}) \tag{7-3}$$

$A$ 的信息增益为

$$\mathrm{Gain}(A)=I(N_1,N_2,\cdots,N_m)-\mathrm{E}(A) \tag{7-4}$$

现举例如下。

设 $S$ 是一个给定的训练样本集,其中每个样本的类标号都是已知的。假定有 $n$ 个类,类别用 $C_i$ 表示,$i=1,2,\cdots,n$。对数值型属性 $A$ 的基于熵的离散化方法如下。

(1) $A$ 的每个值可以看成是一个潜在的区间边界或阈值。利用 $A$ 的值 $v$ 可以将数据集 $S$ 划分为分别满足条件 $A<v$ 和 $A \geqslant v$ 的两个子集 $S_1$、$S_2$。

(2) 给定 $S$，选择一个合适的阈值，使得基于它的划分对应的信息增益最大。信息增益为：

$$I(S,T)=\frac{S_1\text{ 中的样本数}}{S\text{ 中的样本数}}\left(-\sum_{i=1}^{n}p_{1i}\times\log_2(p_{1i})\right)$$
$$+\frac{S_2\text{ 中的样本数}}{S\text{ 中的样本数}}\left(-\sum_{i=1}^{n}p_{2i}\times\log_2(p_{2i})\right)$$

式中，$p_{1i}$ 和 $p_{2i}$ 分别是类 $C_i$ 在 $S_1$ 和 $S_2$ 中发生的概率，即

$$p_{1i}=\frac{S_1\text{ 与 }C_i\text{ 的交集中的样本数}}{S_1\text{ 中的样本数}},\quad p_{2i}=\frac{S_2\text{ 与 }C_i\text{ 的交集中的样本数}}{S_2\text{ 中的样本数}}$$

(3) 将步骤(2)确定阈值的过程递归作用于所得到的每个划分，直到满足某个终止条件为止(如属性泛化阈值)。

类别数据概念分层的方法主要有：

(1) 属性值的顺序关系通过用户或专家指定的模式来定义说明。例如，商品销售情况表中包含一个销售地点属性，该属性对应的维表中有街道、市、省、地区和国家这 5 个属性，可以对销售地点概念定义如下的概念层次：街道<市<省<地区<国家。

(2) 手工构造。在数据仓库中，有些属性的值很多，想要通过穷举所有的取值来手工进行概念分层是不切实际的，但可以选择其中一部分有代表性的数据进行说明。例如，先构造市和省两个概念层次，再手工指定南京、扬州等城市属于江苏省，合肥等城市属于安徽省，这样就可以手工构造一个概念分层。

下面以证券交易系统中的 FUND 表(资金流水表)为例说明概念分层。

表 7-2 是 FUND 表中的部分数据，记录某证券公司 2003 年 1 月份客户资金的变动情况，一共 12 万多条记录。考察 FUND 表中的数据，可以将与资金来源相关的概念分成三层，如表 7-3 所示。

**表 7-2 证券交易系统中的 FUND 表(资金流水表)数据**

| 日　期 | 标志 | 收入金额 | 付出金额 | 余额 | 资金来源 | 账号 |
|---|---|---|---|---|---|---|
| 01/22/2003 | USD | 23 890 | 0 | 28 298.03 | 转账内转 | … |
| 01/22/2003 | RMB | 0 | 95 901.86 | 0 | 销户支汇票取款 | … |
| 01/29/2003 | RMB | 0 | 19 302.21 | 0 | 存折冲 | … |
| 01/24/2003 | RMB | 961.33 | 0 | 0 | 存折补 | … |
| 01/29/2003 | RMB | 0 | 4342.28 | 0 | 结息现金取款 | … |
| 01/29/2003 | RMB | 0 | −400 | 28 744.76 | 冲现金取款 | … |
| 01/29/2003 | RMB | −400 | 0 | 8000.10 | 冲现金存款 | … |
| 01/29/2003 | RMB | 362.1 | 0 | 383.87 | 领红利 | … |
| 01/23/2003 | RMB | 0 | 501.21 | 848.96 | 中签缴款 | … |
| 01/29/2003 | RMB | 0 | 2 | 1316.75 | 委托收费 | … |
| … | … | … | … | … | … | … |
| 01/29/2003 | RMB | 400 336 | 0 | 404 168.44 | 融券 | … |

续表

| 日　期 | 标志 | 收入金额 | 付出金额 | 余额 | 资金来源 | 账号 |
|---|---|---|---|---|---|---|
| 01/29/2003 | RMB | 1589.47 | 0 | 1589.47 | 银行转证券 | … |
| 01/29/2003 | RMB | 6200 | 0 | 6303.12 | 现金存款 | … |
| 01/29/2003 | RMB | 0 | 2000 | 11 377.98 | 证券转银行 | … |
| 01/29/2003 | RMB | 0 | 30 000 | 36 329.47 | 现金取款 | … |
| 01/29/2003 | HKD | 0 | 12 098.24 | 292.44 | 买入股票 | … |
| 01/29/2003 | HKD | 5486.08 | 0 | 84 095.35 | 卖出股票 | … |

**表 7-3　资金流水表的概念分层**

| 第一层 | 第二层 | 第三层 |
|---|---|---|
| 支出 | 交易支出 | 买入股票 |
| | 非交易支出 | 冲现金取款、存折冲、结息现金取款、利息扣税、委托收费、现金取款、销户现金取款、销户支汇票取款、证券转银行、支汇票取款、中签缴款 |
| 收入 | 交易收入 | 领红利、融券、卖出股票 |
| | 非交易收入 | 银行转证券、现金内转、利息入账、现金存款、转账内转、存折补、支汇票存款、冲现金存款 |

### 7.1.4　数据泛化方法

数据泛化的方法很多，较为常用和有效的方法有数据立方体、面向属性的归纳等方法。

**1. 数据立方体**

数据立方体是数据仓库和联机分析处理的核心概念之一。数据立方体中存放着预先对部分或所有维(属性)的汇总结果。利用数据立方体对数据泛化的目的是把那些经常被查询到的、运算开销较高的计算预先执行，并将执行结果存储到数据立方体中，以便于知识发现、决策支持以及其他应用。数据立方体的维数不限定为 3，它可以为 $n(n>1)$。

数据立方体由维和事实组成。维是几何学及空间理论的基本概念，它把一个事物的特征完整、准确、无冗余地描述出来。维描述的特征应该恰如其分，例如，宏观空间的一个点，用两个变量无法描述，用 4 个变量会造成混乱，因此只能用 3 个变量。

数据仓库中的维表示的是事实的基本特征，每个维都与一个维表相关联，表中的字段称为属性。例如，商品的销售涉及销售时间、销售地点、销售部门和产品类型等基本特征。这些基本特征可以进一步用多个属性进行描述，如产品类型可以用产品名、产品商标和产品型号等属性进行具体描述。维表中的属性可以由用户或专家设定，或者根据数据分布自动产生和调整。因此，在创建一个数据仓库 SALES 记录商品的销售情况时，可以定义四个维 time、item、branch、location 来记录商品的销售时间、销售的商品、销售商品的分店和地点，可以定义 item 的维表来进一步描述 item 维，item 的维表中包含属性 item_name、brand 和 type，分别表示产品名、产品商标、产品型号。

数据立方体是一个数据集合，通常由数据仓库的子集构造，并组织和汇总成一个由一组维度和度量值定义的多维结构。事实表是数据立方体中度量值的源，维表是数据立方体中维度的源，也是进一步泛化数据立方体的依据。度量值在数据立方体内，是该数据立方体对应的事实表中某数值型字段的汇总值或组中成员的计数值。

图 7.2 是一个三维数据立方体，它从时间、公司分支和商品类型三个角度(维)描述公司的销售额，每个小立方块(最小单元)对应的数值是该公司某个分部在某个年度对某个商品的销售总额。在数据立方体中，每个维都对应一个概念层次树，以便能对销售额进行多层次的泛化分析。

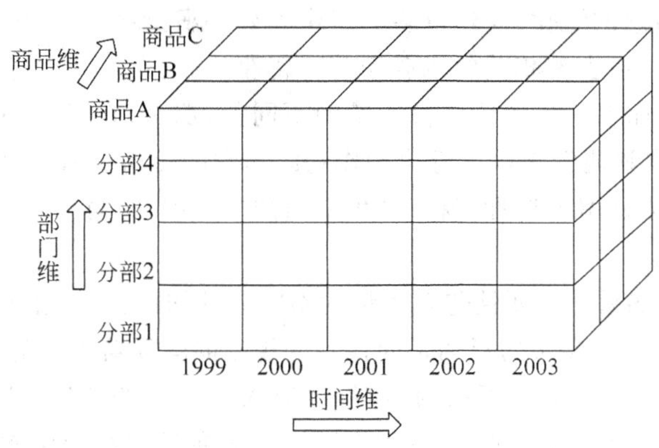


图 7.2　三维数据立方体

依据概念层次树可以建立与事实表对应的不同层次的数据立方体。在最低层次所建立的数据立方体称为基立方体(base cuboid)，而在最高层次所建立的数据立方体称为顶立方体(apex cuboid)。基立方体对事实数据的泛化程度最低，最接近原始数据。顶立方体对事实泛化程度最高，整个立方体只有一个立方块。图 7.2 对应的顶立方体代表整个公司近几年、所有分支、所有类型商品的销售总额，只有一个数值。显然，每一层次的数据立方都是对其低一层数据的进一步抽象。

$n$ 维数据立方体可以用一个包含 $n+1$ 字段的二维表表示，整个表可以看成是对事实表在这 $n$ 个维的某个概念层次上进行分组汇总的结果。分组依据就是这 $n$ 个维，其中每个维对应一个字段，汇总字段对应一个字段。例如，图 7.2 描述的三维数据立方体可以用二维表表示(如表 7-4 所示)。

**表 7-4　三维数据立方体对应的二维表**

| 分部 | 商品 | 年份 | 销售额 |
| --- | --- | --- | --- |
| 分部 1 | 商品 A | 1999 | 490 000 |
| 分部 1 | 商品 B | 1999 | 510 000 |
| 分部 1 | 商品 C | 1999 | 180 000 |
| ⋮ | ⋮ | ⋮ | ⋮ |
| 分部 2 | 商品 A | 1999 | 600 000 |
| ⋮ | ⋮ | ⋮ | ⋮ |

数据立方体的维数不限定为 3，它可以为 $n(n>1)$。任意 $n$ 维的数据立方体可以用一个 $n-1$ 维的数据立方体序列来表示。

### 2. 面向属性的归纳

面向属性的归纳方法是一种基于归纳的联机数据分析技术。这种方法的基本思想是：首先采用类似 SQL 的数据挖掘查询语言对数据库进行数据挖掘查询来收集与任务相关的数据；然后通过考察与任务相关的数据中每个属性的不同值的个数，对数据进行泛化，泛化的方式可以是属性删除,也可以是属性泛化;接着使用聚集函数作用于泛化后的数据来合并相等的广义元组,并累计它们对应的计数值;最后,将经过数据压缩后得到的广义关系映射到不同的形式,如图形、表或者规则。

面向属性归纳的基本方法有数据聚焦、属性删除和属性泛化等。

(1) 数据聚焦。选择和当前分析相关的数据,包括属性和维。选择相关的数据集不仅可以提高挖掘效果,而且能够产生更有意义的规则。对于用户而言,选择相关维和属性可能是件困难的事,他们可能会对具体属性个数的选择把握不准。属性过少会影响到概念分层、从低层概念到高层概念的泛化,属性过多会产生不好的概念描述。为了避免这些情况的出现,可以从描述过程中滤去不相关的或弱相关的属性。

(2) 属性删除。如果某个属性包含大量的不同值,那么,在下列两种情况下,该属性就应该被删除:其一,在该属性上没有泛化操作;其二,它的较高层概念已经有其他属性表示。在第一种情况下,如果保留该属性,就会产生不简洁的规则;在第二种情况下,删除该属性等价于使用了泛化操作。

(3) 属性泛化。如果某个属性包含大量的不同值,同时在该属性上有泛化操作符,则运用该操作符进行泛化。这样做的目的是使得到的规则能够涵盖更多的原始数据元组。这里有一个隐含的问题,即什么情况下认为"属性具有大量不同的值"。这取决于属性或应用。如果属性泛化的过高,会导致过分泛化;如果属性不能在足够高的层次泛化,会导致泛化不足。过分泛化和泛化不足都会使产生的规则包含的信息量不够。因此,需要对属性泛化过程进行有效的控制。

常用的对属性泛化过程进行控制的方法有两种:属性泛化阈值控制和泛化关系阈值控制。

(1) 属性泛化阈值控制。属性泛化阈值规定属性不同值的个数可以允许的上限。可以对每个属性设置一个阈值,也可以对所有的属性设置同一个阈值。通常情况下,数据挖掘系统都有一个默认的属性泛化阈值,取值范围为 2~8。属性泛化阈值也可以由用户或专家指定或调整,加大阈值可以降低泛化的层次,减小阈值可以提高泛化的层次。

(2) 泛化关系阈值控制。泛化关系阈值规定泛化关系中不同元组的个数可以允许的上限。通常情况下,数据挖掘系统都会预设一个默认的泛化关系阈值,取值范围为 10~30。泛化关系阈值也可以由用户或专家指定或调整,加大阈值可以降低泛化的层次,减小阈值可以提高泛化的层次。

在实际操作时,可以顺序使用属性泛化阈值控制和泛化关系阈值控制,先使用属性泛化阈值控制,后使用泛化关系阈值控制。这两种阈值都应该允许由用户进行调整。

面向属性归纳的基本算法可以分为 4 个步骤。

① 利用挖掘语句查询数据库,从关系数据库中得到相关数据,形成初始关系表 $W$。

② 统计不同属性所含有的不同值的个数,并根据给定的或默认的属性泛化阈值,决定是丢弃该属性还是对其进行汇总。

③ 根据上一步的计算结果,将属性泛化到相应的层次,计算汇总值,得到主泛化关系 $P$(一个二维表)。这一步可以采取这样的方法实现:对于每个泛化后的元组,通过二分检索,检查它是否已经存在于主关系 $P$ 中,如果该元组已经存在于 $P$ 中,则简单地增加它的计数值,并处理相应的聚集值;否则,将它插入 $P$。

④ 泛化结果的表示。包括泛化关系、交叉表、数据立方体等多种形式。

**3. 面向属性归纳的数据立方体**

在进行数据泛化时，如果将数据立方体方法和面向属性的归纳方法集合起来，可以保证快速响应以及从不同角度、不同抽象层次上查看数据。

面向属性归纳的数据立方体的实现可以采用两种方法。

(1) 当任务相关的数据粒度与预定义的数据立方体匹配，并且任务相关的数据量相当大时，可以使用预定义的数据立方体。

(2) 当任务相关的数据集比较特殊，不能与任何预定义的数据立方体匹配，或者任务相关的数据集不太大时，可以对给定的数据挖掘查询临时构造数据立方体。

对给定的数据动态创建数据立方体，便于有效地下钻操作，但可能会增加响应时间。折中的解决方法是计算并存储数据立方体结构的“主次”关系，其泛化关系的每个维层次比主关系的层次稍深一些。使用预定义的数据立方体涉及计算的花费和额外的存储空间等问题，需要考虑计算/存储开销和访问速度之间的折中。

## 7.1.5 泛化的表示

通过泛化处理可以得到原始数据集的泛化关系。通常，直接向用户提供泛化关系作为最终的概念描述，有时也以交叉表、饼状图、柱状图、曲线、数据立方体或量化规则等更加直观或抽象的形式描述泛化结果。表 7-5 是某企业 2003 年销售数据的泛化关系。本节将以它为例介绍这几种泛化的表示方式。

**表 7-5 2003 年销售数据的泛化关系**

| 销售地点 | 商品类型 | 销售额/百美元 | 销售总数 |
|---|---|---|---|
| 亚洲 | 电冰箱 | 18 | 310 |
| 欧洲 | 电冰箱 | 13 | 330 |
| 美洲 | 电冰箱 | 32 | 430 |
| 亚洲 | 空调 | 130 | 800 |
| 欧洲 | 空调 | 170 | 1300 |
| 美洲 | 空调 | 250 | 2000 |

交叉表类似于电子数据表。在二维交叉表中，每行显示一个属性的值，每列显示另外一个属性的值。由泛化关系可以方便地映射到交叉表。表 7-6 是由表 7-5 转化成的三维交叉表。

**表 7-6 2003 年销售的三维交叉表**

| 商品类型 / 销售情况 / 销售地点 | 电冰箱 | | 空调 | | 电冰箱和空调 | |
|---|---|---|---|---|---|---|
| | 销售额 | 销售总数 | 销售额 | 销售总数 | 销售额 | 销售总数 |
| 亚洲 | 18 | 310 | 130 | 800 | 148 | 1110 |
| 欧洲 | 13 | 330 | 170 | 1300 | 183 | 1630 |
| 美洲 | 32 | 420 | 250 | 2000 | 282 | 2420 |
| 所有地区 | 63 | 1060 | 550 | 4100 | 613 | 5160 |

用图形方式表示泛化数据比较形象和直观。用数据立方体表示泛化数据便于对泛化数据进行上卷、下钻、切片和切块等操作。通过使用数据立方体浏览器,点击鼠标,就可以很方便地完成上述各种操作。

泛化关系也可以用带有量化信息的逻辑规则表示,这种逻辑规则称为量化规则。待特征化的(或由规则描述的)对象类称为目标类。对于任一描述目标类的泛化元组,它的量化信息等于该泛化元组对应的记录总数与泛化关系中所有泛化元组对应的记录总数的商。表 7-6 中电冰箱商品对应的量化规则可以表示为:

```
∀X,item(X)='电冰箱→location(X)='亚洲'[0.29]∨location(X)='欧洲'[0.31]∨
location(X)='美洲'[0.40]
```

### 7.1.6 属性相关分析

属性相关分析的作用是过滤不相关的或弱相关的属性,它的基本思想是计算某种度量,用于量化属性与给定类或概念的相关性。常用的度量包括信息增益、Gini 索引、不确定性和相关系数。

在实际应用中,人们计算每个属性的信息增益,然后用得到的信息增益值对属性进行排序。信息增益值较大的属性被认为与任务的相关程度比较高。

概念描述的属性相关分析的执行步骤如下。

① 数据收集。通过数据挖掘查询,收集目标类和对比类的数据。

② 使用保守的面向属性的归纳进行预相关分析。删除或泛化具有大量不同值的属性。

③ 使用选定的相关分析度量删除不相关的或弱相关的属性。根据计算的属性与挖掘任务的相关性对属性进行排序,删除与类描述不相关的或弱相关的属性。

④ 使用面向对象的归纳产生概念描述。

### 7.1.7 区别性描述

在许多实际应用中,用户可能会对多个不同类别的数据集进行对比归纳,以获得概念对比描述知识。这种概念对比描述知识是基于对比数据集挖掘出目标数据集的概念描述。需要指出的是目标数据集与对比数据集应该包含相同属性(维),以确保它们是可比的。例如,雇员、地址和商品这三个数据集就是不可比的,而过去三年的销售额则是可以比较的。

前面介绍了对多层次单一类别数据集进行概要总结并获得其概念描述的具体方法,这一方法可以扩展到对多个不同类别(可比)数据集进行概念对比描述的处理。需要注意的是,为有效地进行概念对比归纳,需要对所有(参加挖掘的)数据集属性同时进行泛化操作,以确保这些数据集中的属性均被泛化到同一抽象层次。它们需同时泛化到同一层次。当然,如果用户能够选择不同数据集属性及其不同泛化层次,那将是最理想的。

特征性描述和区别性描述是形成类描述的两个方面。在许多应用中,人们对类的区分更感兴趣。区别性描述的实现方法与特征性描述的实现方法类似。区别性描述的实现一般过程如下。

(1) 通过查询处理收集数据库中的相关数据集，并将它划分为一个目标类和一个或多个比较类。注意，目标类和比较类必须是可以比较的。

(2) 进行相关性分析，发现最能体现类别之间差异的属性。

(3) 将不同类别的数据泛化到相同的层次。

(4) 用相同层次的描述对泛化后得到的元组进行比较。

(5) 对于每个泛化后得到的元组，展现其描述和支持度，对比这两个衡量标准，并将其中差异很大的元组特别显示出来。

## 7.2 关联规则

关联规则挖掘是数据挖掘研究的一个重要分支，关联规则是数据挖掘的众多知识类型中最为典型的一种。该问题于1993年由Agrawal等在对市场购物篮问题进行分析时首次提出用以发现商品销售中的顾客购买模式，以后诸多的研究人员对关联规则的挖掘问题进行了大量的研究。他们的工作包括对原有的算法进行优化，如引入随机采样、并行的思想等，以提高算法挖掘规则的效率，对关联规则的应用进行推广。

### 7.2.1 关联规则相关概念

设 $I=\{i_1,i_2,\cdots,i_m\}$ 是项目的集合，任务相关的数据库 $D=\{t_1,t_2,\cdots,t_n\}$，其中每一个交易 $t_j$ 表示 $D$ 的第 $j$ 个交易，其是由 $I$ 中的某些项目所构成的集合，即 $t_j\subseteq I$。每一个交易都有一个标识符TID。某个交易 $t_j$ 包含 $X$，指的就是对 $I$ 的子集 $X$，有 $X\subseteq t_j$。关联规则是形如"$X\Rightarrow Y$"的蕴含式，其中 $X\subseteq I,Y\subseteq I$，并且 $X\cap Y=\varnothing$。$X$ 称做规则的前提或前项，$Y$ 为结果或后项。

**定义 7.1**(关联规则的支持度)

关联规则 $A\Rightarrow B$ 在事务集 $D$ 中成立，具有支持度 $s$，其中 $s$ 是事务同时包含 $A$ 和 $B$ 的百分比，记为 Support$(A\cup B)$，即

$$\text{Support}(A\Rightarrow B)=\text{Support}(A\cup B)=P(A\cup B)=\frac{\text{包含 } A \text{ 和 } B \text{ 的事务数}}{\text{事务总数}} \tag{7-5}$$

**定义 7.2**(关联规则的置信度)

关联规则 $A\Rightarrow B$ 的置信度是事务集 $D$ 中包含 $A$ 事务同时也包含 $B$ 事务的百分比，记为 Confidence$(A\cup B)$，即

$$\text{Confidence}(A\cup B)=P(B\mid A)=\frac{\text{包含 } A \text{ 和 } B \text{ 的事务数}}{\text{包含 } A \text{ 事务数}} \tag{7-6}$$

**定义 7.3**(项与项集)

数据库中不可分割的最小单位信息称为项，一般用 $i$ 表示。项的集合称为项集，一般用 $I$ 表示。例如，$I=\{i_1,i_2,\cdots,i_k\}$ 是项集。包含 $k$ 个项目的项集称为 $k$ 项集。集合{面包，牛奶，黄油，啤酒，尿布}是一个5项集。

**定义 7.4**(项集的频率)

项集的频率是包含项集的事务数，简称为项集的频率(支持计数或计数)。

**定义 7.5**(频繁项集)

如果项集出现的频率大于或等于最小支持计数，即满足最小支持度阈值，则称它为频繁项集(frequent itemset)。含有 $k$ 个项的频集称为 $k$ 频集，通常记为 $L_k$。

**定义 7.6**(强关联规则)

同时满足最小支持度阈值(min_support)和最小置信度阈值(min_conf)的规则称做强关联规则。

### 7.2.2 关联规则挖掘步骤

一种原始的关联规则挖掘方法是：计算所有规则的支持度和置信度，再删去支持度或置信度不满足阈值的规则。因为从数据集中提取的规则的数目是指数级，这种方法的计算任务繁重，过高的代价使得它在很多场合下变得不可行。研究者通过对关联规则挖掘的研究发现，很多规则是没有必要计算的。只计算可能满足要求的规则，可以节省大量的时间。目前通常采用一种策略是，将关联规则挖掘任务分解为如下两个主要的子任务：

① 生成频繁项集，其任务是生成所有满足最小支持度阈值的项集，这些项集被称做频繁项集(frequent itemset)。

② 生成规则，其任务是从上一步生成的频繁项集中提取所有高置信度的规则。

**1. 生成频繁项集**

通常用格结构(lattice structure)来表示所有可能的项集。一个包含 $k$ 个项的项集最多可能产生($2^k-1$)个非空频繁项集。由于在许多实际应用中 $k$ 的值可能非常大，需要查找的项集搜索空间可能是指数规模的。

一种原始的频繁项集生成方法是确定格结构中每个候选项集(candidate itemset)的支持度计数。为了完成这一任务，必须将每个候选项集与每个事务进行比较。如果候选项集包含在事务中，则给候选项集的支持度计数加 1。这种方法的开销可能非常大，假设 $N$ 是事务个数，$M=2^k-1$ 是候选项集数，$W$ 是事务的最大宽度，它需要进行 $O(\mathrm{NMW})$次比较。

有几种方法可以降低产生频繁项集的计算复杂度。

(1) 减少候选项集的数目 $M$。

(2) 减少比较次数。可以使用更高级的数据结构，用来存储候选项集或者压缩数据集，以此来替代将每个候选项集与每个事务相匹配，从而可以减少比较次数。

**2. 生成规则**

频繁项集是满足支持度阈值的项集，对这些项集再增加置信度的要求，即可从数据集中挖掘出满足要求的关联规则。关联规则可以这样来从频繁项集中提取：将一个频繁项集 $Y$ 划分成两个非空的子集 $X$ 和 $Y-X$，所有满足置信度阈值的规则 $X \Rightarrow Y-X$ 即是所要生成的规则。因为这些规则都是由频繁项集产生的，所以它们必然满足支持度阈值。排除前件或后件为空集的规则，每个频繁 $k$ 项集能够产生多达 $2^k-2$ 个关联规则。

计算关联规则的置信度并不需要再次扫描事务数据集。例如对于规则$\{A,B\} \Rightarrow C$，它是由频繁项集 $X=\{A,B,C\}$产生的。该规则的置信度为 $\mathrm{Count}\{A,B,C\}/\mathrm{Count}\{A,B\}$。因为{$A$,$B$,$C$}是频繁的，支持度的反单性确保项集{$A$,$B$}也一定是频繁的。由于这两个项集的支持度计数已经在频繁项集产生时得到，因此不必再扫描整个数据集。

相对频繁项集生成而言，规则的生成较为简单和直观。通常，生成频繁项集所需的计算开销远大于生成规则所需的计算开销。目前，对关联规则挖掘的研究主要集中在提高频繁项集生成的效率上。

### 7.2.3 关联规则分类

从不同的角度考察，关联规则有多种分类。

(1) 根据项对应属性的数据类型，关联规则可以分为布尔型和数值型。布尔型关联规则处理的属性的值都是种类化的，它显示了不同属性之间的关系；而数值型关联规则包含对数值型属性的处理。

buys(x,"Oracle 数据库"),buys(x,"数据挖掘原理与技术")→buys(x,"数据挖掘工具")[0.3,0.7]是一个布尔型关联规则，它只涉及一个种类化的字段 buys。该规则的含义是购买《Oracle 数据库》和《数据挖掘原理与技术》两本书的人有购买《数据挖掘工具》一书的倾向，其支持度为 0.3，可信度为 0.7。

age(x,"25..35"),income(x,"3000..4000")→buys(x,"计算机")[0.2,0.8]是一个数值型关联规则，它只涉及 age、income、buys 这三个字段，其中 age、income 为数值型属性。该规则的含义是年龄介于 25～35 之间的、月收入介于 3000～4000 元之间的人购买计算机的支持度为 0.2，可信度为 0.8。

(2) 根据规则中数据的抽象层次，可以分为单层关联规则和多层关联规则。在单层关联规则中，没有考虑属性的现实数据所具有的层次性；而在多层关联规则中，则充分考虑了属性的层次性。

IBM 台式机→Sony 打印机是一个细节数据上的单层关联规则，它表示购买 IBM 台式机的顾客有购买 Sony 打印机倾向。台式机→Sony 打印机则是一个较高层次和细节层次之间的多层关联规则。

(3) 根据规则中涉及到的数据的维数，关联规则可以分为单维的和多维的。单维的关联规则只涉及数据的一个维，多维的关联规则要处理的数据涉及多个维。

buys(x,"Oracle 数据库"),buys(x,"数据挖掘原理与技术")→buys(x,"数据挖掘工具")[0.3,0.7]是一个单维关联规则，只涉及商品维，而 age(x,"25..35"),income(x,"3000..4000")→buys(x,"计算机")[0.2,0.8]是一个三维关联规则，涉及商品维、年龄维、收入维。

(4) 关联并不一定意味着相关或因果，有时需要识别不同的项是否相关，是否存在因果关系。根据关联规则的各种扩展，可分为相关分析、最大模式和频繁闭项集、添加约束等类型。

多层、多维的数量型关联规则是前三种规则的复合体，挖掘的难度比较大。挖掘这些类型的关联规则，现有的算法基本上还是基于支持度-可信度框架，不同算法之间的差异主要体现在对数量型字段离散化的处理，以及如何更加快速地找出所有频繁项集。有的算法先将数量型字段离散化，然后在此基础上寻找频繁项集、寻找关联规则；有些算法将数量型字段离散化过程与寻找频繁项集的过程集合在一起。

### 7.2.4 关联规则的算法

在关联规则挖掘算法的研究中，主要集中于频繁项集挖掘的算法研究。在众多算法中，以 Agrawal 等人在 1994 年提出的 Apriori 算法最为著名，该算法首次使关联规则理论可以实际地应用到现实中。该算法是挖掘布尔型关联规则的算法中最典型和有影响力的，现在的大部分算法都是对 Apriori 算法的扩展或改进。本节学习关联规则挖掘中常用的算法：Apriori 算法、FP-growth 算法。

#### 1. Apriori 算法

Apriori 算法基本思想第一步是先扫描数据库一遍，通过计算每个 1 项集的支持度，得到 $L_1$；第二步就是用反复迭代的方式，找出 $L_2, L_3, \cdots$，直到不再能再找到新的频繁项集时，停止迭代。在搜索 $L_k(k=-2,3,\cdots)$ 时，是用 $L_{k-1}$ 自连接的方法产生的候选集 $C_k$，先用一定的剪枝策略裁剪候选集；再扫描数据库，计算 $C_k$ 的支持度，删除掉非频繁项集，便得到了 $L_k$。Apriori 算法有两个重要的定理依据。

**定理 7.1** 频繁项集的所有非空子集都是频繁项目集。

数学形式为：设 $I=\{i_1, i_2, \cdots\}$ 为数据库中所有项构成的项集，$U=\{i_{1_1}, i_{1_2}, \cdots, i_{1_k}\}$，显然 $U \subseteq I$，又有 $P \subseteq U$ 且 $P \neq \varnothing$，在给定数据库事务集 $T$ 和 min_support 条件下，若 $U$ 是频繁项集，$P$ 也是频繁项集。

证明：设事务数据库 $T$ 中所有的交易数为 $S$，$T$ 中支持 $U$ 的交易数为 $S_U$，$T$ 中支持 $P$ 的交易数为 $S_P$。

因为 $P \subseteq U$，且 $P \neq \varnothing$

所以 $S_P \geqslant S_U$

所以$\frac{S_P}{S} \geqslant \frac{S_U}{S}$，即 Support($P$)$\geqslant$Support($U$)

又因为 $U$ 是频繁项集，即 Support($U$)$\geqslant$min_support

所以 Support($P$)$\geqslant$min_support

所以 $P$ 一定是频繁项集

得证。

根据数学逻辑，定理 7.1 的逆否命题也是成立的，即下面的定理 7.2。

**定理 7.2** 非频繁项集的超集一定是非频繁项集（如果 $P \subseteq U$，$P$ 是 $U$ 的子集，$U$ 是 $P$ 的超集）。

数学形式为：设 $I=\{i_1, i_2, \cdots\}$ 为数据库中所有项构成的项集，$U=\{i_{1_1}, i_{1_2}, \cdots i_{1_k}\}$，显然 $U \subseteq I$，又有 $P \subseteq U$ 且 $P \neq \varnothing$，在给定数据库事务集 $T$ 和最小支持度 min_support 条件下，若 $P$ 不是频繁项集，$U$ 一定不是频繁项集。

证明：设事务数据库 $T$ 中所有的交易数为 $S$，$T$ 中支持 $U$ 的交易数为 $S_U$，$T$ 中支持 $P$ 的交易数为 $S_P$。

因为 $P \subseteq U$，且 $P \neq \varnothing$

所以 $S_P \geqslant S_U$

所以$\frac{S_P}{S} \geqslant \frac{S_U}{S}$,即 Support($P$)≥Support($U$)

又因为 $P$ 不是频繁项集,即 min_support≥Support($P$)

所以 min_support≥Support($P$)≥Support($U$)

所以 $U$ 一定不是频繁项集

得证。

Apriori 算法依据定理 7.1 和定理 7.2 来压缩搜索空间。主要的步骤如下:

(1) 连接步。为找到频繁 $k$ 项集,通过频繁($k-1$)项集 $L_{k-1}$ 与本身连接,近而生成 $C_k$。连接方式是:如果 $L_{k-1}$ 中的两个项集 $A$ 与 $B$,$A$ 与 $B$ 不相同,但它们的前($k-2$)个项目是相同的,则把 $B$ 的最后一个项目加到 $A$ 的最后,这样就构成 $C_k$ 中一个项集。

(2) 剪枝步。$C_k$ 里的每个项集的频繁性是不确定的,但所有的频繁 $k$ 项集都一定在 $C_k$ 里。要想找出这些频繁项集,就需要通过扫描数据库,来计算 $C_k$ 中的项集的计数。但是当 $C_k$ 很大时,计算量也会很大。为了减少不必要的计算,依据定理 7.2,若 $C_k$ 中的任一个项集的($k-1$)项子集不包含于 $L_{k-1}$,那么该项集就是非频繁项集,便可将其从 $C_k$ 中删减掉。

Apriori 算法相关过程的伪代码如下:

**算法 7.1** Apriori 算法

```
//输入:交易数据库 D,最小支持度阈值 sup_min
//输出:可以产生规则的所有频繁集 L
//Ck: k候选频繁集
//Lk: k频繁集
(1) L1=find_frequent_1_itemset(D);              //发现 1 频繁集
(2) for(k=2; Lk-1≠∅; k++){
(3)       Ck=apriori_gen(L_k-1);                 //根据 k-1 频繁集产生 k 候选集
(4)        for each t∈D{                        //扫描记录集,以确定每个候选集的支持度
(5)            C_t=subset(C_k,t);                //获取 t 所包含的候选集
(6)            for each c∈C_t   c.count++;
(7) }
(8) L_k={c∈C_k|c.count>sup_min};
(9) }
(10) return L=∪_k L_k
```

**Procedure apriori_gen($L_{k-1}$):**

```
//输入:上一次循环扫描的结果 L_k-1
//输出:频繁候选集 C_k
(3_1) for each l1∈L_k-1
(3_2)     for each l2∈L_k-1
(3_3)         if (l1[1]=l2[1])∧…∧(l1[k-2]=l2[k-2])∧(l1[k-1]≠l2[k-1]){
(3_4)             c=l1⊕l2;                   //将只差一项的两个项集连接到一起
(3_5)             if has_infrequent_subset(c, L_k-1)
(3_6)                 delete c;              //删去不可产生频繁项集的候选
```

```
(3_7)           else Cₖ=Cₖ ∪ {c}
(3_8)     }
(3_9) return Cₖ;
```

**Procedure has_infrequent_subset($c, L_{k-1}$):**

```
//输入：本次扫描产生的 Cₖ 的每个子集，上次扫描产生的 Lₖ₋₁
//输出：c 是否将被从 Cₖ 中删除
(3_5_1) for each (k-1)-subset s of c
                   //根据算法性质：候选集的子集一定是频繁的
(3_5_2)     if s∉ Lₖ₋₁ return TRUE;
            else return FALSE;
```

对于表 7-7 所示的交易记录集，设定 $sup_{min}=3/10$，利用 Apriori 算法产生频繁集过程如下。

**表 7-7 超市交易数据库 D**

| 交易号 TID | 顾客购买商品 Items | 交易号 TID | 顾客购买商品 Items |
|---|---|---|---|
| T1 | bread cream milk tea | T6 | bread tea |
| T2 | bread cream milk | T7 | beer milk tea |
| T3 | cake milk | T8 | bread tea |
| T4 | milk tea | T9 | bread cream milk tea |
| T5 | bread cake milk | T10 | bread milk tea |

(1) 由 $I=\{bread, beer, cake, cream, milk, tea\}$ 的所有项目直接产生 1 候选集 $C_1$，计算其支持度。去除支持度小于 $sup_{min}$ 的项集，形成 1 频繁集 $L_1$，如表 7-8 所示。

(2) 为发现频繁 2 项集 $L_2$，首先利用 $L_1$ 中的各项目组合连接，来产生 2 候选集 $C_2$；然后扫描记录集，以获得 $C_2$ 中各项集的支持度。去除支持度小于 $sup_{min}$ 的项集，形成 2 频繁集 $L_1$，如表 7-9 所示。

**表 7-8 1 候选集 $C_1$ 和 1 频繁集 $L_1$**

| 项集 $C_1$ | 支持度 | 项集 $L_1$ | 支持度 |
|---|---|---|---|
| {bread} | 7/10 | {bread} | 7/10 |
| {beer} | 1/10 | {cream} | 3/10 |
| {cake} | 2/10 | {milk} | 8/10 |
| {cream} | 3/10 | {tea} | 7/10 |
| {milk} | 8/10 | | |
| {tea} | 7/10 | | |

**表 7-9 2 候选集 $C_2$ 和 2 频繁集 $L_2$**

| 项集 $C_2$ | 支持度 | 项集 $L_2$ | 支持度 |
|---|---|---|---|
| {bread, cream} | 3/10 | {bread, cream} | 3/10 |
| {bread, milk} | 5/10 | {bread, milk} | 5/10 |
| {bread, tea} | 5/10 | {bread, tea} | 5/10 |
| {cream, milk} | 3/10 | {cream, milk} | 3/10 |
| {cream, tea} | 2/10 | {milk, tea} | 5/10 |
| {milk, tea} | 5/10 | | |

(3) 为发现频繁 3 项集 $L_3$，首先利用 $L_2$ 中的各项目组合连接，来产生 3 候选集 $C_3$。连接时只能将只差最后一个项目不同的项集进行连接。例如，$L_2$ 中的{bread, cream}与{bread, milk}只有最后一个项目不同，可以连接，连接结果为{bread, cream, milk}。显然，$L_2$ 中的{bread, cream}与{milk, tea}无法进行连接。

连接后，还要根据 Apriori 的性质，即频繁集的子集一定是频繁的，来修剪{bread,

cream,milk}。即依次判断{bread,cream,milk}的 3 个子集{bread,cream},{bread,milk}和{cream,milk}是否都出现在 $L_2$ 中,如果是,则在 $C_2$ 中保留{bread,cream,milk}。

又如,$L_2$ 中的{bread,cream}与{bread,tea}只有最后一个项目不同,也可以连接,连接结果为{bread,cream,tea}。但由于{cream,tea}没有出现在 $L_2$ 中,则从 $C_3$ 中删除{bread,cream,tea}。

最后扫描记录集,以获得 $C_3$ 中各项集的支持度。去除支持度小于 $sup_{min}$ 的项集,形成 3 频繁集 $L_3$,如表 7-10 所示。

**表 7-10　3 候选集 $C_3$ 和 3 频繁集 $L_3$**

| 项集 $C_3$ | 支持度 | 项集 $L_3$ | 支持度 |
|---|---|---|---|
| {bread,cream,milk} | 3/10 | {bread,cream,milk} | 3/10 |
| {bread,milk,tea} | 3/10 | {bread,milk,tea} | 3/10 |

(4) 为发现频繁 4 项集 $L_4$,重复上述步骤,则 $C_4$ 为空,所有频繁集都被找到,算法到止结束。

此后,用户可以根据需要设定规则的最小可信度 $conf_{min}$,利用 Apriori 算法产生的频繁集 $L_2$ 和 $L_3$,产生强关联规则。这里要注意的是,根据不同需要,用户可以只关心由最长的频繁集即 $L_3$ 产生的规则,或者可以挖掘出所有由 $L_2$ 和 $L_3$ 产生的规则。

Apriori 算法性能分析。

(1) Apriori 算法的优势。Apriori 算法的空间复杂度小,并有两个先验性质:定理 7.1 和定理 7.2,如果某一项集不是频繁的项集,则其任意超集就可直接删除,不必计算其支持度。这样便可以对候选集进行有效地裁剪,特别对短模式的关联规则挖掘非常有效。在 min_ support 不太小的情况,扫描数据库的次数也不会很多。

(2) Apriori 算法的劣势。为了计算候选集支持度,要对数据库进行多次扫描。由于每产生一个候选项集,就要对数据库进行一次扫描。若产生的频繁项集的最大长度为 $M$,那么就需要扫描 $M$ 次数据库。如果数据库规模很大时,在一定的内存下,系统的输入与输出的负载量就会很大,并且扫描一次数据库的时间也会很长,算法的挖掘效率就会明显的降低。

Apriori 算法生成的中间项集也很大。用 $L_{k-1}$ 自连接生成 $C_k$,随着 $k$ 的增大,生成的 $C_k$ 的数量也是以几何级数增长的。尽管算法本身已经使用了裁剪策略,但 $C_k$ 的数量还是很多。

### 2. FP-growth 算法

针对 Apriori 算法存在的问题,Jiawei Han 等人于 2000 年提出一种新的基于 FP-tree 的频繁模式增长算法,简称为 FP-growth(Frequent Pattern Growth)算法,其不用生成侯选项集,便可以生成所有的频繁项集。

FP-growth 算法使用的策略是:分而治之。在两次扫描数据库后,把数据库压缩到一棵频繁模式树(FP-tree),同时保留其中的项集的关联信息。再将频繁模式树分成一些条件 FP 树,每个条件 FP 树和一个频繁项集相关联,最后,对这些条件 FP 树分别进行挖掘。将分别挖掘出的关联规则并在一起，就是所有的。

**定义 7.7**(频繁项)

单个项目的支持度超过最小支持度则称其为频繁项(frequent item)。

**定义 7.8**(FP-tree)

频繁模式树(FP-tree)是一个树形结构。包括一个频繁项组成的头表，一个标记为 null 的根节点，它的子节点为一个项前缀子树的集合。

**定义 7.9**(频繁项头表)

频繁项头表(head table)的每个表项由两个域组成：项目名称 item_name 和指针 node_like。node_like 指向 FP-tree 中具有与该表项相同 item_name 的第一个节点。

**定义 7.10**(项前缀子树)

每个项前缀子树(item prefix subtree)的节点有 3 个域：item_name、count 和 node_like。item_name 记录了该节点所代表的项的名字。count 记录了所在路径代表的交易中包含此节点项目的交易个数。node_like 指向下一个具有同样 item_name 域的节点，要是没有这样一个节点，就为 null。

FP-growth 算法分为两大部分，描述如下。

(1) 构造 FP 树。FP 树是事务数据库的压缩表示，每个事务都映射到 FP 树中的一条路径。不同的事务可能包含若干相同的项目，因此这些路径会有所重叠，使得事务数据能得到一定程度的压缩。FP 增长算法挖掘频繁项集的过程如下。

① 搜索事务数据库 $D$，找到 1 频繁项集及其支持数。例如，对于表 7-7 所示的交易记录集，最小支持度为 3，按支持数递减排序，其结果记为 $L$=[milk:8，bread:7，tea:7，cream:3]。

② 构造 FP 树。创建 FP 树的根节点，用符号 null 标记。第二次搜索事务数据库 $D$，按 $L$ 中的次序排列每个事务的项集，并对每个事务创建由根节点 null 出发的路径。

例如，对表 7-7 所示的事务数据库按 $L$ 重新排序，第一个事务按 $L$ 的次序为{milk，bread，tea，cream}。构造 FP 树的第一个分支＜(milk:1)，(bread:1)，(tea:1)，(cream:1)＞，其中的数字表示节点的计数。读取第二个事务时会产生第二个分支，然而该分支与第一个事务共享前缀 milk 和 bread，这时把共享前缀的节点计数加 1。扫描所有事务后得到的 FP 树，如图 7.3 所示。为了方便遍历，FP 树还包含连接具有相同节点的指针列表，在图 7.3 中用虚线表示。

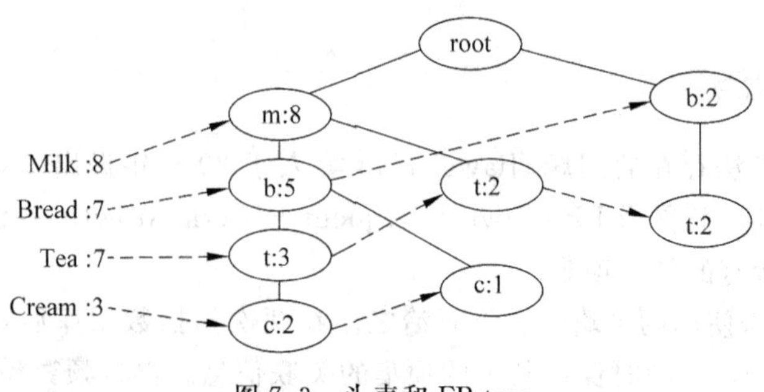


图 7.3　头表和 FP-tree

(2) 利用 FP 树产生频繁项集

FP 增长算法以自底向上的方式搜索 FP 树，由 $L$ 的倒序开始，对每个 1 频繁项目构造条件 FP 树，然后递归地对该条件 FP 树进行挖掘：根据算法，从表项(cream :3)出发，先可以得到一个频繁项集(cream :3)。然后，顺着 cream 表项的 node_ link 域，找到所有包含 cream 的路径＜milk :8，bread :5，tea :3，cream :2＞和＜milk :8，bread :5，cream :1＞。根据 cream 的计数，将上述路径简化为关于 cream 的如下信息：＜milk，bread，tea :2＞和＜milk，bread :1＞。然后利用 FP-tree 的建立方法建立一个新的关于 cream 的 FP-tree，如图 7.4 所示。

由此搜索路径，可以产生包含项目 cream 的所有频繁集 $L_{cream}$，如表 7-11 所示。

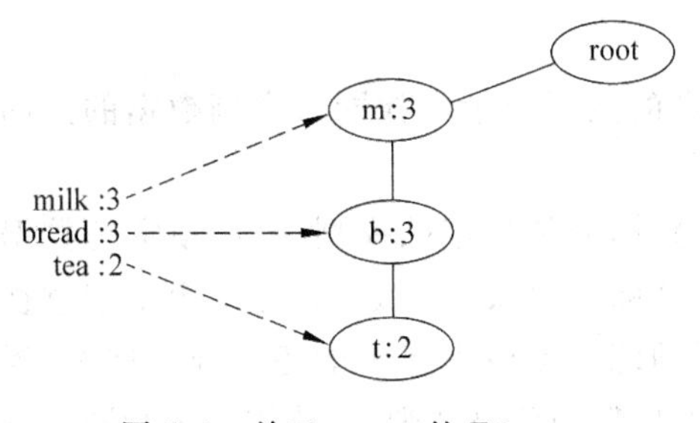


图 7.4　关于 cream 的 FP-tree

**表 7-11　包含项目 cream 的所有频繁集 $L_{cream}$**

| 频繁集 $L_{cream}$ | 计数 |
|---|---|
| {bread，cream} | 3 |
| {milk，cream} | 3 |
| {milk，bread，cream} | 3 |

依次建立关于图 7.3 中的头表项目(tea :7)、(bread :7)以及(milk :8)的 FP-tree，找到所有包含项目 tea 的频繁集{bread，tea :5}、{milk，tea :5}、{milk，bread，tea :3}；包含项目 bread 的频繁集{milk，bread :5}。

所有项目求解完后，算法结束。可以对比一下，由 Apriori 算法和 FP-tree 算法得到频繁集相同，但 Apriori 算法扫描数据集 $D$ 的次数远远超过 FP-tree 算法。下面对 FP-growth 算法的性能进行分析。

FP-growth 算法的优势：

① FP-growth 算法仅仅遍历了 2 次数据库，第一次是为了产生 $L_1$，第二次是为了对项目排序。由于不用多次扫描数据库，便大大节省了扫描数据库的时间。

② 选用了分治策略，把挖掘的长频繁模式转换成递归地挖掘短模式的问题，再与后缀相连。

③ 对于挖掘长频繁模式与短的频繁模式时，有效性与可伸缩性都是该算法的特点，挖掘时间会比 Apriori 算法的挖掘时间少很多。

FP-growth 算法的劣势：

- 建立 FP-tree 时，会占用大量的内存空间。如果数据库的规模很大，要建立的 FP-tree 也会很巨大。
- 在递归构建 FP-tree 时，每生成一个频繁模式就会出现一个条件树。当生成与释放海量的条件树时，将占用很多的运算时间与计算机空间。

## 7.3 数 据 分 类

分类是最常见的数据挖掘任务之一,它也是人类自身认识和改造世界的第一步。为了理解并与各种周边环境进行交互,人脑每天都在做着归类、分类以及分级的工作。数据分类是人脑分类思想在信息处理领域的扩展和延伸,它是通过分析由属性描述的数据库元组来建立分类模型,并利用该模型对数据元组进行类别标识的数据处理过程。目前,用于数据分类的理论和技术有很多。本节简要介绍基于决策树、贝叶斯网络、神经网络等常用的分类方法。

### 7.3.1 数据分类的基本步骤与评价准则

分类(classification)是一个从现有的带有类别的数据集中寻找同一类别数据的共同特征,并以这些特征为依据对新数据进行区分的过程。

数据分类一般分为两个步骤:第一步是建立数据分类的基础模型,描述预定的数据类集或概念集。为建立模型而被分析的数据元组集合称为训练样本集。基础模型的建立往往是借助某些分类算法进行的。分类算法通过分析训练样本数据集中的各个训练样本,提取出以非分类标识属性为前件,以分类标识属性作为后件的分类规则,构建用于进行数据分类的基础模型。分类模型可用分类规则、判定树或数学公式等形式表示出来。

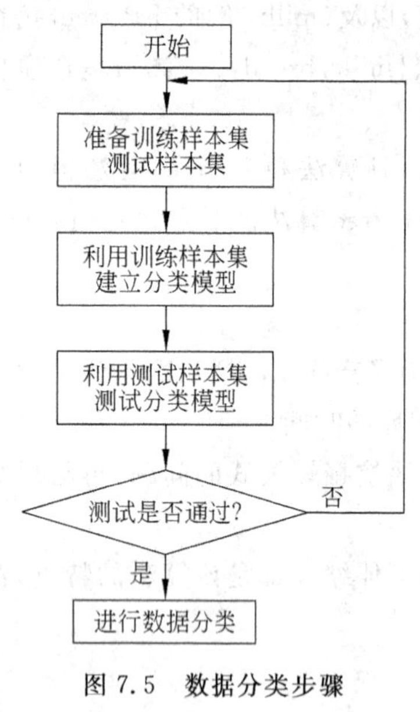

图 7.5 数据分类步骤

第二步,使用模型进行分类。一般情况下,在使用建立好的分类模型进行数据分类之前,首先要使用预先准备好的分类测试样本集测试模型的分类准确率。准确率若满足要求则可使用模型对数据进行分类;否则,则要返回第一步重新建立分类模型,直到模型通过测试为止。

数据分类的基本步骤可以借助程序设计框图描述成如图 7.5 所示。

需要说明的问题是,不论采用何种分类算法所建立的分类模型都有可能存在过度适应的问题,即模型可能只集中体现训练数据中的某些特点,这些特点并不代表总体样本群的特点。因此,在选择训练样本集和测试样本集时一定要注意样本选择的随机性,尽量使得样本能够覆盖样本总体的所有可能特点。

在分类问题中,通常使用评价准则来评估所构造分类器的分类性能。下面介绍几种分类问题中常用的评价准则。

给定测试集 $X_{\text{test}}=\{(x_i,y_i)|i=1,2,\cdots,N\}$,其中,$N$ 表示测试集中的样本个数;$x_i(1\leqslant i\leqslant N)$表示测试集中的数据样本;$y_i(1\leqslant i\leqslant N)$表示数据样本 $x_i$ 的类标号,假设要研究的分类问题含有 $m$ 个类别,则 $y_i\in\{c_1,c_2,\cdots,c_m\}$。在分类问题中,对于测试集的第 $j(1\leqslant j\leqslant m)$ 个类别,假设被正确分类的样本数量为 $\text{TP}_j$,被错误分类的样本数量为 $\text{FN}_j$,其他类别被错

误分类为该类的样本数量为 $FP_j$。

### 1. 精确度

精确度(accuracy)是分类问题中最常用的评价准则,它的值代表测试集中被正确分类的数据样本所占的比例。精确度反映了分类器对于数据集的整体分类性能。精确度定义如式(7-7)所示。

$$\text{Accuracy} = \frac{\sum_{j=1}^{m} \text{TP}_j}{N} \tag{7-7}$$

### 2. 查全率和查准率

第 $j(1\leqslant j\leqslant m)$ 个类别的查全率($\text{Recall}_j$)表示在本类样本中,被正确分类的样本所占的比例;而查准率($\text{Precision}_j$)表示被分类为该类的样本中,真正属于该类的样本所占的比例。查全率和查准率分别表示某个单一类别的分类精度和纯度,它们的定义如式(7-8)和式(7-9)所示。

$$\text{Recall}_j = \frac{\text{TP}_j}{\text{TP}_j + \text{FN}_j}, \quad 1 \leqslant j \leqslant m \tag{7-8}$$

$$\text{Precision}_j = \frac{\text{TP}_j}{\text{TP}_j + \text{FP}_j}, \quad 1 \leqslant j \leqslant m \tag{7-9}$$

### 3. F-measure

F-measure 可以比较合理地评价分类器对每一类样本的分类性能。第 $j(1\leqslant j\leqslant m)$ 个类别的 $\text{F-measure}_j$ 的定义如式(7-10)所示,它是查全率和查准率的组合表达式,其中 $\beta$ 是可以调节的,通常取值为 1。

$$\text{F-measure}_j = \frac{(1+\beta^2) \times \text{Recall}_j \times \text{Precision}_j}{\beta^2 \times \text{Recall}_j + \text{Precision}_j} \tag{7-10}$$

### 4. 几何均值

几何均值(G-mean)也是一种非常有效的评价准则,它能够合理地评价数据集的整体分类性能。G-mean 是各个类别的查全率的平方根。当各个类别的查全率的值都大时,G-mean 才相应增大,它同时兼顾了各个类别的分类精度。G-mean 的定义如式(7-11)所示。

$$\text{G-mean} = \sqrt{\prod_{j=1}^{m} \text{Recall}_j} \tag{7-11}$$

在上述评价准则中,精确度是分类问题中最常用的评价准则。需要说明的是,对于各个类别分布相对均衡的数据集,精确度是比较合理的评价准则。但是,当各个类别分布不均衡,特别是所关注的类别包含的样本数量比较小时,精确度不能正确反映每个具体类别的分类性能。在这种情况下,使用查全率、查准率、F-measure 或者几何均值更为合理。因此,在评价分类器的分类性能时,要根据数据集的特点和所关注的侧重点的不同,选择最合适的评价准则。

### 7.3.2 决策树

自20世纪60年代以来,决策树在分类、预测、规则提取等领域有着广泛应用,特别是在Quinlan于1986年提出ID3算法以后,决策树方法在机器学习、知识发现领域得到了进一步应用及巨大的发展,在人工智能领域有着相当重要的理论意义与实用价值。

决策树技术是用于分类和预测的主要技术,决策树学习是以实例为基础的归纳学习算法,它着眼于从一组无次序、无规则的事例中推理出决策树表示形式的分类规则,通常用来形成分类器和预测模型,可以对未知数据进行分类或预测、数据挖掘等。它包括两个步骤:第一步是利用训练样本集来建立并精化出一棵决策树,建立决策树模型。这个过程实际上是一个从数据中获取知识,进行机器学习的过程。该过程通常分为两个阶段:建树和剪枝。第二步是利用建好的决策树对新的数据进行分类。

决策树算法不要求使用者掌握应用领域的知识,完全通过训练集自动构建分类器对未知数据进行分类或预测,并且决策树很容易转换为分类规则,原理简单容易理解。因此决策树算法在实际应用中最为广泛。

决策树学习方法是以给定数据样本为基础的归纳学习方法。在给定已知类标号的数据集的情况下,决策树学习方法采用自顶向下的递归方式来产生一个类似于流程图的树结构。树的最顶层节点称为根节点;最底层节点称为叶节点,每个叶节点代表样本的类别或者类分布;根节点和叶节点之间的节点称为内部节点。决策树学习方法在根节点和各内部节点上根据给定的度量标准来选择最适合的描述属性作为分支属性,并且根据该属性的不同取值向下建立分支。对未知类标号的数据样本进行分类时,从根节点开始逐层向下判断,直到叶节点,这样就可以得到该数据样本的类标号。

#### 1. 决策树算法ID3

ID3算法是Quinlan提出的一种基于信息熵的决策树学习算法,它是决策树算法中最为典型的算法。Quinlan把Shannon的信息论引入到了决策树算法中,采用分治策略,在决策树各级节点上选择属性时,检测所有的属性,选择信息增益最大的属性产生决策树节点,由该属性的不同取值建立分支,再对各分支的子集递归调用该方法建立决策树节点的分支,直到所有子集仅包含同一类别的数据为止。最后得到一棵决策树,它可以对新的样本进行分类。ID3算法的基本步骤如下:

(1) 创建一个节点。如果样本都在同一类中,则算法停止,把该节点改成树叶节点,并用该类标记。

(2) 否则,选择一个能够最好地将训练集分类的属性,该属性作为该节点的测试属性。

(3) 对测试属性中的每一个值创建相应的一个分支,并据此划分样本。需要注意的是,在ID3算法中,属性值都是离散的,如果属性值是连续的,那么要通过数据变换,把属性值化为离散的。有的时候虽然属性值是离散的,但是离散的值太多,而且为每一个离散的属性值都创建一个分支对分类分析没有什么明显的改善,那么我们也要把属性值进行变换。例如,可以将“年龄”属性划分为100～61岁、60～51岁、50～41岁、40～31岁、30～21岁、20～0岁几个区间。

(4) 使用同样的过程自顶向下地递归，直到满足下面三个条件中的一个时，才停止递归。

① 给定节点的所有样本都属于同一类。

② 没有剩余的属性可以用来进一步划分。

③ 继续划分得到的改进不明显。

在②、③这两种情况下，以在该节点下的样本中的大多数的类别标号作为该节点的类别标号，创建一个树叶节点。

决策树算法的一个重要问题就是在树的各个内部节点处寻找一个属性，该属性能够最好地将训练集进行分类。ID3 通过划分提供的信息增益选择测试属性。信息增益被定义为原始分割的熵与划分以后各分割的熵累加得到的总熵之间的差。也就是说，信息增益是指划分前后进行正确预测所需的信息量之差。信息增益越大，则划分后预测所需的信息越少，这就表明较好地降低了划分前的无序度。因此，要选择具有最高信息增益的属性作为当前节点的测试属性。

假设给定的数据集为 $X=\{(x_i,y_i)\mid i=1,2,\cdots,\text{total}\}$，其中样本 $x_i(i=1,2,\cdots,\text{total})$ 用 $d$ 维特征向量 $x_i=(x_{i1},x_{i2},\cdots,x_{id})$ 来表示，$x_{i1},x_{i2},\cdots,x_{id}$ 分别对应 $d$ 个描述属性 $A_1,A_2,\cdots,A_d$ 的具体取值；$y_i(i=1,2,\cdots,\text{total})$ 表示样本 $x_i$ 的类标号，假设要研究的分类问题含有 $m$ 个类别，则 $y_i\in\{c_1,c_2,\cdots,c_m\}$。需要说明的是，在创建根节点时，数据集 $X$ 是最初给定的所有数据，在创建内部节点时，数据集 $X$ 是上层节点的某个分支对应的数据集。

假设 $n_j$ 是数据集 $X$ 中属于类别 $c_j$ 的样本数量，则各类别的先验概率为 $P(c_j)=n_j/\text{total},j=1,2,\cdots,m$。对给定数据集 $X$ 分类所需的期望信息为

$$I(n_1,n_2,\cdots,n_m)=-\sum_{j=1}^{m}P(c_j)\log_2(P(c_j)) \tag{7-12}$$

设描述属性 $A_f(f=1,2,\cdots,d)$ 具有 $q$ 个不同的取值 $\{a_{1f},a_{2f},\cdots,a_{qf}\}$，利用描述属性 $A_f$ 可以将数据集 $X$ 划分为 $q$ 个子集 $\{X_1,X_2,\cdots,X_q\}$，其中 $X_s(s=1,2,\cdots,q)$ 中的样本在 $A_f$ 上具有相同的取值 $a_{sf}$。设 $n_s$ 表示子集 $X_s$ 中的样本数据，$n_{js}$ 表示子集 $X_s$ 中属于类别 $c_j$ 的样本数量。则由描述属性 $A_f$ 划分数据集 $X$ 所得的熵为

$$\mathrm{E}(A_f)=\sum_{s=1}^{q}\frac{n_{1s}+\cdots+n_{ms}}{\text{total}}I(n_{1s},\cdots,n_{ms}) \tag{7-13}$$

式中

$$I(n_{1s},\cdots,n_{ms})=-\sum_{j=1}^{m}p_{js}\log_2(p_{js}) \tag{7-14}$$

式中，$p_{js}=n_{js}/n_s$ 表示在子集 $X_s$ 中类别为 $c_j$ 的数据样本所占的比例。式(7-13)中的熵值越小，表示属性对数据集划分的纯度越高。

根据式(7-12)～式(7-14)，可以得到利用描述属性 $A_f(f=1,2,\cdots,d)$ 划分数据集时的信息增益，如式(7-15)所示。

$$\text{Gain}(A_f)=I(n_1,n_2,\cdots,n_m)-\mathrm{E}(A_f) \tag{7-15}$$

选择具有最高信息增益的描述属性作为给定数据集 $X$ 的分支属性，从而创建决策树中的一个节点，并且根据该描述属性的不同取值再创建分支，之后对各分支的样本子集递归调

用上述方法建立该节点的各个子节点。当某个分支上的所有数据样本都属于同一个类别时划分停止，形成叶节点；或者当某个分支上的样本不属于同一个类别，但是又没有剩余的描述属性可以进一步划分数据集时也形成叶节点，并且用多数样本所属的类别来标记这个叶节点。

由以上分析可以看出，数据划分是决策树分类方法的重要思想。也就是说，决策树分类方法采用自顶向下的递归方式，将原始的样本空间划分成若干更小的样本空间，再对它们单独进行处理。

**2. ID3 算法应用举例**

本节通过一个应用实例来说明 ID3 算法构建决策树及提取分类规则的过程。

**例 7-1** 表 7-12 中给出了某公司客户信息的训练样本集，利用 IDB 算法生成决策树，并进行规则提取。

**表 7-12 客户购买力情况分析数据样本集**

| 序号 | 客户性质($A_1$) | 年生产总值/万元($A_2$) | 销售频率/次($A_3$) | 所属省市($A_4$) | 客户购买力($C$) |
|---|---|---|---|---|---|
| 1 | 国营 | ≥2000 | ≥10 | 安徽省 | 高 |
| 2 | 国营 | 1000～1999 | <10 | 安徽省 | 一般 |
| 3 | 私营 | <1000 | <10 | 江苏省 | 低 |
| 4 | 民营 | 1000～1999 | <10 | 上海 | 一般 |
| 5 | 私营 | 1000～1999 | <10 | 江苏省 | 低 |
| 6 | 民营 | ≥2000 | ≥10 | 安徽省 | 高 |
| 7 | 私营 | 1000～1999 | ≥10 | 上海 | 高 |
| 8 | 私营 | 1000～1999 | <10 | 安徽省 | 低 |

**解** 样本集共 8 条记录 total=8，其中：客户购买力高 $C_1$ 类记录数 $n_1=3$，客户购买力一般 $C_2$ 类记录数 $n_2=2$，客户购买力低 $C_3$ 类记录数 $n_3=3$，所以训练集中三个类别的先验概率分别为：

$$P(C_1)=3/8,\quad P(C_2)=2/8,\quad P(C_3)=3/8$$

根据式(7-12)，对训练集分类所需的期望信息为

$$\begin{aligned}I(n_1,n_2,n_3)&=-\sum_{j=1}^{3}P(c_j)\log_2(P(c_j))\\&=-((3/8)\log_2(3/8)+(2/8)\log_2(2/8)+(3/8)\log_2(3/8))\\&=1.561\end{aligned}$$

属性 $A_1$="客户性质"可取 3 个值，$V_1$="国营"共 2 条记录，其中：$C_1$ 类 1 条记录，$C_2$ 类 1 条记录，由此得：$p_{11}=1/2$，$p_{21}=1/2$，$p_{31}=0/2$。$V_2$="民营"共 2 条记录，其中：$C_1$ 类 1 条记录，$C_2$ 类 1 条记录，由此得：$p_{12}=1/2$，$p_{22}=1/2$，$p_{32}=0/2$。$V_3$="私营"共 4 条记录，其中：$C_1$ 类 1 条记录，$C_3$ 类 3 条记录，由此得：$p_{13}=1/4$，$p_{23}=0/4$，$p_{33}=3/4$。

$$\mathrm{E}(A_1)=\sum_{s=1}^{3}\frac{n_{1s}+n_{2s}+\mathrm{n}_{3s}}{\text{total}}I(n_{1s},n_{2s},n_{ms})$$

$$=\frac{n_{11}+n_{21}+n_{31}}{\text{total}}I(n_{11},n_{21},n_{31})+\frac{n_{12}+n_{22}+n_{32}}{\text{total}}I(n_{12},n_{22},n_{32})$$

$$+\frac{n_{13}+n_{23}+n_{33}}{\text{total}}I(n_{13},n_{23},n_{33})$$

$$=2/8\times[-(1/2)\log_2(1/2)+(1/2)\log_2(1/2)]$$

$$+2/8\times[-(1/2)\log_2(1/2)+(1/2)\log_2(1/2)]$$

$$+4/8\times[-(1/4)\log_2(1/4)+(3/4)\log_2(3/4)]$$

$$=0.906$$

$$\text{Gain}(A_1)=I(n_1,n_2,n_3)-\text{E}(A_1)=1.561-0.906=0.655$$

同理可得：

$$\text{Gain}(A_2)=0.61,\quad \text{Gain}(A_3)=0.954,\quad \text{Gain}(A_4)=0.936$$

根据 ID3 算法选择信息增益最大的属性“销售频率 $A_3$”作为树根，在 8 个实例中对“销售频率 $A_3$”的 2 个取值进行分支。

2 个分支对应 2 个子集，分别是：销售频率 $A_3$ 为“≥10”的子集 $F_1=\{1,6,7\}$；销售频率 $A_3$ 为“<10”的子集 $F_2=\{2,3,4,5,8\}$。其中，$F_1$ 中的实例全部属于 $C_1$ 类(客户购买力高)，因此对应分支标注为一个叶节点，而且叶节点的类标号为 $C_1$ 类(客户购买力高)，$F_2$ 子集既含 $C_2$ 类又含有 $C_3$ 类，将递归调用建树算法。

$F_2$ 中共有 5 个实例，有 2 个属于 $C_2$ 类，3 个属于 $C_3$ 类：

$$I(n_2,n_3)=-((2/5)\log_2(2/5)+(3/5)\log_2(3/5))=0.971$$

$A_1$=客户性质，$\text{E}(A_1)=0$，$\text{Gain}(A_1)=0.971$。

$A_2$=年生产总值，$\text{E}(A_2)=0.8$，$\text{Gain}(A_2)=0.171$。

$A_4$=所属省市，$\text{E}(A_4)=0.4$，$\text{Gain}(A_4)=0.571$。

按信息增益最大的“客户性质 $A_4$”属性，可将 $F_2$ 进一步划分为：$F_{21}=\{2\}$；$F_{22}=\{3,5,8\}$；$F_{23}=\{4\}$。其中，$F_{21}$ 和 $F_{23}$ 中的实例全属于 $C_2$ 类，$F_{22}$ 中的实例全属于 $C_3$ 类。到此，递归建树过程结束，得到企业客户购买力判定树如图 7.6 所示。

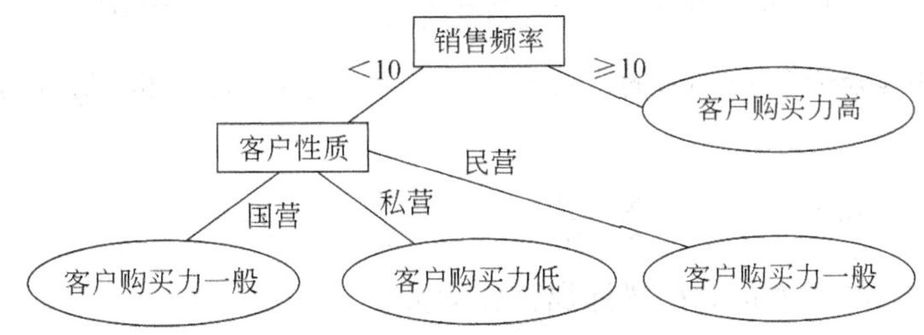


图 7.6 企业客户购买力判定树

由决策树可以很容易得到“IF…THEN…”形式的分类规则，方法是沿着由根节点到树叶节点的路径，路径上的每一个属性-值对可以形成 IF 部分的一个合取项，树叶节点包含类预测，形成 THEN 部分。每一条路径可以创建一个规则。图 7.6 所示的决策树可以转化为以下形式的分类规则：

```
IF 销售频率="≥10"                    THEN 类别标记= "客户购买力高"
```

```
IF 销售频率="＜10" AND 客户性质="国营" THEN 类别标记="客户购买力一般"
IF 销售频率="＜10" AND 客户性质="私营" THEN 类别标记="客户购买力低"
IF 销售频率="＜10" AND 客户性质="民营" THEN 类别标记="客户购买力一般"
```

这些规则能够直观地反映出客户购买企业产品的能力，实现对企业客户价值度、客户结构等分析，获得企业产品高购买力客户的特点，有助于企业为不同类型的客户制定针对性的营销策略，也有助于企业管理者对产品的安全库存量科学准确地预测。

### 3. 决策树算法 C4.5

ID3 算法在选择重要特征时利用了信息增益的概念，算法的基础理论清晰，方法简单，学习能力较强，适于处理大规模的学习问题。该算法的计算时间是例子个数、特征个数、节点个数之积的线性函数。

但是，ID3 算法也存在缺点，首先 ID3 算法倾向于选择取值较多的属性，而在大多数情况下多值属性不一定是最优的属性；其次，ID3 算法只能对描述属性为离散型属性的数据集构造决策树。

针对 ID3 算法的不足，Quinlan 在 1993 年提出了 C4.5 算法，它是 ID3 算法的后继，同时也成为后面诸多决策树算法的基础。

C4.5 算法采用基于信息增益率(Information Gain Ratio)的方法选择测试属性，克服了 ID3 算法使用信息增益选择属性时偏向于取值较多的属性的不足。信息增益率等于信息增益对分割信息量(Split Information)的比值。

在选择决策树中某个节点上的分支属性时，假设该节点上的数据集为 $X$，其中包含 $d$ 个描述属性，样本总数为 total。设描述属性 $A_f(f=1,2,\cdots,d)$ 具有 $q$ 个不同的取值 $\{a_{1f},a_{2f},\cdots,a_{qf}\}$，利用描述属性 $A_f$ 可以将数据集 $X$ 划分为 $q$ 个子集 $\{X_1,X_2,\cdots,X_q\}$，其中 $X_s(s=1,2,\cdots,q)$ 中的样本在 $A_f$ 上具有相同的取值 $a_{sf}$。设 $n_s$ 表示子集 $X_s$ 中的样本数量，则描述属性 $A_f$ 划分给定数据集 $X$ 的信息增益率的定义如式(7-16)所示。

$$\text{Gain\_ratio}(A_f)=\frac{\text{Gain}(A_f)}{\text{split}(A_f)},\quad f=1,2,\cdots,d \tag{7-16}$$

在式(7-16)中，分子 $\text{Gain}(A_f)$ 的定义如式(7-15)所示；分母 $\text{split}(A_f)$ 的定义如式(7-17)所示。

$$\text{split}(A_f)=-\sum_{s=1}^{q}\frac{n_s}{\text{total}}\log_2\left(\frac{n_s}{\text{total}}\right),\quad f=1,2,\cdots,d \tag{7-17}$$

C4.5 选择信息增益率最大的描述属性作为分支属性。

C4.5 既可以处理离散型描述属性，也可以处理连续型描述属性。在选择某节点上的分支属性时，对于离散型描述属性，C4.5 的处理方法与 ID3 相同，按照该属性本身的取值个数进行计算；对于某个连续型描述属性 $A_c$，假设在某个节点上的数据集的样本数量为 total，C4.5 将作以下处理。

(1) 将该节点上的所有数据样本按照连续型描述属性的具体取值，由小到大进行排序，得到属性值的取值序列 $\{A_{1c},A_{2c},\cdots,A_{\text{total}c}\}$。

(2) 在 $\{A_{1c},A_{2c},\cdots,A_{\text{total}c}\}$ 中生成 total−1 个分割点。第 $i(1\leqslant i\leqslant \text{total}-1)$ 个分割点的

取值设置为 $v_i=(A_{ic}+A_{(i+1)c})/2$,它可以将该节点上的数据集划分为两个子集,即描述属性 $A_c$ 的取值在区间$[A_{1c},v_i]$的数据样本和在区间$(v_i,A_{totalc})$的数据样本。由于描述属性 $A_c$ 的取值序列包含 total－1 个分割点,所以它对数据集的划分有 total－1 种方式。

(3) 从 total－1 个分割点中选择最佳分割点。对于每一个分割点划分数据集的方式,C4.5 计算它的信息增益率,并且从中选择信息增益率最大的分割点来划分数据集。

比较 ID3 算法,C4.5 算法在效率上有了很大的提高。不仅可以直接处理连续型属性,还可以允许训练样本集中出现属性空缺的样本。生成的决策树的分支也较少。以往的经验说明信息增益率函数比信息增益函数更健壮,能稳定的选择好的测试。

#### 4. 决策树的剪枝技术

在决策树创建时,由于数据中的噪声和孤立点,许多分支反应的是训练数据中的异常。剪枝方法处理这种过分适应数据问题,防止决策树过度复杂。下面对决策树修剪技术的相关知识进行介绍。

寻找最小决策树是 NP 完全问题,所以在现实中不可能找到绝对最小决策树。只能通过分析那些使得决策树变得过于庞大的原因,来寻找一些技术来对决策树实施剪枝,决策树剪枝的方法很多,最常用的技术有先剪枝和后剪枝。

(1) 先剪枝通过提前停止树的构造而对树进行剪枝。如果一个节点对样本的划分将导致低于预定义阀值的分裂,则给定子集的进一步划分将停止。选取一个适当的阀值是很困难的,较高的阀值可能导致过分简化的树,较低的阀值可能使得树的化简太少。由于预剪枝不必生成整棵决策树,且算法相对简单,效率很高,适合解决大规模问题,所以这种方法得到广泛的应用。

(2) 后剪枝对已经建好的决策树进行剪枝。后剪枝方法最初由 Breiman 等人提出,主要是通过不断的修改子树为叶节点。目前,后剪枝方法已经得到了广泛的讨论,并在实际中得到成功的应用。

也可以交叉使用先剪枝和后剪枝,形成组合式方法。

#### 5. 决策树的性能评价

在决策树的学习算法当中,决策树的复杂度和分类精度是需要考虑的两个最重要的因素,下面是决策树的性能评价标准。

(1) 预测准确性。该指标描述分类模型准确预测新的或未知的数据类的能力。经分类发现模型处理后,从数据中得到的信息的准确程度不同。这在很大程度上将会影响决策人员决策制定的准确性。

(2) 描述的简洁性。这是针对分类发现模型对问题的描述方式以及该描述方式的可理解水平提出的。分类发现模型的最终目的是方便决策人员的使用,所以,对于决策人员来说,模型描述越简洁,也就越易于理解,同时也就越受欢迎。

(3) 计算复杂性。计算复杂性依赖于具体的实现细节。在数据挖掘中,由于操作对象是海量的数据库,因此空间和时间的复杂性将是非常重要的一个问题,将直接影响生成与使用模型的计算成本。

(4) 模型强健性。强健性是对模型预测准确性的一个补充，是在存在噪声及数据缺损的情况下，准确对未知其类的数据进行分类的能力。

(5) 处理规模性。处理规模性是指在巨量数据的情况下，构造模型的能力以及构造分类模型的精确度。数据挖掘所处理的对象数量是巨大的，那么就要求所构建的挖掘模型可以适用于各种不同规模的数据量情况。

### 7.3.3 贝叶斯分类

贝叶斯分类是一种基于统计学的分类方法，可以预测一个类成员关系的可能性，即给定样本属于一个特定类的概率。数据挖掘领域主要使用两种贝叶斯方法，即朴素贝叶斯方法和贝叶斯网络方法。前者使用贝叶斯公式进行预测，假定各个属性之间是独立的，然后利用贝叶斯公式及有关概率公式计算各实例的条件概率值，并选取其中概率值最大的类别作为预测值。此方法简单易行且精度较好。后者是一个带注释的有向无环图，以有效表示大变量集的联合概率分布，适用于分析大量变量之间的相互关系，利用贝叶斯公式的学习和推理能力，实现预测、分类等数据挖掘任务。贝叶斯理论已用于文档分类、医疗诊断、预测、推理和归纳等数据挖掘应用中。

#### 1. 贝叶斯定理

设 $X$ 是类标号未知的数据样本，$H$ 为某种假定，如数据样本 $X$ 属于某个特定的类。分别用 $P(H|X)$、$P(X|H)$、$P(H)$、$P(X)$表示条件 $X$ 下 $H$ 的后验概率、条件 $H$ 下 $X$ 的后验概率、$H$ 的先验概率、$X$ 的先验概率。由贝叶斯定理可知：

$$P(H \mid X) = \frac{P(X \mid H)P(H)}{P(X)} \tag{7-18}$$

#### 2. 朴素贝叶斯分类

朴素贝叶斯分类的工作过程如下：

(1) 给定一个具有 $n$ 个属性的数据样本集。每个数据样本用一个 $n$ 维向量 $X=\{x_1, x_2, \cdots, x_n\}$表示，向量的每个分量 $x_i$ 分别是样本的对应属性 $a_i$ 的值。

(2) 假定有 $m$ 个类 $C_1, \cdots, C_m$。对于数据样本 $X$，分类法预测 $X$ 属于 $C_i$ 当且仅当 $P(C_i|X) > P(C_j|X)$，$1 \leqslant j \leqslant m, j \neq i$。根据贝叶斯定理：

$$P(C_i \mid X) = \frac{P(X \mid C_i)P(C_i)}{P(X)}$$

由于 $P(X)$对于所有的类都是常数，因此，只需最大化 $P(X|C_i)P(C_i)$，就可以找到样本 $X$ 应该被分配的类。如果类的先验概率未知，通常假定这些类是等概率的，这样，需最大化 $P(X|C_i)$，就可以找到样本 $X$ 应该被分配的类。注意，类 $C_i$ 的先验概率可以用类中的样本数 $S_i$ 和训练样本总数 $S$ 的商计算求得，即 $P(C_i)=S_i/S$。

(3) 计算 $P(X|C_i)$。朴素贝叶斯分类假设类条件独立，即属性之间不存在依赖关系。这样

$$P(X \mid C_i) = \prod_{k=1}^{n} p(x_k \mid C_i) \tag{7-19}$$

如果 $a_k$ 是分类属性，则 $p(x_k|C_i)=S_{ik}/S_i$，其中 $S_{ik}$ 是类 $C_i$ 中属性 $a_k$ 上具有值 $x_k$ 的训练样本数，$S_i$ 是 $C_i$ 中的训练样本数。如果 $a_k$ 是连续值属性，通常假设该属性服从高斯分布，即

$$P(X \mid C_i) = g(x_k, \mu_{c_i}, \sigma_{c_i}) = \frac{1}{\sqrt{2\pi\sigma_{c_i}}} e^{\frac{(x_k-\mu_{c_i})^2}{2\sigma_{c_i}^2}} \tag{7-20}$$

式中，$\mu_{c_i}$、$\sigma_{c_i}$ 分别是平均值和标准差。

(4) 将样本 $X$ 归类。

**3. 贝叶斯网络**

朴素贝叶斯算法假设类条件独立，当假定成立时，该算法很精确。然而，在实践中变量之间有时存在依赖。贝叶斯网络提供了一种因果关系图形，可以在其上学习并根据学习结果进行分类。它克服了朴素贝叶斯分类方法无法定义变量之间的依赖关系的弱点。

贝叶斯网络又称为信念网络、因果网络等，是描述随机变量(事件)之间依赖关系的一种图形模式，是一种用来进行推理的模型。贝叶斯网络通过有向图的形式来表示随机变量间的因果关系，并通过条件概率将这种关系数量化，可以包含随机变量集的联合概率分布，是一种将因果知识和概率知识相结合的信息表示框架，使得不确定性推理在逻辑上变得更为清晰，理解性更强。

贝叶斯网络由网络结构和条件概率表两部分组成。贝叶斯网的网络结构是一个有向无环图，由节点和有向弧段组成。每个节点代表一个事件或者随机变量，变量值可以是离散的或连续的，节点的取值是完备互斥的。表示起因的假设和表示结果的数据均用节点表示。在概率推理中，随机变量用于代表世界上的事物或者事件，可以是任何问题的抽象，通过将这些随机变量实例化成各种实例，就可以对世界上现存的状态进行建模。节点间的有向弧段代表随机变量间的因果关系或概率依赖关系。弧段是有向的，不构成回路。

在数据挖掘中，贝叶斯网络可以处理不完整和带有噪声的数据集，它用概率测度的权重来描述数据间的相关性，从而解决了数据间的不一致性，甚至是相互独立的问题；用图形的方法描述数据间的相互关系，语义清晰、可理解性强，这有助于利用数据间的因果关系进行预测分析。

### 7.3.4 神经网络方法

神经网络(Neural Network，NN)是人们在模仿人脑处理问题的过程中发展起来的一种新型智能信息处理理论。它通过大量的称为神经元的简单处理单元构成非线性动力学系统，对人脑的形象思维、联想记忆等进行模拟和抽象，实现与人脑相似的学习、识别、记忆等信息处理能力。

神经网络由于具有良好的非线性映射能力和对任意函数的准确逼近能力，用于分类问题往往能获得很高的分类精度，因而被公认为分类性能最好的分类方法之一。神经网络具有优良的鲁棒性，在噪声环境下也能很好地完成分类任务。另外，同粗糙集理论一样，神经网络也无需提供被分析数据之外的任何先验信息。

**1. 神经网络及其学习方法**

神经网络是指由大量神经元互连而成的网络，有点像服务器互连而成的因特网。它由"神经元"的互连或按层组织的节点构成。通常，神经网络模型由三个层次组成：输入层、中间层（亦称隐层）和输出层，如图 7.7 所示。在每一个神经元求得输入值后，再汇总计算总输入值，由过滤机制比较总输入值，然后确定网络的输出值。当修改连接层的"接度"或权值时，神经网络就实现了学习或"训练"。

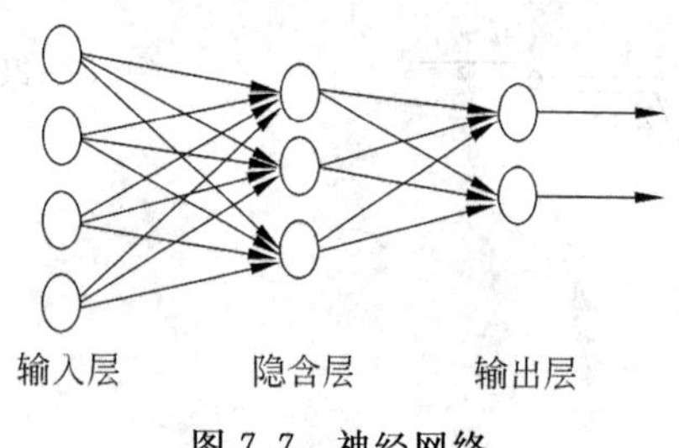


图 7.7 神经网络

神经网络将每一个连接看做是一个处理单元（PE），试图模拟人脑神经元的功能。处理单元（PE）采用一系列数学函数，通过汇总和转换对数据进行处理。一个 PE 的功能有限，但是多个 PE 连接成系统后，就可以创建一个智能模型。PE 能够以多种方式进行连接，为能够精确地拟合建模数据，可能需要反复训练多次，甚至成百上千次。处理单元 PE 需要与输入/输出层的单元进行连接，在网络的训练过程中，对输入单元和输出单元的连接强度（权值）进行修改，其修改值的变化是根据它对所产生结果的重要性来确定。连接的强度依赖于在反复训练过程中赋予它的权值。训练过程采用称为学习规则的数学方法调节权值。神经网络的训练根据历史样本数据反复进行，训练过程中 PE 对数据进行汇总和转换，它们之间的连接被赋予不同的权值。为对一个样本进行预测，需要对网络尝试各种不同的方案。当输出结果与已知结果的吻合达到一定的精度或满足其他的结束准则时，就停止对网络的训练。此时网络就可以用来对所需要分析的数据进行处理了。

神经网络的主要任务就是对外部世界进行建模，并通过学习使模型与外部环境充分一致从而达到完成特定应用的目的。学习的实质就是使神经元之间的权重随外部激励（环境）作自适应变化。神经网络的基本学习方法有以下几种。

1）误差矫正学习

误差矫正学习是指当神经网络的实际输出与目标输出产生误差时，利用误差信号来矫正调整神经元之间的连接权重，通过这样一个迭代序列矫正过程，使得神经网络的输出逐渐逼近理想的期望输出。这可以通过最小化代价函数或性能指标来实现，代价函数一般定义为信号误差的平方。前向网络通常采用误差矫正学习方法。

2）Hebbian 学习

Hebbian 学习规则可简单描述为：如果一个神经元从另一神经元接受输入激励信号，并且两者均处于高激励电平（数学上就是两者的符号相同）时，则这两个神经元之间的权重就应当增强。

3）竞争学习

竞争学习是指在训练过程中，所有神经元均参与彼此间的竞争，竞争过程按照"胜者为王"（winner-take-all）的竞争抉择算法，即竞争结束后，只有获胜的神经元输出为 1，指示此次输入模式所属类别，并对与其相连的权重进行相应的调整；而所有其他未获胜的神经元的输出为 0，与这些神经元相连的权重保持不变。

4）随机学习

随机学习规则是利用随机过程、概率和能量关系来调节连接权重。其基本思想是：在随机训练过程中，随机改变一权重，确定权重改变后产生的最终能量，并按下列准则来确定是否保留此权重的变化：如果网络能量降低了，则保留这一变化；如果能量并没有降低，则根据预选的概率分布来保留这一改变；否则则拒绝这一改变，使权重恢复到原来的值。

5）基于存储器的学习

在基于存储器的学习中，所有用来训练网络的输入输出映射以及实现这个目标映射的相关先验数据都需要存储在存储器中。基于存储器的学习包含基本的两部分：测试模式数据的局部近邻的定义和应用于此训练模式的学习规则。最近邻规则、$k$ 近邻规则是典型的基于存储器的学习规则。

### 2. 神经网络的特点和分类

神经网络之所以具有如此广阔的应用和发展前景，是与它所独有的特点分不开的。神经网络具有如下特点：

(1) 大规模并行处理。神经网络具有并行处理的特征，大大提高了工作速度。

(2) 非线性处理。神经网络方法本身属于非线性模型，能够适应各种复杂的数据关系。

(3) 自组织及自适应性。能够在学习过程中自适应地发现蕴含在样本数据中的内在特性及规律；能够比很多分类算法更好地适应数据空间的变化。

(4) 分布式存储，存储与计算相结合。信息储存在神经元之间连接强度的分布上（即权值和阈值），存储区与运算区合为一体。

(5) 联想能力。具有很强的"容错性"和联想记忆功能，局部的神经元受损并不影响整个网络的正常工作。

由于分类标准的不同，神经网络有多种分类方法。按照神经元互连模式的不同，神经网络通常分为两种典型的网络结构。

(1) 前向网络（前馈网络）

网络可划分为若干"层"，各层依次排列，通常情况下，第 $i$ 层的神经元只接受第$(i-1)$层神经元给出的信号，各神经元之间没有反馈。输入节点层与输出节点层统称为"可见层"，而其他中间层则成为"隐含层"，这些神经元称为隐单元。

(2) 反馈网络

反馈网络与前向网络的重要区别在于反馈网络至少有一个反馈连接。反馈连接既可以是异反馈（一个神经元的输出反馈到其他神经元作为输入），也可以是自反馈（一个神经元的输出反馈到自身作为输入）。同时网络中还可以有计算功能的隐神经元。

### 3. 后向传播模型(Back Propagation，BP)及其算法

BP 网络是一种多层前馈神经网络，因使用误差反向传播算法即 BP 算法进行学习而得名。BP 网络是神经网络中应用最为广泛的一种网络模型，在预测和分类等方面很适用。

按照网络的拓扑结构和运行方式，神经网络模型分为前馈多层式网络模型、反馈递归式

网络模型、随机型网络模型等。目前应用比较成熟的模型是前馈多层式网络中的 BP 反向传播模型。从结构上看，BP 网络是典型的多层网络，它分为输入层、隐层和输出层，层与层之间多采用全互连方式，隐层可以包含一层或多层网络。典型的 BP 神经网络的隐层只有一层，即三层前馈神经网络。BP 网络的学习规则通常采用的是 1949 年心理学家 Hebb 提出的 Hebb 学习规则。BP 算法是目前最为广泛、最具影响的人工神经网络学习算法之一，包括正向计算和反向传播，正向计算从输入层到隐层，再到输出层，输出层输出的结果与理想输出的误差若未满足精度要求，则从输出层到隐层、隐层到输入层调整网络权值，如此反复，直到网络收敛。

BP 网络学习过程由两部分组成：一是正向信号传输；二是反向误差传输。具体的算法描述如下。

设网络的输入学习样本为 $P$ 个，并假定获得的样本输入数据都已经标准化了。输入向量为 $x_i(i=1,2,\cdots,n)$，期望输出为 $t_k(k=1,2,\cdots,q)$，输入层至隐含层连接权重 $w_{ij}(i=1,2,\cdots,n;j=1,2,\cdots,m)$，隐含层至输出层连接权重为 $v_{jk}(j=1,2,\cdots,m;k=1,2,\cdots,q)$，隐含层神经元的阈值 $\theta_j(j=1,2,\cdots,m)$，输出层神经元的阈值 $r_k(k=1,2,\cdots,q)$。

(1) 给定初始值，即赋给各连接权和阈值任一随机小值。

(2) 将一个样本输入网络。

(3) 计算隐含层神经元输出 $z_j$ 和输出层神经元输出 $y_k$：

$$z_j = f\left(\sum_{i=1}^{n} w_{ij}x_i - \theta_j\right) \tag{7-21}$$

$$y_k = f\left(\sum_{j=1}^{m} v_{jk}z_j - r_k\right) \tag{7-22}$$

(4) 计算输出层神经元误差 $\delta_k$ 和隐含层神经元误差 $d_j$：

$$\delta_k = (t_k - y_k)y_k(1-y_k) \tag{7-23}$$

$$d_j = z_j(1-z_j)\delta_k v_{jk} \tag{7-24}$$

(5) 调整连接权和阈值：

$$w_{ij} = w_{ij} + \alpha d_j x_i \tag{7-25}$$

$$v_{jk} = v_{jk} + \alpha\delta_k z_j \tag{7-26}$$

$$\theta_j = \theta_j + \beta d_j \tag{7-27}$$

$$r_k = r_k + \beta\delta_k \tag{7-28}$$

(6) 输入下一个学习样本，返回(3)，直至全部学习样本训练完毕，并计算误差和 E：

$$\mathrm{E} = \sum^{p}\sum^{q}(t_{pq} - y_{pq})^2/2p \tag{7-29}$$

若误差和 E 小于设定的某一精度 $\varepsilon$，则学习结束，否则重新输入学习样本后再次学习，直至 $\mathrm{E}<\varepsilon$。

其中，$f(x)$为变换函数，可以采用以下几种：

(1) 阶跃函数

$$f(x) = \begin{cases} 1, & x \geqslant 0 \\ 0, & x < 0 \end{cases}$$

(2) S 型函数

$$f(x)=\frac{1}{1+\mathrm{e}^{-\mu x}}$$

(3) 比例函数

$$f(x)=kx$$

(4) 符号函数

$$f(x)=\begin{cases}1, & x\geqslant 0\\ -1, & x<0\end{cases}$$

(5) 饱和函数

$$f(x)=\begin{cases}1, & x>\frac{1}{k}\\ kx, & -\frac{1}{k}<x<\frac{1}{k}\\ -1, & x<-\frac{1}{k}\end{cases}$$

(6) 双曲函数

$$f(x)=\frac{1-\mathrm{e}^{-\mu x}}{1+\mathrm{e}^{\mu x}}$$

变换函数的选择需要根据问题的特点来确定，对于简单线性问题可以用阶跃函数或比例函数，而非线性问题则可以使用 S 型函数或双曲函数。

由于后向传播模型具有良好的鲁棒性和对大批量数据的训练能力，在数据分类和预测方面得到了广泛的应用。在数据分类中，后向传播模型可以将数据库中的数据映射到所给定的类别。在预测中，则可以从历史数据中自动推导出给定数据的推广描述，以对未来的数据进行预测。

**4. 神经网络的应用**

人工神经网络理论的应用取得了令人瞩目的进展，特别是在人工智能、自动控制、计算机科学、信息处理、机器人、模式识别等方面都有重大的应用实例。下面列出一些主要的应用领域。

(1) 模式识别和图像处理。包括印刷体和手写体字符识别、语音识别、签字识别、指纹识别、人脸识别、图像压缩和图像复原等。

(2) 控制和优化。包括化工过程控制、机器人运动控制、家电控制、半导体生产中掺杂控制等。

(3) 预报和预测。由于人工神经网络方法可以对非线性系统进行计算，所以在对非线性系统进行预测时，常用优于其他传统预测方法的人工神经网络方法。目前，人工神经网络已经应用于地下水质评价预测中，并且取得了比较理想的效果。

图 7.8 表示了一个非常简单的神经元网络图，圆圈表示节点，圆圈之间的连线表示连接。神经元网络是这样工作的，它从左边的节点获得预测属性值，对于这些值进行计算后，在最右边的节点产生新值，最右边节点的值就代表神经元网络模型做出的预测。在这里，神

经网络把年龄和收入作为输入的预测属性来预测一个人是否会拖欠银行贷款。

为了进行预测，神经元网络从输入节点获得预测属性的值，这些值称为节点的值。然后节点与连接中存储的值相乘，得到的值在最右边节点相加，再进行指定的阈值运算，得到的数值就是预测值。在这里，如果得到的值是零，就认为这条记录的信用风险较低(无拖欠情况发生)；如果得到的值为 1，就认为这条记录的信用风险较高(很可能拖欠贷款)。对图 7.8 的计算进行标准化，得到图 7.9。这里，年龄值 47 被标准化到 0.0～1.0 之间，变成了 0.47，而收入值被标准化为 0.65。这个简化后的神经元网络做出的预测是，收入为 6500 元、年龄为 47 岁的顾客是否会拖欠贷款，连接权值分别为 0.7 和 0.3，节点值与连接权值相乘后得到的结果为 0.39。经过训练后网络用输出 1.0 表示拖欠，输出 0.0 表示不拖欠。这里得到的输出值 0.39 更接近于 0.0，因此对这条记录做出的预测是不拖欠。

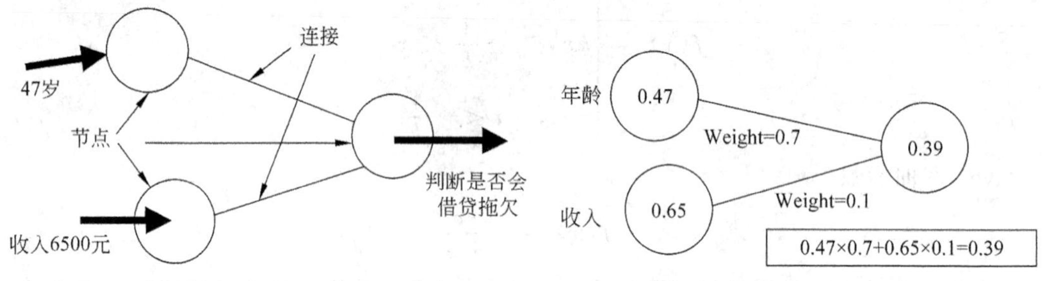


图 7.8　一个简单的预测贷款拖欠情况的神经元网络

图 7.9　标准化后的神经元网络

### 5. 人工神经网络的优缺点

人工神经网络的优点：

(1) 大规模并行分布式机构，是一个真正的多输入多输出系统。

(2) 神经网络学习能力以及由此而来的泛化能力。所谓泛化是指神经网络对不在训练集中的数据可以产生合理的输出。这也使它有较强的适应能力。这两种信息处理能力使人工神经网络可以解决一些当前还不能处理的复杂的大型问题。但是在实践中，人工神经网络不能单独做出解答，它们需要被整合在一个协调一致的系统工程方法中。具体地讲，一个复杂问题往往被分解成若干相对简单的任务，与人工神经网络处理及其能力相符的子任务。鉴于这些优点，人工神经网络方法在分类识别方面有着重要地位。

人工神经网络的缺点：

(1) 神经网络易于受训练过度的影响。如果对具有很强学习功能的神经网络用支持这种功能的少量数据进行训练，开始时正如我们希望的那样，网络学习的是数据中的一般趋势，但此后网络却不断地学习训练数据中非常具体的特征了，这就不是我们所希望的了。这样的网络由于记住了训练数据，而缺乏概括能力。因此在神经网络技术中应该通过定期检查测试数据集的结果，来检测训练过度问题。训练过程初期，训练和测试数据的误差都比较小。然而，如果网络的功能超过了预定功能或是训练数据太小，这种情况就不会继续下去。在训练过程中，如果测试数据开始产生错误结果，而训练数据的结果仍然在不断提高，这就说明，出现了训练过度问题。

(2) 神经网络的训练速度问题。构造神经网络时要求对其训练许多遍，这意味着要获得精确的神经网络，需要花费很多时间。因此，神经网络的模型构建、数据训练可能会消耗较多的时间资源。

### 7.3.5 近邻分类方法

模式分类中最简单直观的方法就是基于距离函数的分类法，其核心思想就是使用一个类的重心来代表这个类，计算待分类样本到各类重心的距离，归入距离最近的类。如果允许类中全部样本点都有资格作为类的代表的话，这就是最近邻法。最近邻法不是仅仅比较与各类均值的距离，而是计算与所有样本点之间的距离，距离最近者归入所属类。

为了克服最近邻法错判率较高的缺陷，将最近邻推广到 $k$ 近邻，$k$ 近邻法不是选取一个最近邻进行分类，而是选取离待分类样本最近的 $k$ 个代表点，然后根据这 $k$ 个代表点的类别信息来确定待分类样本的类别。

#### 1. 最近邻分类方法

给定训练集 $X_{\text{train}}=\{(x_i,y_i)\mid i=1,2,\cdots,\text{total}\}$，其中数据样本 $x_i(i=1,2,\cdots,\text{total})$ 用 $d$ 维特征向量 $x_i=(x_{i1},x_{i2},\cdots,x_{id})$ 来表示，$x_{i1},x_{i2},\cdots,x_{id}$ 分别对应 $d$ 个描述属性 $A_1,A_2,\cdots,A_d$ 的具体取值；$y_i(i=1,2,\cdots,\text{total})$ 表示数据样本 $x_i$ 的类标号，假设要研究的分类问题含有 $m$ 个类别，则 $y_i\in\{c_i,c_2\cdots,c_m\}$。最近邻分类方法的操作步骤如下：

**输入**：训练集 $X_{\text{train}}$，未知类标号的数据样本 $x=(x_1,x_2,\cdots,x_d)$。

**输出**：未知类标号的数据样本 $x$ 的类标号。

(1) 对于未知类标号的数据样本 $x$，按照下式计算它与训练集 $X_{\text{train}}$ 中每一个数据样本的欧氏距离

$$d(x,x_i)=\sqrt{\sum_{j=1}^{d}(x_j-x_{ij})^2},\quad i=1,2,\cdots,\text{total}$$

(2) 从第(1)步中计算得到的 total 个欧氏距离中找出最小的距离。假设 $d(x,x_p)(p\in\{1,2,\cdots,\text{total}\})$ 是 $x$ 与 $X_{\text{train}}$ 中各数据样本的最小距离，则训练样本 $x_p$ 是 $x$ 的最近邻。

(3) 如果第(2)步中得到的最近邻 $x_p$ 的类标号 $y_p=c_q\in\{c_i,c_2,\cdots,c_m\}$，则 $x$ 的类标号为 $c_q$，即 $x\in c_q$。

上述分类决策方法称为最近邻分类方法。其原理是：对于未知类标号的数据样本，按照欧氏距离找出它在训练集中的最近邻，并且决策它与最近邻属于同一个类别。

#### 2. $k$ 近邻分类方法

在最近邻分类方法中，如果未知类标号的数据样本在训练集中的最近邻属于哪一个类别，就将它判为哪一个类别。最近邻分类方法容易实现，非常直观。但是，当数据集的各个类别之间含有噪声样本时，使用最近邻分类方法进行分类时，比较容易受到噪声样本的干扰。例如，当未知类标号的数据样本的最近邻是噪声样本时，分类决策将是错误的。

针对上述分析，下面介绍最近邻分类方法的推广算法——$k$ 近邻分类方法。假设给定与上节相同的训练集 $X_{\text{train}}$，$k$ 近邻分类方法的操作步骤如下。

**输入**：训练集 $X_{\text{train}}$，未知类标号的数据样本 $x=(x_1,x_2,\cdots,x_d)$。

**输出**：未知类标号的数据样本 $x$ 的类标号。

(1) 对于未知类标号的数据样本 $x$，按照下式计算它与训练集 $X_{\text{train}}$ 中每一个数据样本的欧氏距离

$$d(x,x_i)=\sqrt{\sum_{j=1}^{d}(x_j-x_{ij})^2},\quad i=1,2,\cdots,\text{total}$$

(2) 将第(1)步中的所有欧氏距离按照由小到大的顺序进行排序，并且取前 $k$ 个距离，从而找出 $x$ 在 $X_{\text{train}}$ 中的 $k$ 个近邻，假设 $p_1,p_2,\cdots,p_m$ 分别是 $k$ 个近邻中属于类别 $c_i,c_2\cdots,c_m$ 的样本数量。

(3) 如果

$$p_q=\max p_i,\quad i=1,2,\cdots,m$$

则 $x$ 的类标号为 $c_q$，即 $x\in c_q$。

$k$ 近邻分类方法的原理是：对于未知类标号的样本，按照欧氏距离找出它在训练集中的 $k$ 个最近邻，如果 $k$ 个近邻中多数样本属于哪一个类别，就将它判决为那一个类别。在 $k$ 近邻分类方法中，利用 $k$ 个近邻对未知类标号的数据样本的类别进行投票，在一定程度上减小了噪声样本对分类的干扰。

### 3. 近邻分类方法应用举例

**例 7-2** 给定训练集为 $X_{\text{train}}=\{(x_i,y_i)\mid i=1,2,\cdots,7\}$，其中每个训练样本 $x_i$ 是一个二维特征向量；$y_i\in\{+1,-1\}$ 为 $x_i$ 的类标号，即训练集中的数据样本包含两个类别。现有 $\boldsymbol{x}_1=(1,0)^{\text{T}}$，$\boldsymbol{x}_2=(0,0.6)^{\text{T}}$，$\boldsymbol{x}_3=(0,-1)^{\text{T}}$，$\boldsymbol{x}_4=(0,0)^{\text{T}}$，$\boldsymbol{x}_5=(0,2)^{\text{T}}$，$\boldsymbol{x}_6=(0,-2)^{\text{T}}$，$\boldsymbol{x}_7=(-2,0)^{\text{T}}$，其中 $y_1=y_2=y_3=+1$，$y_4=y_5=y_6=y_7=-1$。对于未知类标号的数据样本 $x=(0.4,0)^{\text{T}}$，分别利用最近邻分类方法和 $k$ 近邻分类方法($k=3$)对 $x$ 进行分类。

**【解】** 下面将利用两种近邻分类方法对 $x$ 进行分类。

(1) 最近邻分类方法。对于未知类标号的数据样本 $\boldsymbol{x}=(0.4,0)^{\text{T}}$，计算它与训练集 $X_{\text{train}}$ 中 7 个训练样本的欧氏距离，并且找到最小的距离。通过计算可知，数据样本 $x$ 与训练样本 $x_4$ 之间的距离最小，为

$$d(x,x_4)=\sqrt{(0.4-0)^2+(0-0)^2}=0.4$$

也就是说，$x_4$ 是 $x$ 的最近邻。因为 $x_4$ 的类标号为 $y_4=-1$，所以最近邻方法将 $x$ 的类标号也标记为 $-1$。

(2) $k$ 近邻分类方法($k=3$)。对于未知类标号的数据样本 $x=(0.4,0)^{\text{T}}$，计算它与训练集 $X_{\text{train}}$ 中 7 个训练样本的欧氏距离，对这些距离由小到大进行排序，并且取前 3 个。通过计算可知，与 $x$ 距离最近的 3 个训练样本为 $x_4$、$x_1$ 和 $x_2$。在 3 个近邻中，$x_4$ 的类标号为 $-1$，$x_1$ 和 $x_2$ 的类标号为 $+1$，因为多数近邻的类标号为 $+1$，所以 $k$ 近邻分类方法将 $x$ 的类标号标记为 $+1$。

从例 7-2 中可以看出，对于同样的训练集和未知类标号的数据样本，两种近邻分类方法对其分类的类标号不同。在实际应用中，随着训练集的不同或者所取 $k$ 值的变化，两种方法对未知类标号的数据样本的分类结果也会发生相应的改变。

# 7.4 数据聚类

聚类(clustering)就是将物理对象或抽象对象的集合分成由相似对象组成的多个类或簇。由聚类生成的簇是一组数据对象的集合,簇必须同时满足以下两个条件:

① 每个簇至少包含一个数据对象。

② 每个数据对象必须属于且唯一的属于一个簇。

同一个簇中的数据对象尽可能相似,不同的簇中的数据对象尽可能相异。在许多应用中,可以将一簇中的数据对象作为一个整体来对待。

聚类是按照一定的要求和规律对事物进行区分和分类的过程。在这一过程中没有任何关于分类的先验知识,也没有教师的指导,仅靠事物间的相似性作为类属划分的准则,因此属于无监督分类的范畴。

聚类分析(cluster analysis)则是指用数学的方法研究和处理给定对象的分类。它主要是从数据集中寻找数据间的相似性,并以此对数据进行分类。使得不同类别中的数据尽可能相异,而同一类数据之间尽可能相似,从而发现数据中隐含的、有用的信息。

## 7.4.1 聚类分析概述

聚类分析是数据挖掘中一种非常重要的技术,是分析数据并从中发现有用信息的一种有效手段。它涉及许多研究领域,包括数据挖掘、统计学、人工智能以及机器学习等。基于"物以类聚"的朴素思想,按照一定的聚类准则将数据对象分组成为若干个类,使得同一类中的对象之间尽可能相似,而不同类中的对象尽可能相异。通过聚类,人们能够识别密集和稀疏的区域,发现全局的分布模式以及数据属性之间有趣的相互关系。由于符合人类认识世界的思维模式,聚类分析广泛应用于很多方面,例如文本挖掘、信息检索、地质学、图像分割、生物学和客户关系管理等。随着数据库中存储的数据越来越多,聚类分析已经成为数据挖掘中一个非常活跃的研究课题。

聚类分析是数据挖掘中的一项重要功能,而聚类算法是目前聚类挖掘领域研究的核心。聚类算法的质量取决于算法对相似性的判别标准,算法的具体实现以及算法发现隐藏模式的能力。由于大型数据库、数据仓库十分复杂,数据挖掘中的聚类算法必然要面对由此产生的计算要求,具体要求如下:

(1) 可伸缩性:可伸缩性是指算法不仅对小数据集有效,对大数据集也应同样有效。目前许多聚类算法在小于200个数据对象的小数据集合上工作得很好,但是一个大规模的数据库可能包含几百万个对象,在这样的大数据集合样本上进行聚类可能会导致有偏差的结果,我们需要有高度可伸缩性的聚类算法。可伸缩性算法应该随着数据库大小的变化,其运行时间也应该线性变化。

(2) 处理不同类型属性的能力:算法不仅要能处理数值型的数据,还要有处理其他类型字段的能力,如布尔型、枚举型、序数型,或者这些数据类型的混合。

(3) 发现任意形状的簇:许多聚类算法基于欧氏距离或曼哈顿距离度量来决定聚类。基于这样的距离度量的算法趋向于发现具有相近尺度和密度的球形簇,但现实数据库中的聚类可以是任意形状，因此，研究能发现任意形状的簇的算法是很重要的。

(4) 输入参数对领域知识的弱依赖性：在聚类分析当中，许多聚类算法都要求用户输入一些参数，例如需要发现的聚类数。聚类结果通常都对用户输入这些参数十分敏感，并且对高维数据，这些参数有时相当难以确定的。这样不仅加重了用户的负担，也使得聚类质量难以保证。

(5) 能够处理异常数据：现实数据库中常常包含有异常数据，例如孤立点、未知数据、数据空缺或包含错误数据。有一些聚类算法可能会对这些数据很敏感，从而导致低质量的分析结果。聚类算法必须能够在聚类过程中检测到这些异常数据，并且删除它们或消除它们的负面影响。

(6) 对输入记录的顺序不敏感：有些算法对记录的输入顺序很敏感，对同一个数据集，当以不同的顺序输入时，用同一个算法处理可能得到不同的聚类结果，这是应当避免的。

(7) 满足约束条件：在实际应用当中，聚类可能会在有各种约束的情况下进行。对于聚类算法来说既满足约束条件，又取得好的聚类结果是非常具有挑战性的。在这种受约束的情况下我们希望聚类算法仍有好的表现。

(8) 可解释性和可用性：聚类的结果最终是面向用户的，因此其结果应当是容易解释和理解的，并且是可应用的。这要求聚类算法必须与一定的语义环境及语义解释相关联。领域知识如何影响聚类分析算法的设计是很重要的一个研究方面。

数据挖掘的对象复杂多样，这就要求聚类分析的方法不仅能够处理属性为数值类型的数据，还能够处理其他类型的数据。一般而言，在数据挖掘中，对象属性经常出现的数据类型有数值型、二值型、符号型、序数型以及混合类型。不同类型的数据有不同的性质，在计算时所采用的处理手段是不同的。

### 7.4.2 聚类算法的分类及其典型算法

目前聚类的方法有很多，总的来说主要分为以下几种类型：划分方法、层次方法、密度方法、网格方法、模型方法、模糊聚类。

#### 1. 基于划分的方法

划分聚类方法是给定一个 $n$ 个对象或元组的数据库构建 $k$ 个划分的方法。每个划分为一个聚簇，并且 $k \leqslant n$。该方法将数据划分为 $k$ 个簇，每个簇同时满足以下两个条件：

① 每个簇至少包含一个数据对象。

② 每个数据对象属于且唯一的属于一个簇(注意：但在某些模糊划分技术中第二个要求可以放宽)。

对于给定划分数目 $k$，算法首先创建一个初始划分，通常采用的方法是随机选取 $k$ 个数据对象作为初始聚类中心点，然后采用一种迭代的重定位技术，尝试通过对象在划分间移动来改进划分，使得每一次改进之后的分组方案都比前一次好，判断划分好坏的准则是：在同一个簇中的数据对象尽可能相似，不同的簇中的数据对象尽可能相异。

基于划分的聚类算法是一种基于爬山式的优化搜索算法，此法简单、快速而且有效，但是此方亦存在不足之处，如对初始值敏感，对输入顺序敏感，常陷入局部最优等。根据对象在划分之间移动的衡量参数和簇的表示方法不同，基于划分的聚类方法主要有：$k$ 平均算法，$k$ 中心点算法、CLARANS 算法、PAM 算法等。

### 2. 基于层次的方法

层次的方法按数据分层建立簇，形成一棵以簇为节点的树。根据层次形成方式，层次的方法可以分为凝聚的和分裂的层次方法。凝聚的方法，也称自底向上的方法，该方法从数据点作为个体簇开始，每一步合并两个最接近的簇，直到所有的簇合并为一个(层次的最上层)，或者达到一个终止条件。分裂的方法，也称为自顶向下的方法，该方法从包含所有点的一个簇开始，每一步分裂一个簇，最终每个对象在单独的一个簇中，或者达到一个终止条件。层次聚类法与划分聚类法的区别在于，它并不试图寻找最优的聚类结果，而是按照一定的相似性判别标准，对最相似的部分进行合并。

层次聚类法简单直接、易于理解和应用。它的缺陷在于，一旦一个步骤完成，它就不能被撤销，因此不能更正错误的决定。为改进层次方法的聚类质量，可以考虑将层次聚类与其他的聚类技术进行集成，形成多阶段聚类。代表算法有 BIRCH 算法、CURE 算法、CHAMELEON 算法等。

### 3. 基于密度的方法

很多算法中都使用距离来描述数据对象之间的相似性，前面提到的两种聚类方法就是基于这种相似性进行聚类，这样的聚类方法对球形簇的聚类效果较好，但对任意形状的簇聚类结果较差，甚至无法进行有效聚类。为了发现任意形状的聚类结果，提出了基于密度的聚类方法。基于密度的聚类算法的主要思想是：只要一个区域中的点的密度超过某个阈值，就把它加到与之相近的聚类中去。该类算法的优点是：领域知识独立；可以发现任意形状的类；对初始值、数据输入顺序不敏感；能够有效去除噪声。不足之处为：要对密度参数和噪声阈值进行仔细选择。典型的基于密度的聚类方法包括 DBSCAN 算法、OPTICS 算法、DENCLUE 算法和 SUBCLUSTER 算法。

### 4. 基于网格的方法

基于网格的方法是把数据空间划分为有限数目的单元，形成一个网格结构，所有的聚类操作都以单个的单元为对象在这个网格结构上进行的。这种方法的主要优点是处理速度很快，其处理时间与数据对象的数目无关，只与把数据空间分为多少个单元有关。基于网格的聚类方法符合一个好的聚类算法的许多标准：能有效地处理大数据集；发现任意形状的簇；成功地处理孤立点；对输入顺序不敏感；不需要指定结果簇数目和领域半径等输入参数；而且能处理高维数据。代表算法有 STING 算法、CLIQUE 算法、WAVE-CLUSTER 算法。

### 5. 基于模型的方法

基于模型的方法为每个簇假定一个模型，然后寻找能够很好满足这一模型的数据集。一个基于模型的算法可能通过构建反映数据点分布的密度函数来定位聚类。基于模型的聚类方法试图优化给定的数据和某些数学模型之间的适应性。这样的方法经常是基于这样的假设：数据是根据潜在的概率分布生成的。基于模型的方法主要分两类：统计学方法和神经网络方法。

**6. 模糊聚类**

前面介绍的几种聚类算法可以给出确定的聚类结果，即一个数据点必须属于且唯一的属于一个类。这些聚类方法称为“确定性聚类”。然而，在大部分情况下存在着大量界限并不分明的聚类问题，随着模糊集理论的提出，模糊聚类应运而生。在模糊聚类中，每个样本不再仅属于某一类而是以一定的隶属度属于每一类。换句话说，通过模糊聚类分析，得到了样本属于各个类别的不确定性程度，即建立起了样本对于类别的不确定性描述，这样就更能准确地反映现实世界。常用的模糊聚类算法是模糊 C 平均值算法（Fuzzy C-Means，FCM），该算法是在传统的 k-means 基础上引入了模糊理论。

FCM 算法的正面特征是，它产生指示任意点属于任意簇的程度的聚类。FCM 算法比 k-means 算法具有更好的可分离性。除此以外，它具有与 k-means 算法相同的优点和缺点。

### 7.4.3 聚类分析中的相似度度量方法

对象间的相似性是聚类的核心，而对相似性进行度量是区别对象的主要基础，相似度度量方法主要有两类，即距离和相似系数。距离通常用于数值型数据，距离越接近 0，相似性越大；相似系数通常用于分类型数据，相似系数越接近 1，相似性越大。

**1. 距离**

距离是聚类分析常用的分类统计量。假设每个对象有 $m$ 个属性，可以把一个对象视为 $m$ 维空间的一个点，$n$ 个对象就是 $m$ 维空间的 $n$ 个点。从直观上看，属于同一类的对象在空间中应该互相靠近，而不同类的对象之间应该相互远离，因此，很自然地想到用点之间的距离来衡量对象之间的相似程度。距离越小，对象间的相似度就越大。设 $d_{ij}$ 为对象 $x_i$ 和对象 $x_j$ 之间的距离，则 $d_{ij}$ 应该满足以下三个性质：

（1）非负性：即对于任意对象 $i$、$j$ 恒有 $d_{ij} \geqslant 0$；当且仅当 $x_i = x_j$ 时，$d_{ij} = 0$。

（2）对称性：即对于任意对象 $i$、$j$ 恒有 $d_{ij} = d_{ji}$。

（3）三角不等式：即对于任意对象 $i$、$j$、$k$ 恒有 $d_{ij} \leqslant d_{ik} + d_{kj}$。

在聚类分析中，常用的距离公式有以下几个：

（1）明科夫斯基距离

$$d_{ij} = \left(\sum_{k=1}^{m} |x_{ik} - x_{jk}|^q\right)^{\frac{1}{q}}, \quad q > 0 \tag{7-30}$$

如果取 $q=1,2,\infty$ 时，则分别得到以下三个距离：

（2）曼哈顿距离

$$d_{ij} = \sum_{k=1}^{m} |x_{ik} - x_{jk}| \tag{7-31}$$

（3）欧氏距离

$$d_{ij} = \left(\sum_{k=1}^{m} |x_{ik} - x_{jk}|^2\right)^{\frac{1}{2}} \tag{7-32}$$

(4) 切比雪夫距离

$$d_{ij} = \max_{1 \leqslant k \leqslant m} | x_{ik} - x_{jk} | \tag{7-33}$$

在以上的几种距离中,最常用的是欧氏距离,其特点是对坐标系进行平移和旋转变换之后,欧氏距离保持不变,因此对象仍然保持原来的相似结构。

值得注意的是在采用明科夫斯基距离时,一定要采用相同量纲的变量。如果变量的量纲不同,测量值变化范围相差悬殊时,要先进行数据的标准化处理,然后进行计算距离。另外,明科夫斯基距离没有考虑变量的多重相关性。

**2. 相似系数**

相似系数体现对象之间的相似程度,相似系数越大,对象的相似性也越大。对于 $m$ 维空间中的两个对象 $x_i$ 和 $x_j$,$r_{ij}$ 表示对象 $i$ 和 $j$ 之间的相似系数,$r_{ij}$ 则满足以下条件:

(1) 绝对值不大于 1:即对任意对象 $i$、$j$ 恒有 $|r_{ij}| \leqslant 1$;当且仅当 $x_i = x_j$ 时,$r_{ij} = 1$。

(2) 对称性:即对任意对象 $i$、$j$ 恒有 $r_{ij} = r_{ji}$。

常用的相似系数度量方法一般有以下几种形式:

(1) 夹角余弦法

$$r_{ij} = \frac{\left| \sum_{k=1}^{m} x_{ik} x_{jk} \right|}{\sqrt{\left( \sum_{k=1}^{m} x_{ik}^2 \right) \left( \sum_{k=1}^{m} x_{jk}^2 \right)}} \tag{7-34}$$

用两个向量之间的余弦作为相似系数,范围为[−1,1],当两个向量正交时取值为 0,表示完全不相似。

(2) 相关系数法

$$r_{ij} = \frac{\sum_{k=1}^{m} (x_{ik} - \overline{x_i})(x_{jk} - \overline{x_j})}{\sqrt{\sum_{k=1}^{m} (x_{ik} - \overline{x_i})^2} \sqrt{\sum_{k=1}^{m} (x_{jk} - \overline{x_j})^2}} \tag{7-35}$$

式中,$\overline{x_i} = \frac{1}{m} \sum_{k=1}^{m} x_{ik}$,$\overline{x_j} = \frac{1}{m} \sum_{k=1}^{m} x_{jk}$,计算两个向量之间的相关度,范围为[−1,1],其中 0 表示不相关,1 表示正相关,−1 表示负相关。

### 7.4.4 聚类分析中的聚类准则函数

在样本相似性度量的基础上,聚类分析还需要一定的准则函数才能把真正属于同一类的样本聚合到一个类中,而把不同类的样本分离开。如果聚类准则选得好,聚类质量就会高。同时,聚类准则函数还可以用来评价聚类结果的质量,如果聚类质量不满足要求,就要重复执行聚类过程,以便优化聚类结果。

常用的聚类准则函数有误差平方和准则函数、加权平均平方距离和准则、类间距离和准则。误差平方和准则函数适用于各类样本比较密集且样本数目悬殊不大的样本分布。当各类样本数目悬殊比较大时,使用加权平均平方距离和准则比使用误差平方和准则容易得到正确的聚类结果。类间距离和准则函数描述了不同类之间的分离程度。下面主要介绍误差平方和准则函数。

误差平方和准则函数是一种最常用的聚类准则函数。假设样本集 $X=\{x_1,x_2,\cdots,x_n\}$，在某种相似性度量基础上，它被聚类成 $C$ 个分离开的类 $X_1,X_2,\cdots,X_C$，每个类分别包括 $n_1,n_2,\cdots,n_c$ 个样本。衡量聚类的质量误差平方和准则函数 $J_C$ 定义为：

$$J_C=\sum_{J=1}^{C}\sum_{k=1}^{n_j}\|x_k^{(j)}-m_j\|^2 \tag{7-36}$$

式中，$m_j(j=1,2,\cdots,C)$是 $C$ 个类的聚类中心，它的取值为每一类中样本的均值，即

$$m_j=\frac{1}{n_j}\left(\sum_{j=1}^{n_j}x_j\right),\quad j=1,2,\cdots,C$$

可以看出，$J_C$ 是样本和聚类中心的函数，在样本集 $X$ 给定的情况下，$J_C$ 的值取决于 $C$ 个聚类中心。$J_C$ 描述 $n$ 个样本聚类成 $C$ 个类时所产生的总的误差平方和。若 $J_C$ 值越大，说明误差越大，聚类结果越不好。因此，应该寻求使 $J_C$ 最小的聚类结果，即在误差平方和准则下的最优结果。这种聚类通常称为最小方差划分。误差平方和准则函数适用于各类样本比较密集且样本数目悬殊不大的样本分布。当不同类的样本数目相差较大时，采用误差平方和准则有时可能把样本数目多的类分开，以便达到总的误差平方和最小。

### 7.4.5 k-means 聚类算法

聚类分析的研究成果主要集中在基于距离（或者称为基于相似度）的聚类方法，用距离来作为相似性度量的优点是直观，从我们对物体的识别角度来分析，同类的数据样本应该是互相靠近的，不同类的样本应该相距较远。划分聚类方法是基于距离的聚类方法中的一种。k-means 聚类算法是划分聚类方法中最常用、最流行的经典算法，许多其他的方法都是 k-means 聚类算法的变种，该算法已经被加入到许多统计分析工具的软件包中作为专门的聚类分析工具来使用。k-means 聚类算法将各个聚类子集内的所有数据样本的均值作为该聚类的代表点，算法的主要思想是通过迭代过程把数据集划分为不同的类别，使得评价聚类性能的准则函数数据达到最优，从而使生成的每个聚类类内紧凑，类间独立。k-means 聚类算法不适合处理离散型属性，但是对于连续型属性具有较好的聚类效果。

k-means 算法由 J. B. MacQueen 于 1967 年提出，目前是用于科学和工业应用的诸多算法中的一种极有影响力的技术。k-means 算法属于聚类分析中的划分算法，它是一种已知聚类类别数的算法。

#### 1. k-means 算法思想

对于给定的包含 $n$ 个数据对象的数据集，k-means 算法首先要求用户指定最终划分类别数目为 $k$，然后随机选取 $k$ 个点作为聚类中心，计算剩余数据对象到各聚类中心的距离，利用距离最近原则，把数据对象归到离它最近的那个聚类中心所在的类中去，聚类结果由 $k$ 个聚类中心来表达，基于给定的聚类目标函数（或者说是聚类效果判别准则），算法采用迭代更新的方法，每一次迭代过程都是朝目标函数值减小的方向进行，每一次迭代也使得类内对象的相似性越来越大，类间对象的相似性越来越小。

k-means 算法以相邻两次的聚类中心没有任何变化，数据对象调整完全结束，聚类准则函数 $J$ 收敛作为终止条件。该算法的一个特点是在每次迭代过程中都要检查每个数据对象的分类是否正确，如果不正确，就对它进行重新分配。在全部数据分配完后，修改聚类中心和目标函数值，进入下一次迭代。如果在一次迭代中，所有的数据对象被正确分类，则在下一次迭代中不会再有数据对象被重新分配，那么聚类中心也就不会再有任何变化，这时标志着算法聚类结果达到最优，至此算法运行结束。

k-means 算法通常采用欧几里德距离作为衡量相似性的指标，采用误差平方和准则函数作为评价划分质量的目标函数。

**2. k-means 算法流程**

k-means 算法的具体过程描述如下：

(1) 给定样本数据集 $\{x_1, x_2, \cdots, x_n\}$、类别数 $k$，从样本集中随机选择 $k$ 个点 $C_1, C_2, \cdots, C_k$ 作为初始聚类中心。

(2) 计算剩余的每个数据对象与聚类中心的距离 $D(x_i, c_j), i=1,2,\cdots,n; j=1,2,\cdots,k$，如果满足

$$D(x_i, c_k) = \min\{D(x_i, c_j), i = 1,2,\cdots,n; j = 1,2,\cdots,k\}$$

则将 $x_i$ 划分到类 $C_k$ 中。

(3) 根据划分后各集合中的点计算新的聚类中心 $C_1^*, C_2^*, \cdots, C_k^*$，计算公式为：

$$c_j^* = \frac{1}{n_j} \sum_{x_m \in c_j} x_m, \quad j = 1,2,\cdots,k$$

其中 $n_j$ 为类 $C_j$ 中点的个数。

计算聚类目标函数 $J$。

(4) 判断：如果 $c_j = c_j^*$，则表示数据划分没再变化，此时算法运行结束，当前中心点为最终的聚类划分结果；否则返回(2)继续执行。

为防止步骤(4)的终止条件不能满足而出现的无限循环，通常在算法执行时给出一个固定的最大迭代次数。

k-means 算法描述如下。

**输入** 数据对象集合 $X=\{x_1, x_2, \cdots, x_n\}$，要划分的类别数 $k$

**输出** 使目标函数最小化的 $k$ 个类

从 $X$ 中随机选取 $k$ 个不同的数据对象作为 $k$ 个类的初始聚类中心；

```
Repeat
    For 每一个样本 xi, i=1,2,…,n
        计算 xi 与每个聚类中心之间的距离；
        将 xi 分配给与它距离最近的类 Cj；
    For 对划分好的类别 Cj, j=1,2,…,k
        计算每个类中所有样本的平均值；
        计算目标函数 J；
        用当前 Cj 中所有样本的平均值替代上一次的聚类中心；
Until J 不再明显变化或者聚类中心不再改变。
```

下面给出采用 k-means 算法进行聚类分析的一个具体的例子，以便更好地理解 k-means 算法。

给定数据对象集合 $X=\{x_1(1,1), x_2(1.2,1.2), x_3(0.8,1.2), x_4(0.9,0.7), x_5(1.3,0.9), x_6(1,1.4), x_7(3,3), x_8(3.1,2.8), x_9(3.2,3.4), x_{10}(2.7,3.3), x_{11}(2.6,2.9)\}$，类别数 $k=2$。

第一次迭代：选择第三个数据对象(0.8,1.2)和第八个数据对象(3.1,2.8)为类 $C_1$ 和 $C_2$ 的初始聚类中心。对第一数据对象计算它到两个聚类中心的距离：

$$\| x_1 - x_3 \| = \sqrt{(1-0.8)^2+(1-1.2)^2} = 0.283$$

$$\| x_1 - x_8 \| = \sqrt{(1-3.1)^2+(1-2.8)^2} = 2.766$$

由上可知 $\| x_1-x_3 \| < \| x_1-x_8 \|$，所以将 $x_1$ 划分到 $x_3$ 所属的类 $C_1$。

同理，将 $x_2, x_3, x_4, x_5, x_6$ 划分到 $x_3$ 所属的类 $C_1$，将 $x_7, x_8, x_9, x_{10}, x_{11}$ 划分到 $x_8$ 所属的类 $C_2$。

根据划分好的类中的数据对象，重新计算每个类的聚类中心：

$$z_1 = \frac{((1+1.2+0.8+0.9+1.3+1),(1+1.2+1.2+0.7+0.9+1.4))}{6}$$
$$= (1.033, 1.067)$$

$$z_2 = \frac{((3+3.1+3.2+2.7+2.6),(3+2.8+3.4+3.3+2.9))}{5}$$
$$= (2.92, 3.08)$$

第二次迭代：用 $z_1(1.033,1.067)$，$z_2(2.92,3.08)$作为类 $C_1$ 和 $C_2$ 的聚类中心，重新对数据集进行划分。

$x_1, x_2, x_3, x_4, x_5, x_6$ 划分到 $x_3$ 所属的类 $C_1$，将 $x_7, x_8, x_9, x_{10}, x_{11}$ 划分到 $x_8$ 所属的类 $C_2$。

$$z_1' = (1.033, 1.067) = z_1$$

$$z_2' = (2.92, 3.08) = z_2$$

在两次迭代过程中，两个类中的数据对象未发生改变，则停止迭代过程。得到的两个聚类为 $C_1=\{x_1, x_2, x_3, x_4, x_5, x_6\}$，$C_2=\{x_7, x_8, x_9, x_{10}, x_{11}\}$。

### 3. k-means 算法的特点

k-means 算法是解决聚类问题的一种经典算法。该算法最大的特点是采用两阶段反复循环结构，算法终止的条件是不再有数据对象被重新分配。两个阶段分别是：

① 指定聚类类别。即指定数据 $x_i$ 到某一类，它与这个聚类中心的距离比它到其他聚类中心的距离都要小。

② 修改聚类中心。

该算法的主要优点是算法简洁、计算速度快、资源消耗小。如果结果簇是密集的，簇与簇之间明显分离时，它的聚类效果最好，而且对于处理大数据集，这个算法是相对可伸缩和高效的。

其缺点主要包括以下 4 方面：

(1) 对初始聚类中心的选取和样本的输入顺序非常敏感。不同的初始聚类中心或是样本的输入顺序不同使得产生的聚类结果差别很大。

(2) 该算法采用每个类中所有对象的平均值作为中心,比较容易发现球状簇,而不容易发现其他形状的簇,而且它对于“噪声”和孤立点数据是敏感的,少量的孤立点数据会对计算平均值产生很大的影响,这会使平均值得到很大的偏离。

(3) 在 k-means 算法中常采用误差平方和准则函数作为聚类准则,一旦选择了准则函数,聚类问题就成为一个定义明确的优化问题,即使得准则函数取极值。所以在运用误差平方和准则函数测度聚类效果时,最佳聚类结果对应于目标函数的极值点,由于目标函数存在着许多局部极小点,而算法的每一步都是沿着目标函数减小的方向进行,若初始化落在了一个局部极小点附近,就会造成算法在局部极小处收敛。

(4) 从 k-means 算法流程可以看出,该算法在运行过程中需要不断地进行样本分类调整,不断地计算调整后的新的聚类中心。因此,当数据量非常大时,算法的时间开销是非常大的。所以需要对算法的时间复杂度进行分析、改进,提高算法应用范围。

## 7.5 遗传算法

遗传算法(Genetic Algorithm,GA)是模拟自然界生物进化过程的随机化搜索算法,它以很强的解决问题能力和广泛的适应性渗透到研究与工程的各个领域,并得到了良好的效果。目前,GA 的研究已成为国际学术界跨学科的热门话题之一。遗传算法作为一种高效的全局并行搜索优化算法,已经在优化、人工智能、过程控制和并行处理等领域得到了广泛的应用,在数据挖掘领域的应用也越来越得到重视。

### 7.5.1 遗传算法的基本术语

由于遗传算法是自然遗传学和计算机科学相互结合渗透而成的新的计算方法,因此遗传算法中经常使用自然进化中有关的一些基本术语。了解这些用语对理解遗传算法是十分必要的。

(1) 染色体(chromosome)又称为个体(individual)。生物的染色体是由基因(gene)构成的位串,包含了生物的遗传信息。遗传算法中的染色体对应的是数据或数组,通常是由一维的串结构数据来表示的。串上每个位置上的数对应一个基因,而各位置上所取的值对应于基因值。

(2) 编码(encoding)与解码(decoding)。将问题的解转换成基因序列的过程称为编码,编码是由题空间到遗传算法空间的映射。反之,将基因转换成问题的解的过程称为解码。在遗传算法中,首先需要将问题的解编码成基因序列,在需要确定个体优劣时,再将其解码到解空间进行评估。遗传算法的一个特点是它只在遗传基因空间对个体执行各种遗传操作,而在解空间对解进行评估和选择。

对于不同的问题,个体的编码方案可能有很大的差异,因此个体的表现形式也各不相同,个体的编码方案还可能直接影响到遗传算法的求解效果。因此,个体编码方案的设计、选择是遗传算法设计中的重要一环,也是遗传算法的一个重要的创新点。

(3) 种群(population)。由一定数量的个体组成的群体，也就是问题的一些解的集合。种群中个体的数量称为种群规模。

(4) 适应度(fitness)。评价群体中个体对环境适应能力的指标，就是解的好坏，由评价函数 F 计算得到。在遗传算法中，F 是求解问题的目标函数，也就是适应度函数。

(5) 代(generation)。在生物的繁衍过程中，个体从出生到死亡即为一代，在遗传算法中，代的意思为遗传算法的迭代次数。可以指定遗传算法运行时的最大迭代次数，即代数可作为遗传算法的一个结束标志。

(6) 遗传算子(genetic operator)。产生新个体的操作，常用的遗传算子有选择、交叉和变异等。

① 选择(selection)：以一定概率从种群中选择若干个体的操作。一般而言，该操作是基于适应度进行的，适应度越高的个体，产生后代的概率就越高。

② 交叉(crossover)：把两个串的部分基因进行交换，产生两个新串作为下一代的个体。交叉概率($P_c$)决定两个个体交叉操作的可能性。

③ 变异(mutation)：随机地改变染色体的部分基因，例如把 0 变 1，或把 1 变 0，产生新的染色体。

### 7.5.2 遗传算法的执行过程

遗传算法的基本思想：遗传算法首先将问题的每个可能的解按某种形式编码成个体，然后随机选取 $N$ 个个体构成初始种群，再根据预定的适应度函数计算每个个体的适应值。选择适应值高的染色体作为父代，在通过交叉、变异，来产生一群新的更适应环境的个体，形成新的种群。这样一代一代不断繁殖、进化，最后收敛到一个个体上，该个体很有可能代表着问题的最优或次优解。

根据上面遗传算法的基本思想，其处理过程可描述如下：

输入参数：种群规模 $N$、交叉概率 $P_c$、变异概率 $P_m$。

(1) 编码：遗传算法在进行搜索之前先将解空间的解数据表示成遗传空间的基因型串结构数据，即从表现型映射到基因型。

(2) 初始化。随机选择 $N$ 个初始点构成初始种群 $P(0)$，设置进化代数计数器 $t=0$，设置最大进化代数 Tmax。

(3) 适应度评价。根据确定的适应度函数，计算群体 $P(t)$中每个个体的适应度值。

(4) 选择操作。根据(3)中计算的适应度值，用设计好的选择算子对种群进行选择操作。

(5) 交叉操作。将设计好的交叉算子作用于选出的群体。

(6) 变异操作。将设计好的变异算子作用于交叉操作后的群体；种群经过选择、交叉、变异操作之后得到下一代种群 $P(t+1)$。

(7) 终止条件判断。若 $t\leqslant T$，则 $t\leftarrow t+1$，并转向(3)；若 $t>T$，则以进化过程中所得到的具有最大适应度的个体作为最优解输出，终止运算。

遗传算法具体的流程图如图 7.10 所示。

遗传算法的伪代码描述如下：

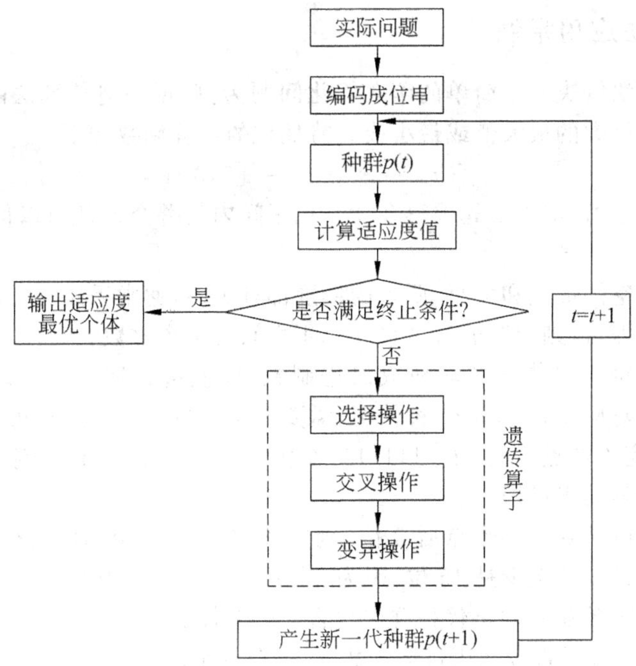


图 7.10 遗传算法的流程图

```
//Procedure SGA
{   Initialize P(0);                          /* 初始化群体 */
    t=0;                                      /* t 为进化代数计数器 */
    While(t<Tmax)do                           /* Tmax 是最大迭代次数 */
        For i=1 to M do                       /* M 为群体规模 */
            Evaluate fitness of P(t);         /* 计算第 t 代群体中个体适应度值 */
        End for
        For i=1 to M do
            Select operation to P(t);         /* 进行选择操作 */
        End for
        For i=1 to (M/2) do
            Crossover operation to P(t);      /* 进行交叉操作 */
        End for
        For i=1 to M do
            Mutation operation to P(t);       /* 进行变异操作 */
        End for
        For i=1 to M do
            P(t+1)=P(t);                      /* 生成新的群体 */
        End for
    t=t+1;
    end while
}
```

### 7.5.3 遗传算法应用举例

下面以遗传算法解决一个简单的函数优化问题为例，说明遗传算法的具体应用。函数优化问题通常指求函数的最大值或最小值。待优化的目标函数如下

$$f(x)=x^2,\quad x\in[0,31]$$

求该函数的最小值，即需要先求得在[0,31]区间内的哪个 $x$ 值可以使 $y$ 值最小。

(1) 首先确定编码方式。

编码方式跟解空间形式和大小、要求的精度都有关系，通常采用二进制编码。本例如果只要求精度是整数即可，则问题的解来自 0～31 之间的某个整数。

编码就是要将每个可能的解转换成二进制数，以便进行遗传操作。每个二进制位是 0 或 1，就是基因。对应于解空间 32 种情况，需要 5 位二进制表示所有可能解的集合。基因序列＜00000＞对应于端点 0；序列＜11111＞对应于另一个端点 31。例如整数 4 被编码为 00100，这个过程就是编码过程。

如果要求每个解精确到小数点后 3 位，则应该将闭区间[0,31]划分为 $32\times10^3$ 等份。则所需的基因序列长度就至少是 15 位，因为 $2^{15}=32768>32\times10^3$。

(2) 设定种群规模为 4，即每代种群中包含 4 个个体。

(3) 适应度函数可以直接选用目标函数 $f(x)$ 衡量个体。

(4) 选择操作采用适应度比例选择法，按照个体适应度在适应度总和中占有的概率决定该个体被选择进入下一代的概率，公式如下

$$p_s(x_i)=\frac{f(x_i)}{\sum f(x_i)}$$

(5) 采用单点交叉方法，交叉概率设置为 1.0。即所有个体都作为交叉操作的父体，两两进行交叉。

(6) 变异率设置为 0.1，终止条件设定为进化 50 代后停止。

(7) 设定好上述方法和参数后，随机产生初始种群，如表 7-13 所示。

**表 7-13 初始种群**

| 个体 $x_i$ | 个体基因序列 | 对应的解 $x_i$ | 个体 $x_i$ | 个体基因序列 | 对应的解 $x_i$ |
|---|---|---|---|---|---|
| $x_1$ | 01110 | 14 | $x_3$ | 10001 | 17 |
| $x_2$ | 11000 | 24 | $x_4$ | 00111 | 7 |

(8) 计算初始种群中个体适应度，并根据选择算法决定每个个体出现在下一代中的个数。被选择的个体将出现在下一步交叉运算的候选里，组成了交配池。适应度计算如表 7-14 所示。

**表 7-14 适应度计算**

| 对应的解 $x_i$ | 适应度 fit($x_i$) | $f_i\big/\sum f$ | 选择个数 |
|---|---|---|---|
| 14 | 196 | 0.18 | 1 |
| 24 | 576 | 0.52 | 2 |
| 17 | 289 | 0.26 | 1 |
| 7 | 49 | 0.04 | 0 |

(9) 根据交叉概率 1.0 和单点交叉原则，对于每两个个体进行交叉操作，即将交叉点后的个体基因片断互换。例如，个体<01110>与个体<11000>在第 2 个基因处单点交叉会产生新的个体<01000>和<11110>，如图 7.11 所示。单点交叉后的结果如表 7-15 所示。

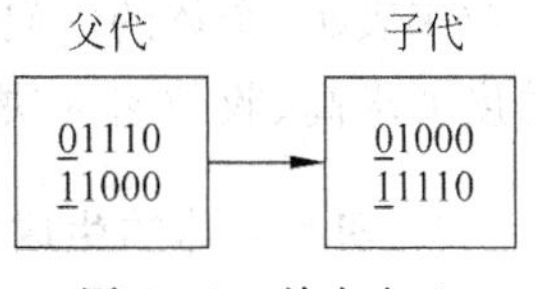


图 7.11　单点交叉

**表 7-15　交叉运算**

| 交配池 | 交叉点 | 下一子代 | X | f(x) | 交配池 | 交叉点 | 下一子代 | X | f(x) |
|---|---|---|---|---|---|---|---|---|---|
| 01110 | 2 | 01000 | 8 | 64 | 11000 | 4 | 11001 | 25 | 625 |
| 11000 | 2 | 11110 | 30 | 900 | 10001 | 4 | 10000 | 16 | 256 |

(10) 根据变异概率 0.1 和基因总数 4×5=20 可知，被变异基因个数为 20×0.1=2。如发生变异 01000→01001，10000→10010，则第一代种群如表 7-16 所示。

**表 7-16　第一代种群**

| 个体 $x_i$ | 个体基因序列 | 对应的解 $x_i$ | 个体 $x_i$ | 个体基因序列 | 对应的解 $x_i$ |
|---|---|---|---|---|---|
| $x_1$ | 01001 | 9 | $x_3$ | 11001 | 25 |
| $x_2$ | 11110 | 30 | $x_4$ | 10010 | 18 |

(11) 产生了第一代种群后，由于进化终止条件没有满足，所以继续重复上述步骤，进行适应度计算、选择、交叉和变异操作，产生下一代。直到第 50 代，算法结束，选出其中的最优个体作为最终解。

### 7.5.4　遗传算法的基本要素

遗传算法包含了如下 5 个基本要素：问题编码、初始群体的设定、适应度函数的设计、遗传操作设计和控制参数的设定。这 5 个要素构成了遗传算法的核心内容。

**1. 问题编码**

编码机制是遗传算法的基础。通常遗传算法不直接处理问题空间的数据，而是将各种实际问题变换为与问题无关的串个体。不同串长和不同的编码方式，对问题求解的精度和遗传算法的求解效率有着很大的影响，因此针对一个具体应用问题，应考虑多方面因素，以寻求一种描述方便、运行效率高的编码方案。迄今为止，遗传算法常采用的编码方法主要有两类：二进制编码和浮点数编码。

1) 二进制编码

二进制编码是遗传算法中最常用的一种编码方法，该方法使用的编码符号集是由二进制符号 0 和 1 所组成的二值符号集{0,1}，它所构成的个体是一个二进制编码符号串。二进制编码符号串的长度与问题所要求的求解精度有关。该编码方法具有操作简单、易于实现等特点。

2) 浮点数编码

浮点数编码方法又叫真值编码方法，它是指个体的每个基因值用某一范围内的一个浮点数来表示，个体的编码长度等于其决策变量的个数。该编码方法具有适用于大空间搜索、精度要求高、收敛速度快的特点。

**2. 初始群体的生成**

遗传算法处理流程中，编码设计之后的任务是初始群体的设定，并以此为起点进行一代一代的进化，直到被某种进化终止准则终止。最常用的初始方法是无指导的随机初始化。

**3. 适应度函数(fitness function)的确定**

在遗传算法中，按与个体适应度成正比的概率来决定当前群体中的每个个体遗传到下一代群体中的机会多少，一般希望适应值越大越好，且要求适应值非负。因此适应值函数的选取至关重要，它直接影响到算法的收敛速度及最终能否找到最优解。

适应度函数是根据目标函数确定的，针对不同种类的问题，目标函数有正有负，因此必须确定由目标函数值到适应度函数之间的映射规则，以适应上述的要求。适应度函数的设计应满足以下条件：

(1) 单值、连续、非负、最大化。

(2) 计算量小。适应度函数设计尽可能简单，以减少计算的复杂性。

(3) 通用性强。适应度对某类问题，应尽可能通用。

**4. 遗传操作**

标准的遗传算子一般都包括选择、交叉和变异三种。它们构成了遗传算法的核心，使得算法具有强大的搜索能力。

1) 选择算子

在适应度计算之后是实际的选择，选择的目的是为了从当前群体中选出优良的个体，使它们作为父代进行下一代繁殖。采用基于适应度的选择原则，适应度越强被选中概率越大，体现优胜劣汰进化机制。这里介绍几种常用的选择方法。

(1) 适应度比例选择。适应度比例选择中，适应度高的个体被大量复制，反之淘汰。在该方法中，个体的选择概率和其适应度成正比。设种群大小为 $n$，其中个体 $i$ 的适应度为 $\mathrm{fit}(x_i)$，则 $i$ 被选择的概率是

$$p_s(x_i) = \frac{\mathrm{fit}(x_i)}{\sum_{i=1}^{n} \mathrm{fit}(x_i)}$$

(2) 轮盘式选择。轮盘式选择根据适应度大小分配轮盘面积，面积表示挑选到交配池中的概率。如表 7-17 所示，表示了 4 个个体适应度、选择概率和累积概率。为了选择交配个体，需要进行多轮选择。每一轮产生一个[0,1]均匀分布的随机数，将该随机数作为选择指针来确定被选个体。如图 7.12 所示，第 1 轮随机数为 0.79，则个体 17 被选中；第 2 轮随机数为 0.60，则个体 24 被选中。

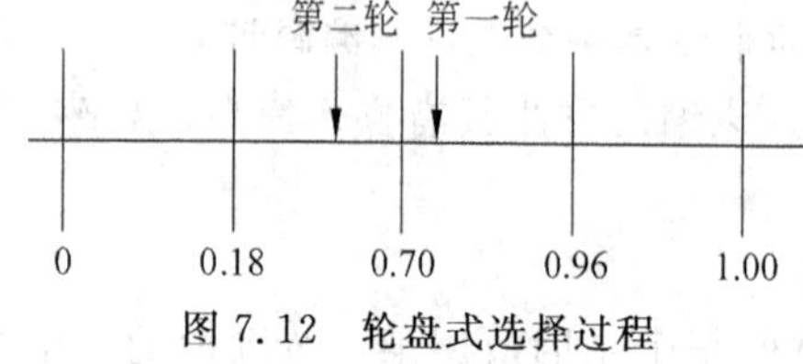

图 7.12 轮盘式选择过程

**表 7-17　适应度计算**

| 个体 | 适应度 | 选择概率 | 累计概率 | 个体 | 适应度 | 选择概率 | 累计概率 |
|---|---|---|---|---|---|---|---|
| 14 | 196 | 0.18 | 0.18 | 17 | 289 | 0.26 | 0.96 |
| 24 | 576 | 0.52 | 0.70 | 7 | 49 | 0.04 | 1 |

(3) 竞争式选择。竞争式选择在每一代的进化过程中首先随机地选取两个以上的个体,具有最大适应度者送入交配池。重复地选取,一直到交配池中的个体个数与种群规模相同为止。同样的,适应度函数值越高的个体越容易被选中。

选择算子确定的好坏,直接影响遗传算法的计算结果。如果选择算子确定不当,会导致进化停滞不前或出现早熟问题。选择策略与编码方式无关。

2) 交叉算子

交叉算子是遗传算法中最主要的遗传操作,也是遗传算法区别于其他进化运算的重要特征,通过交叉操作可以产生新个体。该操作模拟了自然界生物体的突变、体现了信息交换思想,决定着遗传算法的收敛性和全局搜索能力。

交叉算子的设计与实现与所研究的问题密切相关,一般要求它既不要破坏原个体的优良性,又能够产生出一些较好的新个体,而且,还要和编码设计一同考虑。目前适合于二进制编码的个体和浮点数编码的个体的交叉算法主要有:

(1) 单点交叉

单点交叉又称简单交叉,是指在个体编码串中随机设置一个交叉点,实行交叉时,在该点相互交换两个配对个体的部分染色体,如图 7.11 所示。

(2) 两点交叉与多点交叉

两点交叉是指在个体编码串中随机设置了两个交叉点,交换两个个体在所设定两个交叉点之间的部分染色体。例如:

A：10|110|11 ⇨ A′：10|010|11

B：00|010|00 　 B′：00|110|00

多点交叉是两点交叉的推广。

(3) 均匀交叉

均匀交叉也称一致交叉,是指两个交叉个体的每个基因都以相同的交叉概率进行交换,从而形成两个新的个体。

(4) 算术交叉

算术交叉是指由两个个体的线性组合而产生的两个新的个体。该方法的操作对象一般是由浮点数编码产生的个体。

3) 变异算子

选择和交叉算子基本上完成了遗传算法的大部分搜索功能,变异操作只是对产生的新个体起辅助作用,但是它必不可少,因为变异操作决定了遗传算法的局部搜索能力。变异算子与交叉算子相互配合,共同完成对搜索空间的全局搜索和局部搜索,从而使得遗传算法能够以良好的搜索性能找到最优解。

目前适合于二进制编码的个体和浮点数编码的个体的变异算法主要有:

(1) 基本位变异

基本位变异是指对群体中的个体编码串根据变异概率，随机挑选一个或多个基因位并对这些基因位的基因值进行变动。例如：

$$\text{个体 A：1011011} \xrightarrow{\text{指定第三位为变异位}} \text{个体 A}'\text{：1001011}$$

(2) 均匀变异

均匀变异是指分别用符合某一范围内均匀分布的随机数，以某一较小的概率来替换个体编码串中基因座上原有的基因值。

(3) 边界变异

边界变异是均匀变异的一个变形。在进行边界变异时，随机选取基因座的两个对应边界基因值之一去替换原有的基因值。

(4) 高斯近似变异

高斯变异是指进行变异操作时用符合均值为 P，方差为 $P^2$ 的正态分布的一个随机数来替换原有的基因值。

**5. 控制参数**

控制参数主要有群体规模、迭代次数、交叉概率、变异概率等，对此基本的遗传算法都需要提前设定。

(1) $N$：群体大小，即群体中所含个体的数量，如果群体规模大，可提供大量模式，使遗传算法进行启发式搜索，防止早熟发生，但会降低效率；如果群体规模小，可提高速度，但却会降低效率。取值范围一般为 20～100。

(2) $T$：遗传运算的终止进化代数，取值范围一般为 100～500。

(3) $P_c$：交叉概率，它影响着交叉算子的使用频率，交叉率越高，可以越快地收敛到全局最优解，因此一般选择较大的交叉率。但如果交叉率太高，也可能导致过早收敛，而交叉率太低，可能导致搜索停滞不前，取值范围一般为 0.4～0.99。

(4) $P_m$：变异概率，变异率控制着变异算子的使用频率，它的大小将影响群体的多样性及成熟前的收敛性能。变异率的选取一般受种群大小、染色体长度等因素影响，通常选取很小的值。但变异率太低可能使某基因值过早丢失、信息无法恢复；变异率太高，遗传算法可能会变成了随机搜索。取值范围一般为 0.0001～0.1。

这 4 个运行参数对遗传算法的求解结果和求解效率都有一定的影响，但目前尚无合理选择它们的理论依据。在实际应用中，常常需要经过多次实验后才确定参数或其范围。

### 7.5.5 遗传算法的特点及应用领域

遗传算法是一类可用于复杂系统优化的具有鲁棒性的搜索算法，与传统的优化算法相比，采用了许多独特的方法和技术。归纳起来，遗传算法主要有以下特点：

(1) 遗传算法的处理对象是那些对参数集进行编码得到的个体，而不是参数本身。

(2) 具有并行性。遗传算法采用的是同时处理群体中多个个体的方法，及同时对搜索空间中的多个解进行评估。这一特点使遗传算法具有较好的全局搜索性能，从而减少了陷入局部最优解的可能。

(3) 仅用适应度函数来指导搜索。以往很多的搜索方法都需要辅助信息才能正常工作,如梯度法需要有关导数的信息才能爬上当前的峰值点,这就要求目标函数可导。而遗传算法则不需要类似的辅助信息,为了有效地搜索越来越好的编码结构,它仅需要与该编码串有关的适应度函数即可。

(4) 内在启发式随机搜索特性。遗传算法不是采用确定性规则,而是采用概率的变迁规则来指导它的搜索方向。概率仅作为一种工具来引导其搜索过程朝着搜索空间的最优化的解区域移动。

(5) 遗传算法易于介入已有模型,具有可扩展性,易于同别的技术混合。

遗传算法提供了一种求解复杂系统优化问题的通用框架,它不依赖于问题具体的领域,对问题的种类有很强的鲁棒性,所以广泛应用于许多学科。下面列出遗传算法一些主要的应用领域。

(1) 函数优化。函数优化是遗传算法的经典应用领域,也是对遗传算法进行性能评价的常用算例。可以用各种各样的函数来验证遗传算法的性能。对一些非线性、多模型、多目标的函数优化问题,使用遗传算法可得到较好的结果。

(2) 组合优化。随着问题规模的增大,组合优化问题的搜索空间也急剧扩大,有时在目前的计算机上用枚举法很难或甚至不可能求出其精确最优解。对这类问题,人们已意识到应把主要精力放到寻求其满意解上,而遗传算法就是寻求这种满意解的最佳工具之一。时间证明,遗传算法对于组合优化中的 NP 完全问题非常有效。

(3) 生产调度问题。采用遗传算法能够解决复杂的生产调度问题。在单件生产车间调度、流水线生产车间调度、生产规划、任务分配等方面遗传算法都得到了有效的应用。

(4) 自动控制。在自动控制领域中有很多与优化相关的问题需要求解,遗传算法已在其中得到了初步应用,并显示出了良好效果。例如,基于遗传算法的模糊控制器优化设计,用遗传算法进行航空控制系统的优化等。

(5) 机器学习。基于遗传算法的机器学习,特别是分类器系统,在很多领域中都得到了应用。例如,遗传算法被用于学习模糊控制规则,利用遗传算法来学习隶属函数等。基于遗传算法的机器学习可用于调整人工神经网络的连接权,也可用于神经网络结构的优化设计。分类器系统在多机器人路径规划系统中取得了成功的应用。

(6) 图像处理。图像处理和模式识别是计算机视觉中的一个重要领域。在图像处理中,如扫描、特征提取、图像分割等不可避免地会存在一些误差,这些误差会影响图像处理的效果。如何使这些误差最小是使计算机视觉达到实用化的重要要求,遗传算法在这些图像处理的优化计算方面找到了用武之地。

(7) 机器人学。机器人是一类复杂的难以精确建模的人工系统,而遗传算法的起源来自于对人工自适应系统的研究,所以机器人学理所当然地成为遗传算法的一个重要领域。例如,遗传算法已经在移动机器人路径规划、机关节机器人运动轨迹规划、机器人逆运动学求解、细胞机器人的结构优化和行为协调等方面得到研究和应用。

## 7.6 粗　糙　集

粗糙集理论是波兰数学家 Pawlak 于 1982 年提出的一种数据分析理论。粗糙集理论作为处理复杂系统的一个有效方法，其主要思想就是在保持信息系统分类能力不变的前提下，通过知识约简导出问题的决策或分类规则。应用该理论处理不确定性问题的最大优势是不需提供问题所需处理的数据集合之外的任何先验信息。

### 7.6.1 粗糙集理论的相关概念

粗糙集理论假定知识是一种对对象进行分类的能力，这里的“对象”是指我们所能言及的任何事物，比如实物、状态、抽象概念、过程和时刻等。也就是说，知识必须与具体或抽象世界的特定部分相关的各种分类模式联系在一起，这种特定部分称之为论域(universe)。对于论域及知识的特性并没有任何特别假设，事实上，知识构成了某一感兴趣领域中各种分类模式的一个族集(family)，这个族集提供了关于现实的显事实，以及能够从这些显事实中推导出隐事实的推理能力。

在粗糙集理论中，知识是用信息系统来表示的。信息系统可以被看成是一数据表，表中的行对应要研究的对象，列对应对象的属性，对象的信息是通过指定对象的各属性值来表示的。如果将信息系统中的属性进一步分成条件属性和决策属性，则该信息系统称为决策表。下面给出信息系统的形式化定义。

**定义 7.11**　一个信息系统 $S$ 可以表示为

$$S=(U,A,V,f)$$

式中，$U$ 是对象的集合，即论域；$A$ 是属性集合；

$$V=\bigcup_{a\in A} V_a$$

式中 $V_a$ 表示属性 $a$ 的值域；$f$: $U\times A\rightarrow V$ 是一个信息函数，它指定 $U$ 中每一个对象 $x$ 的属性值，即对 $x\in U,a\in A$，有 $f(x,a)\in V_a$。

如果属性集 $A$ 可以分为条件属性 $C$ 和决策属性 $D$，即 $C\cup D=A,C\cap D=\varnothing$，则该信息系统称为决策系统或决策表，其中 $D$ 一般只含有一个属性，对于具有多个属性通常转化成一个属性。

**定义 7.12**　在信息系统 $S$ 中，对于每个属性子集 $B\subseteq A$，可以定义一个不可区分关系 $\mathrm{IND}(B)$：

$$\mathrm{IND}(B)=\{(x,y)\in U\times U\mid \forall b\in B,f(x,b)=f(y,b)\}$$

显然 $\mathrm{IND}(B)$是一个等价关系，对象 $x$ 在属性 $B$ 上等价类$[x]_{\mathrm{IND}(B)}$定义为：

$$[x]_{\mathrm{IND}(B)}=\{y\mid y\in U,y\mathrm{IND}(B)x\}$$

为简便起见，在不产生混淆的情况下用 $B$ 代替 $\mathrm{IND}(B)$。

不可区分关系是标准粗糙集理论中最基本的概念。若$<x,y>\in\mathrm{IND}(P)$，则称对象 $x$ 和 $y$ 是 $P$ 不可区分的，即 $x$、$y$ 存在于不可区分关系 $\mathrm{IND}(P)$的同一等价类中。依据等价

关系族 $P$ 形成的分类知识，$x$ 与 $y$ 无法区分。$U/\mathrm{IND}(P)$中的各等价类称为 $P$ 基本集(或原子集)。基本集是粗糙集理论中构成知识的基本模块。若集合 $X$ 可以表示成某些基本集的并时，则称 $X$ 是 $P$ 可定义集，否则称为 $P$ 不可定义集。

粗糙集理论将分类方法看成知识，分类方法的族集是知识库。等价关系对应论域 $U$ 的一个划分，即关于论域中对象的一个分类。因此，通过一个等价关系可以形成与之对应的论域知识。从而得到不可区分关系对应论域 $U$ 上的知识。

知识的粒度性是造成使用已有知识不能精确地表示某些概念的原因，在粗糙集理论中，每个不精确概念都有一对称为上近似与下近似的精确概念来表示。

**定义 7.13** 设集合 $X \subseteq U$ 为任一子集，$R$ 是 $U$ 上的等价关系，则称

$$\underline{R}X = \{x \in U \mid [x]_R \subseteq X\}$$

和

$$\bar{R}X = \{x \in U \mid [x]_R \cap X \neq \varnothing\}$$

分别为 $X$ 的 $R$ 下近似(lower approximation)和 $X$ 的 $R$ 上近似(upper approximation)。而 $\mathrm{BN}_R(X)=\bar{R}X-\underline{R}X$ 则称为 $X$ 的 $R$ 边界区域(boundary)。$\mathrm{POS}_R(x)=\underline{R}X$ 为 $X$ 的 $R$ 正域，$\mathrm{NEG}_R(X)=U-\bar{R}X$ 为 $X$ 的 $R$ 负域。

若 $\mathrm{BN}_R(X)\neq\varnothing$ 或 $\bar{R}X\neq\underline{R}X$，意味着 $X$ 不能通过 $R$ 的等价类精确地表示，即 $X$ 不能用现有的知识(关系 $R$)完全表示，则 $X$ 是粗糙集。$\underline{R}X$ 包含了所有使用知识 $R$ 可确切分类到 $X$ 中的元素，$\bar{R}X$ 包含了所有那些可能是属于 $X$ 的元素，而 $\mathrm{BN}_R(X)$则由不能肯定分类到 $X$ 或其补集中的所有元素组成。$\mathrm{NEG}_R(X)$则是由一定不属于 $X$ 的对象组成的集合。

集合(概念)的不精确性是由于边界区域的存在而引起的。集合的边界区域越大，其精确性越低。为了更精确地表达这一点，下面引入不精确性的度量。

**定义 7.14** 由等价关系 $R$ 定义的非空集合 $X \subseteq U$ 的近似精度为

$$a_R(X) = \frac{|\underline{R}X|}{|\bar{R}X|}$$

其中$|X|$表示集合 $X$ 的基数，$X\neq\varnothing$；如果 $X=\varnothing$，可定义 $a_R(X)=1$。

由此可见，Rough 集 $X$ 的精度是一个区间[0,1]上的实数，它定义了 Rough 集 $X$ 的可定义程度，即集合 $X$ 的确定度。

**定义 7.15** 假定集合 $X$ 是论域 $U$ 上的一个关于知识 $R$ 的 Rough 集，定义 $R$ 的 Rough 度为：

$$P_R(X) = 1 - a_R(X)$$

$X$ 的 Rough 度与精度恰恰相反，表示的是集合 $X$ 的知识的不完全程度。

### 7.6.2 粗糙集的应用举例

下面通过一个简单例子来帮助理解粗糙集的相关概念及其应用。

给定一个包含了 6 条记录的信息系统，如表 7-18 所示。表中的列用于属性标记，$P_I$ 用于标记记录。于是，每行包含有关记录的信息，如 $p_2$ 的信息{(类别，冰箱)，(品牌，海尔)，

(规格,1),(地域,$Y$)},它和 $P_3$、$P_5$ 关于类别是不分明的;$P_2$ 和 $P_5$ 关于类别、品牌和规格都是不分明的。所以按属性的子集{类别}分类可得到两个基本集{$P_2$,$P_3$,$P_5$}和{$P_1$,$P_4$,$P_6$};又如按属性的子集{类别,品牌}分类为{$P_1$,$P_4$,$P_6$},{$P_2$,$P_5$},{$P_3$}。类似地,可按属性的任一子集分类都可得到相应基本集,于是确定地域的集合{$P_1$,$P_2$,$P_3$,$P_6$}$\subseteq${$P_1$,$P_2$,$P_3$,$P_4$,$P_5$,$P_6$},按属性集{类别,品牌,规格}(集合本身也是其子集)分类,可得基本集{$P_1$,$P_6$},{$P_2$,$P_5$},{$P_3$},{$P_4$}。根据定义可得该信息系统中关于"确定地域"的下近似集合为{$P_1$,$P_3$,$P_6$},上近似集合为{$P_1$,$P_2$,$P_3$, $P_5$,$P_6$},边界集{$P_2$,$P_5$};关于"未确定地域"的下近似集合为{$P_4$},上近似集合为{$P_2$,$P_4$,$P_5$},边界集{$P_2$,$P_5$}。

**表 7-18 Rough 集实例**

| 纪录 | 类别 | 品牌 | 规格 | 地域 | 纪录 | 类别 | 品牌 | 规格 | 地域 |
|---|---|---|---|---|---|---|---|---|---|
| $P_1$ | 彩电 | 长虹 | 1 | $Y$ | $P_4$ | 彩电 | 长虹 | 0 | $N$ |
| $P_2$ | 冰箱 | 海尔 | 1 | $Y$ | $P_5$ | 冰箱 | 海尔 | 1 | $N$ |
| $P_3$ | 冰箱 | 长虹 | 1 | $Y$ | $P_6$ | 彩电 | 长虹 | 1 | $Y$ |

### 7.6.3 粗糙集理论研究的对象及特点

粗糙集理论的研究对象是由一个多值属性(特征、症状、特性等)集合描述的一个对象(观察、病历等)集合,对于每个对象及其属性都有一个值作为其描述符号,对象、属性和描述符是表达决策问题的 3 个基本要素。这种表达形式也可以看成一个二维表格,表格的行与对象相对应,列对应于对象的属性。各行包含了表示相应对象信息的描述符,还有关于各个对象的类别成员的信息。通常,关于对象的可得到的信息不一定足以划分其成员类别。换句话说,这种不精确性导致了对象的不可分辨性。给定对象间的一个等价关系,即导致由等价关系构成的近似空间的不分明关系。粗糙集理论就用不分明对象类形成的上近似和下近似来描述。这些近似分别对应了确定属于给定类的最大的对象集合和可能属于给定类的最小的对象集合。下近似和上近似的差是一个边界集合,它包含了所有不能确切判定是否属于给定类的对象。这种处理可以定义近似的精度和质量。粗糙集方法可以解决重要的分类问题,所有冗余对象和属性的约简包含属性的最小子集,能够很好地近似分类,得到可以接受质量的分类。而且,它还可以用决策规则集合的形式表示最重要属性和特定分类之间的所有重要关系。

粗糙集(RS)理论是一种刻画不完整性和不确定性的数学工具,能有效地分析和处理不精确、不一致、不完整等各种不完备信息,并从中发现隐含的知识,揭示潜在的规律。粗糙集理论有如下特点:

(1) 粗糙集理论不需要先验知识。模糊集和概率统计方法是处理不确定信息的常用方法,但这些方法需要一些数据的附加信息或先验信息,如模糊隶属函数和概率分布等,这些信息又并不容易得到。但是,粗糙集理论分析方法仅需利用数据本身提供的信息,而无须任何先验知识。

(2) 粗糙集理论是一个强大的数据分析工具。它能表达和处理不完备信息;能在保留关键信息的前提下对数据进行化简并求得知识的最小表达式;能识别并评估数据之间的依

赖关系，揭示出概念的简单模式；能从经验数据中获取易于证实的规则知识。

(3) 粗糙集理论与模糊集分别刻画了不完备信息的两个方面。粗糙集理论以不可分辨关系为基础，侧重分类，模糊集基于元素对集合隶属程度的不同，强调集合本身的含混性。从粗糙集理论的观点看，粗糙集合不能清晰定义的原因是缺乏足够的论域知识，但可以用一对清晰集合逼近。虽然粗糙集理论和模糊集的特点各不相同，但它们之间有着密切的关系，有很强的互补性。粗糙集理论和证据理论也有一些相互交叠之处，在实际应用中可以相互补充。

## 7.7 小　　结

数据挖掘是智能信息处理的一种过程或技术，它在对大量数据实例全面而深刻认识的基础上，通过计算、归纳和推理等环节，从中抽取普遍的、一般的和本质的现象或特征。常用的数据挖掘方法有决策树、遗传算法、贝叶斯网络、粗糙集、神经网络等。

概念描述是对原始细节数据的抽象，一般要经过概念分层、数据泛化、泛化结果表示等步骤，其中概念分层是数据泛化的基础，数据泛化是数据描述的基础。概念描述包括某类对象的特征性描述或者几个类之间的区别性描述两种类型。

关联规则反映一个事物与其他事物之间的相互依存性和关联性。如果两个或者多个事务之间存在一定的关联关系，那么，其中一个事务就能够通过其他事物预测到。典型的关联规则发现问题是对超市中的购物篮数据进行分析，通过发现顾客放入购物篮中的不同商品之间的关系来分析顾客的购买习惯。经典的关联规则挖掘算法有由候选集产生频繁集的算法 Apriori 和不产生候选集的算法 FP-tree。

分类是最常见的数据挖掘任务之一。分类问题首先从训练集中得到分类模型，之后对未知类标号的数据样本进行分类。本章的数据分类一节中首先介绍了数据分类的基本步骤与评价准则，接着简要介绍了基于决策树、贝叶斯网络、神经网络、近邻分类等常用的分类方法。

聚类是按照一定的要求和规律对事物进行区分和分类的过程。在这一过程中没有任何关于分类的先验知识，也没有教师的指导，仅靠事物间的相似性作为类属划分的准则，因此属于无监督分类的范畴。聚类的方法有很多，总的来说主要分为以下几种类型：划分方法、层次方法、密度方法、模型方法、网格方法和模糊聚类。

遗传算法(Genetic Algorithm，GA)是模拟自然界生物进化过程的随机化搜索算法，它以很强的解决问题能力和广泛的适应性渗透到研究与工程的各个领域，并得到了良好的效果。本章介绍了遗传算法的基本术语、遗传算法的基本思想与执行过程，并举例说明了遗传算法的具体应用。

粗糙集理论作为处理复杂系统的一个有效方法，其主要思想就是在保持信息系统分类能力不变的前提下，通过知识约简导出问题的决策或分类规则。本章介绍了粗糙集理论的相关概念，并举例说明粗糙集数据挖掘方法的具体应用。

## 7.8 习　　题

### 1. 填空题

(1) 概念描述有某类对象的________或者几个类之间的________两种类型。

(2) 数值型数据概念分层的方法主要有________、________、基于熵的离散化。

(3) 经典的关联规则挖掘算法有________算法和________算法。

(4) 可信度(A=>B)定义为：________。

支持度(A=>B)定义为：________。

(5) 对属性泛化过程进行控制的方法有两种：________和________。

(6) 同时满足________和________的规则称做强关联规则。

(7) 遗传算法是________的随机化搜索算法。

(8) 所有神经网络的工作过程主要分两个阶段：________和________。

(9) 给定一个 $n$ 个对象或元组的数据库构建 $k$ 个划分，每个划分为一个聚簇，并且 $k \leqslant n$。这种聚类方法称为________。

(10) 遗传是一种生物从其亲代继承特性和形状的现象，继承的信息由________携带。

(11) 常用的聚类准则函数有________、________、类间距离和准则。

### 2. 简答题

(1) 简述数据分类的基本步骤。

(2) 简述人工神经网络分类算法的优缺点。

(3) 简述 BP 算法具体过程。

(4) 简述 $k$ 近邻分类方法的原理。

(5) 给定两个对象分别用元组(22,1,42,10)和(20,0,36,8)描述，计算这两个对象之间的曼哈顿距离、欧几里德距离。

(6) 简述朴素贝叶斯分类的工作过程。

(7) 简述遗传算法的基本思想。

(8) 应用粗糙集算法在客户信息表(见表 7-19)中提取流失客户和未流失客户的下近似集合和上近似集合。

表 7-19　客户信息表

| 客户编号 | 赞扬竞争对手的产品否 | 挑选产品时间很长 | 距最后一次销售时间 | 客户流失否 |
|---|---|---|---|---|
| 970102 | 否 | 是 | 长 | 是 |
| 970230 | 是 | 否 | 长 | 是 |
| 980304 | 是 | 是 | 很长 | 是 |
| 980625 | 否 | 是 | 正常 | 否 |
| 990211 | 是 | 否 | 长 | 否 |
| 990327 | 否 | 是 | 很长 | 是 |

(9) 对事务数据库 $D$,应用 Apriori 算法找出频集(最小支持度为 2),如表 7-20 所示。

**表 7-20 数据库 $D$**

| 事务标识 | 项集 | 事务标识 | 项集 |
|---|---|---|---|
| A1 | 1,3,4 | A3 | 1,2,3,5 |
| A2 | 2,3,5 | A4 | 2,5 |

(10) 在某一数据库中有不同元组值是:4、8、15、21、21、24、25、28、34,按照箱平滑方法进行数据平滑处理,箱的深度为 3,用箱平均值平滑。

# 第8章 数据仓库开发实例

数据仓库的开发应用像生物一样具有其特有的、完整的生命周期，数据仓库的开发应用周期可以分成：数据仓库规划分析阶段、数据仓库设计实施阶段以及数据仓库的使用维护三个阶段。这三个阶段是一个不断循环、完善、提高的过程。在一般情况下数据仓库系统不可能在一个循环过程中完成，而是经过多次循环开发，每次循环都会为系统增加新的功能，使数据仓库的应用得到新的提高。

本章介绍应用 SQL Server 2005 数据仓库功能完成数据仓库开发实例。

## 8.1 SQL Server 2005 所提供的数据仓库功能

SQL Server 2005 集成了三个服务来实现数据仓库系统的开发：SQL Server 2005 Analysis Services、SQL Server 2005 Integration Services、SQL Server 2005 Reporting Services，同时，还提供了一个数据仓库与商业智能应用系统的开发环境——SQL Server Business Intelligence Development Studio。它们的关系如图 8.1 所示。

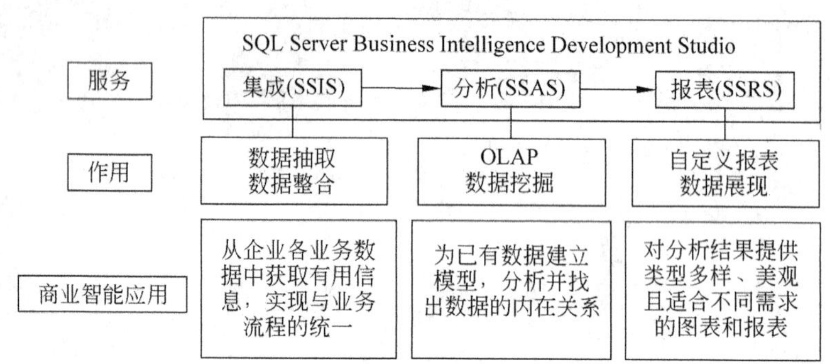


图 8.1 SQL Server 2005 的数据仓库架构

Microsoft SQL Server 2005 是一个完整的商务智能平台，它所提供的基础结构和服务器组件可用于构建：易于查询且维护成本较低的大型复杂数据仓库；较小规模的企业或大型企业中的部门可以轻松构建和管理小型报告和分析系统；向操作用户交付分析数据的低延迟系统；闭环分析和数据挖掘系统；以及扩展商务智能的嵌入式系统。其新增功能如 Business Intelligence Development Studio 和 SQL Server Management Studio 均进一步扩展了 Microsoft BI 平台。每个工具都具有创新性，用比以前更少的硬件、规模更小的团队更快更好地构建、部署和管理重要的商务智能应用程序。

本章将介绍 SQL Server 2005 Analysis Services、SQL Server 2005 Integration Services 及 SQL Server Business Intelligence Development Studio。SQL Server 2005 Reporting Services 将在第 9 章重点介绍。

### 8.1.1 SQL Server 2005 Integration Services

Integration Services 是 SQL Server 2005 的重要开发工具，是 DTS(数据转换服务)的后续与革新。SQL Server 2005 提供了最新的大型数据库管理系统。在多年来建立起各种数据库之后，几乎所有的应用单位都面临着如何将数据库中的数据根据企业应用的需要提取出来、转换成需要的形式和载入相关文件或者应用程序的问题，这就是所谓的 ETL。Integration Services 是 SQL Server 2005 提供的最新的 ETL 处理工具，它以 Visual Studio 为基础，提供了大量现成的组件，可供人们快速建立起运行稳定、性能出色的 ETL 程序。

SQL Server 2005 Integration Services(SSIS)集成服务具有出色的 ETL 和整合能力，提供了构建企业级 ETL 应用程序所需要的功能和性能，使组织机构能更加容易地管理来自于不同数据源的数据，SSIS 是可编程、可嵌入和可扩展的，是理想的 ETL 平台。

### 8.1.2 SQL Server 2005 Analysis Services

SQL Server 2005 Analysis Services(SSAS)分析服务提供了所有业务数据的统一视图，可以作为传统报表、在线分析处理、关键性能指示器(Key Performance Indicators，KPI)记分卡和数据挖掘的基础。同时提供了一个元数据模型以满足不同需求。其中所有的多维数据集和维度定义都可以从统一空间模型中查阅。统一空间模型是一个中心元数据库，其中定义了业务实体、业务逻辑、计算和度量，可作为所有报表、电子表格、OLAP 浏览器、KPI 和分析应用程序的源来使用。在 SQL Server 2005 中，关系数据库和多维数据库之间的界限变得模糊，可以将数据存储在关系数据库或多维数据库中。

SQL Server 2000 Analysis Services 由两个主要的互补功能组成：OLAP 和数据挖掘。这两个组件在 Analysis Services 2005 中仍然存在，并且是分析应用程序的基石。

Analysis Services 2005 OLAP 中的功能改进主要可以归纳为两类改进：一是启用了一些新的分析应用程序，而达到此目的做法便是添加全新的功能，或是使复杂功能的构建变得更加简单；二是增强了分析应用程序的企业适应性。

### 8.1.3 SQL Server 2005 DW 工具

SQL Server 2005 新增了两个组件：SQL Server Management Studio 和 SQL Server Business Intelligence Development Studio。

SQL Server 2005 Business Intelligence 工具集提供了一种端到端的 BI 应用程序集成。在设计方面，Business Intelligence Development Studio 是第一款专门为商务智能系统开发人员设计的集成开发环境，Business Intelligence Development Studio 构建于 Visual Studio 2005 技术之上，它为 BI 系统开发人员提供了一个丰富、完整的专业开发平台，调试、源代码控制以及脚本和代码的开发均可用于所有的 BI 应用程序组件。在合成方面，“数据转换服务”已被重新编写，现在的 DTS 可以高速执行超大数据量的复杂数据集成、转换和合成，Business Intelligence Development Studio 使程序包的构建和调试变得更加生动有趣，DTS、Analysis Services 和 Reporting Services 共同提供了一个源自异类源的无缝数据视图。在存储方面，在 SQL Server 2005 中，关系数据库和多维数据库之间的界限变得更加模糊，您可以将数据库存储在关系数据库、多维数据库中，或使用新增的“主动缓存”功能，充分利用两种数据库各自的优点。在分析方面，现在结合了其他的重要新算法(包括关联规则、时间序列、回归树、序列群集、神经网络和贝叶斯算法)，使得这一功能更加完美。在 Analysis Services 多维数据集中也添加了一些重要的新增功能：关键绩效指标框架、MDX 脚本，以及其他的内置高级业务分析方法。Reporting Services 报告提交和管理框架使得复杂的分析方法更易于向最广泛的潜在受众分发。在交付方面，Reporting Services 将 Microsoft Business Intelligence 平台的用户群体延伸至那些需要使用分析功能的商务用户，Reporting Services 是一种企业托管报告环境，它通过 Web 服务进行嵌入和管理，可以用大量的交互和打印选项，以各种不同的格式个性化设置和提交报告，通过将报告以数据源的形式分发至下游商务智能，复杂分析可以覆盖更广泛的受众。特殊查询和分析工具将继续承担在 Analysis Services 和关系数据库中访问数据的常用工具角色。在管理方面，SQL Server Management Studio 集成了对 SQL Server 2005 所有组件的管理，Business Intelligence 从业者都将得益于，服务器“能力”扩展这一用户盼望已久的功能增强，即从关系引擎(如伸缩性、可靠性、可用性、可编程性等)扩展为全套的 BI 平台组件。

SQL Server 2005 Business Intelligence 组件的主要目标是支持在各种规模的企业中开发和使用商务智能，并使其能够供所有员工使用，不仅包括管理层和分析师，还包括操作人员和外部委托人。因此，SQL Server 2005 具有完整、集成、易用的特点，它以 Web 服务的形式发布数据，而且仅通过日常硬件便可提供极佳的性能，另外它还包含许多新增功能，您可以使用这些新增功能开发创新的分析应用程序。

## 8.2　福马特商店销售分析数据仓库系统的分析与设计

在图 8.2 所示的 24 张表中，包含了福马特商店日常经营业务的数据，如人事管理中的员工信息存储在 employee 表中，员工所属部门信息存储在 department 表中，职务信息则存储在 position 表中，库存管理业务中的仓库类型存储在 warehouse_class 表中，具体的仓库存储在 warehouse 中。它是福马特商店的原始数据。

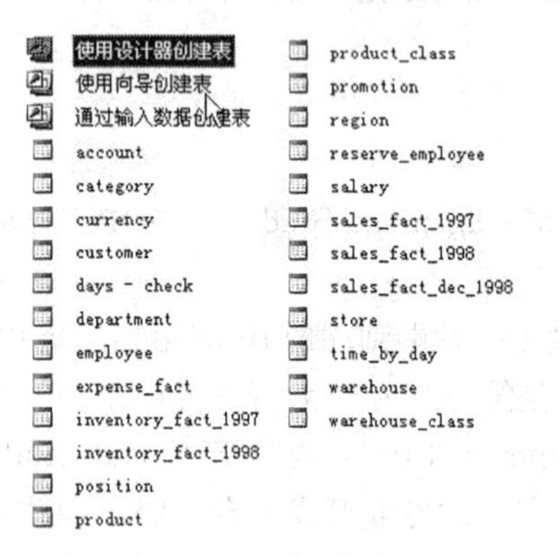


图 8.2　福马特商店的业务数据

福马特市场部的商务需求是要对 1998 年进行的所有销售业务数据进行多角度分析，以便市场分析人员能在查询数据库时获取快速的响应，高层管理人员也能从总体上把握影响本年度销售的因素。这需要利用存储在公司业务数据库中的数据建立数据仓库，进而创建可用于分析的多维数据结构。

本节只着眼于销售方面的数据，因而把与销售相关的表提炼出来进行分析。在 foodmart.mdb 数据库中，销售业务的数据和时间、促销手段、产品和店铺等都有关系，它们的关系体现在表与表之间的逻辑关系上。要从业务数据出发设计数据仓库的结构，必须明确业务数据本身的结构，而业务数据的关系一般基于关系

数据库设计的范式。数据仓库中表的关系不受关系数据库设计范式的约束,但也要遵循一定的结构规范,如星型结构和雪花模型结构即是这种类型的规范,同时也是数据仓库逻辑结构的两种类型。

本节用雪花模型结构来构建福马特商店的销售数据仓库,逻辑结构设计如图 8.3 所示。在数据仓库的逻辑结构中,数据表可以划分为两类:一类是事实数据表,用来存储数据仓库中的实际数据,如这里存储 1998 年销售数据的 sales_fact_1998 表;另一类是维度数据表,用来存储数据仓库中的维度数据,如这里的关于时间、促销手段和产品等分析要素的表。

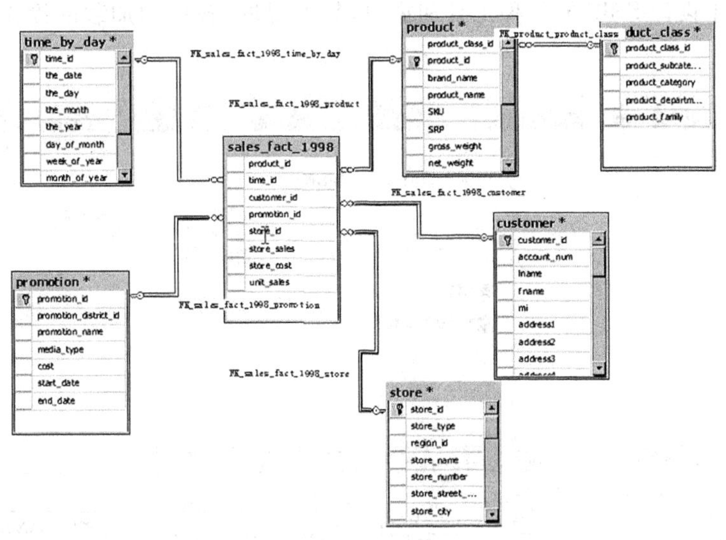

图 8.3 销售数据仓库雪花模型结构设计图

根据原始数据的特点,在本例中设计的维度表和事实表与原始数据中的表名及结构都一致。在实际设计的时候,通常需要根据需求情况重新建立与原始数据不同的表结构。这主要是因为传统业务的数据库是用来进行事务处理的(即 OLTP),而数据仓库则是用来进行分析处理的(即 OLAP),用途的不同决定了其结构的不同。

数据仓库也是一种数据库,其管理同样是通过数据库管理系统来进行的。因此,数据仓库可以像普通数据库一样进行创建、修改和删除。当数据仓库的逻辑结构设计完后,就可以创建物理数据仓库了。

## 8.3 数据仓库的实现

### 8.3.1 SQL Server 的数据仓库创建

可以在 SQL Server Management Studio 中按照一般的建立数据库的方法建立一个名为 foodmartsaleDW 的数据仓库,把设计的表创建好,数据类型依据原始数据库中各个表和字段的数据类型进行设置。由于这里的数据仓库表结构与原始数据库中的表结构基本一致,因此,创建 foodmartsaleDW 数据仓库的物理结构过程也可以在 ETL 阶段完成。数据仓库的设计可以说是数据分析和商业智能最基础的工作。良好的数据仓库结构设计是以后工作能顺利进行的保证，而数据仓库中的数据则一般要经过“提取→转换→加载”的过程从原始业务数据中获取，这就是 ETL 过程。

这里的任务就是要把数据从 foodmart. mdb 数据库中装载到 foodmartsaleDW 数据仓库中。需要用到 SQL Server Integration Services 服务，即 SSIS，其操作步骤如下。

(1) 打开 Business Intelligence Development Studio，选择“文件”→“新建”→“项目”命令，弹出“新建项目”对话框，展开“商业智能项目”选项，在“模板”窗格中选择“Integration Services 项目”选项，把项目命名为 foodmartsale ETL，如图 8.4 所示。这时会在 BI Studio 环境中打开用于设计 SSIS 的各种工具和窗口，数据提取、转换和加载的操作都在这个界面下进行。

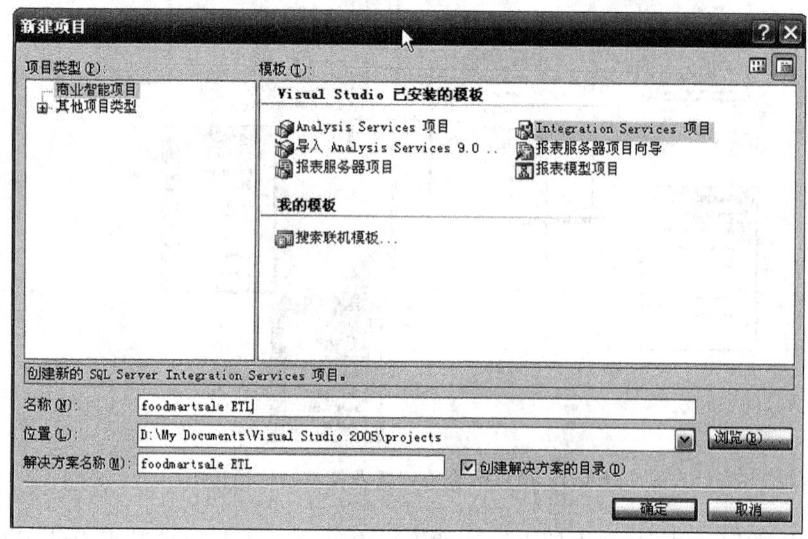


图 8.4 创建 foodmartsale ETL 项目

(2) 选择“项目”→“SSIS 导入和导出向导”命令，这时会弹出 SSIS 导入和导出向导的欢迎界面，单击“下一步”按钮。

(3) 在“选择数据源”窗口中的“数据源”下拉列表中选择 Access 数据源，如图 8.5 所示。然后在“文件名”文本框中选择此项目文件夹中的 foodmart 2000. mdb 文件。

(4) 在随即打开的窗口中选择数据的导出目标，这里选择 SQL Native Client，如图 8.6 所示。设置好服务器及其登录信息后，选择 foodmartsale DW 数据仓库作为目标数据库，如果在以前的步骤中没有创建此数据库，可以在此窗口中单击“新建”按钮，在打开的“创建数据库”窗口中创建此数据库，单击“下一步”按钮继续操作。

(5) 此时将打开如图 8.7 所示的窗口，通过这个窗口可以选择需要复制的是数据源的多个表和视图，还是自定义的查询，这里选择“复制一个或多个表或视图的数据”单选按钮，单击“下一步”按钮。

(6) 接着会让用户选择源表和源视图，如图 8.8 所示。按照前面对数据仓库的设计，这里选择原始库中的 time_by_day、promotion、product、product_class、customer、store 和 sales_fact_1998 表作为需要输入的表。这里对原始库中需要导入到数据仓库的数据有很强

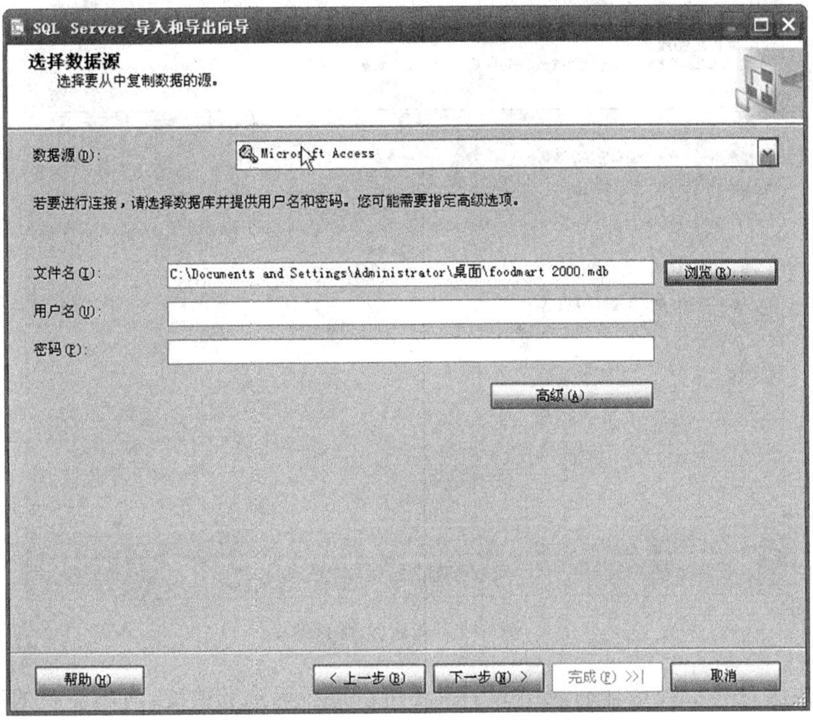

图 8.5　选择 foodmart 2000. mdb 数据源

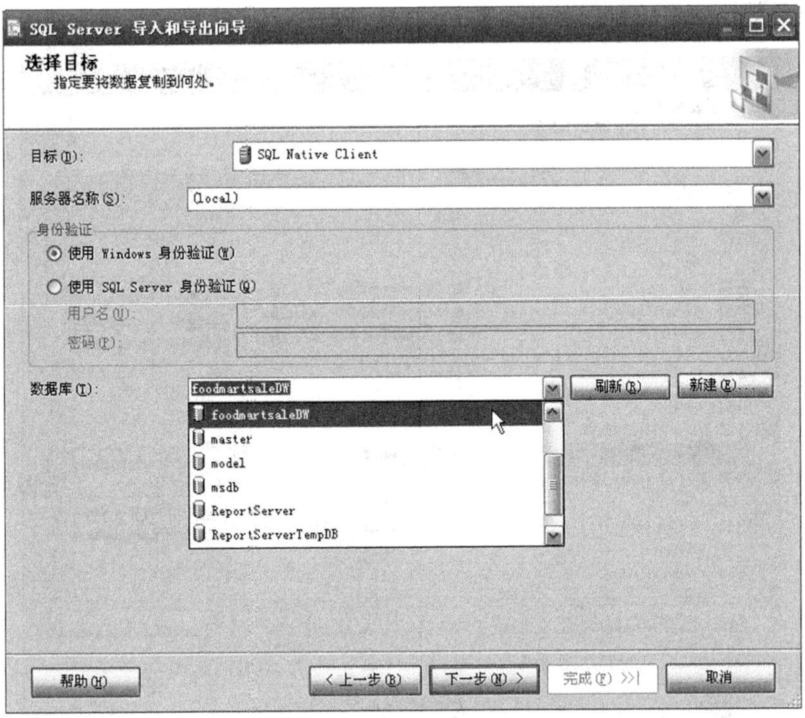

图 8.6　选择数据仓库目标

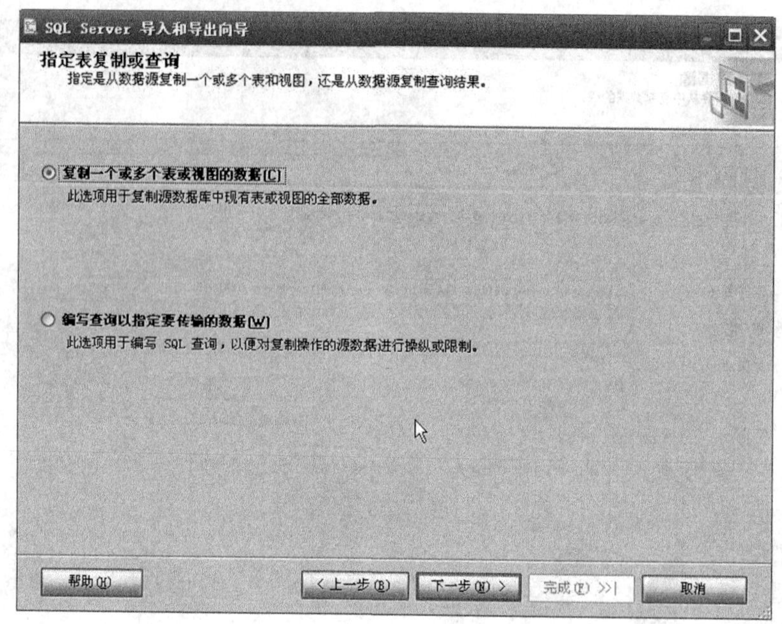


图 8.7　指定复制类型

的可定制性，对这些已经选择的表中的字段还可以进行筛选和改变，对不需要的字段进行去除操作，这就是所谓的数据清理。当然也可以选择其他表一起导入数据仓库中。由此可以看到，业务数据库中的所有数据不一定都必须体现在数据仓库中，数据仓库中的数据也有可能是经过业务数据库中的数据运算而得到的，这都取决于具体商务活动的需求。

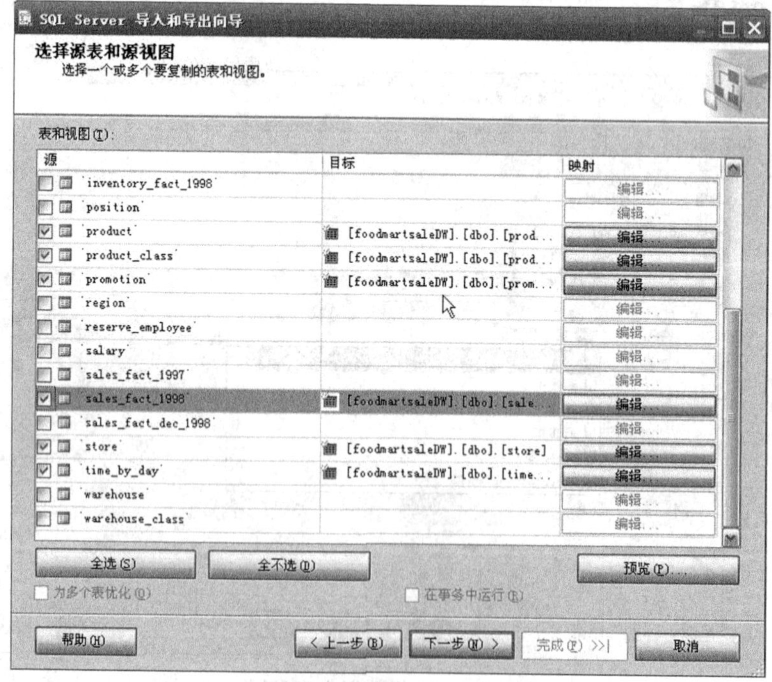


图 8.8　选择源表和源视图并定制映射方式

在图 8.8 的界面中，还可以对数据导入的目标进行定制，可以对映射方式进行编辑，甚至可以自己写 CREATE TABLE 语句作为复制的目标表。这些改变都可以体现在数据仓库的物理结构中。这里不对映射及其目标进行变更，保持默认的状态，使生成的数据仓库的物理模型完全符合前面对数据仓库的逻辑模型的设计。

(7) 在以上操作完成后，单击"下一步"按钮，系统将会把前面的操作进行列表并要求用户确认，提示将会把包以 Package1. dtsx 作为文件名保存在项目文件夹下面，而且不会立即执行。确认无误后单击"完成"按钮。

(8) 在"解决方案资源管理器"窗格中展开"SSIS 包"文件夹，在 Package1. dtsx 上右击，从弹出的快捷菜单中选择"设为启动对象"命令，如图 8.9 所示。

(9) 单击工具条上的 ▶ 按钮运行这个工程，可以发现在 SSIS 设计界面的"控制流"和"数据流"等选项卡内都有对象在活动，这是系统正在把数据从 foodmart 2000. mdb 数据库中按照前面所确定的规则装载到 foodmartsaleDW 数据仓库中。

(10) 数据装载过程完成后，切换到 SQL Server Management Studio，展开 foodmartsaleDW 数据仓库可以发现，已经按照设计要求建立好了数据仓库，并且仓库中已经存储了业务数据，如图 8.10 所示。

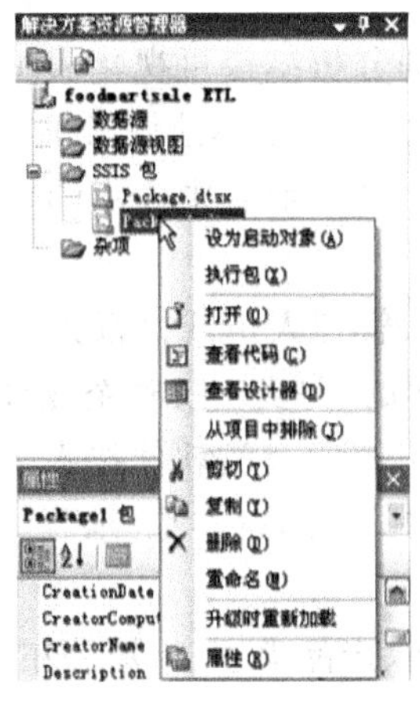


图 8.9 设置 Package1. dtsx 为启动对象

图 8.10 数据装载后的 foodmartsaleDW 数据仓库

以上描述了从已知源创建自定义 Analysis Services 数据库的基本步骤。这种通过"多维数据集向导"和"维度向导"创建的方法与创建 Analysis Services 2005 数据库的标准方法十分类似。创建 Analysis Services 2005 分析应用程序的另外一种备选方法就是选择"多维数据集向导"第二个屏幕上的"在不具备数据源的前提下设计商务智能模型"选项。这种设计会从模板生成一个完全可自定义的应用程序，此处的模板：具有丰富的维度结构和分析功能，还有可能包括一个关系型数据仓库和 DTS 包。Microsoft、集成商或独立软件供应商都可以提供这种模板。不管采用哪种通过向导创建的方法，是从源数据库创建，还是从模板创建，都可以设计相同的 Analysis Services 数据库。第一种选项假设您将创建一个完全自定义的系统。对象名称和结构都是可以完全自定义的，初始设计是受源数据库中的名称和结构所驱动的。模板选项也可以创建一个完全自定义的数据库，但是初始设计是受专家主题区域模板所驱动的。

### 8.3.2 OLAP 的实施

OLAP(On-Line Analysis Processing,联机分析处理)也称为在线分析处理。OLAP 是由关系数据库之父 E. F. Codd 于 1993 年提出的一种数据动态分析模型,它允许以一种称为多维数据集的多维结构访问来自商业数据源(如数据仓库)的经过聚合和组织整理的数据。以此为标准,OLAP 作为单独的一类产品同 OLTP 得以明显区分。OLAP 是共享多维信息的、针对特定问题的联机数据访问和分析的快速软件技术。它通过对信息的多种可能的观察形式进行快速、稳定一致和交互性的存取,允许管理决策人员对数据进行深入观察。决策数据是多维数据,多维数据就是决策的主要内容。OLAP 专门设计用于支持复杂的分析操作,侧重对决策人员和高层管理人员的决策支持,可以根据分析人员的要求快速、灵活地进行大数据量的复杂查询处理,并且以一种直观而易懂的形式将查询结果提供给决策人员,以便他们准确掌握企业(公司)的经营状况,了解对象的需求,制定正确的方案。即在分析问题的时候,同样的现象,会从多个角度去分析考虑,并且有时候还会从几个角度综合起来进行分析。这就是 OLAP 分析最基本的概念:从多个观察角度的灵活组合来观察数据,从而发现数据内在规律。

联机分析处理具有灵活的分析功能、直观的数据操作和分析结果可视化表示等突出优点,从而使用户对基于大量复杂数据的分析变得轻松而高效,以利于迅速做出正确判断。它可用于证实人们提出的复杂的假设,其结果是以图形或者表格的形式来表示的对信息的总结。它并不将异常信息标记出来,是一种知识证实的方法。

OLAP 委员会对联机分析处理的定义为:使分析人员、管理人员或执行人员能够从多种角度对从原始数据中转化出来的、能够真正为用户所理解的、并真实反映企业维特性的信息进行快速、一致、交互地存取,从而获得对数据的更深入了解的一类软件技术。OLAP 的目标是满足决策支持或多维环境特定的查询和报表需求,它的技术核心是“维”这个概念,因此 OLAP 也可以说是多维数据分析工具的集合。

假设要进行产品销售的财务分析,分析的角度包括时间、产品类别、市场分布、实际发生与预算四方面内容,分析的财务指标包括:销售额、销售支出、毛利(等于销售额减销售支出)、费用、纯利(等于毛利减费用)等内容,则可以建立如下的数据结构:该数据结构的中心是主表,里面包含了所有分析维度的外键,以及所有的财务指标,可计算推导的财务指标不计在内,称之为事实表(fact table)。周围的表分别是对应于各个分析角度的维表(dimension table),每个维表除了主键以外,还包含了描述和分类信息。无论原来的业务数据的数据结构为何,只要原业务数据能够整理成为以上模式,则无论业务人员据此提出任何问题,都可以用 SQL 语句进行表连接或汇总(table join and group by)实现数据查询和解答(当然,有一些现成的 ROLAP 前端分析工具是可以自动根据以上模型生成 SQL 语句的)。这种模式被称为星型模式(star-schema),可应用于不同的联机分析处理应用中。但有时维表的定义会变得复杂,例如对产品维,既要按产品种类进行划分,对某些特殊商品,又要另外进行品牌划分,商品品牌和产品种类划分方法并不一样。因此,单张维表不是理想的解决方案,可以采用以下方式,这种数据模型实际上是星型结构的拓展,称之为雪花型模式

(snow-flake schema)。无论采用星型模式还是雪花型模式,关系型联机分析处理都具有以下特点:数据结构和组织模式需要预先设计和建立;数据查询需要进行表连接,在查询性能测试中往往是影响速度的关键;数据汇总查询(例如查询某个品牌的所有产品销售额),需要进行 group by 操作,虽然实际得出的数据量很少,但查询时间变得更长;为了改善数据汇总查询的性能,可以建立汇总表,但汇总表的数量与用户分析的角度数目和每个角度的层次数目密切相关。例如,用户从 8 个角度进行分析,每个角度有 3 个汇总层次,则汇总表的数目高达 3 的 8 次方。这时可以采取对常用汇总数据建立汇总表,对不常用的汇总数据进行 group by 操作,这样来取得性能和管理复杂度之间的均衡。

OLAP 将数据分为两种特征,一种为表现特征,如一个销售分析模型中的销售额、毛利等;还有一种为角度特征,如销售分析中的时间周期、产品类型、销售模式、销售区域等。前者是被观察的对象,OLAP 术语称之为度量数据,后者为观察视角,OLAP 术语称之为维数据。如果建立这样一个模型,我们可以根据业务需求,从产品类型角度去观察各个销售地区的销售额数据(以产品类型和销售地区为维、以销售额为度量);还可以从销售模式的角度去观察各个销售地区的销售额数据(以销售模式和销售地区为维、以销售额为度量)。在 Max@X Analyser 的 OLAP 模型中,每个模型最多可以设定 255 个维、1024 个度量,也就是说,可以从 255 个角度或者角度组合,去同时观察 1024 个数据对象的变化。还可以对数据进行钻取,以获得更为精确的信息。在分析过程中,可能需要在现有数据基础上,将数据进一步细化,以获得更为精确的认识。这就是 OLAP 中数据钻取的概念。比如,在销售分析中,当以产品类型和销售地区为维、以销售额为度量进行分析的时候,可能希望进一步观察某类产品的不同销售模式在各个销售地区的表现,这时就可以在产品大类这个数据维下面,再加上一个销售模式维,从而获得相应的信息。

下面创建数据 Cube。和报表不同,OLAP 分析所需的原始数据量是非常庞大的。一个分析模型,往往会涉及数百万条、数千万条,甚至更多;而分析模型中包含多个维数据,这些维又可以由浏览者作任意的提取组合。这样的结果就是大量的实时运算导致的时间延滞。一个对于 1000 万条记录的分析模型,如果一次提取 4 个维度进行组合分析,那么实际的运算次数将达到 4 的 1000 次方的数量:这样的运算量将导致数十分钟乃至更长的等待时间。如果用户对维组合次序进行调整,或者增加减少某些维度的话,又将是一个重新的计算过程。从上面分析,可以得出结论,如果不能解决 OLAP 运算效率问题的话,OLAP 将是一个毫无实用价值的概念。那么,作为一个成熟产品是如何解决这个问题的呢?这就是 OLAP 中一个非常重要的技术:数据 Cube 预运算。一个 OLAP 模型中,度量数据和维数据应该实现确定,一旦两者确定下来,可以对数据进行预先的处理,在正式发布之前,将数据根据维进行最大限度的聚类运算,运算中会考虑到各种维组合情况,运算结果将生成一个数据 Cube,并保存在服务器上。这样,当最终用户在调阅这个分析模型的时候,就可以直接使用这个 Cube,在此基础上根据用户的维选择和维组合进行复运算,从而达到实时响应的这么一个效果。作为一个成熟的产品,Max@X Analyser 无论是在 Cube 创建还是后续的浏览操作,效率都是非常高的。测试结果表明:原始数据行数在 3200 万条记录的时候,包含 10 个维数据组合、2 个度量数据的 Cube,创建周期为 132 分钟,装载效率是 12.5 秒。这样的成绩对比世界上任何一个高端 OLAP 同类产品,都不逊色。

除此以外,OLAP通常包括数据旋转(变换观察维组合顺序)、数据切片(过滤无关数据,对指定数据进行重点观察),以及对数据进行跨行列运算(如Max@X Analyser中的增加行列差额、等比环比等扩展运算)等功能。

传统方式下的OLAP实施一般需要几个步骤:

① 建立数据仓库,将原始数据(可能存储在不同数据库)进行抽取、清洗、转换、过滤后,形成统一的数据,存储在数据仓库中。

② 根据业务需求建立数据集市。

③ 部署专业的OLAP Server,并使用工具创建OLAP模型。

④ 建立发布机制,为发布设计外围应用扩展。

Analysis Services 2005使关系数据库与多维度OLAP数据库之间的界线变得更加模糊。OLAP数据库分析应用程序一直以来都有着巨大的优势,这些优势主要体现在以下几个方面:卓越的查询性能、丰富的分析功能以及其易于业务分析师使用的操作简单性。

传统方式下的OLAP实施需要的几个步骤,其中,耗费周期最长的应该是数据仓库的建设。OLAP有多种实现方法,根据存储数据的方式不同可以分为ROLAP、MOLAP和HOLAP。

(1) ROLAP:表示基于关系数据库的OLAP实现(Relational OLAP)。以关系数据库为核心,以关系型结构进行多维数据的表示和存储。ROLAP将多维数据库的多维结构划分为两类表:一类是事实表,用来存储数据和维关键字;另一类是维表,即对每个维至少使用一个表来存放维的层次、成员类别等维的描述信息。维表和事实表通过主关键字和外关键字联系在一起,形成了"星型模式"。对于层次复杂的维,为避免冗余数据占用过大的存储空间,可以使用多个表来描述,这种星型模式的扩展称为"雪花模式"。ROLAP的最大好处是可以实时地从源数据中获得最新数据更新,以保持数据实时性,缺陷在于运算效率比较低,用户等待响应时间比较长。

(2) MOLAP:表示基于多维数据组织的OLAP实现(Multidimensional OLAP)。以多维数据组织方式为核心,也就是说,MOLAP使用多维数组存储数据。多维数据在存储中将形成"数据立方体(Cube)"的结构,此结构在得到高度优化后,可以最大程度地提高查询性能。随着源数据的更改,MOLAP存储中的对象必须定期处理以合并这些更改。两次处理之间的时间将构成滞后时间,在此期间,OLAP对象中的数据可能无法与当前源数据相匹配。维护人员可以对MOLAP存储中的对象进行不中断的增量更新。MOLAP的优势在于由于经过了数据多维预处理,分析中数据运算效率高,主要的缺陷在于数据更新有一定延滞。MOLAP实施时首先对事实表中的所有外键进行排序,并将排序后的具体指标数值一一写进虚拟的多维立方体中。当然,虚拟的多维立方体只是为了便于理解而构想的,MOLAP实际的数据存储放在数据文件(data file)中,其数据放置的顺序与虚拟的多维立方体按$x,y,z$坐标展开的顺序是一致的。同时,为了数据查找的方便,MOLAP需要预先建立维度的索引,这个索引被放置在MOLAP的概要文件(outline)中。概要文件是MOLAP的核心,相当于ROLAP的数据模型设计。概要文件包括所有维的定义(包括复杂的维度结构)以及各个层次的数据汇总关系(例如在时间维,日汇总至月,月汇总至季,季汇总至年),这些定义往往从关系型维表中直接引入即可。概要文件也包括分析指标的定义,因此可以在概要文件中包含丰富的衍生指标，这些衍生指标由基础指标计算推导出来(例如 ROLAP 例子 1 中的纯利和毛利)。一旦概要文件定义好，MOLAP 系统可以自动安排数据存储的方式和进行数据查询。从 MOLAP 的数据文件与 ROLAP 的事实表的对比可以看出，MOLAP 的数据文件完全不需要纪录维度的外键，在维度比较多的情况下，这种数据存储方式大量地节省了空间。但是，如果数据相当稀疏，虚拟的多维立方体中很多数值为空时，MOLAP 的数据文件需要对相关的位置留空，而 ROLAP 的事实表却不会存储这些纪录。为了有效地解决这种情况，MOLAP 采用了稀疏维和密集维相结合的处理方式。在实际应用中，不可能所有分析的维度都是密集的，所有分析的维度都是稀疏的情况极为少见，因此稀疏维和密集维并用的模式几乎主导了所有的 MOLAP 应用。而稀疏维和密集维的定义全部集中在概要文件中，因此，只要预先定义好概要文件，所有的数据分布就自动确定了。在这种模式中，密集维的组合组成了的数据块(data block)，每个数据块是 I/O 读写的基础单位，所有的数据块组成了数据文件。稀疏维的组合组成了索引文件，索引文件的每一个数据纪录的末尾都带有一个指针，指向要读写的数据块。因此，进行数据查询时，系统先搜索索引文件纪录，然后直接调用指针指向的数据块进行 I/O 读写(如果该数据块尚未驻留内存)，将相应数据块调入内存后，根据密集维的数据放置顺序直接计算出要查询的数据距离数据块头的偏移量，直接提取数据下传到客户端。因此，MOLAP 方式基本上是索引搜索与直接寻址的查询方式相结合，比起 ROLAP 的表/索引搜索和表连接方式，速度要快得多。

(3) HOLAP：表示基于混合数据组织的 OLAP 实现(Hybrid OLAP)，用户可以根据自己的业务需求，选择哪些模型采用 ROLAP，哪些采用 MOLAP。一般来说，会将非常用或需要灵活定义的分析使用 ROLAP 方式，而常用、常规模型采用 MOLAP 实现。

Max@X Analyser 是属于第三种的 HOLAP 产品，由于 Max@X Analyser 通过技术创新跨越了数据仓库的建设这一步骤，从而极大地压缩了相应的实施周期，Max@X Analyser 同时支持 ROLAP 和 MOLAP 两种模式，是属于第三种 HOLAP 的 BI 产品。其工作原理为：常规模式下，Max@X Analyser 采用 MOLAP 以获取最大的应用效率，但是在用户使用参数对数据进行实时的精确提取并创建分析时，或者 OLAP Server 未找到对应的 MOLAP Cube 时，系统将实时地向源数据库请求相关数据，并自动创建临时 Cube 供浏览端分析使用，即 ROLAP 模式。通过这两者的结合，Max@X Analyser 的用户不仅能快速地调取常用分析模型，同时对临时的、个性化的精确数据提取也能有效支持，从而兼顾 OLAP 的效率和灵活性。

Max@X Analyser 的 OLAP 实施可以分为三个步骤进行：

(1) 设计数据源。OLAP 分析所需要的数据需要以某种方式从数据库中提取出来，如使用 SQL 语句，或者使用一个存储过程。这个 SQL 或者存储过程称之为一个数据源。

① 在 Max@X Analyser 设计器中建立与多个数据库的连接参数；

② 按照数据提取需求，根据向导提示，选择并创建适当类型的数据源，并以图形化方式创建 SQL 等数据提取方法；

③ 如果涉及多个异构数据库，还需要将这些异构数据库的数据以虚拟数据源形式建立关联整合，将其整合为一个在结构、逻辑上统一的数据源。

(2) 设计 OLAP 模型。Max@X Analyser 中，OLAP 设计过程非常简单，通过向导创建一个 OLAP 模型，然后为该模型指定上一步设计的数据源，指定数据源返回信息中的维数据和度量数据即可。如果度量数据定义并非简单的聚类求和运算，还可以进一步设定度量数据的计算方法。

(3) 发布 OLAP 设计成果。Max@X Analyser 提供了一个功能完整的 Portal，最终用户就是通过这个 Portal 进行报表浏览和 OLAP 调用的。在 Max@X Analyser 中，OLAP 和报表是在项目中一体化维护发布的，所有只要针对项目发布即可。

完成 Max@X Analyser 的项目发布后，还需要做两件事情，一是 OLAP 使用授权，这在 Portal 的授权体系中可以得到定义；二是 OLAP 的 Cube 运算，在部署项目后，还需要在 Portal 的任务定义模块中，定义 Cube 运算创建的任务时间。

这样一个新的 OLAP 模型不仅已经创建，并且已部署发布了。

下面想象几个应用场景。

场景一：某投资顾问公司为客户提供了 VIP 服务，VIP 用户可以定期收到顾问公司发来的外汇、证券等分析数据，并可以使用 OLAP 方式对这些数据进行分析。考虑到数据安全性要求，顾问公司不打算在互联网上提供操作平台，而是直接将数据及分析模型发送到各个 VIP 客户的电子邮箱中，用户只能对收到的数据进行分析操作，以这样手段限制用户的访问范围，从而达到保证数据安全的目的。

场景二：某企业老总经常出差，在旅途中并不方便随时接入互联网以连接公司 IT 系统。更多时候是在有条件上网的时候，不方便详细观察分析业务数据，等到有空来做这些事情，又未必有网络条件了。

上面两个场景，都涉及 OLAP 的脱机分发与使用。Max@X Analyser 通过浏览端的一个小插件完成这些功能。在标准的运行过程中，Max@X Analyser 的服务器，将创建好的数据 Cube 进行加密和压缩后，发送给浏览端，而后由浏览端进行自动的校验、解密、解压缩，并允许用户进行多维度的 OLAP 分析。Max@X Analyser 具有世界上最先进的 Cube 创建算法，从而保证了 Cube 数据在浏览端进行多维复运算的高效率和低运算负荷，在普通的 PC 上，可以达到秒级的响应指标。这样，Max@X Analyser 就完全具备了脱机运行的条件，用户在分发的时候只要单独提取 Cube 文件进行分发即可，剩余的事情由浏览端插件负责完成。

OLAP 的特点是：需要预先定义概要文件；数据查询采用索引搜索与直接寻址的方式相结合，不需要进行表连接，在查询性能测试中比起 ROLAP 有相当大的优势；在进行数据汇总查询之前，MOLAP 需要预先按概要文件中定义的数据汇总关系进行计算，这个计算通常以批处理方式运行。计算结果回存在数据文件中，当用户查询时，直接调用计算结果，速度非常快。无论是数据汇总还是计算衍生数据，预先计算的方式实际上是用空间来换时间。当然，用户也可以选择动态计算的方式，用查询时间来换取存储空间。MOLAP 可以灵活调整时空的取舍平衡。用户难以使用概要文件中没有定义的数据汇总关系和衍生指标。

联机分析处理其他要素包括假设分析(what-if)、复杂计算、数据评估等。这些因素对用户的分析效用至关重要，但是与 ROLAP 和 MOLAP 的核心工作原理的不一定有很紧密的关系，事实上，ROLAP 和 MOLAP 都可以在以上三方面有所建树，只不过实现的方法迥异。假设分析提出了类似于以下的问题："如果产品降价 5%，而运费增加 8%，对不同地区的分销商的进货成本会有什么影响?”这些问题常用于销售预测、费用预算分配、奖金制度确定等。据此,用户可以分析出哪些角度、哪些因素的变化将对企业产生重要影响;并且,用户可以灵活调节自己手中掌握的资源(例如费用预算等),将它用到最有效的地方中去。假设分析要求 OLAP 系统能够随用户的思路调整数据,并动态反映出在调整后对其他数据的影响结果。事实上,进入 OLAP 的数据分两大类:事实数据和预算数据,例如本月实际发生的销售额是事实数据,上月对本月的销售额估算是预算数据。事实数据一般情况下不容修改,而预算数据则应常常进行调整。OLAP Server 通过详细的权限定义区分了数据的读写权限,允许用户对预算数据进行更改,系统可以对其他受影响的数据进行计算,以反映出“假如发生如上情况,将会引起以下结果”的结论。复杂计算是分析人员往往需要分析复杂的衍生数据,诸如:同期对比、期初/期末余额、百分比份额计算、资源分配(按从顶向下的结构图逐级分配)、移动平均、均方差等。对这些要求,OLAP Server 提供丰富的功能函数以便用户使用。因为只有在无需编程的环境下,商业用户才能更好地灵活利用这些功能进行复杂的真实世界模拟。数据评估包括两方面内容,有效性评估和商业意义评估。在有效性评估方面,数据抽取、清洗和转换的规则的定义是至关重要的。而合理的数据模型设计能有效防止无效数据的进入。例如在 ROLAP 中,如果维表没有采用范式设计(normalise design),可能会接受如表 8-1 的维表。

**表 8-1 数据仓库中的维表**

| 机构代码 | 机构名称 | 所属区县 | 所属城市 | 所属省份 |
|---|---|---|---|---|
| 001 | 越秀支行 | 越秀区 | 广州 | 广东 |
| 002 | 祖庙支行 | 佛山 | 广州 | 广东 |
| 003 | 翠屏支行 | 佛山 | 南海 | 广东 |
| ⋮ | ⋮ | ⋮ | ⋮ | ⋮ |

显然,002 中显示的佛山属于广州市,与 003 中显示的佛山属于南海市是矛盾的。这显示出数据源有问题,但是如果采用星型模式设计,ROLAP 无法自动发现数据源的问题。在类似情况下,MOLAP 的表现稍占优势。因为 MOLAP 需要预先定义概要文件,而概要文件会详细分析维度的层次关系,因此生成概要文件时会反映数据源的错误。因此,在 OLAP Server 中,记录 003 会被拒收,并纪录在出错日志中,供 IT 人员更正。但是,OLAP 对数据源有效性的验证能力毕竟是有限的,因此,数据有效性必须从源数据一级和数据抽取/清洗/转换处理一级来进行保障。对用户而言,数据的商业含义评估更有意义。在商业活动中,指标数值的取值范围是比较稳定的,如果指标数值突然发生变化,或者在同期比较、同类比较中有特殊表现,意味着该指标代表的方方面面具有特别的分析意义。普通的 OLAP 往往需要用户自己去观察发现异常指标,而 OLAP Server 的 OLAP Minor(多维数据挖掘功能)能为用户特别地指出哪些条件下的哪些指标偏离常值,从而引起用户的注意和思考。例如,12 月份南部的圣诞礼品销售额不到同期类似区域(东部、中部、西部)的 50%。

### 8.3.3 数据仓库中的数据挖掘

在数据仓库发展的同时,一项从大量数据中发现隐含知识的技术也在学术领域兴起,这就是数据挖掘。数据挖掘也称为数据库知识发现(KDD),就是将高级智能计算技术应用于大量数据中,让计算机在有人或无人指导的情况下从海量数据中发现潜在的,有用的模式(也叫知识)。最初的数据挖掘应用一般需要从组织数据做起,经历算法设计(建模),挖掘,评价,改进等步骤。其中组织整理数据占据大部分时间,大约占到整个数据挖掘项目80%的时间。数据挖掘是近年来信息爆炸推动下的新兴产物,是从海量数据中提取有用知识的热门技术。传统的交易型系统,20世纪90年代兴起的互联网技术及ERP系统在越来越廉价的存储设备配合下,产生了大量的数据。但与之相配合的数据分析和知识提取技术在相当长一段时间里没有大的进展,使得存储的大量原始数据没有被充分利用,转化成指导生产的"知识",形成"数据的海洋,知识的荒漠"这样一种奇怪的现象。数据挖掘就是从大量数据中发现潜在规律、提取有用知识的方法和技术。因为与数据库密切相关,又称为数据库知识发现(KDD)。数据挖掘不但能够学习已有的知识,而且能够发现未知的知识;得到的知识是"显式"的,既能为人所理解,又便于存储和应用,因此一出现就得到各个领域的重视。从20世纪80年代末的初露头角到90年代末的广泛应用,以数据挖掘为核心的商业智能(BI)已经成为IT及其他行业中的一个新宠。目前数据挖掘技术在零售业的货篮数据(basket data)分析、金融风险预测、产品产量、质量分析、分子生物学、基因工程研究、Internet站点访问模式发现以及信息搜索和分类等许多领域得到了成功的应用。如果你访问著名的亚马逊网上书店(www. amazon. com),会发现当你选中一本书后,会出现相关的推荐数目Customers who bought this book also bought,这背后就是数据挖掘技术在发挥作用。

数据挖掘的真正普及是建立在数据仓库的成功应用之上。一个设计完善的数据仓库已经将原始数据经过了整理和变换,在此基础上再进行深入挖掘就是顺理成章的事情。数据挖掘渗透到某些行业,产生了一些特定的应用,比如现在经常会听到的客户关系管理(Customer Relationship Management, CRM)。客户关系管理的概念由来已久,但现代的客户关系管理一般指以客户数据为处理对象的一类商业智能应用。通过挖掘客户信息,发现潜在的消费趋势或动向。例如,电信公司通过分析用户通话模式(包括通话时间、时段、通话量等),制订不同的计费方案,满足用户的同时也提高自己的利润。

创建商业智能应用程序实际是利用数据挖掘的各种优势,将其应用到整个数据输入、集成、分析和报表过程中。数据挖掘并非是最终结果,它是整个过程的一部分,在集成、分析和报表的每个阶段都起到一定的作用。商业智能应用程序的一个主要目标是让每个人都可以使用数据挖掘模型。

SQL Server 2005平台采用集中的服务器存储数据挖掘模型和结果,该平台有利于创建智能应用程序。这些模型通常具有高度的专用性,且非常机密。SQL Server 2005中数据挖掘功能的目标是构建具备以下特征的工具:简单易用,可提供一整套的功能,可轻松嵌入到产品应用程序中,紧密集成其他的SQL Server BI技术,能够扩展数据挖掘应用程序的市场。通过SQL Server 2005,Microsoft努力将数据挖掘从博士们的实验室中搬出来,使得负责设置和运行数据模型的开发人员和DBA、所有分析人员、决策者或者其他使用模型输出的用户都可以使用数据挖掘,而不需要具有任何专业知识。

SQL Server 2005的数据挖掘功能具有一个API,使得应用程序非常简单。利用API,无需了解每个模型的内部细节和工作原理,可从客户端应用程序调用预测模型。访问数据挖掘结果非常简单,通过使用一种与 SQL 相似的语言即可(Data Mining Extensions to SQL 或 DMX),SQL Server 2005 中最重要的数据挖掘功能是处理大型数据集的能力。SQL Server 2005 允许模型对整个数据集运行,从而消除了采样方面的挑战。所有数据挖掘工具(包括 Microsoft SQL Server 2005 Analysis Services)都采用了多种算法。另外,Analysis Services 是可扩展的;第三方 ISV(独立软件供应商)可以开发算法,并将所开发算法无缝地融入到 Analysis Services 数据挖掘框架中。SQL Server 2005 中可以使用很多算法:决策树、关联规则、贝叶斯分类、时序聚类、时间序列、神经网络、文本挖掘。SQL Server 2005 还包含了大量可以立即使用的算法。SQL Server 2005 所使用的模型允许其他供货商向数据挖掘引擎添加新模型。这些模型将与 SQL Server 2005 提供的模型处于同等位置。集成阶段包括从异构数据源收集数据、传输数据并加载到一个或多个数据源中。数据挖掘工具与 SQL Server Integration Services 实现了集成。在数据移动和转换阶段,可以根据数据挖掘模型的预测结果来分析和修改数据。典型的数据挖掘工具将在构建数据仓库后生成结果,这些结果独立于在数据仓库上完成的其他分析,可单独进行分析并生成预测或标识关系。Microsoft 工具与整个过程实现了集成。SQL Server 2005 实现了数据挖掘和报表的集成,可以通过简单灵活并且可伸缩的方式向组织中的任何人提供预测结果。

通过充分利用 SQL Server 2005 Reporting Services,预测模型的结果通过将报表嵌入 Microsoft SharePoint Services,可以轻松地部署到打印报表、Microsoft Office 文档或局域网中。开发数据挖掘模型的最佳人选时同时具备业务和技术技能的人员。

创建数据挖掘应用程序过程中步骤为:

(1) 模型的创建。开发数据挖掘预测查询。

(2) 模型的训练。在数据挖掘应用程序中使用预测查询。

(3) 测试过程。

作为数据挖掘的初学者,应在构建原型模型的同时,计划花费数周时间来研究数据、工具以及可供选择的算法。开发数据挖掘模型的过程包括以下内容:输入数据集、字段,确定数据挖掘算法、算法在计算过程中所用到的参数。

例如,对于如图 8.11 所示的星型模式和图 8.12 的雪花型模式,设计的数据挖掘应用程序步骤如下:

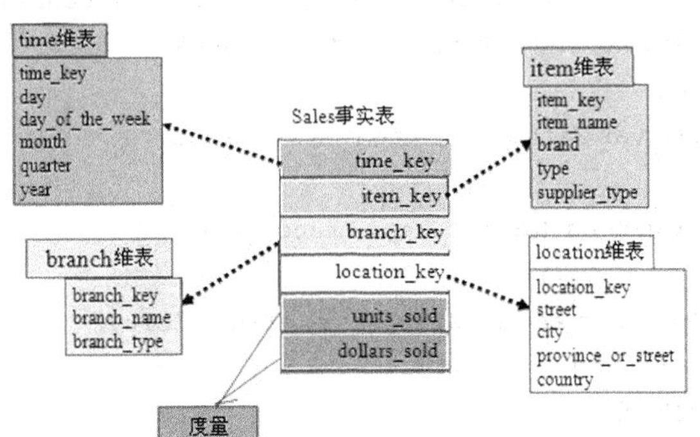


图 8.11　Sales 数据仓库的星型模式

(1) 定义星型、雪花和星座的实例,如图 8.11 和图 8.12 所示。

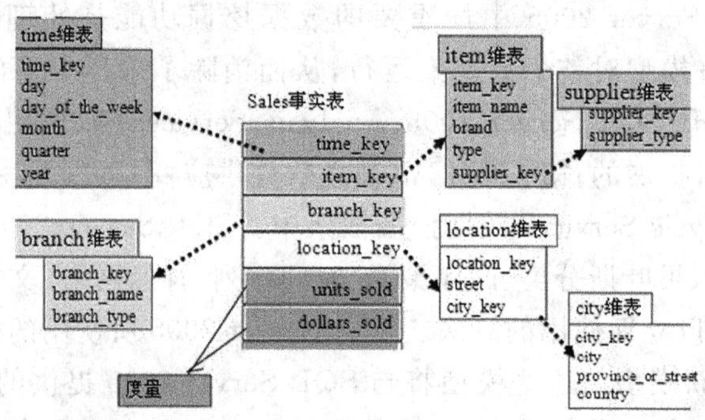

图 8.12 Sales 数据仓库的雪花型模式

(2) 数据挖掘查询语言(DMQL)可以用于说明数据挖掘任务。

DMQL 包括定义数据仓库和数据集市的语言原语。说明其他数据挖掘任务的原语,如挖掘概念/类描述、关联、分类等挖掘任务。数据仓库和数据集市可以使用两种原语定义:一种是方定义,另一种是维定义。

数据挖掘查询语言 DMQL:

```
//方定义 (事实表)
define cube <cube_name> [<dimension_list>]:<measure_list>
//维定义 (维表)
define dimension <dimension_name> as
    (<attribute_or_subdimension_list>)
//特殊情况 (共享维表)
    //首先进行"立方体定义"
    define dimension <dimension_name> as
    <dimension_name_first_time> in cube
    <cube_name_first_time>
//用 DMQL 定义星型模式
define cube sales_star [time, item, branch, location]:
        dollars_sold=sum(sales_in_dollars), units_sold=count(*)
define dimension time as (time_key, day, day_of_week,
month, quarter, year)
define dimension item as (item_key, item_name, brand,
type, supplier_type)
define dimension branch as (branch_key, branch_name,
branch_type)
define dimension location as (location_key, street, city,
province_or_state, country)
//用 DMQL 定义雪花型模式
define cube sales_snowflake [time, item, branch, location]:
        dollars_sold=sum(sales_in_dollars), units_sold=count(*)
```

```
define dimension time as (time_key, day, day_of_week, month,
quarter, year)
define dimension item as (item_key, item_name, brand, type,
supplier(supplier_key, supplier_type))
define dimension branch as (branch_key, branch_name,
branch_type)
define dimension location as (location_key, street,
city(city_key, province_or_state,city, country))
```

## 8.4 数据仓库的应用与管理

### 8.4.1 数据仓库的用户

数据仓库的用户分为信息使用者与知识挖掘者两类。

(1) 信息的使用者以一种可以预计的、重复的方式使用数据仓库,他们对数据仓库进行有规律的信息访问,观察一些概括性数据或聚集数据,在战术管理层上利用数据仓库监控企业战略实施的效果。他们往往只涉及数据仓库的业务运行领域,希望在很短的时间请求就能够得到响应,提交的查询大多是一些预先定义好的查询,在数据仓库的设计过程中就要知道这些预定义查询的需求、预定义查询的数据结构和数据内容,因此他们常常使用一些概括性的数据。

(2) 知识的挖掘者对数据仓库的使用是不规则的。他们对仓库中的海量数据进行挖掘,要求数据仓库进行一些复杂的数据处理,这种使用主要有两个方面:一方面是对从不知晓的企业运营的内在知识进行挖掘,希望挖掘出隐含在企业数据内部的一些商业知识、一些商业模式,为制定企业的发展战略、培养企业的核心竞争力提供帮助。另一方面是针对企业过去的成功或失败,探索成功或失败的原因,使企业能够继续保持成功或免蹈覆辙。

### 8.4.2 数据仓库应用案例

使用数据仓库的一般过程主要有概况分析、数据抽取、建模分析、分类处理和元数据管理应用等。本节中用一些案例讲解数据仓库应用过程。

**【案例 8-1】** 数据挖掘技术在通信业“离网预警”模型中的应用。

(1) 问题的提出

客户流失是通信行业普遍面临的业务问题,尤其是在市场成熟期,竞争异常激烈,市场渗透比率高,一些通信公司想方设法从竞争对手处“盗窃”客户,反过来说,一些通信公司的客户也被竞争对手“盗窃”。当被“盗窃”的客户数字很高的时候就成为严重的客户流失问题。通信行业“离网预警”分析是针对此问题,建立“离网预警”模型,产生最可能离网的客户名单,结合每个客户的保持价值分数,协助通信公司采取合适的客户挽留措施,确保客户忠诚度以保持通信公司收入。

(2) 需求描述及需求分析

通信行业“离网预警”分析的目标是建立客户“离网预警”模型并且产生最可能流失的客

户的名单，结合每个客户的价值情况及消费情况，采取相应的挽留活动。

通信公司客户流失分为主动流失和被动流失两种，主动流失是指客户主动到通信公司销号；被动流失是指客户在一个周期末的状态为在网，下个周期发生停机并持续超过 5 天，通信公司强行对客户销号，其一般流程为：欠费 1 个月→预销→再过 1 个月→销号。据统计，主动流失的客户比例极小，约为 0.1%，被动流失的客户所占比例约为 3%。

客户流失前可能已买竞争对手的话机（卡）或转为本公司低端品牌。因此在进行“离网预警”分析时应先限定模型所面向的基础客户群。例如，客户范围限定为：客户类型为非特殊客户；入网满三月的用户；当月状态为在网。确定了客户范围后，紧接着要定义客户流失标志，若客户在当前周期内流失，则流失标志置为 1，否则为 0。

（3）利用数据挖掘技术建立模型——探索型数据分析（数据探索）

在进行数据探索前，要先进行数据来源讨论。数据来源讨论是对业务数据的理解过程，在此过程中搜寻并检查业务数据，创建源数据映射关系描述，将客户数据与建模相关的各个属性对应起来。数据能被整合到一个适当的程度，省略不适当的记录、不完整的数据记录等等。数据来源讨论的任务包括：数据来源讨论、源数据映射、数据的初步评估。数据来源讨论要解决的问题为：和通信公司以及数据仓库 PDM 建模人员一起，列出离网预警分析专题中可能所需的全部变量，对数据挖掘集市的 PDM 进行相应调整，并创建源数据映射关系描述，同时明确某些变量的计算方法（如欠费天数、欠费时长等），并评估源数据的质量。在抽取了数据挖掘集市中包含的若干基表（流失基础客户群表、客户基本资料表、客户缴费资料表、客户联络资料表、客户通话资料表、客户账单表）的数据后，可以确定数据挖掘集市中流失客户总表中包含的变量。然后对这些变量进行数据分析。

在数据分析过程中，常用可视化（visualization）的工具或统计分析等方法来展示及探索（explore）各个变量对客户流失的影响，如在探索最近一周期主叫秒数与近两个周期平均主叫秒数比例与客户流失的关系时，可以做出图 8.13。

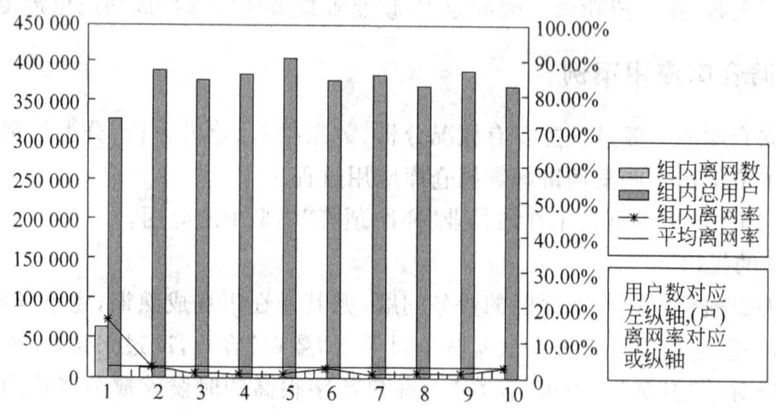


图 8.13　最近一周期主叫秒数与近两个周期平均主叫秒数比例与流失的关系

研究图 8.13，在探讨最近一周期主叫秒数与近两个周期平均主叫秒数比例与客户流失的关系时可以发现一个现象：在取样的流失客户中有约 55%在流失前的最近一周期主叫秒数与近两个周期平均主叫秒数比例小于 0.15，即在最近一个周期的消费额明显比前两个月下降了，并且在满足该条件的客户群组中流失率为16%左右，远远超过平均客户流失率3.5%。这说明客户在流失前已经开始明显减少了使用量。因此，要把此变量作为客户流失的一个特征并引入到模型中。

建模有两种方式，一种是直接使用汇总表的进行训练，另一种是经过前面的数据探索，先将汇总表离散化后进行训练。本文采用第二种方式。通过探索型数据分析，把所有数据准备好之后，选用适当的数据挖掘工具及数据挖掘技术来建立客户流失模型。图8.14为客户离网预警分析的模型训练过程。

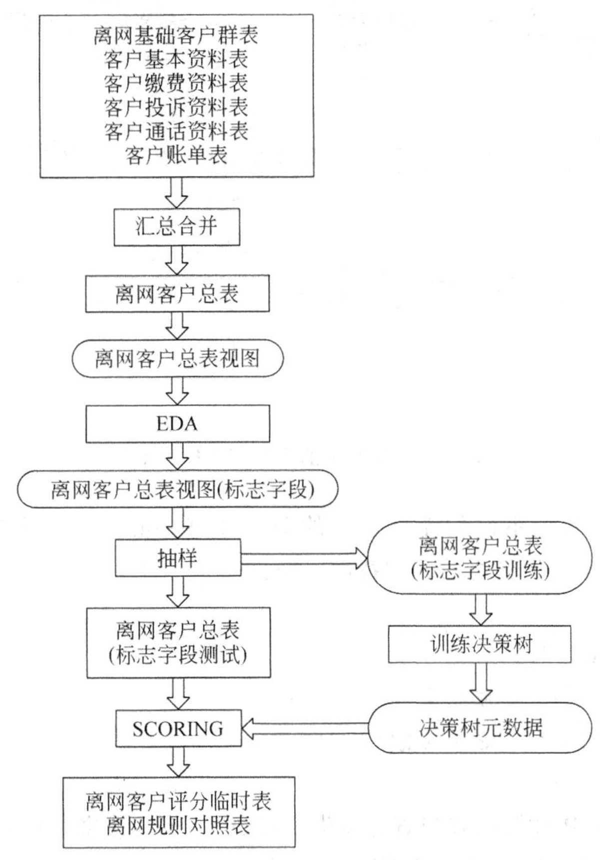


图8.14　客户离网预警分析的模型训练过程

图8.14的处理过程描述如下：

① 汇总合并：将各个基表中的数据汇总合并到总表中。

② EDA：Value Analysis，Histogram，Frequency。

③ 抽样：目前一般抽取周期内数据的1/3左右。

④ 训练：训练生成离网预警的决策树。

⑤ SCORING：用生成的决策树在测试集上进行验证，评估模型效果。

接下来就可以应用数据挖掘工具和决策树算法建立客户“离网预警”模型，客户“离网预警”模型的结果用决策树来展示如图8.15所示。

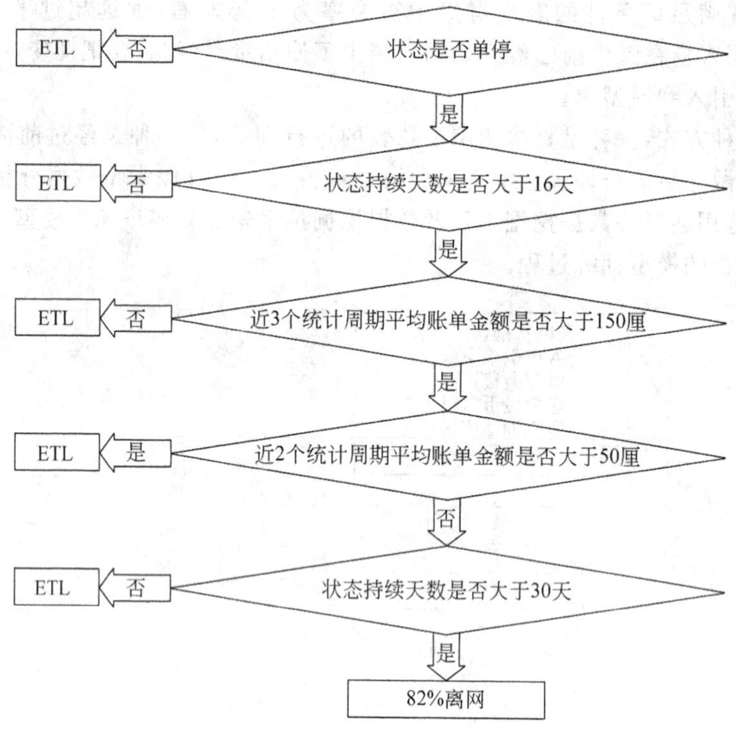


图 8.15　决策树的客户流失模型示例

决策树算法可以找出不同的流失客户的群组及每一群组的流失潜在因素。例如，在图 8.15 中指出某一个流失群组的共同特性。即：

- 状态为单停；
- 状态持续天数>16；
- 近 3 个统计周期平均账单金额>150 厘；
- 近 2 个统计周期平均账单金额≤50 厘；
- 状态持续天数>30。

在这一个流失群中 82%的客户真正流失了，从这一组特征来看这一组客户在流失前的使用量非常低，单停时间持续多天，仍有一定有账单金额，这些都构成了该客户群体流失的因素。

(4) 模型评估

模型评估的内容包括模型的命中率、召回率和 LIFT(利得率)。以 2004 年 4 月的数据为例，2004 年 4 月的目标客户人数为 4 459 072 人，其中流失人数为 162 375 人，离网率为 3.64%。对客户离网预警模型进行评估。经分析后：在不用模型的情况下，任意给出客户名单，其命中率为常数，等于离网率 3.64%；在使用模型的情况下，给出离网倾向最高的前 50%的客户名单，其命中率为 55.8%，明显高于不用模型的命中率。在不用模型的情况下，对任意给出的客户名单，其召回率等于 5%；在使用模型的情况下，给出离网倾向最高的前 50%的客户名单，其召回率为 32%，并且召回率在一定范围内呈线性增长，增长速度明显高于不用模型时的结果。在不用模型的情况下，对任意给出的客户名单，其 LIFT 为常数等于1；在使用模型的情况下，给出离网倾向最高的前 10%的客户名单，其 LIFT 值在 10 以上，即使用模型所抓到的离网客户数是不用模型时的 10 倍以上。

(5) 模型利用价值

数据挖掘过程是一个不断探索的过程，使用数据挖掘技术进行通信行业客户“离网预警”分析，以决策树的输出结果可能产生多个客户的流失群组，其输出结果中可包括一个客户流失指数(churn score)，可以用来做为客户流失的概率(介于 0～1 之间)，以区别不同客户间流失可能性的高低，如一个流失指数为 0.8 的客户比一个流失指数为 0.6 的客户更可能离开。当营销部门欲推行一客户挽留计划，可按照客户流失指数的高低对客户排序，找出最可能流失的客户群，以最少的成本，最适当的沟通，达成最高的客户挽留效果，确保客户忠诚度，保持通信公司的收入。

**【案例 8-2】** 基于商业智能的电网负荷预测新模型的构建研究。

(1) 问题的提出

电力营销系统是一个要求时间、效率、利益的合作型经济实体，它需要快速准确、能适应需求多变的环境、具有弹性体系的决策支持解决方案。目前我国电力企业的电力营销决策支持系统普遍存在这样几个方面的问题：第一，虽然用电量逐年增加，但由于电力消费结构不合理，造成电价结构不合理现象，如何进一步制定增供促销的政策、调整电力消费结构是目前电力营销决策支持系统急需解决的问题。第二，尚未建立以“客户为中心”的客户服务系统，无法满足向“重要且敏感客户”的供电可靠性按个性化的要求有针对性地加以解决。第三，没有形成完善的客户信息支持系统，业务流程不够通畅，无法向用户提供一步到位的服务，计量异常引起的电量差错较大，客户档案不健全，无法及时发现违章用电和窃电现象，造成企业不必要的经济损失。最后，目前的电力营销决策支持系统无法将操作型数据转变为决策型数据，为决策提供依据。如何解决目前的电力营销决策支持系统存在的这些问题呢？将商业智能应用到电力营销决策支持系统中是一个可供参考的解决方案。

(2) 基于商业智能的电力营销决策支持系统的设计方案

电力营销决策支持系统是以营销数据中心为基础，以数据仓库技术手段，为营销策略的制定、市场运营与开发、电力客户信息分析、电价分析、电量需求预测及动态等管理以及营销决策提供科学的依据。同时，也提供灵活的报表、随机查询、OLAP 和数据挖掘等功能，实现营销能力分析、营销效果分析、预测发展趋势，并且辅助制定营销政策。

电力营销决策支持系统的业务包括：分析售电量变化及其影响因素，追踪本地区特大客户和重点行业代表客户的电量变动情况；按售电类别进行售电均价变化分析(结构影响和单价影响)；分析峰谷分时电价执行情况；分析欠电费构成及原因；分析市场现状。营销能力分析从电网、服务和电价水平分析营销能力对电力需求的适应程度，通过营销效果评估各项营销措施的执行情况，产生经济效益和社会效益的定性和定量分析，并根据客户查询，咨询业务内容及数量的统计，分析客户的需求及消费心理，了解营销流程的设置是否得到客户满意。

基于商业智能的电力营销决策支持系统以电力企业在日常营销业务应用中生成了大量的数据为基础，将这些数据加上行业分析报告、独立的市场调查、评测结果和顾问评估等外来数据将为企业决策带来显著的附加值。

参照国电公司营销体系结构，基于商业智能的电力数字营销系统以市场和客户为中心，以方便客户为宗旨，以效益为目的的设计理念。通过该系统实现与客户沟通渠道多样化、服务方式自动化、服务过程个性化、服务环境网络化和服务管理科学化，提升和电力客户的关系，提高企业的市场竞争力，彻底改变仅停留在就事论事的处理模式的设计思想。系统设计面向决策支持，促进电力企业商务智能，并充分保护原有数据资源和环境资源，充分利用现有的营销数据和计算机网络硬件资源，根据设计目标，合理设计并利用网络结构，确保满足资源提升和共享的需求。图 8.16 为基于商业智能的电力营销决策支持系统的体系结构。

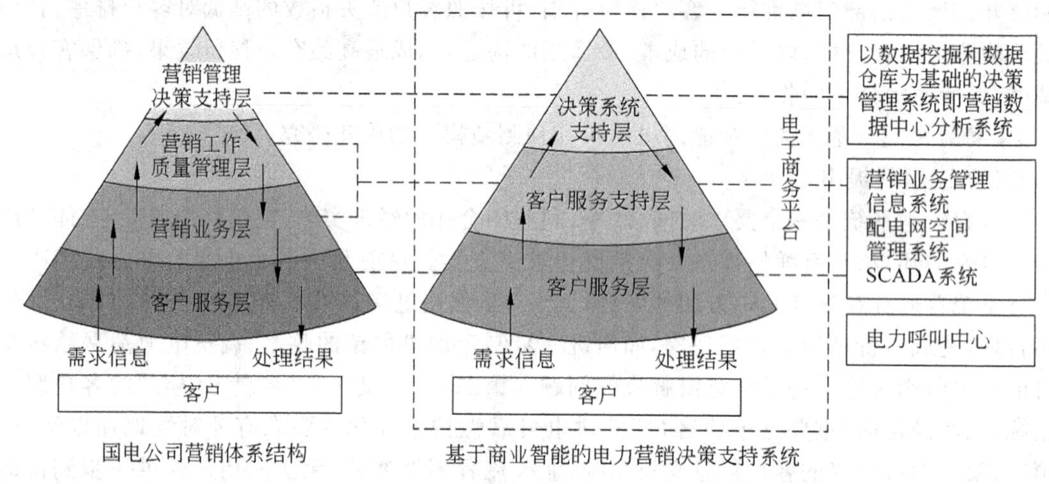


图 8.16　基于商业智能的电力营销决策支持系统的体系结构

客户服务层是电力营销系统的窗口，通过呼叫中心把多种服务手段如综合服务热线、营业厅、因特网(Internet)和客户现场等融合在一起，与客户进行沟通并为其提供电力法规、用电政策、用电常识、用电技术以及用电情况等信息查询和咨询服务，收集客户的电力需求信息，并实时受理客户通过各种方式提交的新装、增容与用电变更、紧急服务以及投诉举报等业务。客户服务层将为客户提供高效、便捷和优质的服务，树立电力企业的良好服务形象，为电力企业赢得市场竞争优势。

本系统将构建一个基于各种通讯手段、能够实时与顾客沟通的环境，使客户能够在与企业商务网站实时交互，并在现场营业厅与呼叫中心代理进行语音交谈。用户对企业网站由过去的被动式的浏览变成由呼叫中心代理去引导顾客分享信息、提供专家建议、完成间接销售等，另外能够利用强大的多媒体工具提供在线技术支持、广告宣传、娱乐等网络增值服务。

基于商业智能的电力营销决策支持系统的客户服务层设计基本架构包括：公网接入设备——Meridian Options 系列排队机(PBX)；CTI 中间件；语音自动应答/传真服务器(IVR)；话务分配与排队(ACD)；电力客户关系管理系统；电力呼叫中心管理系统；数字录音设备等。其中，CTI 是整个系统的核心，它负责汇集并整理客户联系信息，协调客户服务中心的各个应用，管理并监视呼叫队列，快速安排客户服务工作人员回答客户请求，它还将完成客户请求的所需要的所有信息提交给工作席的功能。

客户服务支持层建立在客户服务层之上，是承上启下的一层，它负责对客户服务层获取的业务信息和客户需求信息进行处理，如新装、增容与用电变更处理，合同管理，电量电费、收费与账务管理，电能计量管理以及负荷管理等业务和流程；并将处理结果反馈给客户服务层；对业务工作质量和工作流程进行监督、管理和评估，并及时将有关信息反馈给决策管理系统层。

客户服务支持层将营销业务信息流按照标准化、规范化、科学化的管理原则，对电力营销业务实现快捷、准确的处理，同时通过对营销业务和客户服务层的业务处理标准、业务处理时限、客户服务的监控等特定指标的考核进行职能管理，及时发现问题，迅速予以反映，督促有关部门加以纠正。

客户服务支持层设计过程中首先需制定并规范电力各类业务范围、引用标准、管理内容和方法、业务流程及业务和管理报表等。其次需定义客户服务支持中的工作流管理功能，该功能专为管理，协调，监控各部门间协同工作而设计的，工作流管理服务器可保证任务按事先设计好的方案快速将信息传递给指定的负责人，图形化的定制可保证工作流可以方便、灵活维护，权限管理可保证各级使用人员能够随时随地了解自己的任务并做出快速反馈，工作流管理监控可让领导随时了解各节点的工作情况并可及时做出调整和调度。再次需定义客户服务支持的服务形式和服务功能，主要包括柜台服务、多媒体查询、语音服务等，柜台服务由营业厅工作人员通过电力数字营销管理信息系统，受理客户新装、增容与变更用电、缴费、签订供用电合同、查询及咨询等业务，按预定进度或按客户的合理需求进度对内部闭环工作流程完成情况进行跟踪、催办，受理后的业务信息和数据直接通过业务流程进入数据库系统；多媒体查询通过触摸屏等多媒体设备为客户提供信息查询服务；语音服务集成了先进的计算机技术、通信技术、网络技术、因特网技术、数据仓库技术，它通过电话、传真、因特网等多种形式为客户提供服务，对收集到的客户需求信息可自动生成工作单，通过流程传递给营销业务层应用系统或其他业务部门进行处理。

决策支持层通过对客户服务层、客户服务支持层等信息流的应用和分析，提供诸如市场运营与开发、客户需求信息、市场预测及动态研究等辅助决策信息，以提供管理依据和决策支持，再将决策信息下达给客户服务支持层和客户服务层。

决策支持层的建设以数据挖掘和数据仓库技术为基础。数据仓库是一个面向主题的(subject-oriented)、稳定的(non-volatile)、与时间相关的(time-variant)、集成的(integrated)、能够更好地支持企业或组织的决策分析处理的环境[2]。数据仓库的成功建立会给企业或组织带来巨大的经济利益。基于商业智能的电力营销决策支持系统采用支持 OLAP 分析的数据库引擎技术，其中基于关系型数据库的 OLAP 分析技术主要采用在关系型数据库上的一些特殊优化措施如：索引优化、存储方式优化等，针对于具有高度灵活分析范围的 OLAP 分析，而基于多维数据库的 OLAP 分析技术主要采用以多维数据库为核心，其服务器包含一个巨大的预定义的超级立方体，MOLAP 技术为各个用户群提供了具有明确分析范围的高性能方案，同时也为那些经常有特殊要求的用户提供方案。

(3) 基于商业智能的电力营销决策支持系统的实施

根据实施基于商业智能的电力营销决策支持系统的经验，数据仓库的容量和用户会在投产后迅速增加，在应用过程中尚需进行支持与完善工作，内容包括：企业系统支持、数据仓库逻辑模型回顾、数据仓库调试、容量规划、数据仓库审计等过程[3]。

决策支持系统用户存在着多种需求：自主查询、报表、OLAP 分析、数据挖掘等，实际上大约 20%需要自主查询、20%需要创建报表、10%需要 OLAP 分析和数据挖掘、50%需要阅读报表，数据仓库的建立也是一个长期复杂的过程，需要不断循环反馈从而不断增长完善，建议以两个阶段来逐步实施该系统，第一阶段是自主查询、灵活报表、泛化的 OLAP 分析，第二阶段基于某一主题，进行深层次的 OLAP 分析和数据挖掘。

(4) 应用价值

基于商业智能的电力营销决策支持系统通过向用户提供灵活报表、随机查询、OLAP(在线分析处理)和数据挖掘的功能，最终帮助用户从数据中发现规律，预测发展趋势，并且辅助用户做出正确的决策，指导组织的发展方向。其在功能上完全独立于电力营销信息系统(MIS)或任何业务系统，但其决策行为又必须依赖于电力营销信息库或管理信息系统采集的数据，而在实际使用中，该系统可以说是电力营销管理信息系统的延伸，弥补了管理信息系统及传统决策支持系统的功能不足。该系统的使用提高了电力企业的竞争力，满足电力营销手段和营销理念相适应的要求，提高营销工作管理水平，促进营销管理工作的规范化和科学化，实现了"满足客户需求，一次就做好"的电力营销理念。

**【案例 8-3】** 元数据管理应用。

(1) 问题的提出

随着电力企业数据仓库技术应用的不断成熟，企业的数据逐渐变成了决策的主要依据。电力数据仓库中的数据从多个业务处理系统中抽取、转换而来，面对这种复杂的企业数据环境，目前电力系统中大部分元数据管理方案提供的仅是对特定的局部元数据的管理，缺少对元数据管理的完整方案。这使得数据仓库在对数据进行管理和访问方面产生了一系列问题：首先目前电力各个业务系统中的数据是相互独立的，这易产生数据不一致和信息孤岛问题；其次业务系统中的原始数据一般是用以处理具体的日常事务，无法支持企业决策者决策需要，决策者需要的信息经常要通过查找业务数据元素之间的内在关联获取，这影响了决策效率；第三，由于电力数据仓库数据庞大，建立数据仓库时一般是先建数据集市，再在各个数据集市的基础上建设数据仓库，当数据集市数量增多时容易形成"蜘蛛网"现象，这影响数据仓库数据访问的效率。解决这些问题的关键是构建一个完整数据仓库元数据仓储，对数据进行科学有效的管理。

本方案通过研究基于 CWM 标准模型，能够对数据仓库数据进行完整管理的元数据仓储的构建，实现电力业务模型与数据模型之间的映射，把数据以用户需要的方式"翻译"出来，方便用户理解数据仓库中数据；方便用户得到各个数据的抽取和转换的规则，保证数据管理与访问的效率及数据质量；并通过对电力系统业务的工作流、数据流和信息流有效管理，提高系统的可扩展性。

(2) 元数据管理的标准化

目前电力数据仓库元数据仓储仅能对特定的局部元数据进行管理，而无法提供元数据完整管理方案是因其缺乏一个统一的标准。OMG 的 CWM 标准是目前数据仓库领域中主要的元数据管理标准模型。OMG 是国际标准化组织，其提出的公共仓库元模型主要目的是在异构环境下，帮助不同数据仓库工具、平台和元数据知识库进行元数据交换。CWM 模型既包括元数据存储，也包括元数据交换。

(3) 基于CWM标准的电力数据仓库元数据仓储开发

为了设计出通用的、完整的电力企业数据仓库元数据仓储，其体系架构可参考CWM元模型的包结构，CWM元模型的包结构如图8.17所示。可将电力企业数据仓库元数据仓储分为元对象模型包、基础包、资源包、分析包、管理包等5个部分构建。

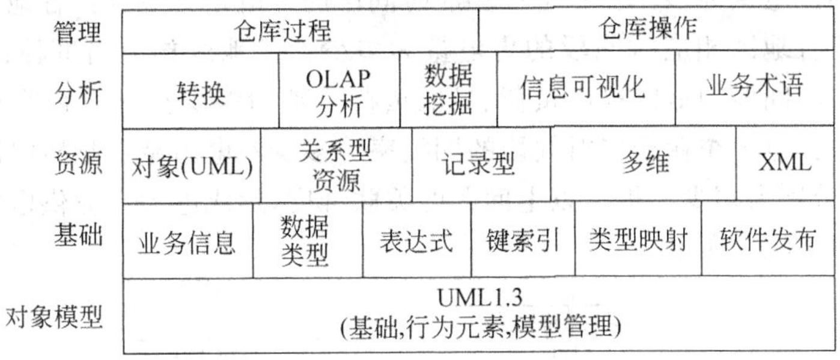

管理：仓库过程；仓库操作
分析：转换；OLAP分析；数据挖掘；信息可视化；业务术语
资源：对象(UML)；关系型资源；记录型；多维；XML
基础：业务信息；数据类型；表达式；键索引；类型映射；软件发布
对象模型：UML1.3 (基础,行为元素,模型管理)

图8.17　CWM元模型的包结构

元模型包是构造和描述其他包中的元模型类的基础。它应包含电力企业最基础的数据及其关联，其他所有的包都以它为基础。通过调研分析，可得到电力企业数据仓库元对象模型包含的数据有人员（包括在职人员、调离人员、离退人员、人员工资）、部门、岗位、电力战略计划、电力项目、安全事故（包括电网事故、设备事故、人身事故）、电力资金（包括收入资金、支出资金）、电力设备（包括发电设备、变电设备、配电设备）、电量（包括发电量、购电量、输电量）、电网（包括内电网、外电网）、电厂（包括水电厂、火电厂、地方电厂）、变电站及用电客户等数据。将这些数据关联起来即可得到电力企业元对象模型包。

基础包主要用来表示电力企业模型业务信息的类与关联。经过对电力企业原信息系统分析及调查，笔者构建元数据仓储基础包时将其分为电力营销包、电力财务包、电网运行包、计划包、人资包、物流包等。其各个包包含的业务信息如表8-2所示。

**表8-2　电力基础包中包含的业务信息**

| 包　名 | 业务信息 |
| --- | --- |
| 电力营销包 | 营业用户分析、电价电费分析、营业费用分析、电费回收分析、容量变化分析、业扩流程分析、抄表情况分析、月末抄表比重分析、电费异常(差错)分析、违约用电分析、窃电分析、停电分析、能源替代潜在市场分析等 |
| 电力财务包 | 工程进度分析、利润构成情况分析、资金分析、成本分析、预算核算走势分析、电力营销收入分析、财务资产负债分析等 |
| 电网运行包 | 电厂发电供电情况分析、可靠性分析、线路检修分析、线路跳闸分析、电网负荷分析、购电情况分析、事故情况分析、设备事故分析、设备缺陷分析、设备异动分析、安全整改分析等 |
| 计划包 | 规划执行率分析、计划执行率分析、电网建设分析、用电测算分析、售电信息分析、生产计划完成情况分析、计划指标统计图表分析、工程进度分析、计划和预算完成情况分析、预算核算走势分析、项目资金到位完成情况分析、预测分析、物资需求分布分析等 |
| 人资包 | 岗位、学历、年龄、政治面貌、专业职务、技术职称等情况分析、统筹基金分析、账户划入分析、单位缴费分析、劳动工资情况分析等 |
| 物流包 | 物资收入量经济分析、材料物资的消费量(设备物资使用量)经济分析、物资库存量经济分析、超时限分析、市场信息分析、工程预算经济分析等 |

资源包中主要包括数据仓库多维数据资源的元数据的类与关联。维度建模的目的是在为用户提供一组全局数据视图的基础上进行某一主题的业务分析。因为在数据仓库的维度建模技术中，主要从用户需求范围出发，考虑指标和维度及其各种主题下的分析参数。例如根据电力行业发电供电情况分析，其指标和维度及其各种主题下的分析参数可综合为各电厂相应时间段的发电量为多少？各电厂相应时间段的售电量为多少？各地区相应时间段的发电量为多少？各地区相应时间段的售电量为多少？各地区相应时间段的地区利率为多少？各地区相应时间段的地区最高负荷、最低负荷分别为多少？电力企业相应时间段的全网供电量为多少？电力企业相应时间段的网损率为多少？电力企业相应时间段的网供最高负荷、最低负荷分别为多少？根据以上问题的关联维度，形成电力企业供电情况分析多维数据资源模型，如图 8.18 所示。

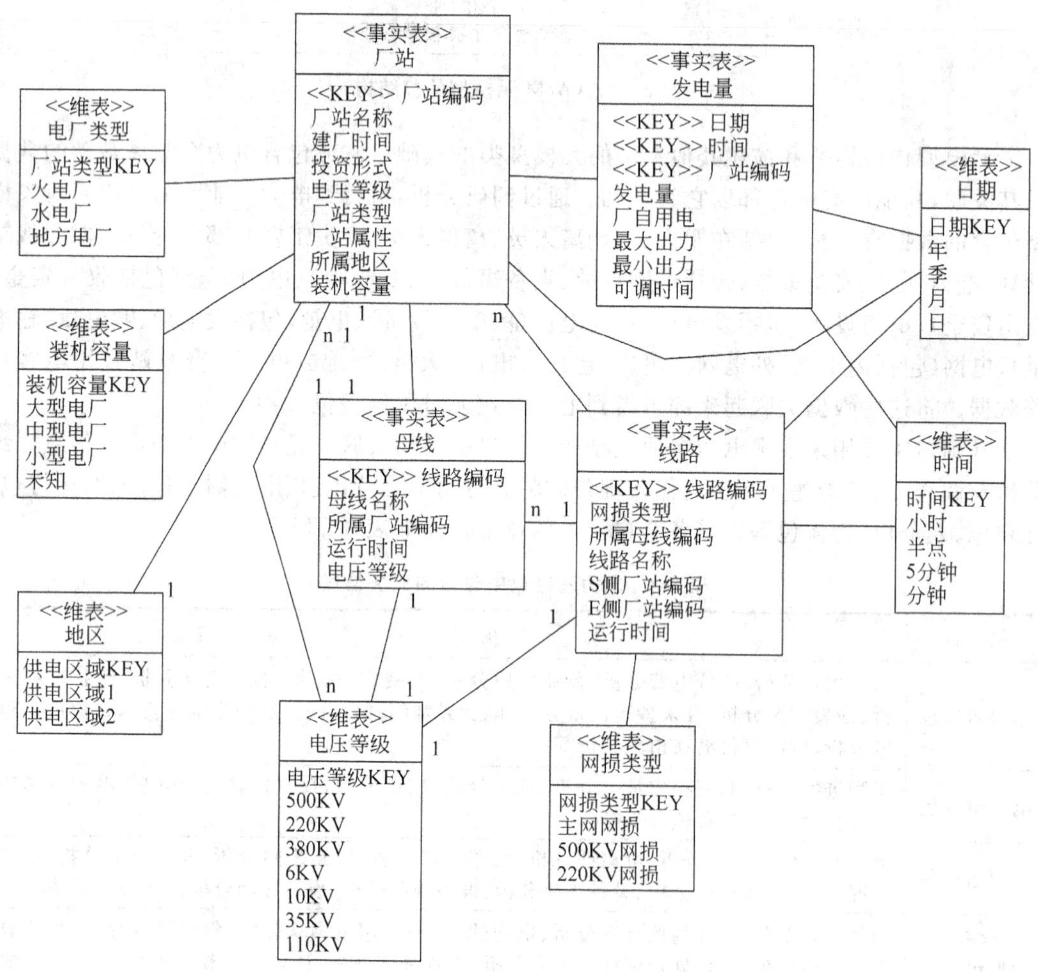


图 8.18　电力企业供电情况分析多维数据资源模型

分析包中包括表示数据抽取和转换工具的元数据类与关联，及表示 OLAP 工具的元数据类与关联。表示数据抽取和转换工具的元数据类与关联主要解决数据进入数据仓库的入口一致性问题，数据仓库需要通过抽取过程将数据从联机事务处理系统、外部数据源、脱机的数据存储介质中导入到数据仓库,不同业务系统数据经过该模型统一转换清洗后进入数据仓库。表示 OLAP 工具的元数据模型主要支持多维分析的查询模式,其主要解决用户在使用数据仓库时的访问方式与效率问题,对于数据仓库的访问不是简单的表和记录的查询,而是基于用户业务的分析模式,即 OLAP,OLAP 的特点是将数据想象成多维的立方体,用户的查询便相当于在其中的部分维上施加条件,对立方体进行切片、分割,得到的结果则是数值的矩阵或向量,并将其制成图表或输入数理统计的算法。

管理包用于描述数据仓库管理,它包括表示仓库过程的元数据的类与关联,及表示仓库操作结果的元数据的类与关联。该包内部以一种"快照"的数据结构组织数据,"快照"是当某一条件触发时,立即创建记录捕获一些信息。"快照"有两种类型,一种是因为一些事件触发的,称为"事件/快照";另一种快照触发器是时间,这是一种可预期的触发器,它触发快照的业务事件是规律性的时间推移标志,称为"时间/快照"。快照元数据结构中一般包括关键字、快照产生的时间、与关键字相关的主要数据等。

(4) 应用价值

基于 CWM 标准的电力数据仓库元数据仓储的开发方案的应用可减少电力企业建设数据仓库的时间、成本和工作量。通过该元数据仓储可实现在一个单一的环境来实施和管理复杂的数据仓库系统,可保证数据仓库数据在不同数据源、不同类型数据转换方法情况下对转换过程进行记录,强化定义的商业规则,从而提高数据仓库数据管理与访问的效率,提高电力企业领导决策效率,保证了数据仓库应用时的可扩展性。

**【案例 8-4】** 客户关系管理。

(1) 维护客户基础

必须避免那些重要客户的流失,不断进行客户的细分工作,发现谁是最好的客户,谁是最好的潜在客户,能够发现竞争对手在哪些地区很活跃,在哪些层次上很敏感,帮助制定非常成功的客户保留计划,针对客户的具体情况提供新的服务协议来赢回客户。

(2) 管理的收益

一对一销售的市场营销理念,迅速准确地预期客户需求,提高盈利能力,统一的数据仓库可以将客户服务系统和 CRM 进行有机集成,为客户提供多层次、个性化、多样化的服务,保持现有的客户、发现潜在客户,对已积累的客户信息,进行深度分析挖掘,产生客户分类模式及行为模式。

(3) 企业的营销策略管理

现有的客户可能会带来取得新的收益机会,利用交叉销售或提升销售可以使企业获得销售的增长。通常企业的业务处理数据是一种特定的信息源,一般仅适用于本企业。如果将业务处理数据与统计数据结合,可以产生一个特定的信息库,利用它可以更好地了解客户,例如客户的购买方式、产品包装、服务需求等方面。具有这些源于数据仓库的经验后,可以制定能带来大量利润或吸引顾客的市场营销策略。

(4) 改变竞争的基础

从数据仓库中的历史数据中收集关于客户的知识,并通过对实际运行结果的快速反馈而加强这些客户知识。这些知识可能会造就一种可行的、更快和更新的业务运营方式,以便更精确、更全面地满足顾客的需要。例如,市场定位系统可以将更适当的产品、合适的特征,在恰当时间推出，这将使客户更加满意，从而改变企业的竞争基础。

### 8.4.3 数据仓库的运行技术管理

#### 1. 数据加载技术

如何定期向数据仓库追加数据是一个十分重要的技术。数据仓库的数据是来自OLTP的数据库中，问题是如何知道究竟哪些数据是在上一次追加过程之后新生成的。常用的技术和方法有：

(1) 时标方法：如果数据含有时标，对新插入或更新的数据记录，在记录中加更新时的时标，那么只需根据时标判断即可。但并非所有的数据库中的数据都含有时标。

(2) DELTA文件：它是由应用生成的，记录了应用所改变的所有内容。利用DELTA文件效率很高，它避免了扫描整个数据库，但同样的问题是生成DELTA文件的应用并不普遍。此外，还有更改应用代码的方法，使得应用在生成新数据时可以自动将其记录下来。但应用成千上万，且修改代码十分繁琐，这种方法很难实现。

(3) 前后映像文件的方法：在抽取数据前后对数据库各作一次快照，然后比较两幅快照的不同从而确定新数据。它占用大量资源，对性能影响极大，因此并无多大实际意义。

(4) 日志文件：最可取的技术大概是利用日志文件了，因为它是DB的固有机制，不会影响OLTP的性能。同时，它还具有DELTA文件的优越性质，提取数据只要局限日志文件即可，不用扫描整个数据库。当然，原来日志文件的格式是依据DB系统的要求而确定的，它包含的数据对于数据仓库而言可能有许多冗余。例如，对一个记录的多次更新，日志文件将全部变化过程都记录下来；而对于数据仓库，只需要最终结果。但比较而言，日志文件仍然是最可行的一种选择。

#### 2. 故障恢复管理

在故障恢复管理中可以采用这样一些步骤。

(1) 停止包括操作系统(OS)在内的服务器。

(2) 重新安装和重新配置操作系统。

(3) 重新标定驱动器。

(4) 重新安装和重新配置关系数据库系统、监控程序和中间件。

(5) 对数据重新加载和重新索引。

#### 3. 访问控制与安全管理

数据仓库主要用于公开收集企业的数据。将这些数据用于决策支持，可以帮助分析者和操作人员改善操作，获取企业战略上的和持久的竞争优势。但是数据仓库的安全性控制则要求限制数据运行的公开化。这就形成了一对鲜明的矛盾。在数据仓库的操作中，用户按照不同的概括度访问数据仓库内的数据。某一用户可以从高度概括的数据入手，然后不断“细剖”详细的数据。而其他用户则可以在另一概括度上进行操作。这样在安全控制上很难管理每一用户对数据表的访问。大多数用户通过“知识发现过程”来使用数据仓库。由于用户需进行深入的探索，安全控制就与这一过程发生矛盾。安全性必须对细剖能力进行限制，并对特定的概括数据表和运作的详细内容提供访问控制，并且还需要限制对数据源的使用，如创建临时表和即席查询等。一些不怀好意的用户可能会使大量的资源处于停顿状态，从而使数据仓库无法使用。

**4. 数据的存储和管理**

数据的存储和管理是数据仓库的一个关键技术。数据仓库的组织管理方式决定了它有别于传统数据库的特性，同时也决定了其对外部数据表现形式。要决定采用什么产品和技术来建立数据仓库核心，则需要从数据仓库的技术特点着手分析。数据储存和管理中会遇到以下问题。

数据仓库遇到的第一个问题是对大量数据的存储和管理。这里所涉及的数据量比传统事务处理大得多，且随时间的推移而累积。从现有技术和产品来看，只有关系数据库系统能够担当此任。关系数据库经过近三十年的发展，在数据存储和管理方面已经非常成熟，非其他数据管理系统可比。目前不少关系数据库系统已支持数据分割技术，能够将一个大的数据库表分散在多个物理存储设备中，进一步增强了系统管理大数据量的扩展能力。采用关系数据库管理数百吉字节甚至到太字节的数据已是一件平常的事情。

数据仓库要解决的第二个问题是并行处理。在传统联机事务处理应用中，用户访问系统的特点是短小而密集；对于一个多处理机系统来说，能够将用户的请求进行均衡分担是关键，这便是并发操作。而在数据仓库系统中，用户访问系统的特点是庞大而稀疏，每一个查询和统计都很复杂，但访问的频率并不是很高。此时系统需要有能力将所有的处理机调动起来为这一个复杂的查询请求服务，将该请求并行处理。目前，关系数据库系统在并行处理方面已能做到对查询语句的分解并行、基于数据分割的并行以及支持跨平台多处理机的群集环境，能够支持多达上百个处理机的硬件系统并保持性能的扩展能力。

数据仓库要解决的第三个问题是针对决策支持查询的优化。这个问题主要针对关系数据库而言，因为其他数据管理环境连基本的通用查询能力都还不完善。在技术上，针对决策支持的优化涉及数据库系统的索引机制、查询优化器、连接策略、数据排序和采样等诸多部分。普通关系数据库采用 B 树类的索引，对于性别、年龄、地区等具有大量重复值的字段几乎没有效果。而扩充的关系数据库则引入了位图索引的机制，以二进制位表示字段的状态，将查询过程变为筛选过程，单个计算机的基本操作便可筛选多条记录。由于数据仓库中各数据表的数据量往往极不均匀，普通查询优化器所得出的最佳查询路径可能不是最优的。因此，面向决策支持的关系数据库在查询优化器上也做了改进，同时根据索引的使用特性增加了多重索引扫描的能力。数据仓库的查询常常只需要数据库中的部分记录，普通关系数据库没有提供这样的查询能力，只好将整个表的记录进行排序，从而耗费了大量的时间。决策支持的关系数据库在此做了改进，提供了这一功能。此外，数据仓库的查询并不需要像事务处理系统那样精确，但在大容量数据环境中需要有足够短的系统响应时间。因此，一些数据库系统增加了采样数据的查询能力，在精确度允许的范围内，大幅度提高系统查询效率。

数据仓库要解决的第四个问题是支持多维分析的查询模式，这也是关系数据库在数据仓库领域遇到的最严峻的挑战之一。用户在使用数据仓库时的访问方式与传统的关系数据库有很大的不同。对于数据仓库的访问往往不是简单的表和记录的查询，而是基于用户业务的分析模式，即联机分析。它的特点是将数据想象成多维的立方体，用户的查询便相当于在其中的部分维(棱)上施加条件，对立方体进行切片、分割，得到的结果则是数值的矩阵或向量，并将其制成图表或输入数理统计的算法。关系数据库本身没有提供这种多维分析的查询功能，而且在数据仓库发展的早期，人们发现采用关系数据库去实现这种多维查询模式非常低效、查询处理的过程也难以自动化。为此，人们提出了多维数据库的概念。多维数据库是一种以多维数据存储形式来组织数据的数据管理系统，它不是关系型数据库，在使用时需要将数据从关系数据库中转载到多维数据库中方可访问。采用多维数据库实现的联机分析应用我们称之为 MOLAP。多维数据库在针对小型的多维分析应用有较好的效果，但它缺少关系数据库所拥有的并行处理及大规模数据管理扩展性，因此难以承担大型数据仓库应用。这样的状态直到星型模式在关系数据库设计中得到广泛的应用才彻底改变。几年前，数据仓库专家们发现，关系数据库若采用星型模式来组织数据就能很好地解决多维分析的问题。星型模式只不过是数据库设计中数据表之间的一种关联形式，它的巧妙之处在于能够找到一个固定的算法，将用户的多维查询请求转换成针对该数据模式的标准 SQL 语句，而且该语句是最优化的。星型模式的应用为关系数据库在数据仓库领域打开绿灯。采用关系数据库实现的联机分析应用称为 ROLAP。目前，大多数厂商提供的数据仓库解决方案都采用 ROLAP。在数据仓库的数据存储管理领域，从当今的技术发展来看，面向决策支持扩充的并行关系数据库将是数据仓库的核心。在市场上，数据库厂商将成为数据仓库的中坚力量。

**5. 对数据增长的管理**

对数据增长的管理可以采用以下方法：

1) 概括技术

大量使用概括技术可以明显地减少数据量。当用户把非常详细的信息转化为高度概括的信息时，可以大幅度地减少所需的存储量。

2) 对细剖数据的控制

控制细剖的程度可以大大减少数据量。尽管用户往往会提出“我需要所有的数据”，但最终用户一般可以用比实际需要更少的详细数据来管理他们的任务，应提供对细剖数据的访问路径，以满足对低粒度数据的偶然需要。

3) 历史数据的限制

限制必须存储到数据仓库中历史数据的长度。由于经济活动与企业的经营管理往往具有一种周期性，在一定的时间内是周期性或者重复性发生的。把存储的历史信息限制到上一个商业周期可能比分析具有边缘值的数据更有价值。

4) 数据使用范围的限制

利用能够改变收集数据环境的商业事件知识来限制必须管理的数据范围。例如，当两个公司合并时，它们各自的历史数据价值可往往是不一样的，在数据仓库中可以选择存储具有较大价值的历史数据，而对无价值的数据可以抛弃。

5）睡眠数据的移出

虽然在数据仓库的应用中应该根据历史情况删除不再使用的详细数据。但是用户往往还会过高估计历史数据保存的年限，可能提出了实际上对决策分析没有什么价值的数据，使这些无用的数据在数据仓库中大量地积存下来，不少数据在数据仓库中长期无人使用。造成了数据仓库中有大量的睡眠数据。解决办法就是找出并移出查询时很少用到的数据。将这些很少使用的数据移出数据仓库，或减少存储量，可以提高查询处理的效率。或采用邻线存储系统的二级存储模式。所谓邻线存储系统就是一种处于在线和离线之间的存储系统，这种系统虽然不是在线联机状态，但是可以为用户提供一个合理的访问时间。由于其价格比在线式的存储系统要低廉，因此适合睡眠数据的存储。

### 8.4.4 数据仓库应用中的法律问题

#### 1. 数据的隐私权问题

客户的隐私问题是数据仓库管理中一个背景问题，在建立和管理数据仓库的过程中，对于收集、运用、分发和管理客户信息以及对信息的选择，都需要建立一系列明确的政策、措施和指导方针。客户不仅是保护客户隐私权义务，更重要的是不要使企业陷入因保护客户隐私不当而带来的诉讼泥淖中。1980 年由 OECD（经合组织）颁布《隐私保护管理指导方针》对个人隐私数据的收集与处理做了一些规定。个人数据必须符合实际情况，能够准确、完整地反映个人实际情况。个人应该可以访问自己的数据，可以就有关自己数据的真实性提出质疑。应该能够知道关于个人数据的发展、使用状况和有关政策等信息。

#### 2. 数据隐私权的处理

需要让客户了解客户数据收集的目的，客户数据应用的权利，客户数据的认可与客户数据的安全保护。

数据隐私控制框架如下：

(1) 增强逻辑数据模型。

(2) 用隐私视图支持限制性访问、选退和匿名。

(3) 为个人数据管理提供交互式客户服务界面。

(4) 提供报告验证是否遵守隐私。

### 8.4.5 数据仓库的成本与效益分析

#### 1. 数据仓库的投资回报的定量分析

投资回报率（Return On Investment，ROI）、回报周期（payback period）、净现值（net present value）和内部回报率（internal rate of return）等。

#### 2. 数据仓库投资回报的定性分析包括

(1) 为客户提供更好的服务。

(2) 建立企业内部的合作关系。

(3) 对市场机会快速反应。

(4) 既能够管理宏观数据也能够管理微观数据。

(5) 改善管理能力。

## 8.5 小　结

本章主要介绍数据仓库开发应用实例，主要是利用 SQL Server 2005 集成了 3 个服务 SQL Server 2005 Analysis Services、SQL Server 2005 Integration Services、SQL Server 2005 Reporting Services 等来实现数据仓库系统的开发，SQL Server 2005 还提供了一个数据仓库与商业智能应用系统的开发环境——SQL Server Business Intelligence Development Studio。本章中重点介绍了 SQL Server 2005 Analysis Services、SQL Server 2005 Integration Services 等工具。

同时，本章还介绍了如何利用 SQL Server 2005 数据仓库工具进行数据仓库的创建、联机在线分析系统(OLAP)实施、数据挖掘实施应用。并通过大量数据仓库应用实施案例让读者体会数据仓库应用给企业带来的效益。

## 8.6 习　题

**1. 填空题**

(1) SQL Server 2005 集成了三个服务来实现数据仓库系统的开发：________、________、________，同时，还提供了一个数据仓库与商业智能应用系统的开发环境——________。

(2) OLAP 是由关系数据库之父 E. F. Codd 于 1993 年提出的一种数据动态分析模型，它允许以一种称为________的________访问来自商业数据源(如数据仓库)的经过聚合和组织整理的数据。

(3) OLAP 将数据分为两种特征，一种为________，如一个销售分析模型中的销售额、毛利等；还有一种为________，如销售分析中的时间周期、产品类型、销售模式、销售区域等。前者是被观察的对象，OLAP 术语称之为________，后者为观察视角，OLAP 术语称之为________。

(4) OLAP 有多种实现方法，根据存储数据的方式不同可以分为________、________、________。

(5) 对数据增长的管理可以采用以下方法：________、________、________、________、________。

(6) 数据仓库数据的存储和管理要解决的四个问题是：________、________、________、________。

(7) 数据仓库用户，可以将其分为________和________两大类。

(8) 如何定期向数据仓库追加数据是一个十分重要的技术。数据仓库的数据是来自

OLTP 的数据库中,问题是如何知道究竟哪些数据是在上一次追加过程之后新生成的。常用的技术和方法有________、________、________、________。

(9) SQL Server 2005 中数据挖掘功能的目标是构建具备以下特征的工具:________、________、________、________、________。通过 SQL Server 2005,Microsoft 努力将数据挖掘从博士们的实验室中搬出来,使得负责设置和运行数据模型的开发人员和 DBA、所有分析人员、决策者或者其他使用模型输出的用户都可以使用数据挖掘,而不需要具有任何专业知识。

(10) SQL Server 2005 的数据挖掘功能具有一个________,使得应用程序非常简单。

**2. 简答题**

(1) 数据从数据库中装载到数据仓库中,需要用到 SQL Server Integration Services 服务,即 SSIS,请描述其操作步骤。

(2) 简述传统的 OLAP 实施的步骤。该实施步骤瓶颈在什么地方?

(3) 简述 SQL Server 2005 中 Max@X Analyser 的 OLAP 实施步骤。

(4) 简述 SQL Server 2005 数据挖掘应用步骤。

(5) 简述数据仓库应用中的法律问题包括哪些内容。

# 第9章 报表设计

## 9.1 报表概述

在本书前面学习了建立数据仓库和数据挖掘算法如何分析数据。分析的结果是商业智能需要的最后反馈信息。但是,建立这些信息只成功了一半,把商业智能及时地给决策者与创建这些智能同样重要。然而,在商业智能领域,报表仍然占据着绝对的地位。因此,一个功能强大且易于操作的报表环境是很重要,SQL Sever 2005 具有实现商业智能的工具,其中 Reporting Services 正好制作智能报表的工具。

本章将学习 SQL Sever 2005 中实现报表制作,学习 Reporting Services 丰富的功能,以此来共享商业智能的原始方法——报表。

尽管 Reporting Services 仅仅是一个报表认证的平台,但它是一个极为有用工具。Reporting Services 除了能够创建报表之外,它还提供了更多的功能。事实上,它提供了一套齐全的、企业级的报表管理与分发服务。使用已有的企业内部网结构,它就可以在一个组织内安全地分发报表。另外,它还可以在单机或者基于 Web 的应用中整合报表。

Reporting Services 融合了静态的纸样报表和交互的商业智能工具。除了创建打印报表之外,它允许用户与报表交互,从摘要中查找到详细信息,查阅相关报表,甚至跳到相关网站。为了全面地了解 Reporting Services,需要创建报表,鼓励用户与它交互。

无论是开发者还是用户都可以在 Reporting Services 中创建报表。Reporting Services 提供了两种报表认证工具:Reporting Builder 和 Reporting Designer。Reporting Builder 由高级用户和分析人员使用,他们可能需要做一些自己专用的即席报表,而不需要了解数据库结构以及创建查询的详细信息。在 Reporting Builder 中,报表提交者使用的是数据库的一种简化模式,所以他们在创建报表时不需要知道查询数据库的细节。一旦 Reporting Builder 创建了一个报表,就可以将该报表部署到 Report Server 中,并且它的运行方式与 Reporting Designer 创建的报表相同。

对于这类用户来说,Reporting Builder 是一个很好的工具,但是,它为了易用性,只好相当简单。因此,Reporting Builder 不支持 Reporting Service 报表所有的特性。相比之下,Reporting Designer 提供的功能更多,能够创建令人感兴趣且性能更高的报表,这些报表可以把商业智能传递给报表的使用者。Report Designer 中提供了用来创建 Reporting Services 不同种类报表的各种必要工具,这些工具可以从数据源中选择信息,创建一个报表布局图,并检验所生成的报表。更让人兴奋的是,Business Intelligence Development Studio 和 Visual Studio 2005 中都包括了 Reporting Designer。

### 9.1.1 报表结构

一个报表项目可以包含很多报表,每个报表都包括两个不同的指令集,它们确定了报表的内容。第一个指令集是数据定义，它控制报表中数据的来源以及将要选择的信息。第二个指令集是报表布局，它控制报表如何在屏幕或者纸样上显示。这两个指令集被存储时使用的都是报表定义语言(report definition language)。

图 9.1 显示了一个详细的报表结构示意图。

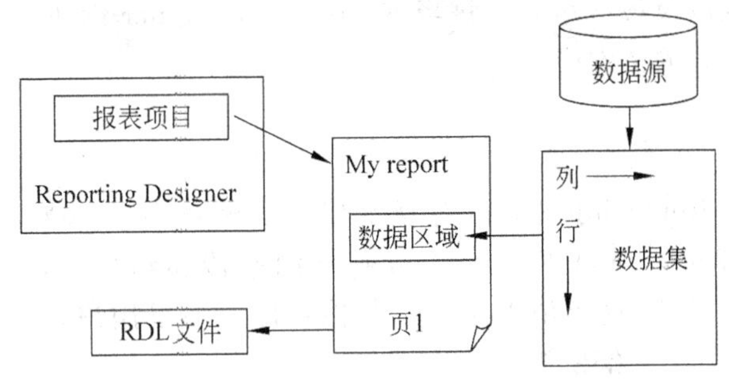


图 9.1　报表结构示意图

### 1. 数据定义

数据定义包含两个部分：数据源和数据集。数据源与前面 OLAP 项目中使用的数据源相同：一个指令集，它定义了报表可以访问哪个数据源来获得数据。数据源定义可以在报表定义中创建，也可以在报表定义的外部创建，这样多个报表可以共享。在很多情况下，当使用一个全局的共享数据源时，报表更易于管理。

当报表执行时，它使用数据源指令获得数据源的访问权限。然后，从这个数据源中提取数据，生成适合自己使用的格式。这种新的格式称为数据集。

数据集的内容由工具 Query Designer 定义。Query Designer 可以帮助用户建立一个数据库查询，该查询可能是查询关系数据库的 T-SQL 语句，也可能是查询多维数据的 MDX 语句，或者是查询挖掘模型数据的 DMX 语句。它给数据源提供指令，告诉数据源对于报表需要选择哪些数据。该查询作为数据定义的一部分保存在报表中。

数据集中查询选择的数据由行和列组成，行与数据源中的记录对应，列与数据源中的字段对应(Reporting Services 不支持分层的结果集，所以 MDX 和 DMX 结果集都是平展地输入到单个表格的行与列中)。数据集中字段上的数据作为数据定义保存在报表中，报表定义只保存字段的名称和数据类型，它并不保存真正的数据。每次报表运行时，真正的数据是从数据源获得的。

### 2. 报表布局

将数据提取到数据集中后，并不能马上使用它们，它们必须以某种方法展现在用户面前。它们需要指明字段在屏幕或者纸样上显示的位置，还需要增加一些内容，如名称、标题和页数。所有的这些构成了报表布局。

大多数情况下，报表布局不包括与数据集交互的区域。这个特定的区域被称为数据区域，它反复通过将报表布局中的一个片断应用到每行上，来显示数据集中所有的行。

### 3. 报表定义语言

数据定义和报表布局这些信息部使用报表定义语言(RDL)存储,Microsoft 专门为存储报表定义而设计的一种 Extensible Markup Language(XML)标准。它包括数据源指令、定义数据集的查询信息以及报表布局。每当 Reporting Designer 创建一个报表时,RDL 就保存在一个后缀名为.rdl 的文件中。

## 9.1.2 传递报表

前面已经讨论了 Reporting Server 怎样创建一个报表,下一步将讨论报表创建完毕后将传递到何处。报表可以通过 Report Manager 网站传递给用户,也可以通过响应一个 Web 服务请求而传递出去,这个请求来自于其他程序而不是用户。另外,当用户订阅了报表时,它可以通过邮件传递给用户。

### 1. Report Manager 网站

若用户要从 Report Server 请求一个报表,可以通过 Report Manager 网站来实现。Report Manager 网站把报表组织成文件夹的形式,用户可以浏览这些文件夹,找到自己需要的报表,还可以通过搜索报表的标题和描述来查找报表。

Report Manager 也可以在文件夹和报表上设置安全级别。有了这些安全网站,管理者就可以为站点的访问者创建安全角色。这些安全角色控制用户对文件夹和报表的访问。

在 Reporting Manager 中,报表以 HTML 格式显示。一个报表作为一个 HTML 页面显示完毕后,用户就可以以任何可用的格式导出该报表。

### 2. 订阅报表

如果用户不想自己去查找报表,Reporting Services 可以主动把报表传递给用户。换句话说,用户不需要到 Report Manager 网站上去接收报表,他们可以使用一个订阅服务,主动将报表传递给他们。用户可以在 Report Manager 上定位一个报表,然后订阅它,这样 Report Manager 就可以在将来把该报表传递给它的订阅者。

当用户订阅一个报表时,他们要提供一个邮箱地址,以后订阅的报表要么以电子邮件内容的方式,要么以电子邮件附件的方式传递给用户,这两种方式取决于用户请求的方式。当用户订阅报表时,他们可以指明报表传递的方式。

网站管理者也可以建立报表订阅。这种报表订阅使用一个邮件地址列表,传递大量的邮件,它不需要每个用户都到 Report Manager 上创建一个订阅,而是根据列表上的邮件地址给每个用户传递邮件。

### 3. Web 服务界面

Report Server 给用户传递报表时,要么根据用户的请求,要么基于报表订阅。除此之外,它还能将报表传递给其他应用软件,这可以通过一系列的 Web 服务完成。Report Server 上有一个名为 Web 服务的程序,它以特定的格式请求一些特定的报表,这些报表生成后,会作为 Web 服务请求的响应返回给该程序。

### 9.1.3 Report Server 功能结构

生成一个报表后，就该在用户之间共享这个报表了。这个过程，是一个报表处于报表项目的初级阶段，向处于 Report Server 上的中级阶段的转变过程，即报表配置。这个过程相对比较简单。报表服务(Report Services)结构包括 Report Server 的服务功能结构和整个 Report Services 的服务组成部分。

Report Server 是 Reporting Services 中较为难以理解的一部分，它是两个软件环境，可以使报表在用户(至少是那些拥有服务器访问权限的用户)之间共享。图 9.2 中展示了 Report Server 的功能结构。

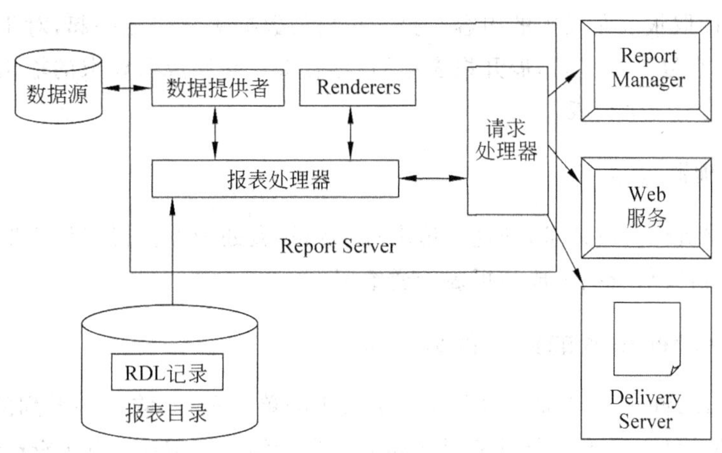


图 9.2 Report Server 的功能结构

#### 1. 报表目录

报表在 Report Server 上部署完毕后，它的一个 RDL 定义副本就被放在了报表目录上。报表目录是一个数据库集，用来存储 Report Server 上所有可用报表的定义。它还存储 Report Server 上必要的配置、安全级别和缓存信息。

尽管我们可以使用 ODBC 或 OLE DB 将数据源中的数据提供给报表，但报表目录数据库只能在 SQL Server 2000 和 SQL Server 2005 中使用。报表目录数据库在 Reporting Services 安装时创建。

#### 2. 报表处理器

需要执行一个报表时，可以使用 Report Server 的报表处理器完成这个任务。它从报表目录中获取报表的 RDL，然后从 RDL 中读取信息，确定报表的内容。

生成报表时，报表处理器协调 Report Sever 其他部件的操作，获取其他部件的输出，并把它们合成在一起生成一个完整的报表。

#### 3. 数据提供者

当报表处理器处理 RDL 中的数据集定义时，它获得数据，然后把数据集填充到数据集中。首先，它根据报表数据源中的指令，连接到数据源服务器或文件上。然后，选择一个数据提供者，这个提供者知道如何从数据源中获得数据。

选择了数据提供者后，数据提供者连接到数据源，选择报表需要的信息。它把信息返回给报表处理器，在报表处理器中，数据被输入数据集内供报表使用。

**4. Renderer**

报表所需的数据准备好后，报表处理器就开始处理报表的布局。它先查看格式，有可能是 HTML、PDF 或者是其他可能格式中的一种。然后，报表处理器会调用 Renderer，因为 Renderer 知道如何生成这种格式的内容。

Renderer 读取报表布局中的内容。报表布局与数据集结合在一起，对于报表中重复的内容，Renderer 会复制这些行，展开报表布局，然后将其转换成所要求的输出格式。这个过程产生的结果就是一个报表。

**5. 请求处理器**

请求处理器负责接收请求，把这些请求传递到报表处理器。报表处理器创建了所请求的报表后，处理器又负责把生成的报表传递给用户。

### 9.1.4 Report Services 的组成部分

Reporting Services 并不是计算机上生成报表的单个程序，它由一系列的服务、Web 应用程序和数据库协作，形成一个报表管理环境。当计划安装 Reporting Services 时，应对每个部分有大概的了解，应知道这些部分如何协同工作组成一个完整的系统，这很重要。

图 9.3 展示了一个完整的 Reporting Services 安装程序的各个部分。每部分在开发、管理和传递报表，或者在管理 Reporting Services 自身的环境上，都扮演着一个特定的角色。

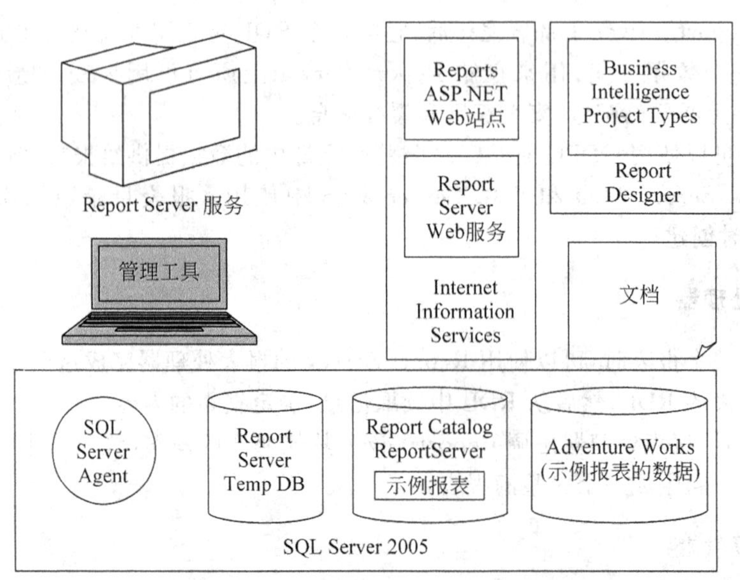


图 9.3 Reporting Services 的组成部分

下面介绍 Reporting Services 的每个部分，了解这些部分是怎样组成一个整体的。

### 1. Report Server 服务

Report Server 服务是 Reporting Services 的核心部分。如图 9.2 所示，Report Server 负责处理报表请求，这个过程包括读取报表定义，获得报表的数据，以及用指定的格式显示报表。

Report Server 是一个 Windows 服务，它也可以作为 Web 服务器使用。这意味着 Report Server 不用直接与用户交互，它在后台运行，处理 Web 服务器获得的其他程序的请求。

Report Sever 需要一个有效的用户名和密码，用来访问报表目录。Report Server.config 文件保存了 Report Sever 的登录信息以及其他一些信息，这些信息确定了 Report Server 的运行方式。大多数信息以纯文本的格式保存在这个文件中，可以使用记事本或者其他类似的文本编辑器进行编辑，但是，登录信息经过了加密处理，只有通过管理工具才能修改它。

### 2. 管理工具

管理工具(Administration Utility)能够管理 Report Server 服务，可以改变它的配置。如果 Report Server 服务在自动启动时失败，那么通过这些工具可以手动启动它，这些工具还可用来改变服务的登录信息。

它们大多数在命令窗口中运行，但其中有一个没有 Windows 用户界面，这个工具是 Reporting Server Configuration Manager，它能很方便地查看与修改 Reporting Services 安装程序的配置。

管理工具可以与 Report Server 服务运行在同一台计算机上，管理这台计算机的配置。但大多数管理工具管理其他计算机上的 Report Server 服务，这种管理叫做进程管理。

### 3. SQL Server 2000/SQL Server 2005 和 SQL Server Agent

当 Reporting Services 存储报表目录数据库时，SQL Server 2000 和 SQL Server 2005 被要求能获得这个数据库。Reporting Services 使用 SQL Server Agent 作为任务调度器，当用户建立了两个订阅时，Reporting Services 生成一个 SQL Server Agent 任务来处理该订阅。

### 4. Report Server 数据库和 Reporting Server 临时数据库

Reporting Services 在 SQL Server 中使用两个数据库：Report Server 数据库和 Report Server 临时数据库。Report Server 数据库用来存储报表目录，同时也保存 Report Manager 站点的信息。Report Manager 站点上的信息包括网站的文件夹结构以及文件夹和报表的安全设置。

顾名思义，Report Server 临时数据库用来临时保存 Report Services 的操作信息。这些信息可以是当前用户在 Report Manager 站点上的痕迹，也可以是最近执行的报表的一些短期副本，这些短期副本又叫做执行缓存(execution cache)。

**5. 网络信息服务**

网络信息服务(IIS)可以作为 Reporting Services Web 服务的主机。Reporting Services 安装后,会创建了一个网站和一个 Web 服务。因此,IIS 对于 Reporting Services 来说是必不可少的。

**6. 报表网站**

安装 Reporting Services 时会创建一个报表网站。报表网站提供 Reporting Services 的 Report Manager 界面。如果 Reporting Services 安装在名为 www. MyRSServer. com 的服务器上,那么进入 www. MyRSServer. com/Reports 时,就可以看见 Report Manager 的主页。

报表网站是使用 ASP. NET 技术创建的,这意味着 IIS 必须支持 ASP. NET。

**7. Report Server Web 服务**

安装 Reporting Services 时,还会创建一个名为 Report Server 的 Web 服务,该服务允许其他程序甚至管理员与 Reporting Services 交互。除此之外,它还允许其他程序不通过 Report Manager 界面就获得报表。总而言之,Report Server Web 服务允许 Report Services 与应用程序紧密地整合在一起。因为 Web 服务会跨越内部网至因特网,所以该 Web 服务界面允许 Reporting Services 整合任何应用程序。

Report Server Web 服务也是用 ASP. NET 技术建立的,所以在 IIS 上必须激活对 ASP. NET 的支持。

**8. Report Designer**

前面已经讨论过,要使用 Report Designer 创建 Reporting Services 报表,要么在 Bussiness Intelligence Development Studio 中,要么在 Visual Studio 2005 中。在这两者中,Report Designer 的功能都是相同的,它们创建的报表没有任何区别。

**9. 文档**

Reporting Services 的最后一个组成部分是文档,这些文档可以在 SQL Server 的联机丛书上找到。Reporting Services 安装完毕后,就可以通过“开始”菜单查看 SQL Server 联机丛书,在“程序”→Microsoft SQL Sever 2005→“文档和教程”→“SQL Server 联机丛书”条目下可以找到它。除此之外,Report Manager 界面的帮助文档可以通过报表网站进行访问。

## 9.2 报表向导制作报表

打开 SQL Server Business Intelligence Development Studio 以后,可以来创建报表。为了了解报表的基本结构,开始先快速看一下如何使用报表向导创作一个简单的、表格状的报表。报表向导将会带用户经历创建一个基本报表的所有步骤，也就是说，可以做出调整，添加更多的功能到报表当中。

SQL Server Business Intelligence Development Studio 制作报表，其打开方法如图 9.4 所示。

图 9.4　打开 SQL Server Business Intelligence Development Studio

这个工具提供报表的预览功能，并且提供更多的可视的设计界面。使用起来比较方便。所以接下来都使用这个工具。这个工具只能制作 rdl。但报表的设计方法也适用于 rdlc。

### 9.2.1　向导制作报表

向导制作报表是简单的方式，通过向导制作可以简化制作的过程的详细操作，本节通过向导制作报表，其操作步骤如下：

(1) 新建一个报表服务器项目。

选择“文件”→“新建”命令，再单击“项目”。或者单击工具栏上最左边的按钮来创建一个新的项目，如图 9.5 所示。

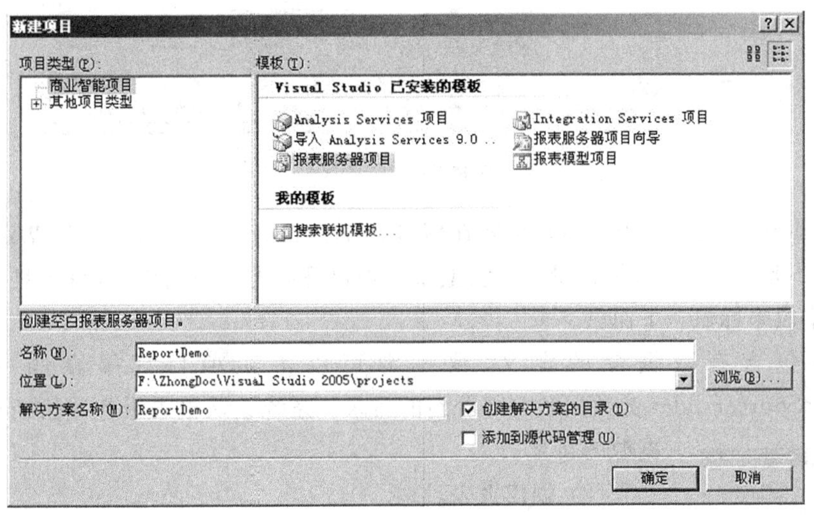


图 9.5　创建报表项目

在“项目类型”列表中，单击“商业智能项目”。在“模板”列表中，单击“报表服务器项目”。在“名称”中，输入 ReportDemo，再单击“确定”按钮以创建项目。

这就成功创建了教程报表项目，接下来将在该项目中添加新的报表项。巧合的是，报表服务器项目向导和报表服务器项目条目具有相似的行为。报表服务器项目向导选项简单地省去一步，直接来到报表向导。

(2) 布署目录设置。

“解决方案资源管理器”对话框如图 9.6 所示，它显示在设计外观面板的右上方。这是一个树形视图，显示了新的报表项目组件。项目名称显示在所有用于分组共享数据源和报表的目录图标的上方。

图 9.6 “解决方案资源管理器”对话框

右击 ReportDemo，弹出“ReportDemo 属性页”对话框，如图 9.7 所示，以此来设置项目的属性。

TargetServerURL 为报表服务器的 URL，指向那个报表服务器的安装路径，可以类似 http:// Localhost/ReportServer。如果不确定，请询问服务器管理员。部署文件夹其实不是一个物理上的文件夹。它的虚拟路径由报表服务通过 Web 服务器来管理和展示。在随后使用报表管理器时，将会看到这个文件夹。

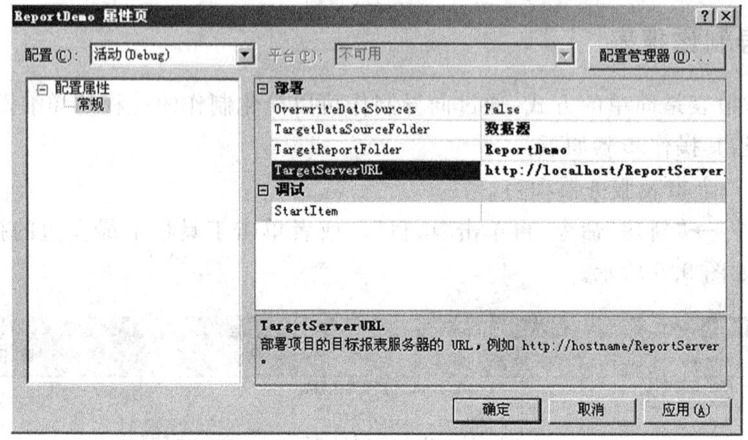

图 9.7 “ReportDemo 属性页”对话框

TargetReportFolder 为本项目部署在服务器上的目录。这个目录不是 Windows 系统的目录，也不是 IIS 上的虚拟目录。事实上整个项目是部署在数据库的，目录只是用数据库中的一个字段来标识一下而已。

rdl 中包含有数据源的定义，数据源可以不跟项目部署在同一个目录。TargetDataSourceFolder 为数据源要部署到的目录。系统默认报表服务器已经有一个叫数据源的目录。

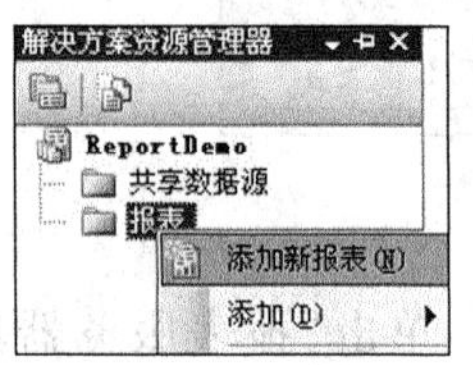

图 9.8 添加新报表

(3) 创建报表。

右击“报表”图标，并且选择菜单中的“添加新报表”。这个动作将打开报表向导，如图 9.8 所示。

报表向导将会引领用户经过创建一个新报表的每个基本步骤。向导对话框的第一页是一个快速闪烁的窗口，如图 9.9 所示，它包含了指令和介绍信息。单击“下一步”按钮移动到下一页，进入创建数据源窗口，如图 9.10 所示。

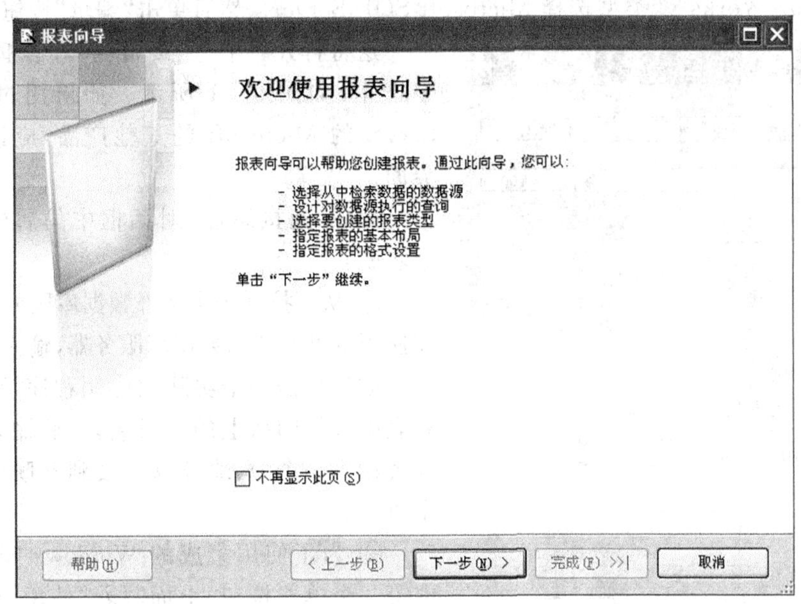


图 9.9 “报表向导”对话框

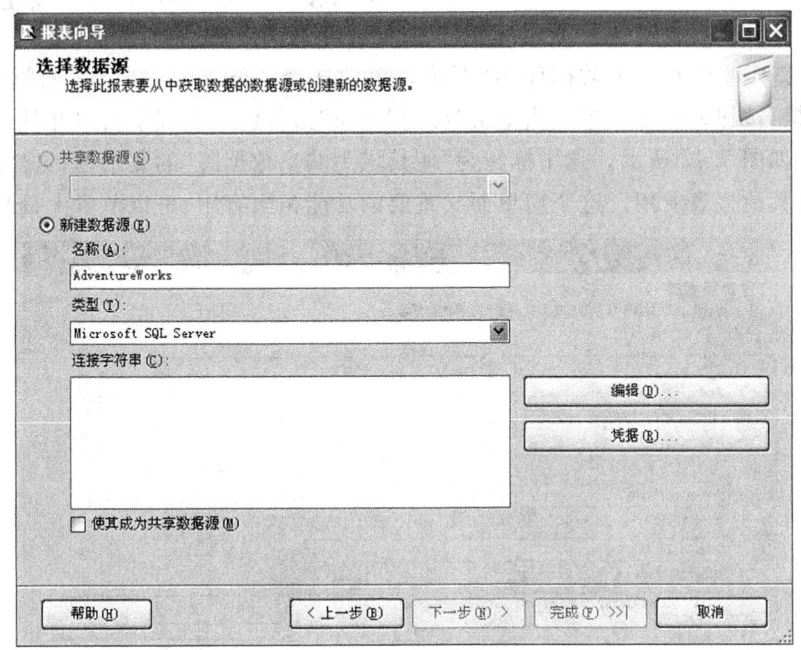


图 9.10 选择数据源

(4) 创建数据源。

创建数据源通常使用一个表示数据库位置和名字的命名是有意义的。在这个例子当中，将使用随报表服务一起已经安装的 AdventureWorks 示例数据库。

如图 9.10 所示，确保“新建数据源”单选按钮已经选中，并在名称文本框中输入数据库名“AdventureWorks”。类型选择 Microsoft SQL Server。然后单击“编辑”按钮。

这将打开一个“连接属性”对话框，设置连接字符串，如图 9.11 所示。如果用过使用 SQL Server 的 Microsoft 的其他产品，应该熟悉这个界面。

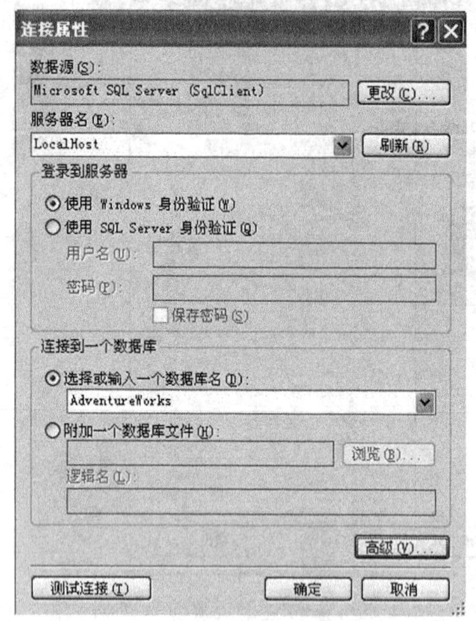


图 9.11 “连接属性”对话框

完成“连接属性”对话框中的属性配置有三个步骤：

① 从下拉列表中选择数据库服务器。因为正在使用本机安装的数据库服务器，输入 LocalHost。

如果这是一个实际的应用程序，可能需要从列表中选择网络上的主机名，然后输入服务器名或者输入一个 IP 地址以连接到互联网上的一台主机上。

② 为了使用集成的 Windows 安全功能，选中第一个单选按钮，上面写着“使用 Windows 身份验证”。

如果使用的是 SQL Server 安全模型，可以选择第二个选项。在这种情况下，数据库管理员将提供这个信息。

③ 从“选择或输入一个数据库名”下拉列表中选择 AdventureWorks 数据库。可以使用“测试连接”按钮来验证设置。当单击“确定”按钮时，将创建连接字符串并且返回“报表向导”对话框，如图 9.12 所示。选中标注为“使其成为共享数据源”的复选框；这样将使这个数据源可以为其他报表所用。这个简单而又重要的功能相当有用，可以节省大量时间和精力。

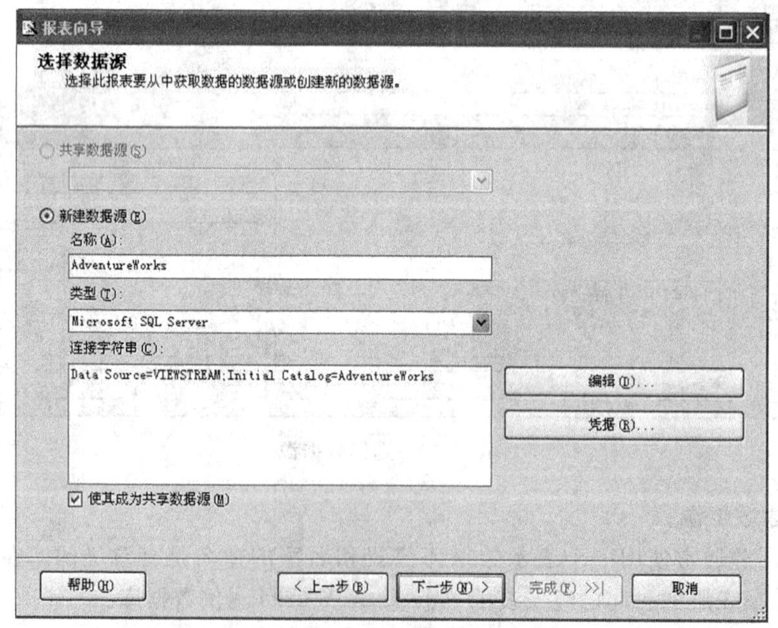


图 9.12 创建数据源窗口

通过在服务器上为所有报表创建一个中央数据源，连接数据库信息都可以只在一个地方更改，却能够影响所有报表。这比所有报表必须分别进行更新的传统方式更好。当系统管理员将数据库移动到另一台服务器上，或者将报表解决方案从开发环境移植到实际的生产服务器上时，传统的方式将会相当不便。

到目前为止，报表向导已经创建了一个报表项目并且引导创建了一个共享数据源。在看到任何结果之前，需要继续完成向导的一些页面。在一个已经建立的报表项目中，可以使用之前创建的共享数据源来创建一个新报表。

(5) 创建一个查询。

在图 9.12 中，单击"下一步"按钮，如图 9.13 所示。

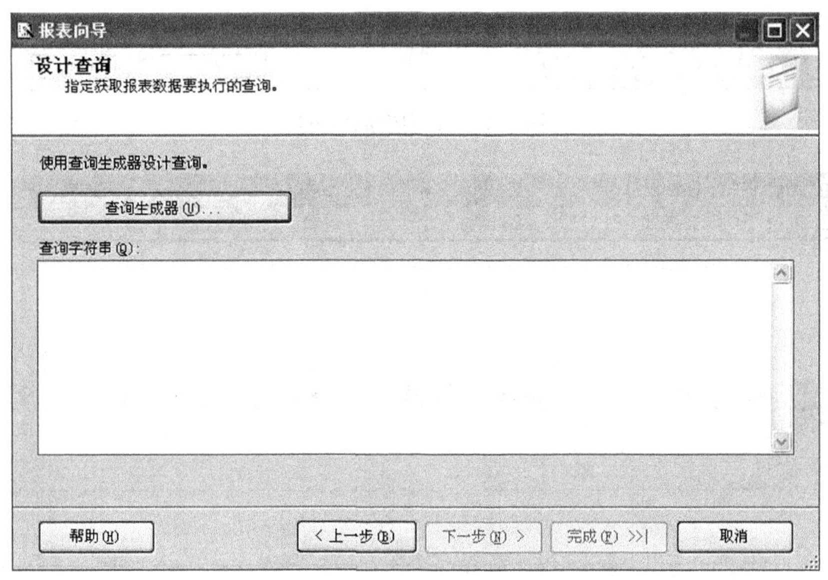


图 9.13　设计查询

如果正在使用一个 SQL Server 数据库作为数据源，这是一个 Transact-SQL SELECT 语句，用来为报表检索数据。对于简单查询，可以在这个框中简单地输入一个 Transact-SQL 语句。对于大部分查询，可能希望使用查询生成器(Query Builder)选项。

更为复杂的报表可能包括一个以上的查询。事实上，一个报表中的数据甚至可以从多个数据源中获得。

单击"查询生成器"按钮以打开一个 Transact-SQL 查询生成器的对话框。查询生成器具有两种不同的模式。图 9.14 展示了通用查询设计器窗口。这个窗口和简单的文本编辑器一样，没有错误检查、验证或者代码生成功能。用它来编写对数据源的查询，而不是使用 SQL Server 或者图形化查询设计器所不能完成的复杂查询。

单击最左侧的工具栏按钮转换到图形化查询设计器。图 9.15 中所示的工具栏已经添加到 SQL Server 2005 中的报表服务中。

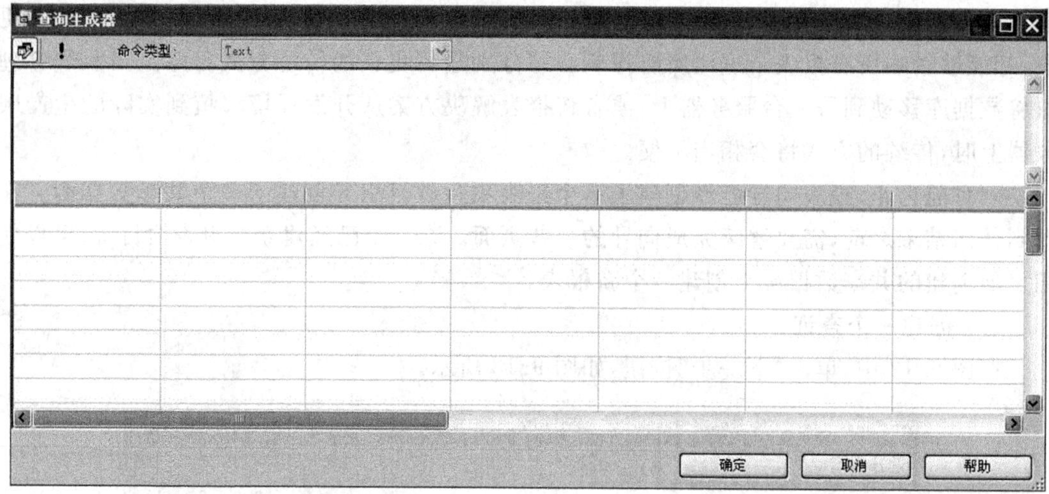


图 9.14　查询生成器窗口

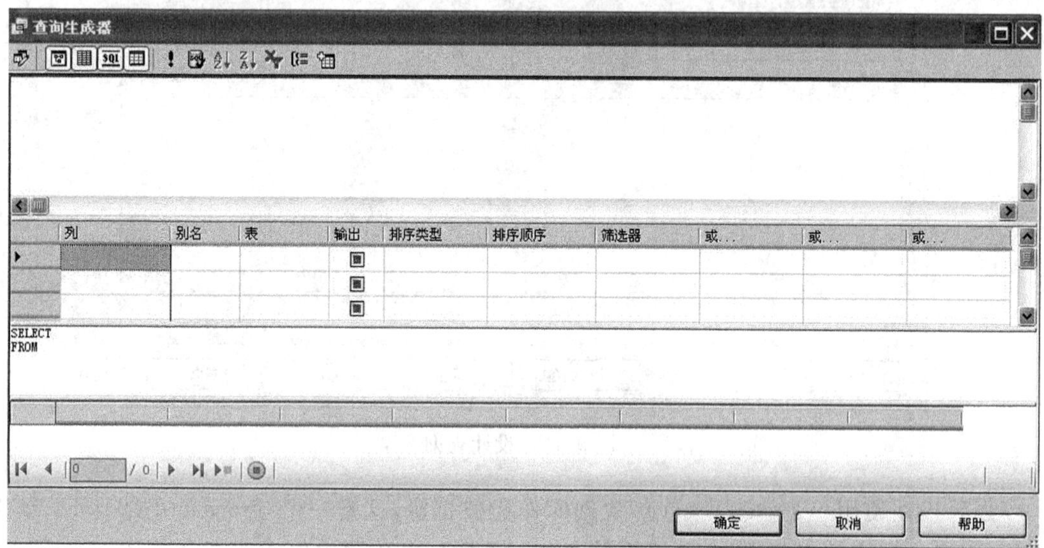


图 9.15　生成 SQL 语言的设计窗口

单击工具栏最右侧的“添加表”按钮以显示“添加表”对话框，如图 9.16 所示。

把 ProductCategory、ProductSubcategory、Product 这三张表加进来。

在表里面选中这些字段：ProductCategory 表的 ProductCategoryID、Name，ProductSubcategory 表的 ProductSubcategoryID、Name，Product 表的 ProductID、Name、Color、StandardCost。

因为有三个 Name，所以为每个 Name 取了别名，分别为 CategoryName、SubCategoryName

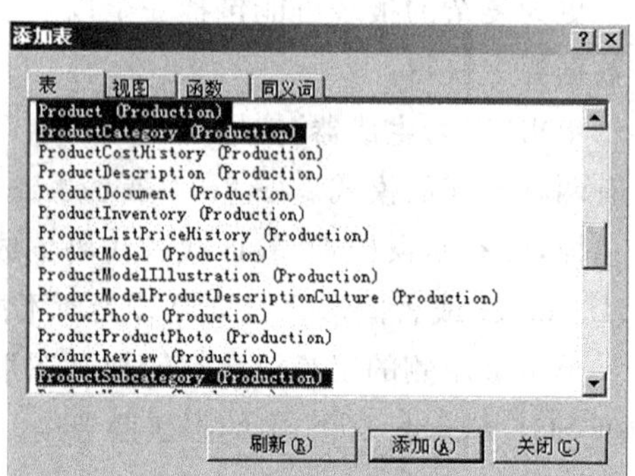


图 9.16　添加表

和 ProductName，如图 9.17 所示。

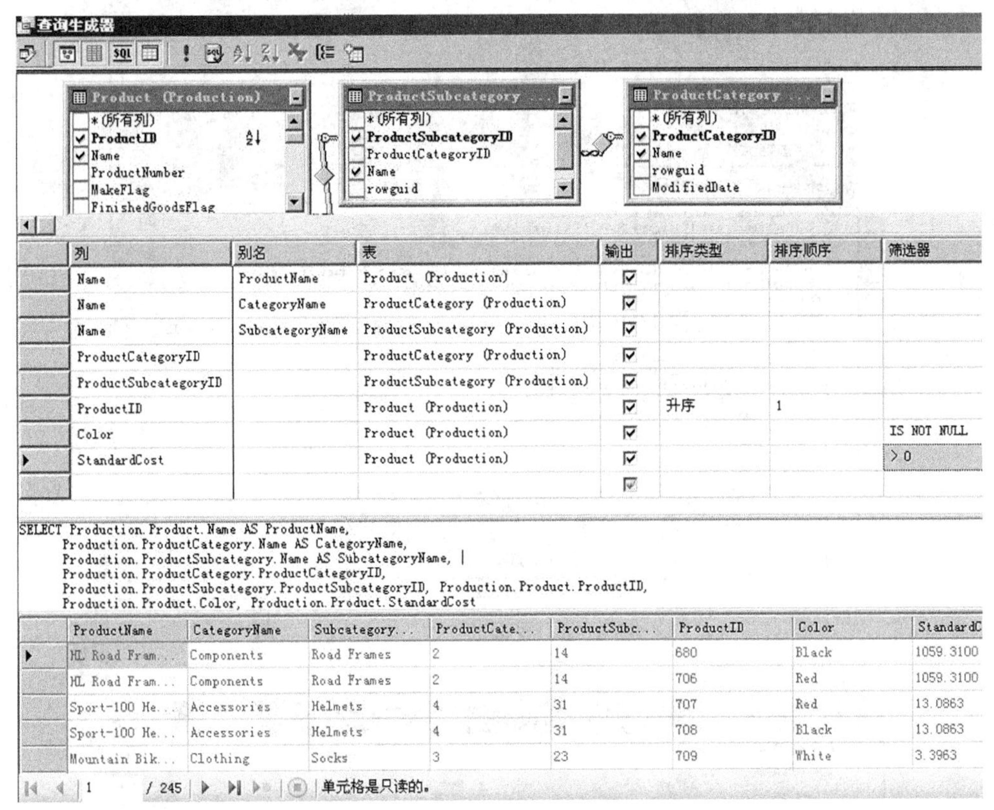


图 9.17　查询生成器的结果

设置根据 ProductID 来排序，设置筛选有颜色和有价格的产品。颜色 Color 为 IS not null，价格 StandardCost 为“>0”。为了测试查询结果，单击工具栏中运行按钮!，执行 SQL 语句。

查询结果显示在此窗口的下面窗格中。可以看到产品记录是先按照子类然后按产品名称进行排序的，如图 9.17 所示。

单击查询生成器的“确定”按钮，查询字符串返回到“报表向导”对话框，如图 9.18 所示。单击“下一步”按钮继续。

说明：图 9.18 显示了 SQL 语句，可以直接写。但事实上对于这种有架构名的表还是使用图形界面来生成比较方便。

(6) 分组。

单击“下一步”按钮，系统会提示用表格还是用矩阵来显示，这里使用默认的表格。接下来的页面将会引导用户指定报表设计元素，例如样式、(页面)布局、数据排序以及分组。

为了将事情简单化，选择“表格格式”的样式，所有的数据字段都在单个的细节段，如图 9.19 所示。

这样的报表将简单地成为一列记录，称为表格式报表。单击“下一步”按钮进入下一个

报表向导

设计查询

指定获取报表数据要执行的查询。

使用查询生成器设计查询。

查询生成器(U)...

查询字符串(Q):

```
SELECT Production.Product.Name AS ProductName,
       Production.ProductCategory.Name AS CategoryName,
       Production.ProductSubcategory.Name AS SubcategoryName,
       Production.ProductCategory.ProductCategoryID,
       Production.ProductSubcategory.ProductSubcategoryID, Production.Product.ProductID,
       Production.Product.Color, Production.Product.StandardCost
FROM Production.Product INNER JOIN
       Production.ProductSubcategory ON
       Production.Product.ProductSubcategoryID = Production.ProductSubcategory.ProductSubcategoryID
        INNER JOIN
       Production.ProductCategory ON
       Production.ProductSubcategory.ProductCategoryID =
Production.ProductCategory.ProductCategoryID
WHERE (Production.Product.Color IS NOT NULL) AND
       (Production.Product.StandardCost > 0)
ORDER BY Production.Product.ProductID
```

帮助(H)　< 上一步(B)　下一步(N) >　完成(F) >>|　取消

图 9.18　查询的 SQL 语句

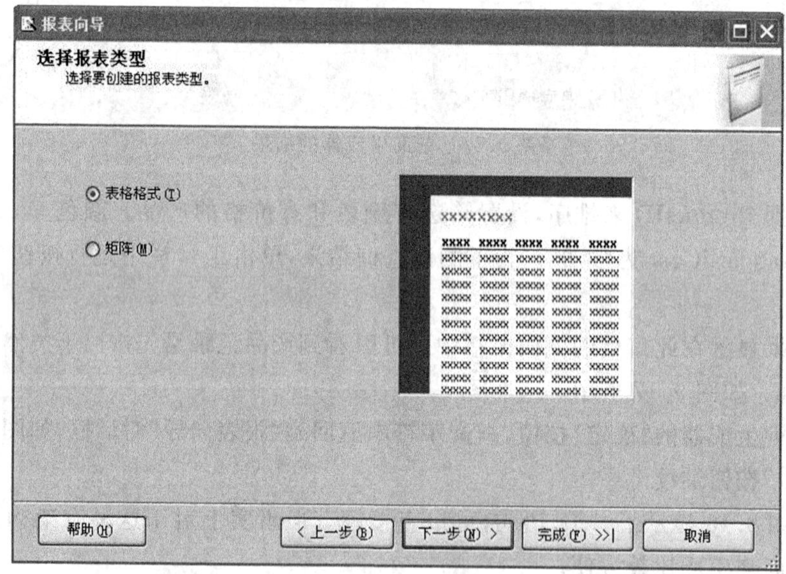


图 9.19　选择报表类型

页面,如图 9.20 所示。

该页面用来设计显示数据的行、列的表控件。在这个简单的报表中,将不会用到任何分组,因此所有 4 个字段都将添加到细节段。

这个报表将在 Category 和 SubCategory 列上分组。从“可用字段”列表中选择 CategoryName 字段,然后单击“组”按钮。再从“可用字段”列表中选择 SubCategoryName

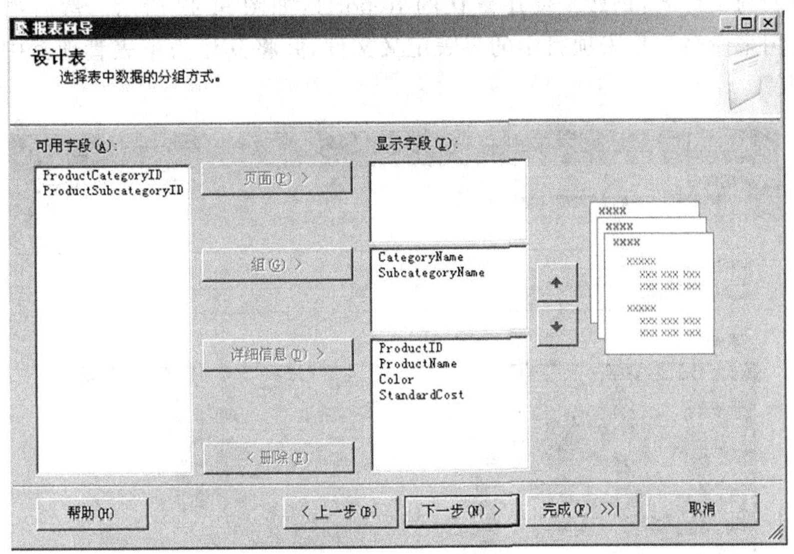


图 9.20 设计分组

字段，然后单击“组”按钮。从“可用字段”列表中选择 ProductName、ProductNumber、StandardCost 字段并且单击“详细信息”按钮，如图 9.20 所示。

然后单击“下一步”按钮，如图 9.21 所示。报表向导将会用 5 种不同风格之一来创造具有协调字体(coordinated font)和颜色的控件。这些属性可以以后在设计器中修改。保留默认的共同设置，单击“下一步”按钮。

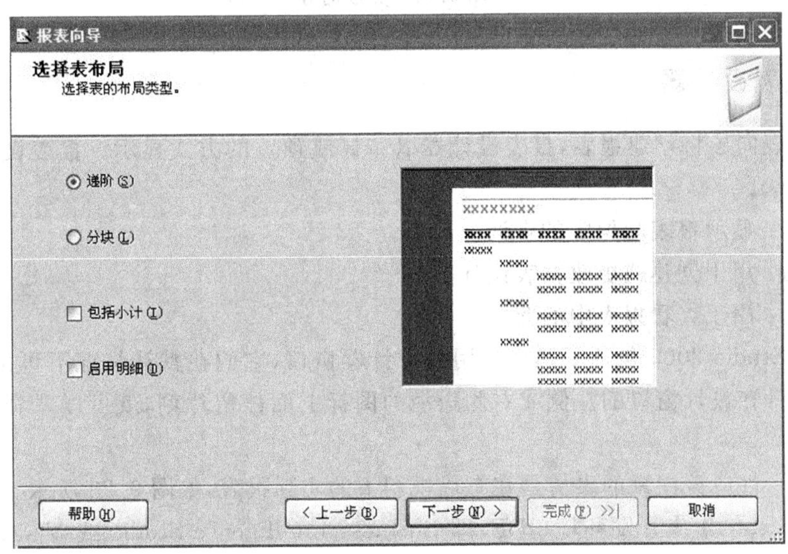


图 9.21 选择布局

随着创建其他报表，将有机会通过使用字体、颜色、边框和图形来定义自己报表的外观。报表向导使用本页看到的样式模板为读者设置许多属性。如果愿意，所有这些属性都可以在报表设计器中改变。再下一步，表的样式也使用默认的石板。最后一步完成向导步骤中可以设定报表的文件名，仍然是使用默认的 Report1，如图 9.22 所示。然后单击“完成”按钮。报表名用来命名该报表项目中的报表定义文件，并将其作为报表管理器中显示给用户的报表标题。

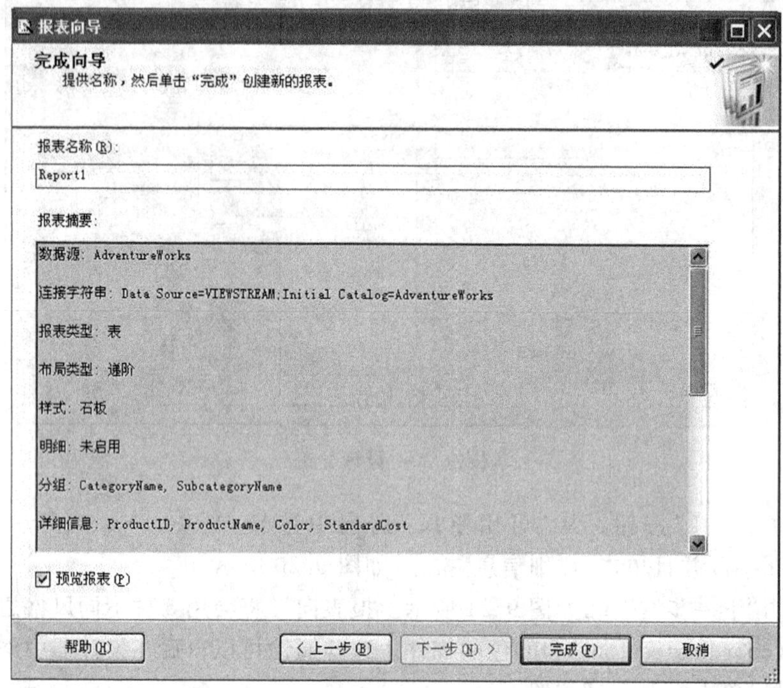

图 9.22　完成向导

## 9.2.2　报表设计器

完成报表向导将创建报表，报表设计器以布局或预览的方式显示。报表设计器在顶部有 3 个选项卡。

- 数据：显示报表向导中的查询设计器。
- 布局：用于创建或更改报表设计。
- 预览：用于查看报表中的数据。

Visual Studio 2005 包括了几个有用的设计器窗口，它们在默认情况下可以自动隐藏。当将鼠标指针在设计窗口的左侧或右侧边沿的图标上面停留片刻，就可以看到这些自动隐藏的窗口。

接下来一件应该注意的事情是在布局视图下的实际报表，如图 9.23 所示。报表设计器现在是 Microsoft 集成开发环境(IDE，即 Business Intelligence Studio 或 Visual Studio)的一个组件，并且它使用了很多内置到 Visual Studio 产品中的窗口和工具。

随着进一步学习，读者将看到许多这样的工具。报表向导也能从列名中解释并理解这些选项卡。注意，在每个列标题，用大写字母描述的单词都有一个空格。点击“预览”选项卡，可以看到一个相当好的报表已经做好了，如图 9.24 所示。

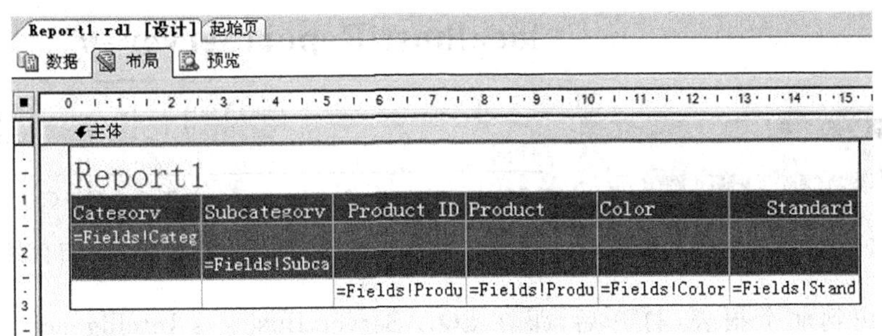


图 9.23　报表的设计布局

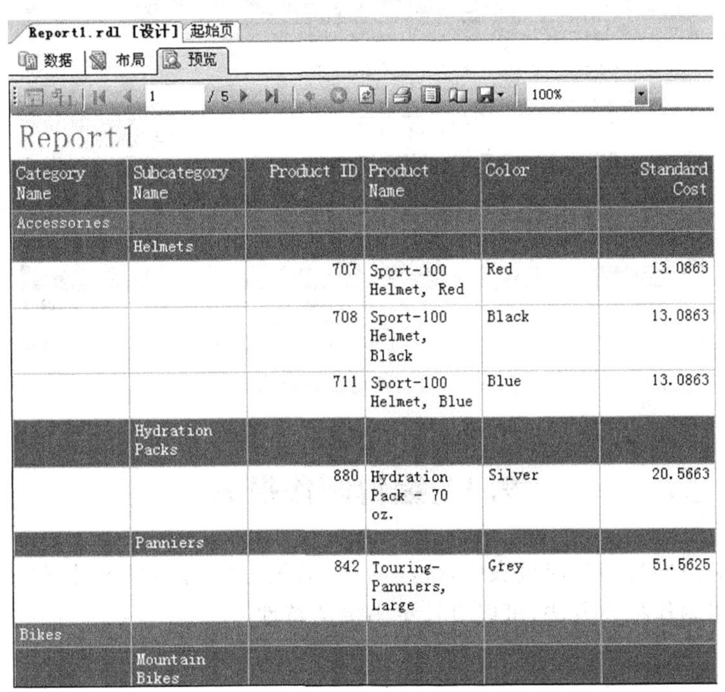


图 9.24　报表的预览效果

## 9.2.3　部署报表

部署是将报表放置于报表服务器数据库，以便用户可以通过客户端来查看或打印报表。报表部署在“解决方案资源管理器”窗口完成。

下面右击项目名，选择“部署”，如图 9.25 所示。此时，系统会执行操作，将本报表项目所有报表发布到报表服务器上。

部署执行后，在输出窗口输出信息，如图 9.26 所示。

图 9.25　部署报表操作

在浏览器输入报表服务器的网址。有一点要说明的是报表服务器的用户只能是服务器上的 Windows 用户。所以访问时会要求输入密码。进去后就能看到刚才那个项目的目录了，如图 9.27 所示。

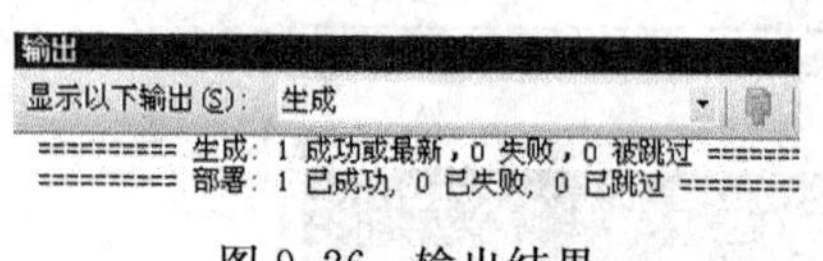


图 9.26　输出结果

**localhost/ReportServer - /**

2010年3月24日 17:14　<dir> ReportDemo
2010年3月17日 15:41　<dir> 数据源

Microsoft SQL Server Reporting Services 版本 9.00.1399.00

图 9.27　Web 显示的报表项目目录

点进去找到那个报表，打开后，跟在 SQL Server Business Intelligence Development Studio 中的预览效果是一样的，如图 9.28 所示。

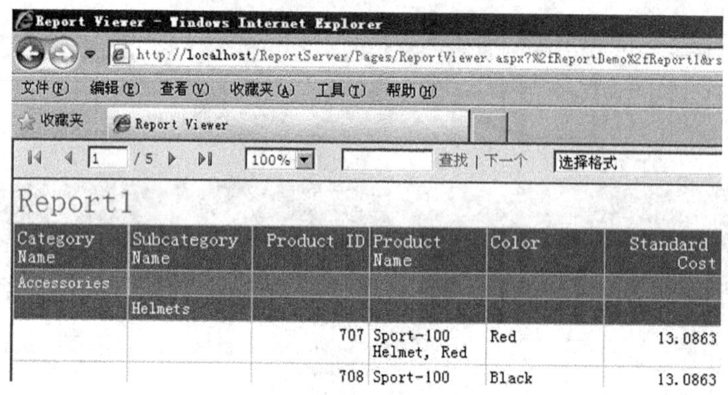


图 9.28　浏览器预览报表

## 9.3　编辑制作报表

在上节有关向导自动生成报表中，方法简单，数据分组功能很容易，但缺少灵活性。本节介绍手工编辑制作报表方法，可以设计更多灵活特性。

### 9.3.1　新建报表项目

如图 9.29 所示，在“解决方案资源管理器”对话框中，右击“报表”新建一个报表，选“添加”及“新建项”，而不是第一项的“添加新报表”。弹出如图 9.30 所示的对话框，在模板中选择“报表”，命名报表名称为 Report2.rdl。单击“添加”按钮，在“解决方案资源管理器”对话框中，就添加一个报表文件 Report2.rdl。

### 9.3.2　新建数据集

双击“解决方案资源管理器”中的报表文件 Report2.rdl，在工作区打开 Report2.rdl[设计]工作选项卡，点击“数据”选项卡，如图 9.31 所示。

这里的数据集和.NET 的数据集是不一样的。这里的一个数据集只能有一张表，虽然这张表可以是多个表联合而成。如果要再添加一个数据集依然是点击数据集列表框的最后一项“新建数据集”，如图 9.31 所示。弹出“数据集”对话框，如图 9.32 所示。

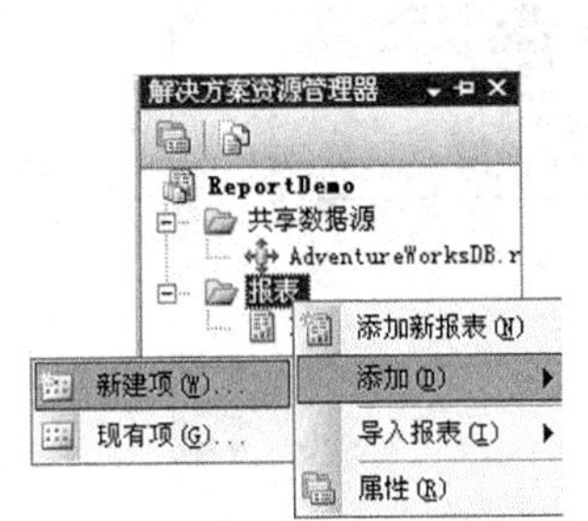


图 9.29 “解决方案资源管理器”对话框

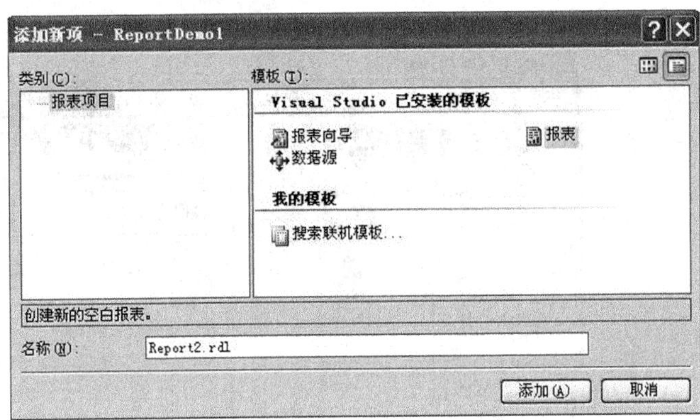


图 9.30 “添加新项”对话框

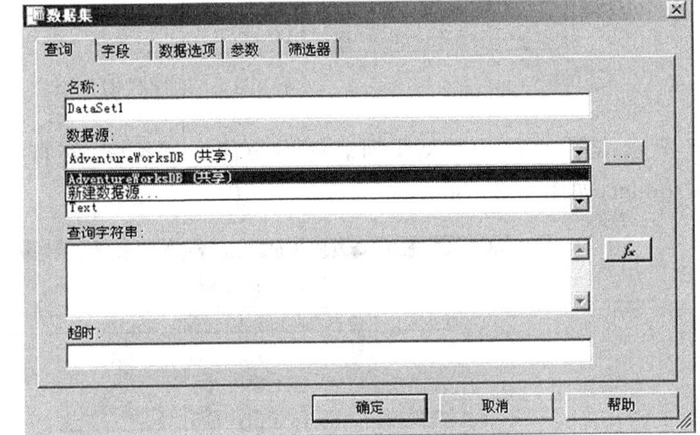


图 9.31 建立数据集

图 9.32 “数据集”对话框

选择查询选项卡，其名称为默认名称 DateSet1 名称，数据源就使用项目中共享的数据源 AdventureWorkDB。需要的时候也可以新建数据源。查询字符串就让它这样空白，直接单击“确定”按钮。

回到“Report2. rdl[设计]”工作区，单击“数据”选项卡的“通用查询设计器”按钮，如图 9.33 所示，将切换为 SQL Server 专用查询设计器，如图 9.34 所示，与向导设计数据集类似。

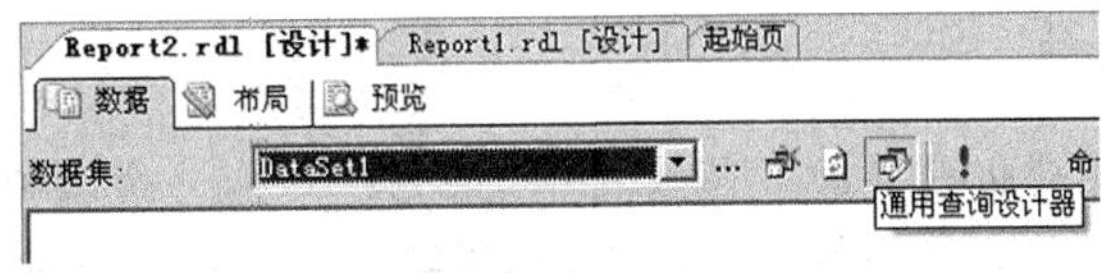


图 9.33 “Report2. rdl[设计]”工作区

如图 9.34 所示，设计出跟 Report1 一样的 SQL 语句来，这个过程与向导制作表格的数据集设计一样。

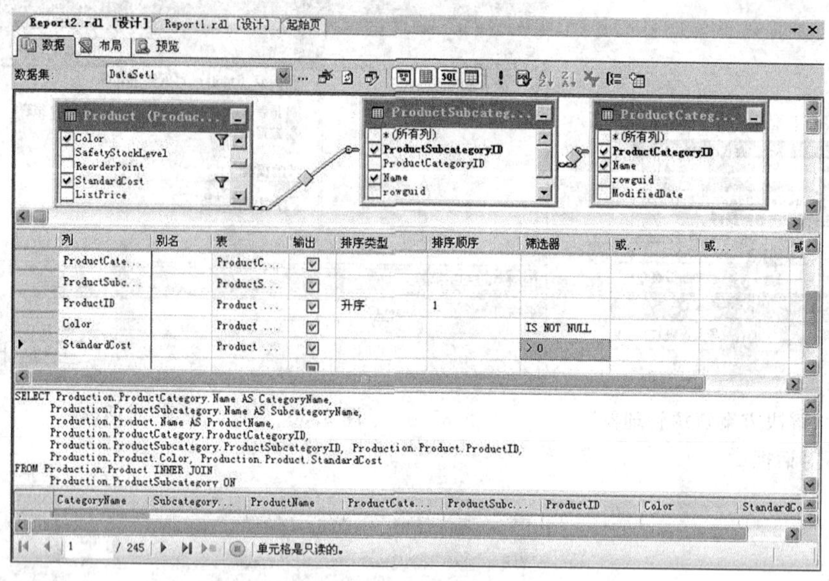

图 9.34　创建数据集窗口

单击图 9.34 中数据集列表框右边的"..."按钮，在打开的对话框中把数据集名称改为 Product，如图 9.35 所示。

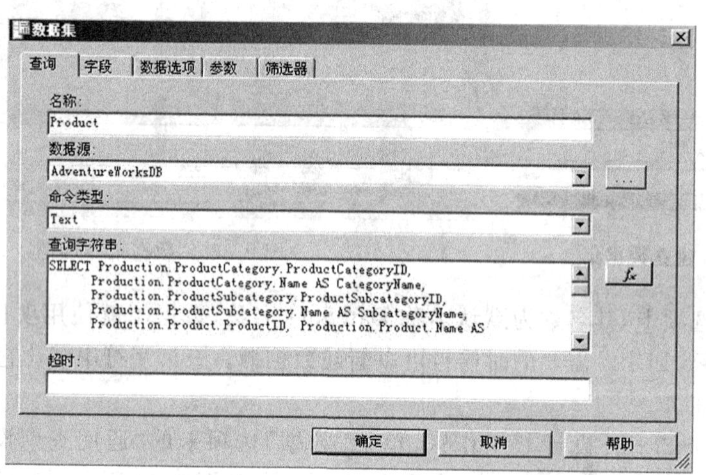

图 9.35　数据集的 SQL 语句

### 9.3.3　报表格式设计

在图 9.36 中，切换到布局界面。在报表项的工具中，拖一个表格控件过来。再拖一些字段到表格上。在界面左边有一数据集面板，如果数据集面板没有显示，可以单击"视图"菜单的最后一个子菜单"数据集"来让它显示出来，如图 9.37 所示。

点击数据集面板中的 CategoryName 字段，拖入布局设计区表格中的详细信息行第一列，同样方法拖入 ubCategoryName 字段至第二列，ProductID 至第三列，右击第三列，在其

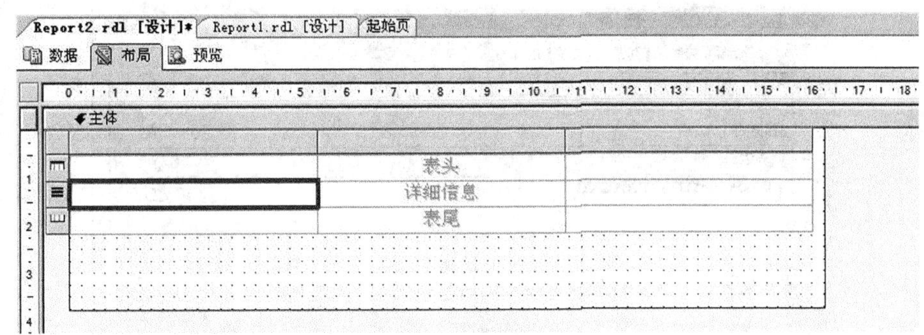


图 9.36 报表布局设计区

右侧插入一列，同样方法再插入两列。相同方法拖入 ProductName、Color 和 StandardCost 字段，并将第一行名称分别改为：大类、小类、ID、产品名、颜色和成本，效果如图 9.38 所示。

图 9.37 数据集面板

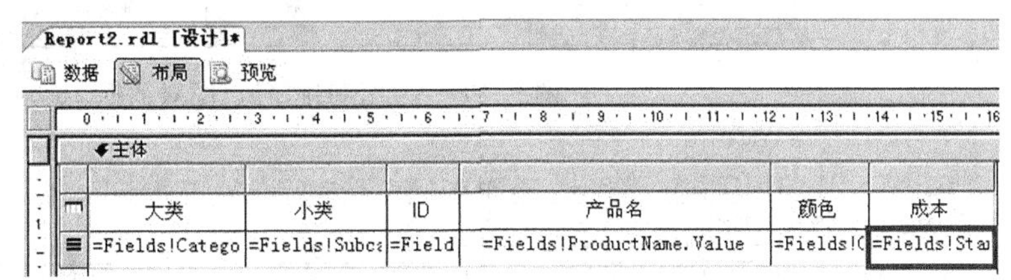


图 9.38 设置报表的布局

设置一下表头、边框、对齐、数字显示格式和颜色等，再删掉表尾，如图 9.38 所示。具体设置查找相关帮助。

## 9.3.4 分组

分组显示的信息更清晰、更有条理。例如，如果在报表中按区域对销售额进行分组，那么报表使用者一眼就能看出一定的销售趋势，而在其他情况下则不容易发现这些趋势。

本实例中，将先按产品的大类别展示产品的颜色及成本，并且大类别内再按小类别展示产品情况。通过在报表中每个组的结尾计算合计数据，即可取代使用计算器手动计算数据的大量工作。在本节中，介绍创建分组或汇总报表需要执行操作。

在图 9.39 中，右击详细信息行行标签，选择"插入组"，如图 9.39 所示。

图 9.39 插入组

弹出对话框"分组和排序属性"，如图 9.40 所示。因为需要按大类来分组，在表达式中选择 CatergoryName 字段。注意，左下角的两个复选框，默认地已经选中了，如图 9.40 所示，单击"确定"按钮，回到布局设计界面。

此时，在详细信息行的上下各多出来的一行就是组头组尾了，如图 9.41 所示。它们行标签上的 1 字样表示第 1 级分组。

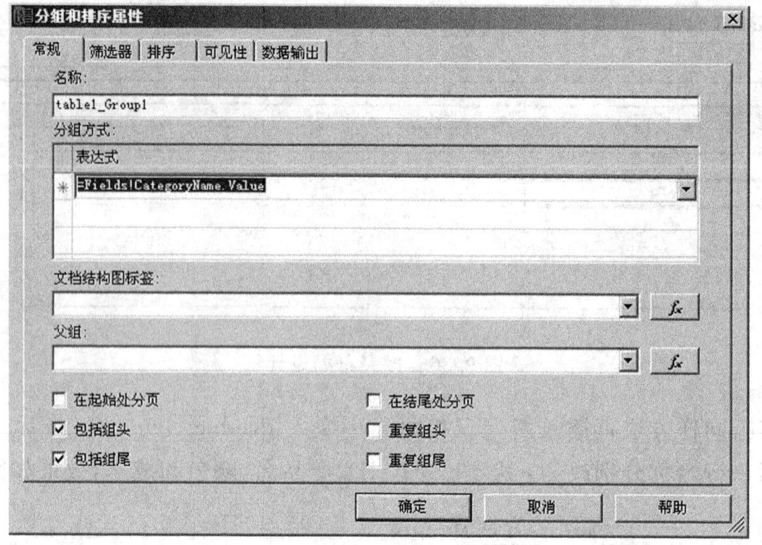


图 9.40 “分组和排序属性”对话框

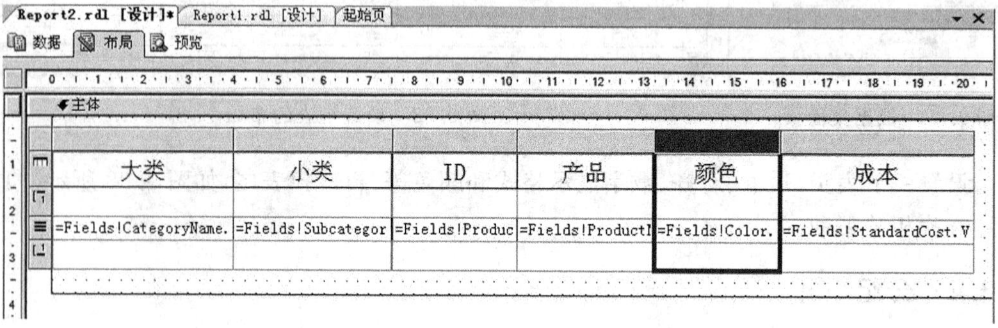

图 9.41 报表布局设计界面

如同上面同样方法，继续插入第 2 级分组。第 2 级分组按小类来分组，分组表达式为 SubcategoryName 字段，如图 9.42 所示。

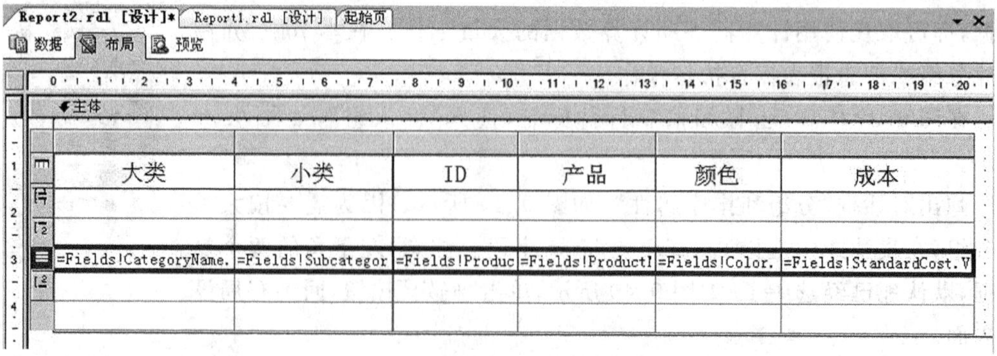

图 9.42 报表布局设计界面

如果现在预览，将会看到每组之间都会有空行隔开。跟向导产生的有很大的不同。继续设计，在大类和小类分组的组尾添加合计。方法如图 9.43 所示，在表格单元中输入 Sum(Fiedls!StandardCost. Value)，同样在下一步单元格输入：Sum(Fiedls!StandardCost. Value)。在两单元格旁边单元格分别输入“小类合计：”与“大类合计：”，如图 9.43 所示。

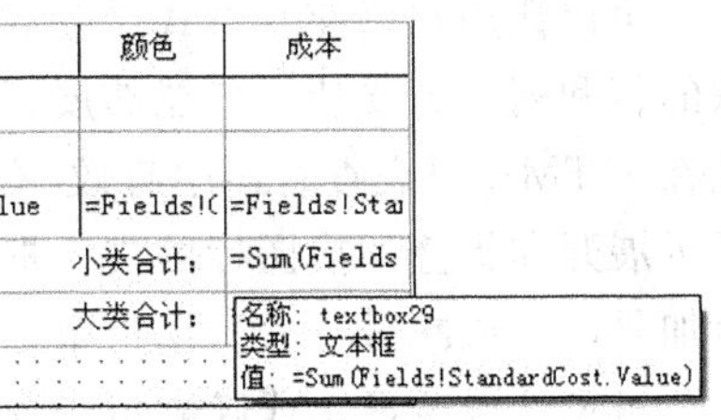


图 9.43　设计合计

设置求和的表达式都是一样的：=Sum(Fields!StandardCost. Value)。只是所在的组尾不同，作用域也不同，如图 9.44 所示。

| 大类 | 小类 | ID | 产品名 | 颜色 | 成本 |
|---|---|---|---|---|---|
| =Fields!Catego | | | | | |
| | =Fields!Subca | | | | |
| | | =Field | =Fields!ProductName.Value | =Fields!( | =Fields!Sta |
| | | | | 小类合计: | =Sum(Fields |
| | | | | 大类合计: | =Sum(Fields |

图 9.44　大类与小类名称设置

再把大类、小类的名称拖到它们对应的组头，如图 9.44 所示。预览效果，可以看到分类展示，如图 9.45 所示。报表已按类分开展产品情况。

| 大类 | 小类 | ID | 产品 | 颜色 | 成本 |
|---|---|---|---|---|---|
| Components | | | | | |
| | Road Frames | | | | |
| | | 680 | HL Road Frame - Black, 58 | Black | $1,059 |
| | | 706 | HL Road Frame - Red, 58 | Red | $1,059 |
| | | 717 | HL Road Frame - Red, 62 | Red | $869 |
| | | 718 | HL Road Frame - Red, 44 | Red | $869 |
| | | 719 | HL Road Frame - Red, 48 | Red | $869 |
| | | 720 | HL Road Frame - Red, 52 | Red | $869 |
| | | 721 | HL Road Frame - Red, 56 | Red | $869 |
| | | 722 | LL Road Frame - Black, 58 | Black | $205 |
| | | 723 | LL Road Frame - Black, 60 | Black | $205 |
| | | 724 | LL Road Frame - | Black | $205 |

图 9.45　报表预览

### 9.3.5 钻取功能

可以让用户以交互方式展开或折叠报表项，而对于表或矩阵，则可以展开或折叠与组关联的行和列。若要让用户能够展开或折叠某个项，只要设置该项的可见性属性。设置可见性在 HTML 报表查看器中有效，有时也称为“下钻”操作。在报表设计视图中，可以指定要显示展开和折叠切换图标的文本框的名称。在呈现的报表中，文本框中除了内容之外，还显示加号(+)或减号(-)。用户单击切换时，报表显示内容将相应刷新，以根据报表中各项的当前可见性设置显示或隐藏报表项。

通常，可见性切换的使用方式是最初仅显示摘要数据，让用户能够单击加号以显示详细信息数据。例如，可以一开始就隐藏显示图表的值的表，或隐藏包含嵌套行组或列组的表的子组，这与在明细报表中相同。

操作方法：右击第 2 级分组的组头行标签，选择“编辑组”，即可编辑小类分组。在“可见性”选项卡，设置初始为不可见，再设置由报表项 CategoryName 来确定可见性，如图 9.46 所示。

详细信息其实是一个默认的组，右击它的行标签，选择“编辑组”。类似地，在“可见性”选项卡，设置初始为不可见，再设置由报表项“SubcategoryName”来确定可见性，如图 9.46 所示。这会产生折叠的效果，单击大类的“+”就会展开显示小类。官方的说法叫“下钻”，如图 9.47 所示。

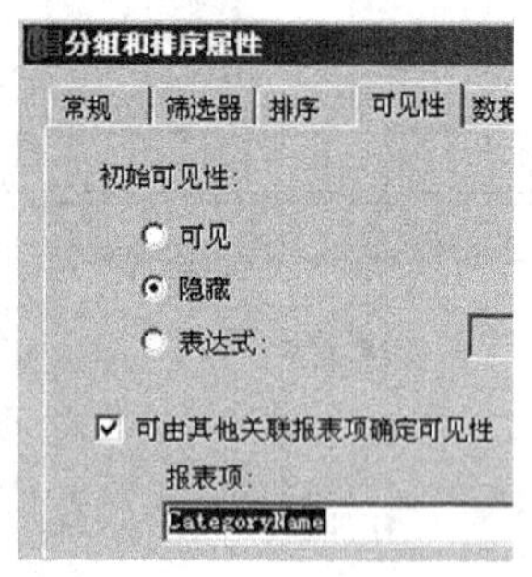


图 9.46 分组与排序属性

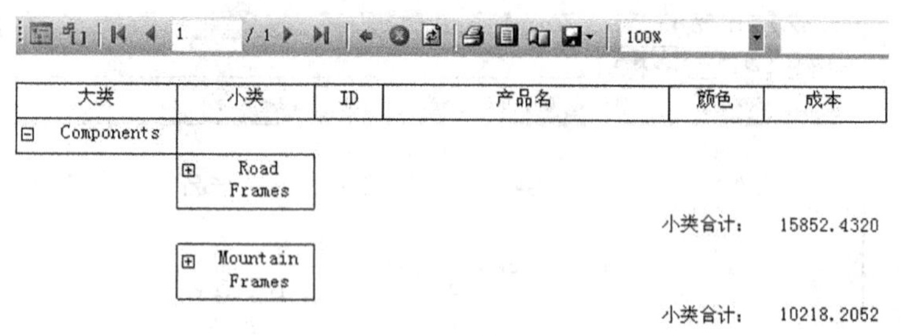


图 9.47 预览钻取效果

### 9.3.6 文档结构图

文档结构图提供了指向呈现报表中报表项的一组导航链接，用户通过单击文档结构图中的链接，可以跳至显示报表项的报表页。

若要向文档结构图添加链接，则需要将报表项的 DocumentMapLabel 属性设置为所创建的文本，或者设置为计算结果要在文档结构图中显示的文本的表达式。还可以向文档结构图添加表或矩阵组的唯一值。例如基于颜色的组，每个唯一颜色都是指向显示该颜色组实例的报表页的一个链接。对于嵌套组，文档结构图以层次结构显示组值。可以创建指向报表的覆盖文档结构图的 URL，这样就可以在运行报表时，不显示文档结构图，然后通过单击报表查看器工具栏中的“显示/隐藏”按钮，可切换到显示文档结构图。

操作步骤如下：

（1）编辑大类分组，在分组与排序属对话框中，在“文档结构图标签”中选择“=Fields!CategoryName. Value”，如图 9.48 所示。

（2）编辑小类分组，在“文档结构图标签”中选择“=Fields!SubcategoryName. Value”，如图 9.48 所示。这时预览就会有“文档结构图”了。工具栏最左边的按钮可切换是否显示文档结构图，如图 9.49 所示。

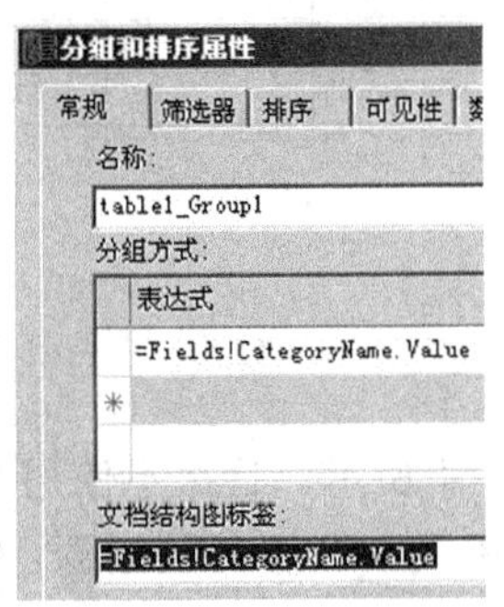


图 9.48　选择分档结构标志

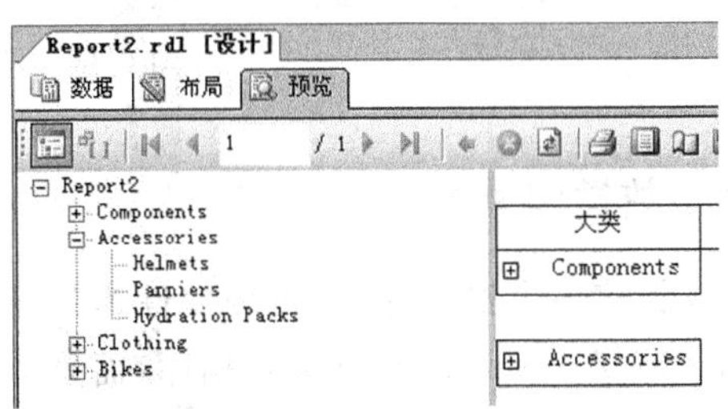


图 9.49　预览

单击文档结构图中的项，可以快速地定位到该项所在的页的页首。全部展开文档可达到 9 页。不过它就是要当作没展开时的一页，这就没法享受文档结构图带来的好处了。

## 9.4　矩阵式报表

利用报表项“矩阵”，可以自行设计一些复杂报表。Adventure Works Cycles 公司有 AdventureWorksDW 数据仓库存储了每种新产品的网络销售情况，记录了每种新产品的每个地区、每年、每季及每个月的各人订单数量，销售额及其他各种事实数据。

AdventureWorksDW 是一个数据仓库中的数据集，FactInternetSales 是其中一个事实表，主要记录公司网上销售的一些事实数据，如订单数量（字段：OrderQuantity），销售额（字段：SaleAmount），其中有些关键字段为：

- 产品 ID 号（ProductKey），对应维度表 DimProduct。
- 区域 ID 号（SalesTerritoryKey），对应维度表 DimSalesTerritory。
- 订单日期 ID 号（OrderDateKey），对应维度表 DimTime，可以产生年、季度、月。
- 客户 ID（CustomerKey）对应维度表 DimCustomer，可以产生客户的职业、名字。

现在要求查看每个客户职业的订单数量和销售额，这些职业的事实量按区域、年份、季度和月份分组展示，还要能查看单个年份、单个季度和单个区域报表统计，如图 9.50 所示。

这张表显示的是，各个国家的各种职业的客户，在每年、每季度、每月的订单数量和销售额情况。这里的职业数量是不确定的，如果有新的职业的客户下订单，那么这个表就会自动多出一个新的职业的列来。本节演示该报表制作过程。

| | | | | Clerical | | Management | | Manual | |
|---|---|---|---|---|---|---|---|---|---|
| 国家 | 年 | 季度 | 月 | 订单数量 | 销售额 | 订单数量 | 销售额 | 订单数量 | 销售额 |
| ⊞ Australia | 总计 | | | 1425 | $59,147.37 | 2966 | $68,665.21 | 845 | $57,161 |
| ⊟ Canada | ⊟ 2001 | ⊞ 3 | 总计 | 1 | $3,578.27 | 4 | $7,156.54 | | |
| | | ⊟ 4 | 10 | | | 2 | $3,476.63 | | |
| | | | 11 | | | 2 | $3,489.13 | | |
| | | | 12 | | | 2 | $3,578.27 | | |
| | | | 总计 | | | 6 | $10,544.03 | | |
| | | | 总计 | 1 | $3,578.27 | 10 | $17,700.57 | | |
| | ⊞ 2002 | | 总计 | 18 | $22,047.89 | 15 | $28,296.85 | 1 | $3,399 |

图 9.50　目标报表样式

## 9.4.1　数据集建立

(1) 新建一个报表项目，报表文件为“矩阵.rdl”，如图 9.51 所示。这次不使用共享数据源所对应的 AdventureWorks 数据库，而是为“矩阵.rdl”新建一个专用的数据源，连接数据集 AdventureWorksDW。

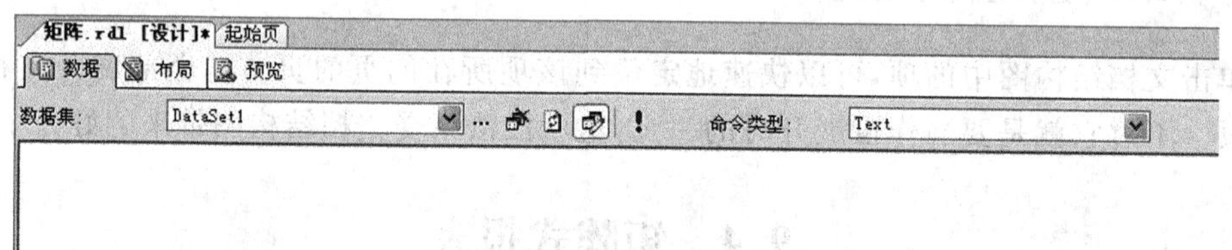


图 9.51　数据选项卡

(2) 在数据集中选择“新建数据集”，打开如图 9.52 对话框。在数据源中，不选择“AdventureWorks(共享)”，而是“新建数据源”。打开对话框“数据源”，如图 9.53。点击编辑，选择数据仓库数据库 AdventureWorksDW，确定返回到图 9.53 所示界面。单击“确定”按钮返回到图 9.52。

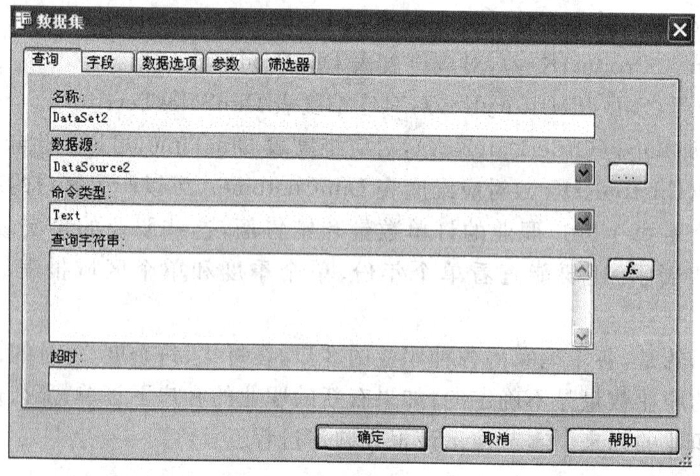


图 9.52　创建数据集对话框

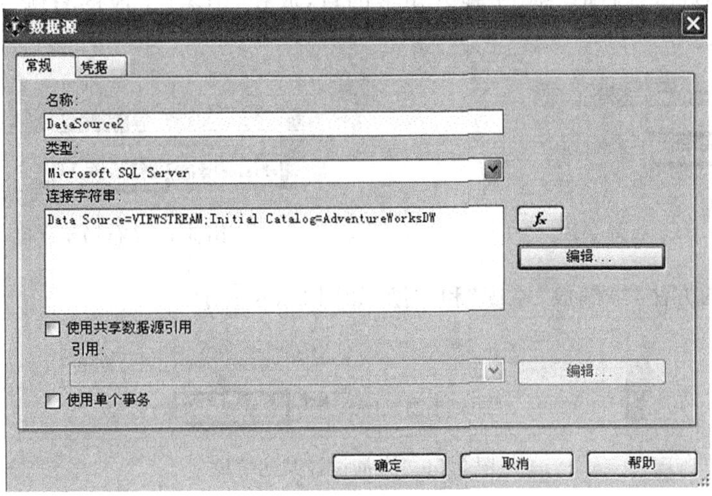

图 9.53　数据源连接对话框

(3) 在图 9.52 中设计如下查询语句，其主要得到不同职业的销售的订单量和销售额。将下列查询 SQL 语句放入查询字符串文本区。这样建立本报表项目的数据集。

```
SELECT
    DimSalesTerritory.SalesTerritoryCountry AS 国家,
    DimTime.CalendarYear AS 年,
    DimTime.CalendarQuarter AS 季度,
    DimTime.MonthNumberOfYear AS 月,
    DimCustomer.EnglishOccupation AS 职业,
    SUM(FactInternetSales.OrderQuantity) AS 订单数量,
    AVG(FactInternetSales.SalesAmount) AS 销售额
FROM DimSalesTerritory INNER JOIN
    FactInternetSales ON
    DimSalesTerritory.SalesTerritoryKey=FactInternetSales.SalesTerritoryKey
    INNER JOIN
    DimTime ON FactInternetSales.ShipDateKey=DimTime.TimeKey INNER JOIN
    DimCustomer ON
    FactInternetSales.CustomerKey=DimCustomer.CustomerKey
GROUP BY DimSalesTerritory.SalesTerritoryCountry, DimTime.CalendarYear,
    DimTime.CalendarQuarter, DimTime.MonthNumberOfYear,
    DimCustomer.EnglishOccupation
```

本 SQL 语句查询出数据集为：在不同国家的职业客户中，每年、季、月的订单数量及销售额。本节以此数据集来制作矩阵报表。

## 9.4.2　矩阵布局

(1) 切换到“布局”选项卡，先拖入一个报表项“矩阵”放入主体，再在数据集中把“国家”

字段放入矩形的行，然后把“年”字拖入矩形的行，放在“国家”字段的右侧。分别如图 9.54 和图 9.55 所示。

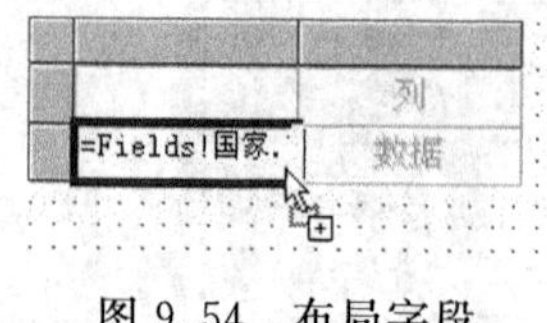


图 9.54　布局字段

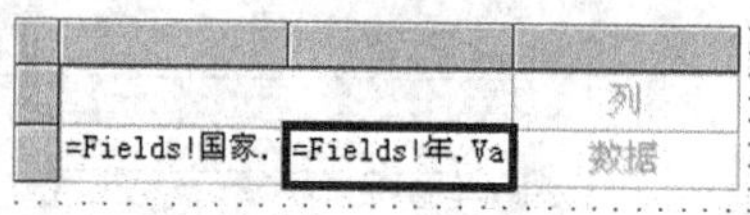


图 9.55　布局年字段

(2) 相同的方法，继续放“季度”和“月”，如图 9.56 所示。

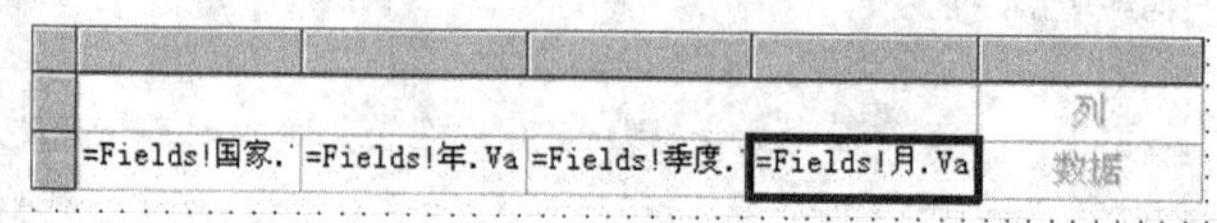


图 9.56　布局设计其他字段

(3) 调整一下宽度。再把“职业”拖入“列”单元格，再把“订单数量”和“销售额”拖入数据单元格，会自动增加单元格，“订单数量”和“销售额”的列标题也会自动加，其效果如图 9.57 所示。

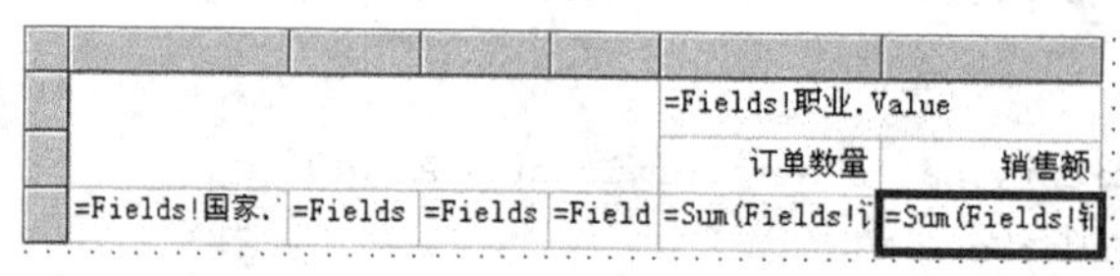


图 9.57　布局设计事实字段

(4) 对图 9.57，设置一下对齐、货币格式、边框，打开预览，其效果如图 9.58 所示。

|  |  |  |  | Clerical |  |  |
|---|---|---|---|---|---|---|
|  |  |  |  | 订单数量 | 销售额 | 订单数 |
| Australia | 2001 | 3 | 7 | 12 | $3,516.76 |  |
|  |  |  | 8 | 12 | $3,465.94 |  |
|  |  |  | 9 | 1 | $3,374.99 |  |

图 9.58　预览效果

## 9.4.3　矩形布局

根据图 9.58，其国家、年份、季度和月份没有标题，现在为国家、年、季度、月加上列标题。拖一个“矩形”(注意，这里不是“矩阵”)控件到最左上角的单元格，如图 9.59 所示。

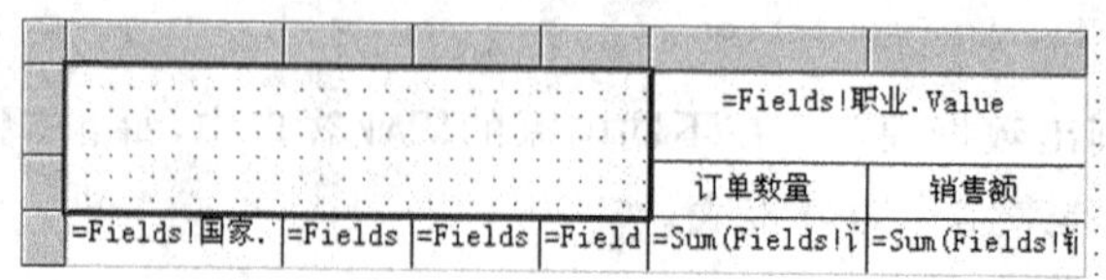


图 9.59　布局矩形

再拖 4 个文本框放入矩形控制，分别输入“国家”、“年”、“季度”和“月”，设置一下文本、大小、位置、边框，排版整齐，如图 9.60 所示。把职业那一行拉高了一些，在设计时就把它调高，才能让这几个文本框所见即所得地定位。可以采用手工修改文本框的 Location 和 Size 属性值，能保证线条精确地对齐。

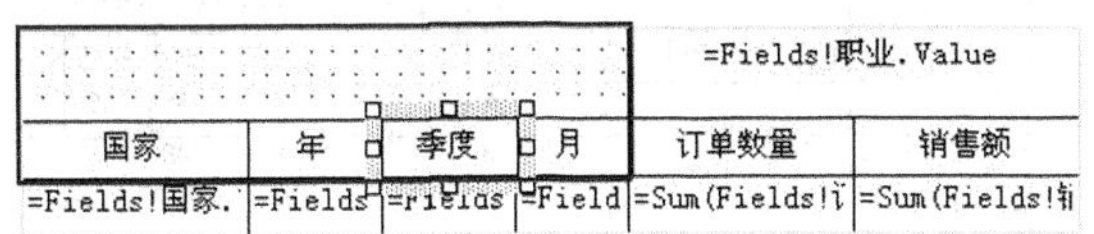


图 9.60　添加字段标题

## 9.4.4　折叠结构

为了能够按国家、年份和季度统计数量，并能体现钻取功能，需要分加按其三个字段分组，并能够折叠展示，其设计操作方法如下。

(1) 右击“年”的字段值单元格，选择“编辑组”。设置组的可见性，如图 9.61 所示。类似地，采用同样方法依次设置“季度”组、“月”组的可见性。

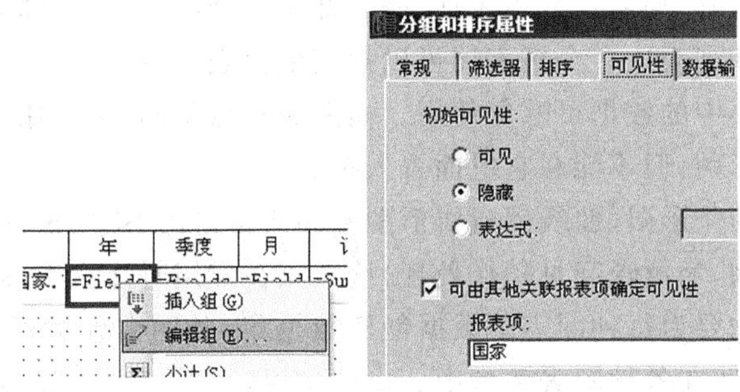


图 9.61　设计分组特征

(2) 右击“国家”的字段值单元格，选择“小计”，此操作将会对所有国家的销售情况进行求和，如图 9.62 所示。

(3) 类似地接着依次设置“年”组、“季度”组、“月”组的小计。最后对“职业”组进行小计，如图 9.63 所示。

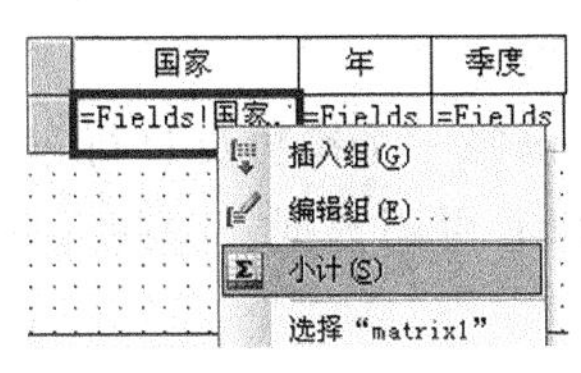


图 9.62　设计小计信息

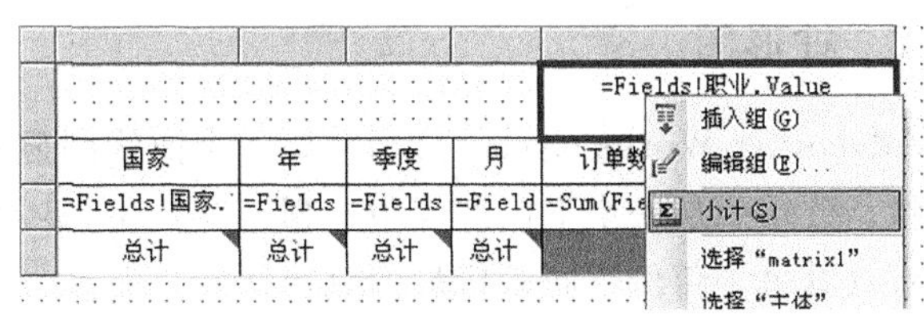


图 9.63　设计其他小计信息

预览，将会看到如图 9.64 所示的效果。

| | | | | Clerical | | Management | |
|---|---|---|---|---|---|---|---|
| 国家 | 年 | 季度 | 月 | 订单数量 | 销售额 | 订单数量 | 销售额 |
| ⊟ Australia | ⊟ 2001 | ⊟ 3 | 7 | 12 | 3516.7600 | 3 | 3578.2700 |
| | | | 8 | 12 | 3465.9400 | 18 | 2938.4540 |
| | | | 9 | 1 | 3374.9900 | 17 | 3396.9493 |
| | | | 总计 | 25 | 10357.6900 | 38 | 9913.6733 |
| | | ⊞ 4 | 总计 | 24 | 9501.2750 | 50 | 10668.0258 |
| | | | 总计 | 49 | 19858.9650 | 88 | 20581.6991 |
| | ⊞ 2002 | | 总计 | 88 | 24859.0884 | 215 | 31158.8788 |
| | ⊞ 2003 | | 总计 | 517 | 12856.3652 | 1141 | 13856.4296 |
| | ⊞ 2004 | | 总计 | 771 | 1572.9523 | 1522 | 3068.1975 |
| | 总计 | | | 1425 | 59147.3709 | 2966 | 68665.2050 |
| ⊞ Canada | 总计 | | | 834 | 33523.8716 | 1326 | 54361.3140 |
| ⊞ France | 总计 | | | 1793 | 57288.0382 | 327 | 28797.6266 |
| ⊞ Germany | 总计 | | | 1855 | 63905.9568 | 445 | 40621.4937 |

图 9.64 预览效果

## 9.5 统计图表

报表项与表格、矩阵、列表这些报表项一样，都是数据区域，这意味着图里数据集中的多条记录。表格、矩阵和列表这 3 个报表项可以把其他报表项置于一行、一列或一个列表区域中，这些区域对数据集中的数据可重复使用。而图表有点不同，它使用数据集中的记录创建条形图、曲线图或饼形图，但不能在它里面置入报表项。

注意，本章所有的条形图、曲线图或饼形图等图表都是由 SQL Server 2005 系统直接生成，由于本书单色印刷，为清晰起见稍作处理，请大家在应用时注意实际效果。

和矩阵类似的，先要为每种图表的数据创建数据集，并明白什么样数据是适用此图表。这里把图表的知识分散在各种图表类型中。也就是说，只看一种图表类型的说明，并不能完全掌握那一种图表类型。

### 9.5.1 图表元素

图表各部分的名称，见图 9.65。了解图表的名称，有利于对设置图表属性。需要记住：标题、类别标签、序列标签、图例。

### 9.5.2 柱形图

Adventure Works Cycles 公司需要一个曲线图显示指定年份每一个销售员自行车的销售额量。公司想从一个下拉列表中选择一个年份，显示哪些年份有可用数据。除此之外，公司还想查看每个年份不同销售员的总销售额。

#### 1. 新建报表项目

打开 Business Intelligence Development Studio 并打报表服务项目 ReportDemo。在“解决方案资源管理器”窗口右击“文件夹”，从上下文菜单中选择“添加”选项，再选择“新建项”，弹出“新建项”对话框。在对话框中的模板中选择“报表”，报表项目名称为“图

表 1. rdl”。这样建立一个报表项目“图表 1. rdl”。

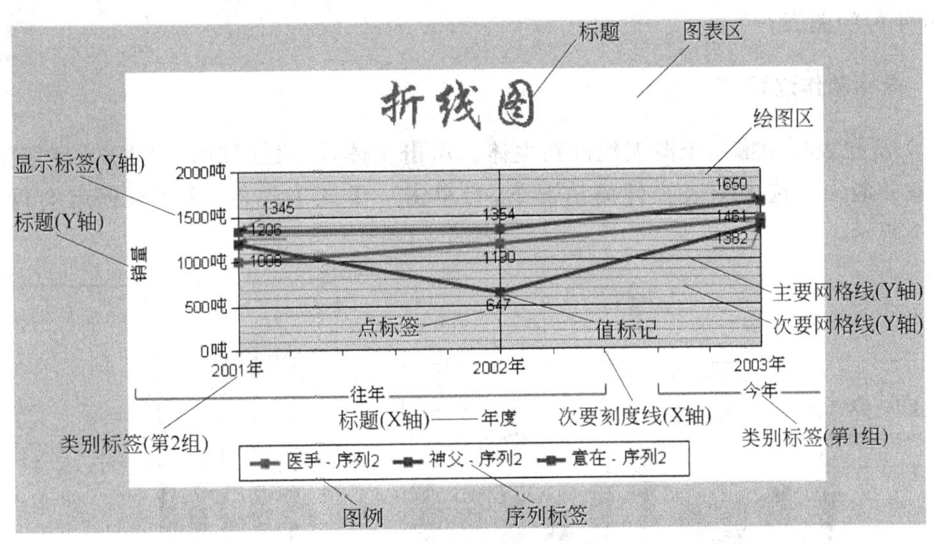


图 9.65　图元素的名称

**2. 建立数据集**

双击报表项目“图表 1. rdl”,打开报表项目。在“数据”选择卡中,选择数据集中的“新建数据集”,根据数据源 AdventureWorks,利用以前的方法根据下列 SQL 语句建立数据集。数据集名称为默认的 DateSet1。

此数据集就是提取每个销售员各年的总的销售额,并能够提取姓名及其性别。其 SQL 代码如下:

```
SELECT Person.Contact.FirstName AS 销售员, SUM(Sales.SalesOrderHeader.SubTotal)
    AS 销售额, YEAR(Sales.SalesOrderHeader.OrderDate) AS 年,
    CASE HumanResources.Employee.Gender WHEN N'F' THEN N'女' WHEN N'M' THEN N'男'
    ELSE N'妖' END AS 性别
FROM Sales.SalesPerson INNER JOIN
    HumanResources.Employee ON
    Sales.SalesPerson.SalesPersonID=HumanResources.Employee.EmployeeID INNER JOIN
    Person.Contact ON
    HumanResources.Employee.ContactID=Person.Contact.ContactID INNER JOIN
    Sales.SalesOrderHeader ON
    Sales.SalesPerson.SalesPersonID=Sales.SalesOrderHeader.SalesPersonID
GROUP BY Person.Contact.FirstName,
YEAR(Sales.SalesOrderHeader.OrderDate),
    HumanResources.Employee.Gender
```

**3. 目标图例**

目标图是一个较为简单易懂的图表。由销售员和销售额构成的二维图表如图 9.66 所

示。该图表演示 2001 年不同销售员的销售额情况,并且希望提供参数化选择不同年份,得到不同年份的图表。

**4. 图标制作过程**

(1) 从报表项中拖一个图表控件到主体。单击主体,图表控件的"将 XXX 字段拖至此处"框就会消失。选中图表控件的情况下,再单击一下图表控件,这些框框就会再现,如图 9.67 所示。

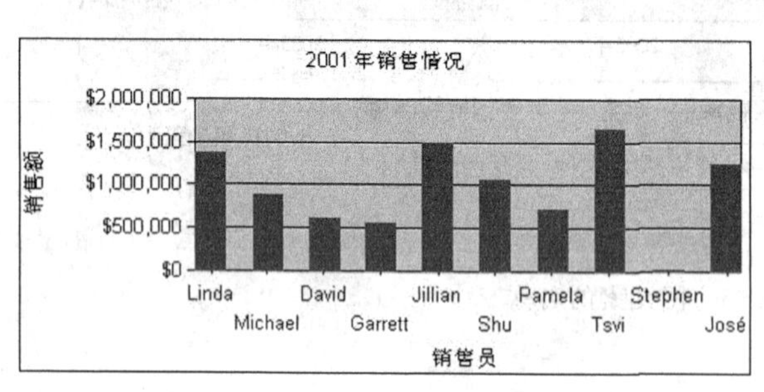


图 9.66 本例的效果

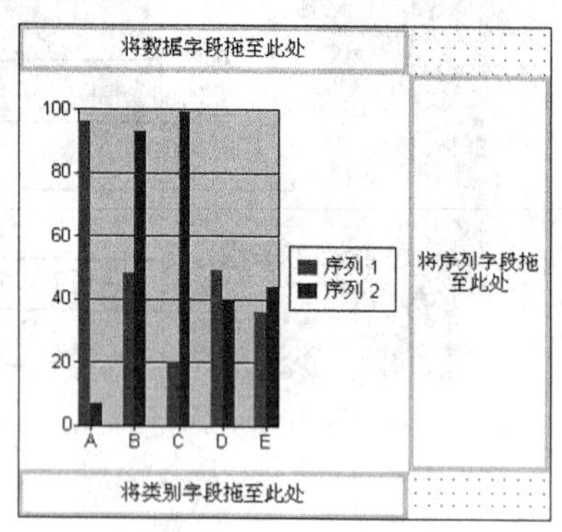


图 9.67 柱图设计界面

(2) 把销售额字段拖到数据处,把销售员字段拖到类别处。当字段拖到主体上方时,图表的那些框框会消失,不要释放,继续拖到图表上方,那些框框就会再现,如图 9.68 所示。

(3) 适当地调整一下图表的大小。右击图表,选择属性。给图表输入标题,在这里可以改变图表类型。在这里使用默认的"柱形图"。还可以改变"子图表类型",还是使用默认的柱形图,如图 9.69 所示。

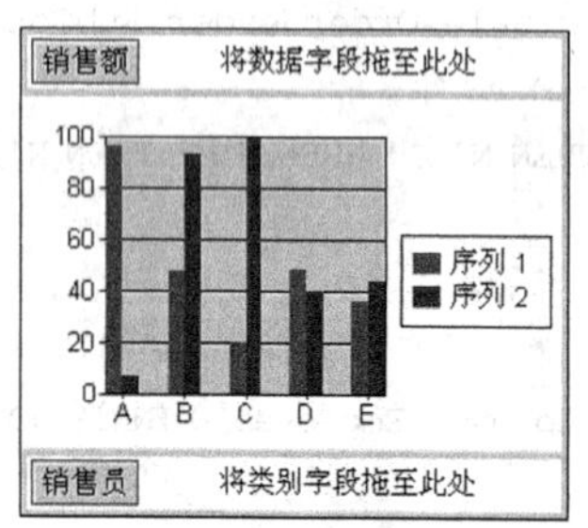


图 9.68 设计图的 X 轴与 Y 轴

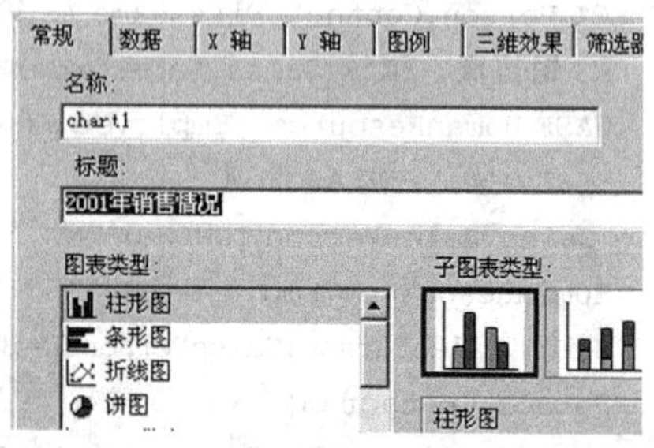


图 9.69 设计图的常规属性

(4) 在 X 轴选项卡输入 X 轴的标题。旁边的颜料桶按钮可以设置标题的样式,如图 9.70 所示。

(5) 在 Y 轴选项卡输入标题,并设置标签格式代码,如图 9.71 所示,如果格式代码设为"人民币 #,0 块钱",也能被正确地解释。

(6) 在图例选项卡取消选中"显示图例",如图 9.72 所示。

(7) 在筛选器选项卡设置只选 2001 年的数据,如图 9.73 所示。

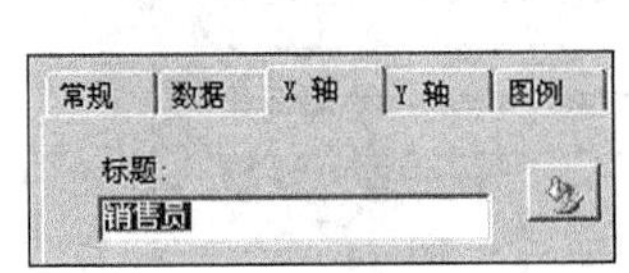

图 9.70　X 轴标题设置

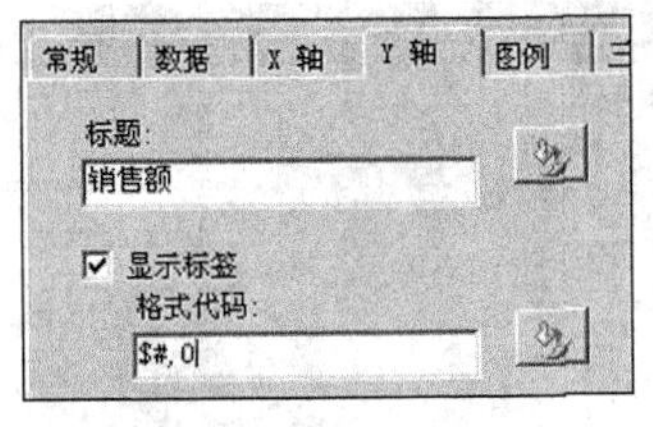

图 9.71　设置 Y 轴属性

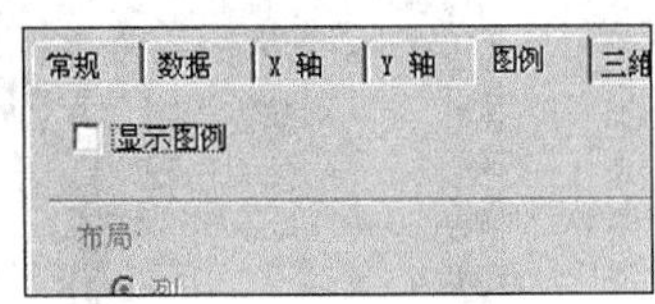

图 9.72　设置图例

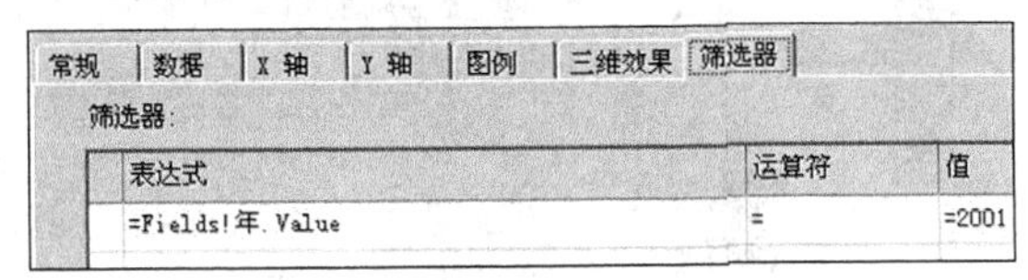

图 9.73　设置筛选器

(8) 预览效果如图 9.74 所示。该图表显示是指定的年份的各销售员的销售额状况，若需要提供用户具有交互的年份选择的图表，需要设计出参数图表。见下一部分设计过程。

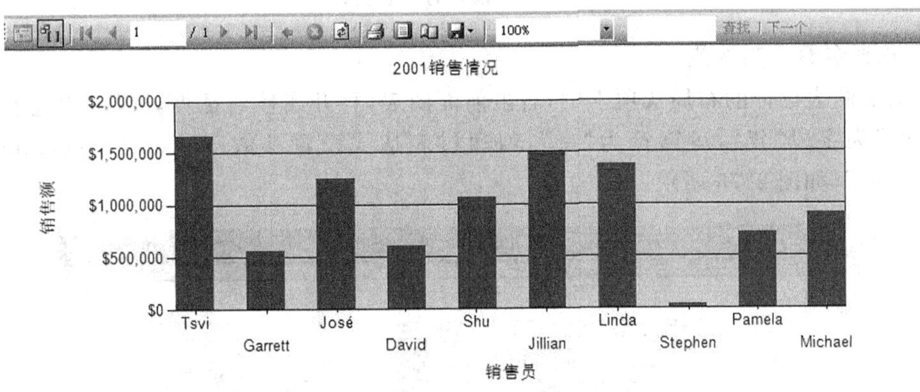

图 9.74　预览效果

**5. 参数图表**

本节制作的图表显示如图 9.74 柱形图。但是，如果该图表带有参数，能够通过从一个下拉列表中选择一个年份，则能显示不同的年份各销售员的销售额柱形图表。

1) 创建参数

在布局选项卡，单击“报表”→“报表参数”命令，弹出“报表参数”对话框。单击“添加”按钮，名称改为 Year，数据类型为 Integer，提示一栏中输入“选择年份”。

在“可用值”选择区中选中“来自查询”单选按钮。在数据集下拉列表中选择 DataSet1。值字段下拉列表选择“年”，此选择使该值传递报表参数。标签字段选择“年”，确定下列显示的内容。

默认值选择“无查询”，在文本框输入 2001，整个对话框最后如图 9.75。单击“确定”按钮，报表参数创建完毕。

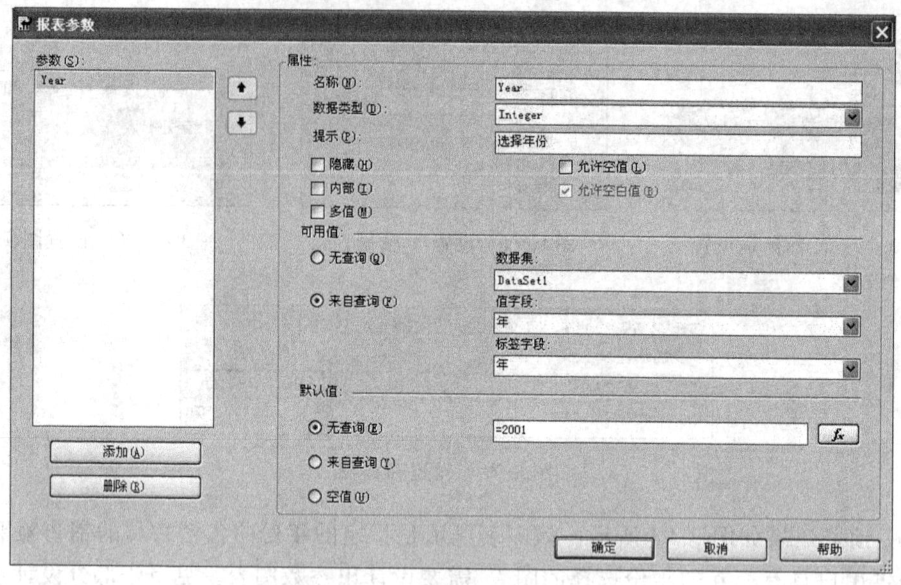


图 9.75 报表的参数设置

2）选择参数作筛选值

在前面图表设计的布局选项卡中，右击前面图表，打开属性对话框，选择“筛选器”对话框，表达式为字段“年”，运算符为“=”，值通过表达式设置参数 Year，即“=Parameters! Year. Value”，如图 9.76 所示。

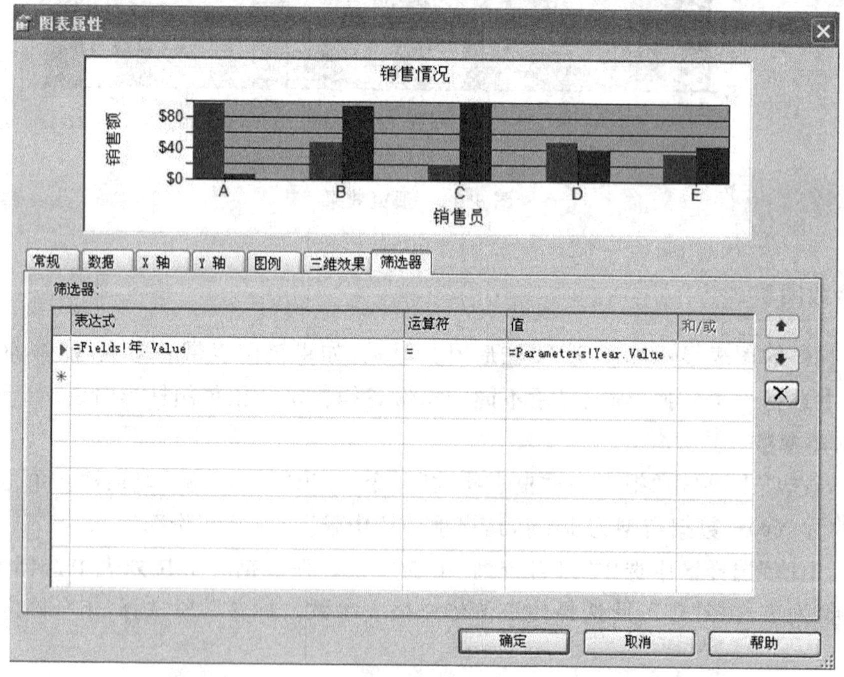


图 9.76 “图表属性”对话框

3）预览

选择“预览”选项卡，如图 9.77 所示，它没有选择参数，而是使用默认的 2001。在选择年份下拉列表中选择 2004，再单击“查看报表”按钮，这时会显示 2004 年的图表。

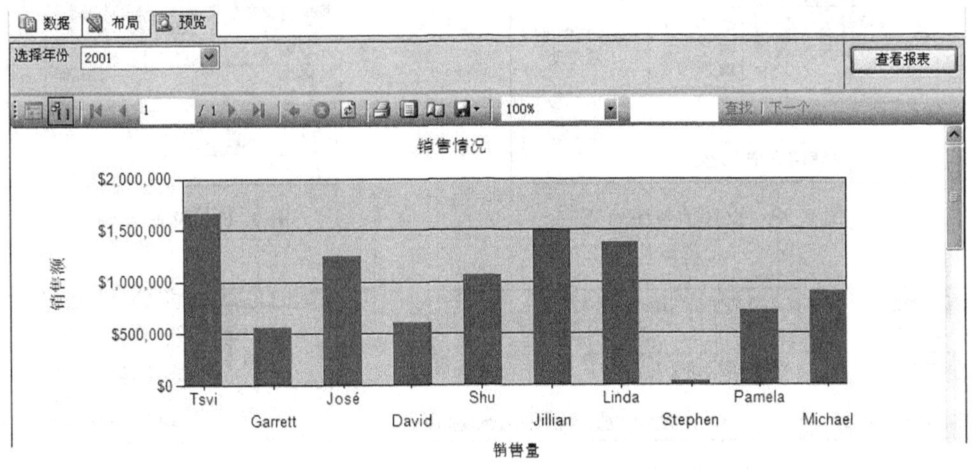


图 9.77　预览

### 6. 展示各年的图表

现演示以各年份的不同销售员的销售额的柱形图，如图 9.78 所示。在本图形中，增加一个年度维，并且以“年”字段来做 X 轴，展示不同的销售人员的销售额。

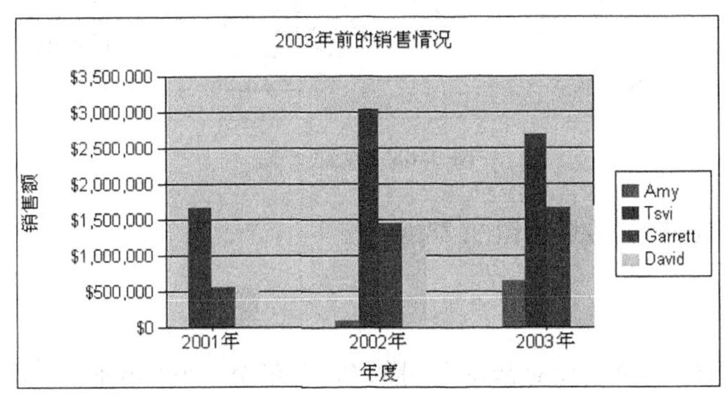


图 9.78　目标效果

操作步骤如下：

(1) 再拖一个图表控件到主体。把要用的字段拖到它们该去的地方，如图 9.79 所示。

(2) 给图表设置标题，给 Y 轴设置标题和格式代码。给 X 轴设置标题和格式代码，如图 9.80 所示。

(3) 设置筛选器，使年份值为小于或等于 2003，销售员只是指定几个，如图 9.81 所示。In 运算符后面的值必须是字符串类型。Split(" ", (,))产生若干字符串的函数。

(4) 在数据选项卡，单击“类别组”的“编辑”。设置类别按年升序排序，如图 9.82 所示。

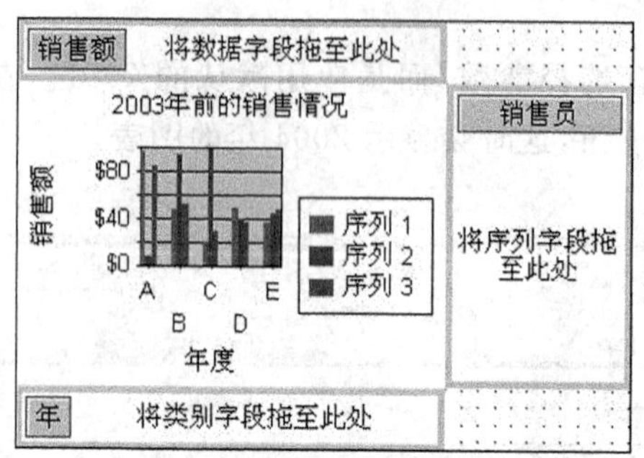


图 9.79 设置轴与序列

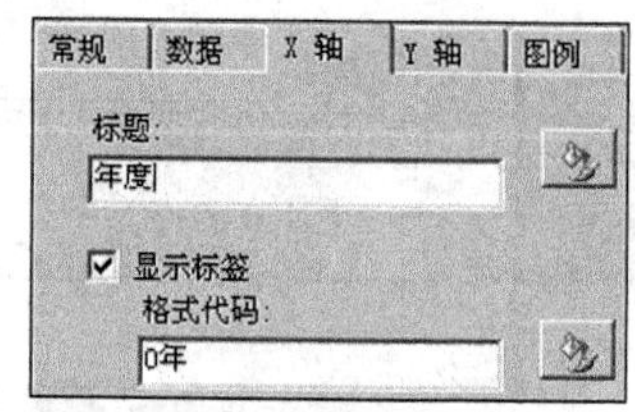


图 9.80 设置 X 轴

常规 | 数据 | X 轴 | Y 轴 | 图例 | 三维效果 | 筛选器

筛选器:

| 表达式 | 运算符 | 值 |
|---|---|---|
| =Fields!年.Value | <= | =2003 |
| =Fields!销售员.Value | In | =Split("Amy,Tsvi,Garrett,David",",") |

图 9.81 设置筛选器

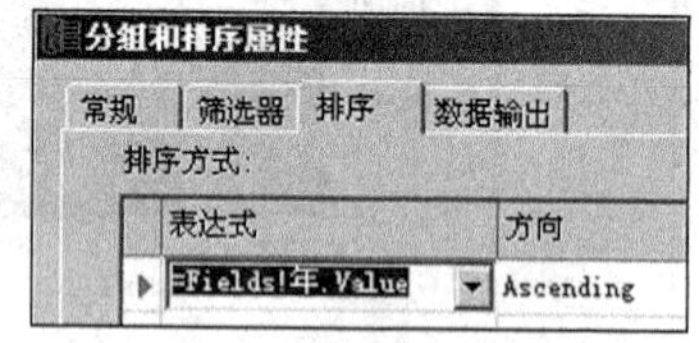


图 9.82 设置排序

(5) 设置 X 轴和 Y 轴的标题,及相应的格式代码,如图 9.83 所示。

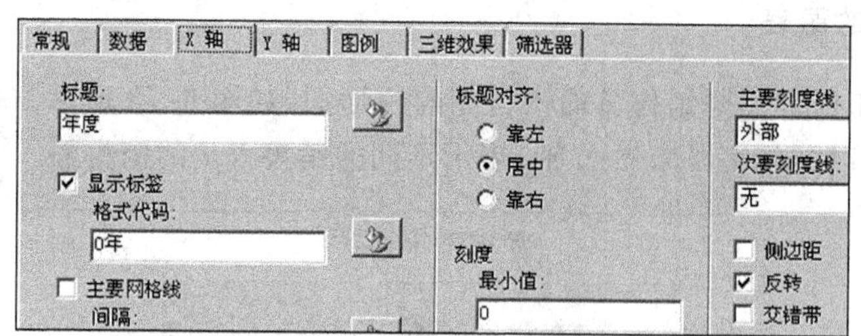


图 9.83 设置 X 轴

(6) 预览图表效果,其结果如图 9.78 所示。

### 9.5.3 折线图

本节展示折线图,本节主要是演示公司的 2001 年至 2002 年不同销售人员的销售额的走势,采用折线图表的方式展示,如图 9.84 所示。本节数据源为 AdventureWorkes,数据集需要月份字段。

操作步骤如下:

(1) 新建一个数据集,数据源为 AdventureWorkes,数据集的 SQL 代码如下:该数据集增加一个 SELECT 内容"MONTH(Sales.SalesOrderHeader.OrderDate) AS 月"和排序句"ORDER BY 年,月"。

(2) 再拖一个图表到主体。如图 9.85 所示,把各字段拖到如下图所示的位置,把销售额拖至数据字段,销售员拖拉序列字段位置,先拖拉年至类别字段位置,再拖拉月至类别字段位置。

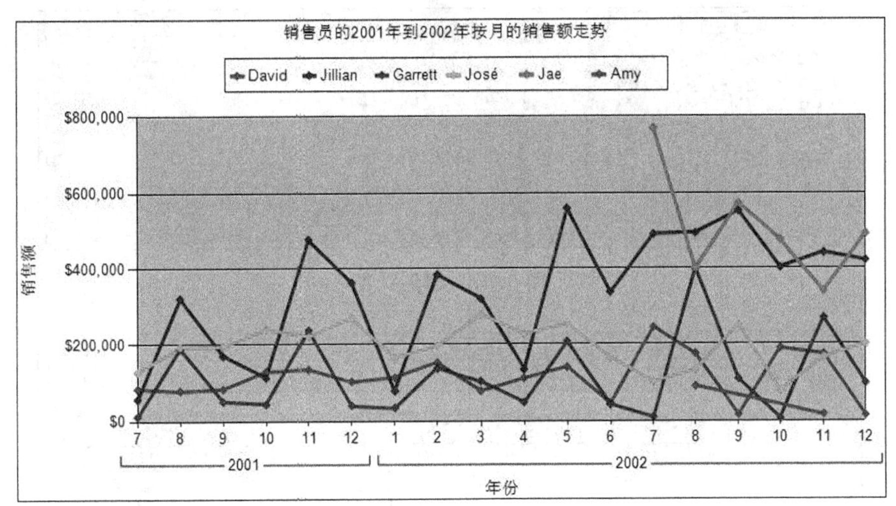


图 9.84　最终折线图效果

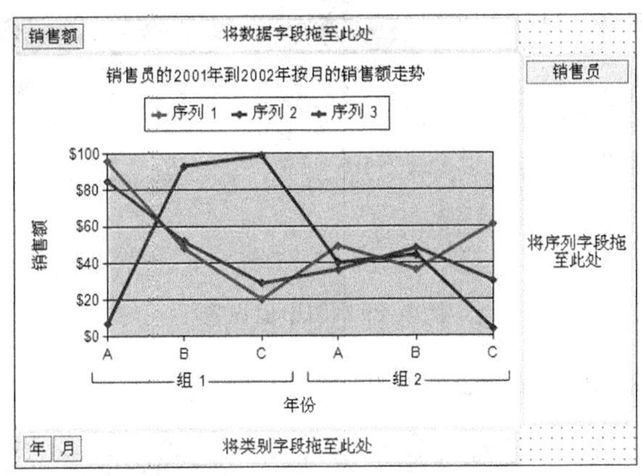


图 9.85　设置轴参数

(3) 右击图表,选择“属性”,弹出属性对话框,在对话框中选择图表类型改为“折线图”。设置筛选器,如图 9.86 所示。

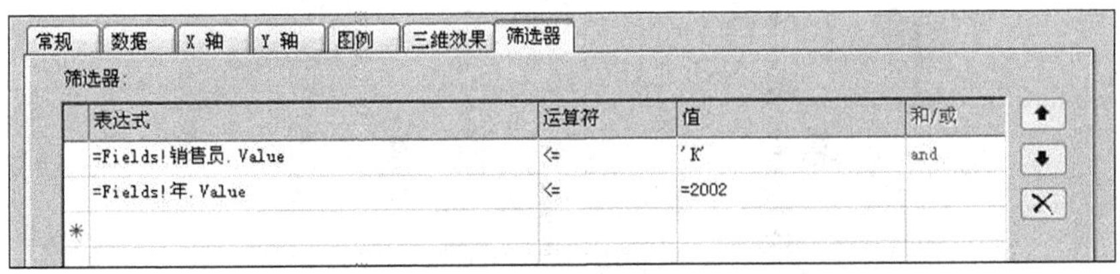


| 表达式 | 运算符 | 值 | 和/或 |
|---|---|---|---|
| =Fields!销售员.Value | <= | 'K' | and |
| =Fields!年.Value | <= | =2002 | |
| * | | | |

图 9.86　筛选器的条件

(4) 设置图例的布局和位置,如图 9.87 所示。

(5) 在表属性的“数据”选项卡,点击“值”的“编辑”按钮,如图 9.88 所示。

(6) 在“值”项卡的序列标签输入一些文字,如图 9.89 所示。

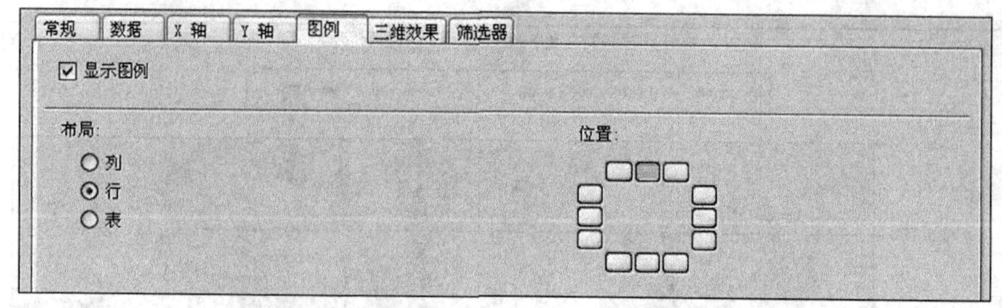


图 9.87　图例设置

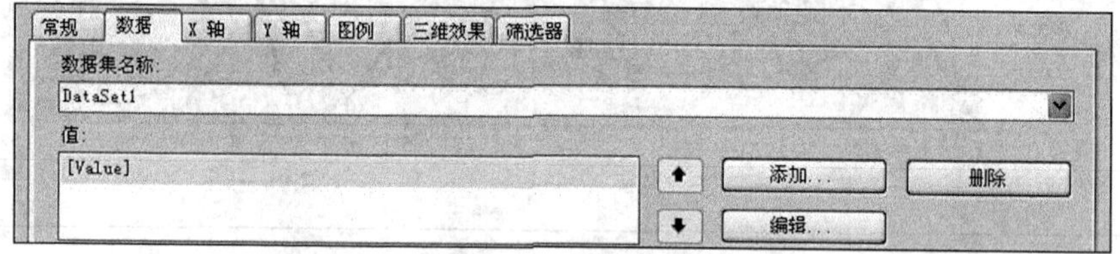


图 9.88　数据编辑

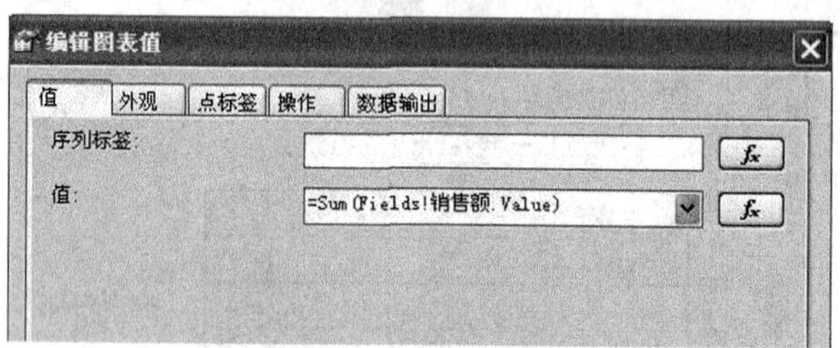


图 9.89　图中值设置

(7) 按下图设置标记的外观,如图 9.90 所示。

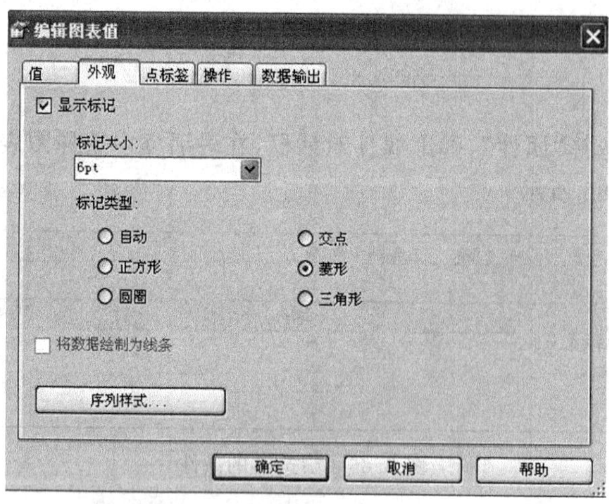


图 9.90　编辑图的外观

(8) 最后调整图例的宽度和位置,使图表的最效果更传佳,如图 9.91 所示。

最终的预览效果如图 9.92 所示。

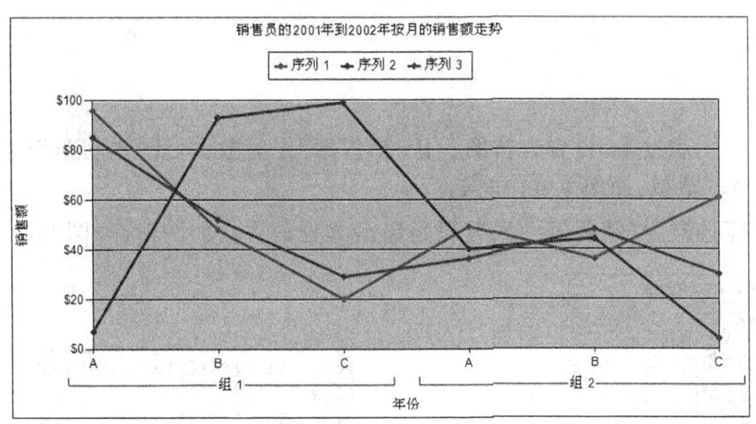


图 9.91　图例位置调整效果

```
SELECT Person.Contact.FirstName AS 销售员,
    SUM(Sales.SalesOrderHeader.SubTotal) AS 销售额,
    YEAR(Sales.SalesOrderHeader.OrderDate) AS 年,
    MONTH(Sales.SalesOrderHeader.OrderDate) AS 月,
    CASE HumanResources.Employee.Gender WHEN N'F' THEN N'女' WHEN N'M' THEN N'男'
    ELSE N'妖' END AS 性别
FROM Sales.SalesPerson INNER JOIN
    HumanResources.Employee ON
    Sales.SalesPerson.SalesPersonID=HumanResources.Employee.EmployeeID INNER JOIN
    Person.Contact ON
    HumanResources.Employee.ContactID=Person.Contact.ContactID INNER JOIN
    Sales.SalesOrderHeader ON
    Sales.SalesPerson.SalesPersonID=Sales.SalesOrderHeader.SalesPersonID
GROUP BY Person.Contact.FirstName, YEAR(Sales.SalesOrderHeader.OrderDate),
    HumanResources.Employee.Gender, MONTH(Sales.SalesOrderHeader.OrderDate)
ORDER BY 年, 月
```

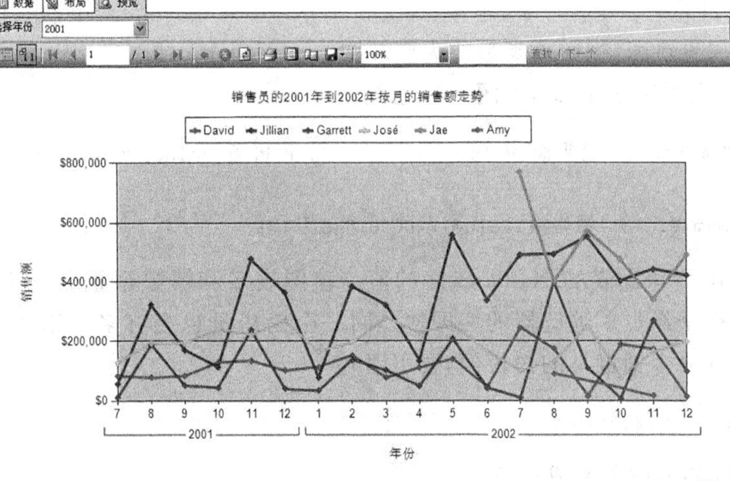


图 9.92　预览效果

### 9.5.4 饼图

操作步骤如下：

(1) 拖一个图表过来，设置为饼图。让“销售额”作为数据，让“销售员”作为类别。这里不加序列，这些更美观，如图 9.93 所示。

(2) 设置筛选器为“销售员<'K'”，只是展示部分销售员的图形，如图 9.94 所示。

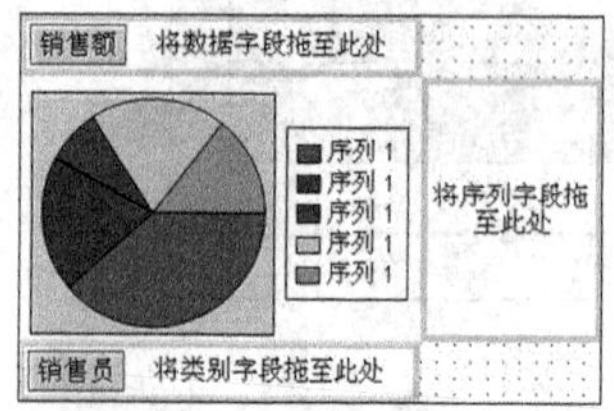


图 9.93 饼图轴及数据设置

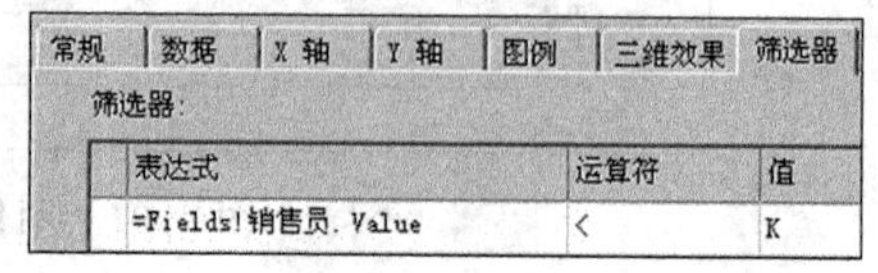


图 9.94 筛选器的表达式

(3) 再设置一些标题，规格大小。预览效果如图 9.95 所示。

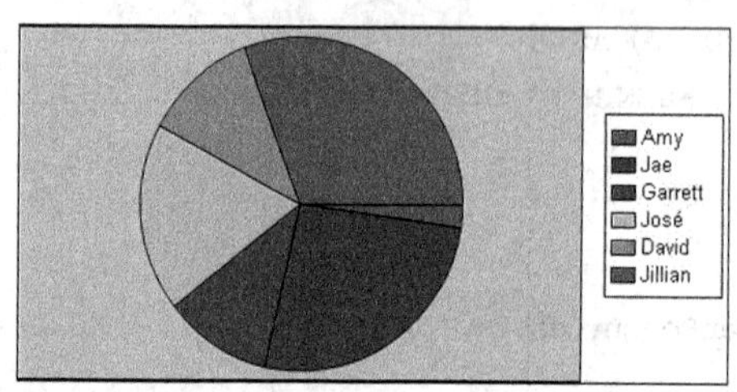


图 9.95 效果图

图 9.96 图表编辑

### 9.5.5 圆环图

随着饼图的小块数的增加，靠近圆心部分的线条就会越密集。这样靠近圆心部分已经成为一种干扰。圆环图则显得有优势。

操作步骤如下：

(1) 复制一份饼图，把图表类型改为圆环图。

(2) 设置一下它的点标签，如图 9.96 所示。

```
=Format(Sum(Fields!销售额.Value)/Sum(Fields!销售额.Value, "chart6"),"0.0%")
& vbcrlf
& Format(Sum(Fields!销售额.Value)/10000,"(0万)")
```

其中 chart6 为该图表的 Name 属性的值。填图表名和填数据集名是不一样的。因为图表范围的数据是经过了筛选器的。即使是同一个销售员也会有多个销售额，因为有多个年度。所以统计一个销售员的销售额，要用语句

```
Sum(Fields!销售额.Value)
```

(3) 把点标签的颜色改成白色。

(4) 预览效果如图 9.97 所示。

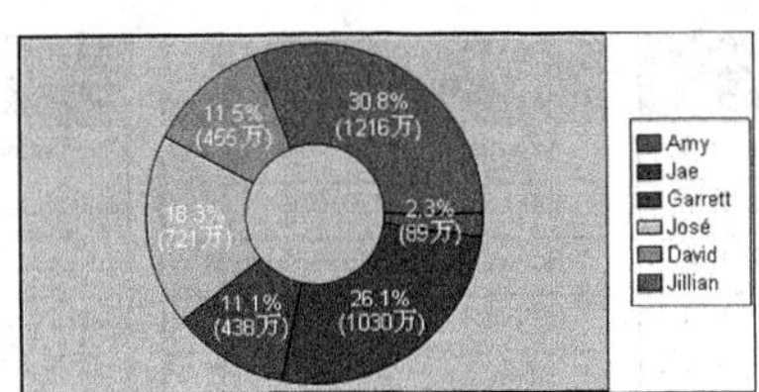


图 9.97 预览

## 9.6 主体的多列

数据库 AdventureWorks 中,有一个表 Person.Contact,其保存公司的通信联系信息,现采用报表方式制作通讯录。

操作步骤如下:

(1) 新建一个报表"多列.rdl"。用下面的语句创建数据集,其数据源仍为 AdventureWorks。

```
SELECT TOP (100) FirstName, Phone
                        FROM Person.Contact
```

(2) 把主体调得只有 5cm 宽。设置主体为 3 列,列间距为 0.2cm,如图 9.98 所示。

(3) 在主体上放一个表,如图 9.99 所示。

(4) 设置表属性,让表头在每一页上重复,如图 9.100 所示。

(5) 直接预览看不出什么效果来。单击"打印布局"按钮,再调整缩放为 100%,如图 9.101 所示。

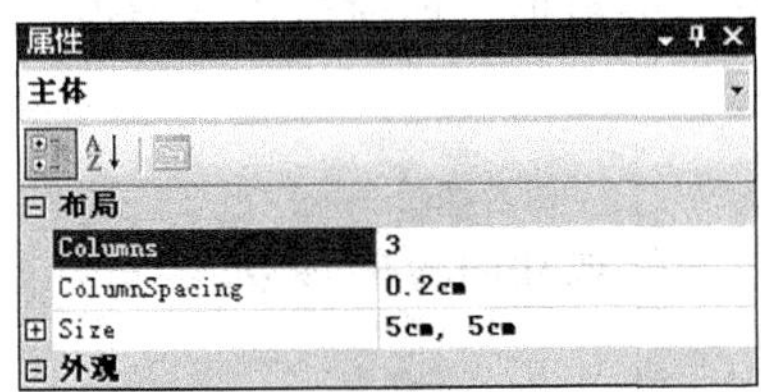


图 9.98 主体属性

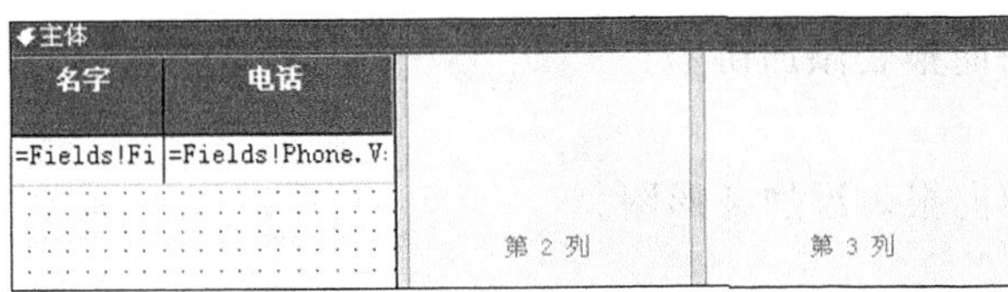


图 9.99 主体布局

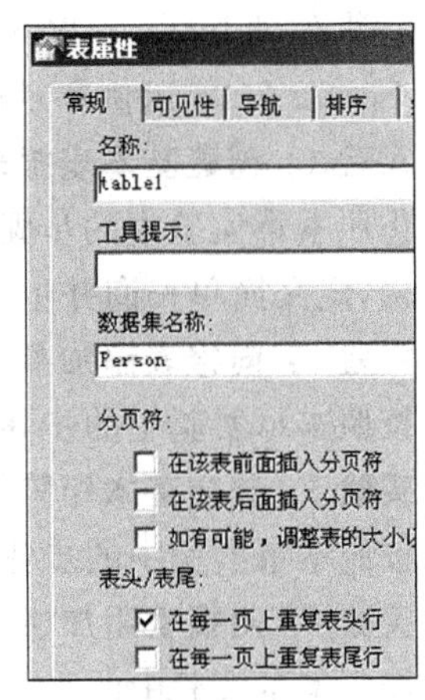


图 9.100 表属性设置

图 9.101 打印布局按钮

其效果如图 9.102 所示。

| 名字 | 电话 |
|---|---|
| Gustavo | 398-555-0132 |
| Catherine | 747-555-0171 |
| Kim | 334-555-0137 |
| Humberto | 599-555-0127 |
| Pilar | 1 (11) 500 555-0132 |
| Frances | 991-555-0183 |
| Margaret | 959-555-0151 |

| 名字 | 电话 |
|---|---|
| Ramona | 327-555-0148 |
| Sabria | 922-555-0193 |
| Hannah | 500-555-0134 |
| Kyley | 717-555-0131 |
| Tom | 883-555-0177 |
| Thomas | 226-555-0146 |
| John | 149-555-0113 |

| 名字 | 电话 |
|---|---|
| Glenna | 1 (11) 500 555-0113 |
| Shaun | 396-555-0187 |
| John | 521-555-0195 |
| Christopher | 1 (11) 500 555-0132 |
| Bradley | 1 (11) 500 555-0127 |
| | |

图 9.102 通讯记录效果

## 9.7 小 结

本章主要介绍报表功能及其常用报表内容制作过程。其内容主要围绕 SQL Server 2005 中报表制作功能及服务体系进行介绍，包括报表结构、报表传递方式及其报表软件系统的体系结构。本章最重要内容是介绍报表制作过程，主要是向导制作报表、编制报表、矩阵形式自由制作方式，还有各种统计图表制作方式。

本章使用的数据可以是传统的关系数据库，还可以是数据仓库数据。本章操作实例中采用 SQL Server 2005 自带的示例数据库。作为一般报表制作过程介绍，本数据没有过多强调数据仓库的数据，其制作过程与数据关系不大。

## 9.8 实 验

安装有 AdventureWorks 数据库的 Microsoft SQL Server 2005。必须先下载并安装 SQL Server 2005 示例和示例数据库，才能对其进行查看或使用。

**实验 1：创建基本表报表。**

仿照本章实验中的步骤来学习如何创建第一个报表。如何使用报表设计器来创建数据源连接，定义简单查询并生成包含数据的布局。

**实验 2：向报表添加参数。**

按照本章实验中的步骤来学习添加控制报表外观和内容的参数。

**实验 3：创建基本矩阵报表。**

按照本章实验中的步骤学习如何创建包含矩阵的报表。

**实验 4：向报表添加饼图。**

按照本章实验中的步骤学习如何向报表添加饼图。

**实验 5：向报表添加条形图。**

按照本章实验中的步骤学习如何向报表添加条形图。

# 参考文献


[1] Simitsis A, Vassiliadis P, Sellis T. Logical Optimization of ETL Workflows[J]. IEEE Transaction on Knowledge and Data Engineering, 2006, 17(10): 150-161.

[2] Vassiliadis P, Simitsis A, Skiadopoulos S. Conceptual Modeling for ETL Processes[J]. Proc. 5th ACM Int'l Workshop on Data Warehousing and OLAP, 2002: 14-21.

[3] Inmon W H. Building the Data Warehouse (Second Edition) [M]. New York: John Wiley & Sons, 1999.

[4] Simitsis A. Mapping Conceptual to Logical Models for ETL Processes[J]. Proc 8th ACM Int'l Workshop on Data Warehousing and OLAP, 2005: 67-76.

[5] Simitsis A, Vassiliadis P, et a1. State-Space Optimization of ETL Workflows[J]. IEEE Transactions on Knowledge and Data Eng, 2005, 17(10): 1404-1419.

[6] Simitsis A, Vassiliadis P. A Methodology for the Conceptual Modeling of ETL Processes[J]. Proc. Decision Systems Eng., 2003: 305-316.

[7] Simitsis A, Vassiliadis P, et a1. Optimizing ETL Processes in Data Warehouses. Proc 21 st IEEE Int'l Conf. Data Eng., 2005: 1084-4627.

[8] Ralph Kimball, Joe Caserta. The data warehouse ETL toolkit[M]. Wiley Publishing, 2004.

[9] Joy Mundy, Warren Thomthwaite, Ralph Kimball. The Microsoft data warehouse toolkit: with SQL Server 2005 and the Microsoft Business Intelligence Toolset[M]. John Wiley & Sons, 2006: 131-162.

[10] Business Intelligence and Data Warehousing Technology Center. Data Profiling and Automated Cleansing Using Oracle Warehouse Builder 10g Release 2[DB/OL]. http://www.oracle.com/technology/pub/articles/rittman-owb.html.

[11] 陈京民. 数据仓库原理、设计与应用[M]. 北京：中国水利水电出版社，2004.

[12] 赵卫东. 商务智能[M]. 北京：清华大学出版社，2009.

[13] 陈志泊，等. 数据仓库与数据挖掘[M]. 北京：清华大学出版社，2009.

[14] 苏新宁，等. 数据仓库和数据挖掘[M]. 北京：清华大学出版社，2006.

[15] 陈文伟. 决策支持系统教程[M]. 北京：清华大学出版社，2004.

[16] 宁正元，等. 统计与决策常用算法及其实现[M]. 北京：清华大学出版社，2009.

[17] Dorian Pyle. 业务建模与数据挖掘[M]. 杨冬青，马秀莉，唐世渭，等译. 北京：机械工业出版社，2005.

[18] Joy Mundy, Warren Thornthwaite，等. 数据仓库工具箱[M]. 闫雷鸣，冯飞，等译. 北京：清华大学出版社，2007.

[19] Brian Larson. Microsoft SQL Server 2005 商务智能实现[M]. 赵志恒，武海峰译. 北京：清华大学出版社，2008.

[20] 陈永杰. SAP 商务智能完全解决方案[M]. 北京：机械工业出版社，2008.

[21] 胡孔法，董逸生，陈崚. 数据仓库中一种基于维层次编码的位图索引方法[J]. 东南大学学报(自然科学版)，2005，35(2)：171-177.

[22] 杨科华，刘胜钢. 基于语义的 OLAP 查询优化策略[J]. 湖南大学学报(自然科学版)，2009，36(6)：63-66.

[23] 琚春华，梅铮，刘东升．一种基于粗糙等价类的商业数据预处理方法[J]．小型微型计算机系统，2009，30(5)：955-958.

[24] 刘云霞．数据归约的统计方法研究及应用：[博士学位论文]．厦门：厦门大学，2007.

[25] 李芸，李青山．基于约束的最大频繁项集挖掘算法[J]．计算机工程与应用，2007，43(17)：160-163.

[26] 瞿彬彬，卢炎生．基于粗糙集的快速属性约简算法研究[J]．计算机工程，2007，33(11)：7-9.

[27] 邹瑞芝．基于粗糙集的分类算法研究：[硕士学位论文]．长沙：长沙理工大学，2009.

[28] 杨学兵，张俊，李猛．决策树算法及其核心技术[J]．计算机技术与发展，2007，17(1)：43-45.

[29] 李敏．基于属性的粗糙集在数据挖掘中的应用[J]．哈尔滨商业大学学报(自然科学版)，2008，24(1)：88-90.

[30] 王鑫，王洪国，王瑶，等．数据挖掘中聚类方法比较研究[J]．计算机技术与发展，2006，16(10)：20-25.

[31] 郑岩，等．数据仓库与数据挖掘原理及应用[M]．北京：清华大学出版社，2011.